半導體元件物理學

Physics of Semiconductor Devices

第 三 版

施 敏　伍國珏 原著

張鼎張　劉柏村 譯著

封面照片敘述

施敏教授於1967年與Kahng博士共同發明的「浮停閘非揮發性記憶體」（floating-gate nonvolatile semiconductor memory），利用電荷進出浮停閘極來改變元件起始電壓，以達到記憶體寫入與抹除的目的。圖中的肉形石為台北故宮博物院的一項鎮院之寶，紋理層次分明如同浮停閘非揮發性記憶體，其中瘦肉層類似記憶體中的浮停閘，肥肉層有如記憶體中用來電性隔離的氧化層。「浮停閘非揮發性記憶體」現已廣泛地應用在隨身碟、手機、數位照相機、電子字典、PDA、MP3、智慧型IC卡等商業產品上，為目前應用最廣的電子商品之一。

序言

　　從二十世紀中葉起，電子工業開始驚人的成長，到現在已經成為世界上最大的工業。電子工業的基礎在於半導體元件。為滿足工業上的巨大需求，半導體元件領域也開始快速成長。隨著此領域的發展，半導體元件的文獻逐漸增加並呈現多元化。要吸收這方面的眾多資訊，則需一本對元件物理以及操作原理做全面性介紹的書籍。

　　第一版與第二版的半導體元件物理學分別在1969年以及1981年發行以符合如此的需求。令人驚訝的是，本書長期以來一直被作為主修應用物理、電機與電子工程以及材料科學的大學高年級生與研究生其主要的教科書之一。由於本書包括許多在材料參數以及元件物理上的有用資訊，因此也適合研究與發展半導體元件的工程師及科學家們當作主要的參考資料。直到目前為止，本書在當代電機以及應用科學領域上，已被引用超過15,000次(ISI, Thomson Scientific)，成為被引用最多次的書籍之一。

　　自從1981年起，已有超過250,000篇關於半導體元件方面的論文被發表，並且在元件概念以及性能上有許多突破。若要繼續達到本書的功能，顯然需要做一番大量的修正。第三版的半導體元件物理學，有超過50%的材料資訊已經被校正或是被更新，並將這些材料資訊全部重新整理。我們保留了基本的元件物理，並加上許多當代感興趣的元件，例如三維金氧半場效電晶體、非揮發性記憶體、調變摻雜場效電晶體、單電子電晶體、共振穿隧二極體、絕緣閘極雙載子電晶體、量子串聯雷射、半導體感測器等。另外我們也刪去或減化不重要的章節以維持整本書的長度。

　　我們在每章的最後加上問題集。這些問題集幫助主題發展的整合，而某些問題可以在課堂上作為教學範例。

　　在撰寫這本書的過程中，我們有幸得到許多人的幫助以及支持。首先，我們對於自己所屬的學術單位以及工業機構，國立交通大學、國家奈米元件實驗室、Agere System以及MVC，表示我們的謝意。沒有他們的支持，這本書則無法完成。我們感謝國立交通大學思源基金會在經濟上的支助。國珝想要感謝J. Huang 與B. Leung的持續鼓勵以及個人的幫忙。

　　以下學者在百忙中花了不少時間校閱本書並提供建議，使我們獲益良多：A. Alam, W. Aderson, S. Banerjee, J. Brews, H.C.Casey, Jr., P.Chow, N. de Rooij, H. Eisele, E. Kasper, S. Luryi, D. Monroe, P. Panayotatos, S. Pearton, E. F. Schubert, A. Seabaugh, M. Shur, Y. Taur, M. Teich, Y. Tsividis, R. Tung, E. Yang, 以及A. Zaslavsky。我們也感

謝各期刊以及作者允許我們重製並引用他們的原始圖。

我們很高興地感謝許多家庭成員以電子檔格式準備這份原稿。Kyle Eng以及 Valerie Eng 幫忙從第二版掃描重要的本文部份、Vivian Eng 幫忙編打方程式、以及 Jennifer Tao 幫忙準備所有重新繪製的圖片。我們更進一步感謝 Norman Erdos技術上的編輯整份原稿，以及林詩融和張乃華準備問題集與解答手冊。在 John Wiley and Sons，我們感謝 George Telecki 鼓勵我們進行這個計畫。最後，對我們的妻子 Therese Sze 以及 Linda Ng，在寫作這本書的過程的支持以及幫助表示謝意。

施敏
台灣 新竹

伍國珏
加州 聖荷西

2006年7月

譯者序

　　本書為施敏教授與Kwok K.Ng 博士所撰寫的「半導體元件物理」(Physics of Semiconductor Devices, Wiley)第三版之中譯本。第一版於1969年問世後就陸續被翻譯成6種語言，施敏教授撰寫第一版時，在短短的一年半當中，讀完兩千篇研究論文，並從中挑出六百篇做重點整理，幾乎看完當時所有的相關論文。第二版於1981年再度問世，在全世界銷售量已超過百萬冊以上，廣為大學、工業以及研究機構所採用，目前在學術界已被引用超過一萬五千次，為當代工程及應用科學領域中被引用最多的文獻，被奉為半導體的聖經。最近發行第三版，與第二版相隔26年，除了保存前二版的精華外，並增加許多符合時代潮流的內容，根據施敏老師的說法：「這26年間的半導體發展並沒有新的元件被商品化的產出，但是所有元件卻是高速地朝輕、薄、短、小，且速度倍增的發展。這次的新書內容超過了百分之五十的更新與重新編排，雖然基本的寫法不變，但其實是更淺顯易懂。基本上，只要讀完這本書的人都可以看得懂專業的論文期刊」。所以本書非常適合作為電機、電子、物理、材料等科系大學高年級生及研究生修習半導體相關課程使用。也適合作為半導體產業工程師與科學家的參考資料，可說是半導體相關領域人員必讀的聖經。

　　施敏教授為中研院院士，亦為美國國家工程院院士，是現今半導體領域中的宗師。現任國家實驗研究院榮譽顧問、工研院前瞻委員會委員、教育部國家講座教授、IEEE fellow、美國史丹福大學顧問教授、國立交通大學校級特聘講座教授等職，並獲獎無數。施敏教授在美國貝爾實驗室服務期間，於1967年與Kahng博士共同提出「沒有電也能記憶」的原創觀點，發明「浮停閘非揮發性半導體記憶體」（floating-gate nonvolatile semiconductor memory），現已大量使用在各種電子產品，尤其是可攜帶性產品，例如隨身碟、手機、數位照相機、電子字典、PDA、MP3、智慧型IC卡等等，所帶來的便利性，徹底的改變人類的生活。

　　本人在交通大學就讀博士期間曾受惠於施敏教授，目睹施敏教授大師級的風采，而另一位共同譯者劉柏村教授亦為施教授與本人共同指導的學生，後來本人在國家奈米元件實驗室擔任研究員，也很榮幸的與當時擔任主任的施敏教授共事，施敏教授學問非常好，卻沒有任何的架子，充滿學者的風範，這是我們最佩服的地方。本人在施敏教授的鼓勵下擔任翻譯本書的重責大任，在本實驗室葉炳宏、涂峻豪、陳世青、王敏全、楊富明、張大山等博士以及博士班學生陳致宏、蔡志宗、黃震鑠、簡富彥、郭原瑞、李泓緯、陳緯仁、盧皓彥、吳興華、馮立偉、鄒一德、胡志瑋、林昭正等人協助下，翻譯工作得以順利完成。本書分為五領域十四章節，其中所包含的元件幾乎囊括所有商業化及發展中的產品。

　　本書翻譯過程雖經再三斟酌與校對，確保用詞前後一致與維持每一章節的水準，兼顧內容之流暢而不失原意，然本書內容豐富，疏漏之處在所難免，敬請各方先進不吝指正，同時再次感謝施敏教授的鼎力協助才能有機會翻譯本書，企盼能為半導體教育盡一分棉薄的力量。

張鼎張　謹識於台灣高雄

2008年3月

譯者序二

　　積體電路技術的發展至今已有五十多年，其中，電晶體物理尺寸的微縮一直是技術進展的主要特徵。雖然不同尺寸的電晶體元件基本操作原理相同，但隨著元件尺寸進入奈米級領域，許多元件的特性已顯著地不同於微米級尺寸時的表現。由於目前坊間針對這方面元件物理介紹的中文書籍並不多見，因此，相信本書可提供元件物理領域最新及完整的知識，這也是翻譯本書的動機之一。

　　本人有幸能受到恩師　施敏教授的邀請，翻譯原著「Physics of Semiconductor Devices, 3th」，是我個人極大的一項榮耀。自從博士求學階段到進入大學任教，認識　施教授已有10多年的時間，個人的求學與生涯規劃也深受施教授的影響與提攜。心中一直感佩 施教授治學與待人處事的修為。施教授在半導體元件物理上的貢獻與成就更是令人難以望其項背，實堪為學術界的至寶與楷模。本人衷心地希望藉由本書中文版的出版，所用的文辭能翔實表達原書內容意義，能將半導體元件物理的奧妙與精髓逐一說明清楚，以降低國內讀者在學習上的困擾，並嘉惠眾多從事半導體積體電路與元件技術的研發人員與研究學者。如此，才能不負恩師撰寫本書所付出的心力以及託付。

　　　　　　　　　　　　　　　　　　　　劉柏村 謹識于
　　　　　　　　　　　　　　　　　　　　新竹國立交通大學光電工程學系

目　錄

導論

本書的內容可分為五個部份：

第一部份：半導體物理

第二部份：元件建構區塊

第三部份：電晶體

第四部份：負電阻與功率元件

第五部份：光子元件與感測器

第一部份：包含第一章。此部份總覽半導體的基本特性，做為理解以及計算本書內元件特性的基礎。其中簡短地概述能帶、載子濃度以及傳輸特性，並將重點放在兩個最重要的半導體：矽（Si）以及砷化鎵（GaAs）。為便於參考，這些半導體的建議值或是最精確值將收錄於第一章的圖表以及附錄之中。

第二部份：包含第二章到第四章。其論述基本的元件建構區段，這些基本的區段可以構成所有的半導體元件。第二章探討p-n接面的特性。因為p-n接面的建構區塊出現在大部分半導體元件中，所以p-n接面理論為半導體元件物理的基礎。第二章也討論由兩種不同的半導體所形成的異質接面（heterojunction）結構。例如使用砷化鎵（GaAs）以及砷化鋁（AlAs）來形成異質接面。異質接面為高速元件以及發光元件的關鍵建構區塊。第三章則論述金屬-半導體接觸，即金屬與半導體之間做緊密接觸。當與金屬接觸的半導體只做適當的摻雜時，此接觸產生類似p-n接面的整流作用；然而對半導體做重摻雜時，則形成歐姆接觸。歐姆接觸可以忽略在電流通過時造成的電壓降，並讓任一方向的電流通過，可做為提供元件與外界的必要連結。第四章論述金屬–絕緣體–半導體(MIS)電容器,其中以矽材料為基礎的金屬–氧化層–半導體(MOS)結構為主。將表面物理的知識與MOS電容的觀念結合是很重要的,因為這樣不但可以了解與MOS相關的元件,像是金氧半場效電晶體(MOSFET)和浮停閘極非揮發性記憶體,同時也是因為其與所有半導體元件表面以及絕緣區域的穩定度與可靠度有關。

第三部份:包含第五章到第七章。討論電晶體家族。第五章探討雙載子電晶體,即由兩個緊密結合的*p-n*接面間的交互作用所形成之元件。雙載子電晶體為最重要的初始半導體元件之一。1947年因為雙載子電晶體的發明,而開創了現代的電子時代。第六章討論金氧半場效電晶體。場效電晶體與(電)位效應電晶體(例如雙載子電晶體)的差別在於前者的通道是由閘極越過電容來調變,而後者的通道則是與通道區域的直接接觸來控制。金氧半場效電晶體是先進積體電路中最重要的元件,並且廣泛地應用在微處理器(microprocessor)以及動態隨機存取記憶體(DRAM)上。第六章同時也論述非揮發性記憶體,這是一個應用在可攜帶式產品的主要記憶體,如行動電話、筆記型電腦、數位相機、影音播放器、以及全球定位系統(GPS)。第七章介紹了三種其它的場效電晶體:接面場效電晶體(JFET)、金半場效電晶體(MESFET)、以及調變摻雜場效電晶體(MODFET)。JFET是較早的成員,現在主要用在功率元件;而MESFET與MODFET則用在高速、高輸入阻抗放大器以及單晶微波積體電路上(monolithic microwave integrated circuits)。

第四部份:從第八章到第十一章,探討負電阻以及功率元件。第八章,我們討論穿隧二極體(重摻雜的*p-n*接面)和共振穿隧二極體(利用多個異質接面形成雙能障的結構)。這些元件展示出由量子力學穿隧所造成的負微分電阻。它們可以產生微波或作為功能性元件,也就是說,可以大幅地減少元件數量而達到特定的電路功能。第九章討論傳渡時間元件(transit-time device)。當一個*p-n*接面或者金屬–半導體接面操作在累增崩潰區域的時候,適當的條件可使其成為衝擊離子化累增渡時二極體（IMPATT diode）。在毫米波頻率（即30 GHz以上）下，IMPATT二極體能夠產生所有的固態元件中最高的連續波（continuous wave, CW）功率輸出。而與之相關的位障注入渡時二極體（BARITT diode）以及穿隧注入渡時二極體（TUNNETT diode）也會描其述操作特性。第十章論述轉移電子元件（transferred-electron device, TED）。轉移電子效應是導電帶的電子從高移動率的低能谷轉移到低移動率的高能谷（動量空間），利用此機制，可以產生微波振盪。本章也論及實空間轉移元件（real-space-transfer device），此兩種元件十分類似，然而相對於TED的動量空間，實空間轉移元件的電子轉移發生在窄能隙材料到臨接的寬能隙材料的真實空間上。閘流體（thyristor），其基本上是由三個緊密串聯的p-n接面形成p-n-p-n結構，於第十一章討論之。此章也會討論金氧半控制閘流體（為MOSFET與傳統閘流體的結合）以及絕緣閘極雙載子電晶體（IGBT，為MOSFET與傳統雙載子電晶體的結合。）。這些元件具有廣泛的功率處理範圍以及切換能力；它們可以處理電流從幾個毫安培到數千安培以及超過5000伏特的電壓。

　　第五部份：從第十二章到第十四章在介紹光子元件（photonic device）與感測器。光子元件能夠作為偵測、產生、或是將光能轉換為電能，反之亦然。半導體光源—發光二極體（LED）以及雷射會在第十二章中討論。發光二極體有多方面的應用，例如作為電子設備以及交通號誌上的顯示元件；作為手電筒以及車前頭燈的照明元件等。半導體雷射用在光纖通訊、影視播放器以及高速雷射印表機上。各種具有高量子效率與高響應速度的光偵測器將在第十三章討論。本章也考量太陽能電池，其能夠將光能轉換成電能，與光偵測器相似，但卻有不同的重點以及元件配置。當全世界的能源需求增加，化石燃料供應將會很快消耗，因此迫切需發展替代性能源。太陽能電池被視為主要的替代方案之一，因為其擁有良好的轉換效率能夠直接將太陽光轉換為電，在低操作成本下提供幾乎無止盡的能量，並且實際上不會產生污染。第十四章討論重要的半導體感測器。感測器定義為可以偵測或量測外部訊號的元件。基本上可區分為六種訊號：電、光、熱、機械、磁、以及化學類型。藉由感測器，可以提供我們利用感官直接察覺這些訊號以外的其他資訊。基於感測器的定義，傳統的半導體元件都是感測器，因為它們具有輸入以及輸出，而且兩者皆為電的型式。我們從第二章到第十一章討論電訊號的感測器，而第十二及第十三章則探討光訊號感測器。在第十四章，我們考慮剩下四種訊號的感測器，即熱、機械、磁以及化學類型。

我們建議讀者在研讀本書的後面章節前，先研讀半導體物理(第一部份)以及元件建構區段(第二部份)。從第三部份到第四部份的每一章皆討論單一個主要元件或其相關的元件家族，而大致與其他章節獨立。所以，讀者可以將這本書來當作參考書，且教師可以在課堂上選擇適當的章節以及他們偏愛的順序。半導體元件有非常多的文獻。迄今已超過300,000篇的論文在這個領域中發表，而且在未來十年其總量可達到一百萬篇。這本書的每一個章節以簡單和一致的風格來闡述，沒有過於依賴原始文獻。然而，我們在每個章節的最後廣泛地列出關鍵性的論文以作為參考及進一步的閱讀。

參考文獻：K. K. Ng, Complete Guide to Semiconductor Devices, 2nd Ed., Wiley, New York, 2002.

▏▎▍ PART 4

第四部份

負電阻以及功率元件

穿隧元件

8.1 簡介

　　本章我們將探討利用量子力學穿隧效應原理操作的元件。在古典理論中，載子能量小於某能障高度者，將被此能障所限制或完全的停止前進。在量子力學中，考慮載子所具有的波動性質，波動性不會突然地終止於能障的邊界，因此，不僅載子有機率存在於能障內，若能障厚度薄到一個程度，載子亦能夠穿透過能障。這是導入了穿隧機率與穿隧電流的觀念，基本的穿隧現象已經在第1.5.7章節中藉由引入穿隧機率的概念討論過。

　　以此現象為基礎的穿隧過程與元件具有一些有趣的性質。首先，穿隧現象是一種多數載子的效應，載子穿過能障的穿隧時間並不被傳統的穿隧時間（$\tau = W / v$，W 為能障寬度，v 為載子速度）觀念所支配，而是正比於單位時間內的量子躍遷機率 $\exp[-2\langle k(0)\rangle W]$，其中 $\langle k(0)\rangle$ 是載子在穿隧過程中所歷經的動量的平均值，相當於一個能量等於費米能量，但不具有橫向動量的入射載子動量[1]。量子躍遷機率的倒數即為穿隧時間，正比於 $\exp[-2\langle k(0)\rangle W]$。由於穿隧時間非常短，使得穿隧元件可以使用於毫米波段範圍。其次，因為穿隧機率與穿隧發生的來源端和接收端兩端中可容許的能態有關，所以穿隧電流不單只與偏壓有關，負微分電阻的效應亦會造成這種電流的成分。

　　一個穿隧元件已知的缺點可能是具有較低的電流密度，但事實上穿隧元件仍能夠有極高的電流密度，如以 SiGe 為底材的能帶間穿隧二極體[2]，電流密度超過 1.5 mA／μm² 以及 InP 為底材的共振穿隧二極體[3]，電流密度超過 4.5 mA／μm²。因此，整合穿隧二極體與電晶體電路的研究持續地在發展中，特別是利用更有效的電路拓撲學來降低操作功率[4]。

　　本章將探討兩種主要的穿隧元件：穿隧二極體（tunnel diode）與共振穿隧二極體（resonant-tunneling diode）。當穿隧二極體首次被發明時，似乎有著極大的潛力，然而時間卻證明在現實市場上的應用是有限的。這主要是由於生產與再現性困難的緣故，特別是與積體電路整合時，需要摻雜濃度的劇烈變化與高摻雜分佈的技術。穿隧二極體已被甘恩二極體（Gunn diode）與衝度二極體（IMPATT）取代，做為振盪器之用，或被場效電晶體取代做為切換元件。最近的共振穿隧二極體開啓了另一種有趣的穿隧型式，共振穿隧現象已經與許多元件整合，本章的最後將會舉一個範例說明。

8.2 穿隧二極體

　　1958 年 L. Esaki 發現了穿隧二極體，並以 Esaki 二極體稱之[5]。在他博士論文研究中，Esaki 研究高度摻雜的鍺 p–n 接面以應用在需要狹窄且高度摻雜基極的高速雙載子電晶體中[6-7]。他發現在順向偏壓操作時，呈現不規則 I–V 特性，即：負微分電阻區（負 $dI／dV$）出現於順向偏壓操作的某一部分範圍內。Esaki 以量子穿隧觀念解釋此一不規則現象，並且在穿隧理論與實驗結果之間得到合理的一致性。在此之後，不同材料的穿隧二極體陸續被其他研究人員所發現，如 1960 年發現 GaAs[8] 和 InSb[9]，1961 年發現 Si[10] 和 InAs[11]，1962 年發現 GaSb[12] 和 InP[13]。

　　穿隧二極體是由 p 型與 n 型區皆為簡併（degenerate）半導體（即非常

高且陡峭分佈的摻雜濃度)所組成的一簡單 $p-n$ 接面。圖 1 為熱平衡時穿隧二極體能帶示意圖，由於高度摻雜，費米能階落於允許能帶之內。簡併量，V'_p 與 V'_n 通常為數個 kT/q，此外，空乏層寬度等於或少於 10 nm，相較於傳統 $p-n$ 接面的空乏層寬度要狹窄許多。[此章，我們採用 V'_n 與 $V'_p (= -V_n$ 與 $-V_p)$ 為正值，以符合其他章節的表示法]

　　圖 2a 為典型穿隧二極體的靜態 $I-V$ 特性，在逆向偏壓下 (p 型相對 n 型為負偏壓)，電流為單調性的增加。在順向偏壓下，電流先增加到峰值電壓 V_p 的最大值(稱為峰值電流或 I_p)，然後減少到谷值電壓 V_V 下的谷值電流 I_V。當電壓遠大於 V_V 的電壓，電流對電壓呈指數上升。此靜特性為三種電流成份的結果：能帶與能帶間的穿隧電流、超量電流與擴散電流(圖 2b)。

　　首先，以定性的方式討論在絕對零度時的穿隧過程。圖 3 為簡化的能帶結構，顯示當施加偏壓時，p 型與 n 型的能帶與相對應的電流值，並在 $I-V$ 圖中以黑點表示[14]。要注意的是，費米能階在半導體的允許帶內，並且在熱平衡狀態時，接面兩旁的費米能階相等(圖 3)。在費米能階以上，接面兩邊無任何被填滿的能態(電子)，而在費米能階以下，接面兩邊則無任何空的能態(電洞)，因此無施偏壓時淨穿隧電流為零。

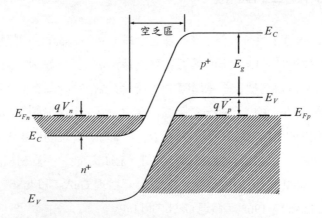

圖1　熱平衡時穿隧二極體能帶示意圖。V'_p 與 V'_n 個別為 p 型與 n 型區的簡併。

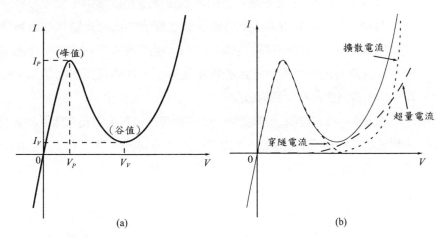

(a) (b)

圖2　（a）典型穿隧二極體的靜態 I–V 特性，其中 I_P 和 V_P 分別為峰值電流與峰值電壓，I_V 與 V_V 分別為谷值電流與谷值電壓。(b)總靜態電流可被分解成三種電流分量。

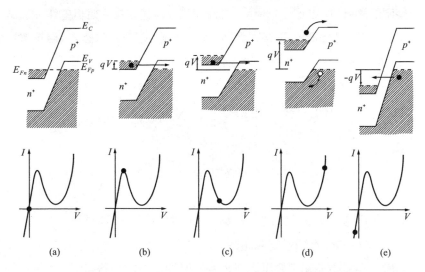

(a) (b) (c) (d) (e)

圖3　穿隧二極體的簡化能帶結構，其中（a）在零偏壓且熱平衡狀態下；（b）在順向偏壓等於V的情況下，可得到峰值電流；（c）順向偏壓接近谷值電流；（d）在此順向偏壓下，電流為擴散電流且無穿隧電流；（e）穿隧電流隨著反向偏壓的增加而增加。（參考文獻14）

當施加電壓時，電子可能會由導電帶穿隧至價電帶，反之亦然。穿隧行為發生的必要條件為：(1) 電子發生穿隧的起源區域存在著被電子佔據的能態，(2) 電子穿隧到達的目的地存在有末被佔據的相同能階能態，(3) 穿隧能障高度要低且能障寬度夠小，才能具有有限值的穿隧機率，(4) 穿隧的過程中動量必須守恆。

如圖3b，當施加順向偏壓時，於 n 區存在著有被填滿能態，而 p 區有末佔據能態的相同能量階層，因此電子可以由 n 區穿隧至 p 區，且能量守恆。當順向偏壓再增加，這個相同能量的能帶減少 (圖3c)。若施加的順向偏壓使得兩邊的能帶沒有交集 (或沒有重疊)，即 n 型導電帶的邊緣剛好在 p 型價電帶頂端的對面，則在已填滿能態的另一側將無可利用的能態來進行穿隧，因此可知穿隧電流不再流動。若再持續地增加電壓，常見的擴散電流與超量電流將開始主宰電流的成份 (圖3d)。

如此可預期的是，當順向電壓從零增加時，穿隧電流將由零增加到最大值 I_P，然後當順向偏壓 $V + (V'_n + V'_p)$ 時，穿隧電流將減少到零。其中 V 為所施加的順向電壓，V'_n 為 n 型區的簡併量，$V'_p [V'_p = (E_V - E_{Fp})/q]$ 為在 p 型區的簡併量，如圖1 所示。當電流到達峰值之後，降低的電流造成了負微分電阻。對於簡併半導體而言，費米能階是位於導電帶或價電帶裡面，並可依下列方程式表示 (見第 1.4.1 節)[15]：

$$qV'_n \equiv E_F - E_C \approx kT \left[\ln\left(\frac{n}{N_C}\right) + 2^{-3/2}\left(\frac{n}{N_C}\right) \right] \tag{1a}$$

$$qV'_p \equiv E_V - E_F \approx kT \left[\ln\left(\frac{p}{N_V}\right) + 2^{-3/2}\left(\frac{P}{N_V}\right) \right] \tag{1b}$$

其中，m_{de} 與 m_{dh} 分別為電子與電洞的能態密度有效質量。

圖3e 為在施加逆向偏壓時，由價電帶穿隧到導電帶的電子。在這個方向，穿隧電流隨著偏壓而無限制地增加且無負微分電阻。

穿隧過程可以是直接的，亦可以是間接的，這些過程顯示於圖4，其中將 $E–k$ 關係疊加在傳統的穿隧接面轉折點。圖4a 為直接穿隧，電子可以由導電帶最小值的鄰近區域穿隧到價電帶最大值的附近，同時，在 k 空間

中的動量並未改變。對於直接穿隧現象的發生，其前提是必須滿足電子在
導電帶能量最小值處，與在價電帶能量最大值處的動量相同。此條件存在
於具直接能隙的半導體，如 GaAs 與 GaSb 。此條件亦可存在於非直接能
隙半導體中，如 Si 與 Ge ，但所施加電壓必須足夠大，使電子可由能量較
高的直接導電帶之最小值處(Γ 點)發生穿隧，而非發生在能量較低的衛星
能帶的最小值處[16]。

非直接穿隧發生於非直接能隙半導體中，即 E-k 關係中(圖4b)，導
電帶能量最小值與價電帶能量最大值處並非具有相同的動量。為了達到動
量守恆，導電帶最小值與價電帶最大值的動量差必須要由散射性媒介來
補充，如聲子或雜質。對於以聲子輔助的穿隧，能量與動量皆須守恆。亦
即，電子起始能量與聲子能量的總和要等於電子穿隧後的電子能量，並且
起始電子動量與聲子動量(hk_p)的總和要等於電子穿隧後的電子動量，通
常非直接穿隧的機率遠小於直接穿隧的機率，而且涉及數個聲子的非直接
穿隧機率比單一聲子的非直接穿隧機率要更小。

8.2.1 穿隧機率與穿隧電流

此節我們將專注在穿隧電流的組成。當半導體內的電場夠高時，在
10^6 V／cm 的數量級，能帶間量子穿隧存在一有限機率，亦即電子由
導電帶穿巡至價電帶，或反之亦然。WKB (Wentzel-Kramers-Brill-
ouin) 近似關係可以將穿隧機率 T_t (見第1.5.7節) 定義為[17]

$$T_t \approx \exp\left[-2\int_0^{x_2}|k(x)|\,dx\right] \tag{2}$$

其中 $|k(x)|$ 為能障內載子波向量的絕對值，$x = 0$ 與 x_2 為圖4 中所示的古典
邊界。

電子穿隧過禁止能帶的過程，在形式上是與粒子穿隧過能障相同的。
圖4 指出，穿隧能障為圖5 所示的三角形，可藉由 E–k 關係的通用方程式
出發：

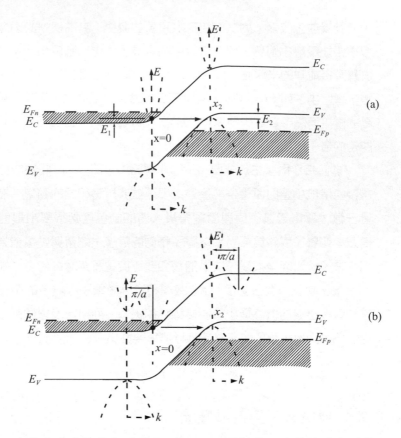

圖4　直接與非直接的穿隧過程，將 $E-k$ 關係疊加在傳統的穿隧接面位置 ($x = 0$ 與 x_2)。(a) 當 $k_{min} = k_{max}$ 時的直接穿隧過程。(b) 當 k_{min} 不等於 k_{max} 時的間接穿隧過程。

$$k(x) = \sqrt{\frac{2m^*}{\hbar^2}(PE - E_C)} \tag{3}$$

其中 PE 為位能。考慮穿隧時，入射電子具有與能隙底部相同的位能，因此根號內的值為負值，且 k 為複數。此外，導電帶邊緣 E_C 的改變可以電場 $\mathscr{E}$ 表示。因此，三角形能障內的波向量可表示為

$$k(x) = \sqrt{\frac{2m^*}{\hbar^2}(-q\mathscr{E}x)} \tag{4}$$

將式(4)代入式(2)得到

$$T_t \approx \exp\left[-2\int_0^{x_2} \sqrt{\frac{2m^*}{\hbar^2}(q\mathscr{E}x)}\,dx \right] \tag{5}$$

對於一個具有固定電場，$x_2 = E_g / \mathscr{E}q$ 的三角形能障而言，可得

$$T_t \approx \exp\left(-\frac{4\sqrt{2m^*}\,E_g^{3/2}}{3q\hbar\mathscr{E}} \right) \tag{6}$$

由此結果可知，要達到較大的穿隧機率，有效質量與能隙要小，而且電場要大。

接下來我們開始計算穿隧電流，並使用導電帶與價電帶中的能態密度呈現一階近似的表示。我們也假設是一種在直接能隙中動量守恆的直接穿隧。熱平衡時，從導電帶到價電帶空能態的穿隧電流 $I_{C \to V}$ 與價電帶到導電帶空能態的穿隧電流 $I_{V \to C}$ 必須平衡。$I_{C \to V}$ 與 $I_{V \to C}$ 可以下列公式表示：

$$I_{C \to V} = C_1 \int F_C(E) N_c(E) T_t \left[1 - F_V(E) \right] N_v(E)\,dE \tag{7a}$$

$$I_{V \to C} = C_1 \int F_V(E) N_v(E) T_t \left[1 - F_C(E) \right] N_C(E)\,dE \tag{7b}$$

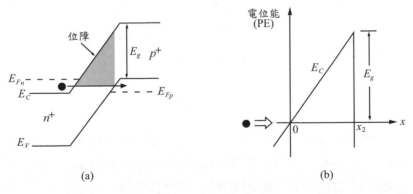

(a)   (b)

圖5 (a) 穿隧二極體的穿隧過程；(b) 利用三角形位障來分析穿隧過程。

C_1 為常數，兩個方向的穿隧機率 T_t 假設相同，$F_C(E)$ 與 $F_V(E)$ 為費米–狄拉克分佈函數，$N_C(E)$ 與 $N_v(E)$ 分別為導電帶與價電帶的能態密度。當接面處於順向偏壓時，淨穿隧電流 I_t 為

$$I_t = I_{C \to V} - I_{V \to C} = C_1 \int_{E_{Cn}}^{E_{Vp}} \left[F_C(E) - F_V(E)\right] T_t N_c(E) N_v(E) dE \tag{8}$$

須注意的是，積分的範圍是從 n 型區 (E_{Cn}) 的 E_C 到 p 型區 (E_{Vp}) 的 E_V。由式 (8) 經過嚴謹的運算，可得到以下結果[18]

$$J_t = \frac{q^2 \mathscr{E}}{36\pi\hbar^2} \sqrt{\frac{2m^*}{E_g}} D \exp\left(-\frac{4\sqrt{2m^*} E_g^{3/2}}{3q\hbar\mathscr{E}}\right) \tag{9}$$

其中積分 D（integral D）為：

$$D \equiv \int \left[F_C(E) - F_V(E)\right] \left[1 - \exp\left(-\frac{2E_S}{\overline{E}}\right)\right] dE \tag{10}$$

平均電場為：

$$\mathscr{E} = \sqrt{\frac{q(\psi_{bi} - V) N_A N_D}{2\varepsilon_s (N_A + N_D)}} \tag{11}$$

其中 ψ_{bi} 為內建電位，式 (10) 中，E_S 代表 E_1 與 E_2 兩者中比較小的一個值（圖4a），而 $\overline{E}$ 為

$$\overline{E} = \frac{\sqrt{2} q\hbar\mathscr{E}}{\pi\sqrt{m^* E_g}} \tag{12}$$

對於 Ge 穿隧二極體，式 (9) 中適當的有效質量為[19]

$$m^* = 2\left(\frac{1}{m_e^*} + \frac{1}{m_{lh}^*}\right)^{-1} \tag{13}$$

針對由輕電洞能帶穿隧到 $\langle 000 \rangle$ 導電帶來說，m_{lh}^* 為輕電洞的有效質量（$= 0.044\ m_0$），m_e^* 為 $\langle 000 \rangle$ 導電帶上的有效質量（$= 0.036\ m_0$）。而對於 $\langle 100 \rangle$ 方向到 $\langle 111 \rangle$ 最小值的穿隧來說，有效質量為：

$$m^* = 2\left[(\frac{1}{3m_l^*}+\frac{2}{3m_t^*})+\frac{1}{m_{lh}^*}\right]^{-1} \tag{14}$$

$m_l^* = 1.6\ m_0$ 與 $m_t^* = 0.082\ m_0$ 分別為〈111〉最小值的縱向（longitudinal）與橫向（transverse）方向的有效質量。然而式（9）中指數項在這兩種情形中只相差了 5%。

　　式（10）中積分值 D 是一個重疊積分值，將決定 $I\text{-}V$ 特性曲線的形狀。它具有能量的單位，同時與溫度及簡併值 V_n' 和 V_p' 有關。在 $T = 0$ K 時，F_C 與 F_V 同時為步階函數（step function）。圖 6 表示當 $V_n' > V_p'$ 時，積分值 D 對應順向電壓的關係。積分值 D 在谷值電壓（valley voltage）時為零，且發生在

$$V_V' = V_n' + V_p' \tag{15}$$

式（9）中的係數代表為穿隧電流的量。圖 7 為根據式（9），針對幾種鍺穿隧二極體所計算的電流峰值伴隨著實驗值，其結果顯示彼此的數據相當吻合。

　　要獲得整個穿隧電流的 $I\text{–}V$ 特性式是相當不容易的，因為式（9）的解析解很複雜。然而，穿隧電流可用下面的經驗式當作一個不錯的近似，經驗式如下：

$$I_t = \frac{I_P V}{V_P}\exp(1-\frac{V}{V_P}) \tag{16}$$

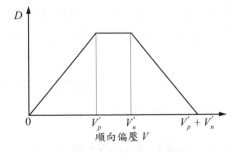

圖6　當 $V_n' > V_p'$，積分值 D 對應順向電壓的關係圖。（參考文獻18）

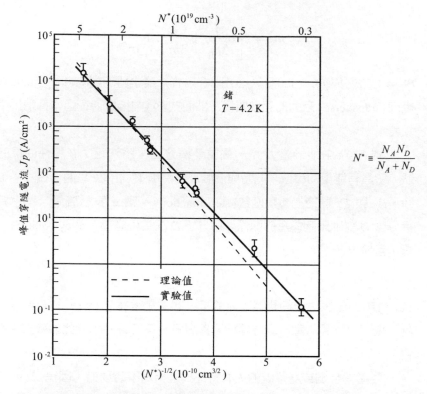

圖7 Ge 穿隧二極體的峰值穿隧電流與有效摻雜濃度的關係值。虛線由式(9)所計算出來。(參考文獻20,21)

I_P 與 V_P 是圖 2 所定義的峰值電流與電壓。峰值電壓是個關鍵性的參數,只要峰值電流知道,峰值電壓可藉由不同的逼近方法獲得。在這一種逼近方法中,我們求出在 n 型的導電帶中電子分佈輪廓,以及在 p 型價帶上的電洞分佈情形。在施加電壓下,當兩種載子的分佈峰值在相同的能量下對應相等,則此時的施加電壓峰值即為對應此穿隧電流的峰值電壓值。圖 8 表示此一概念。

載子的分佈函數可藉由載子的佔據機率與能態密度的乘積來獲得。針對電子與電洞的載子的分佈函數如下:

$$n(E) = F_C(E)N_c(E) \tag{17a}$$

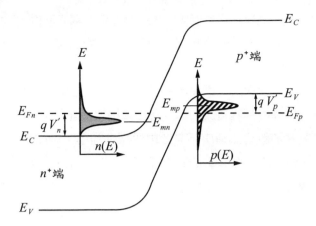

圖8 分別在 n 型與 p 型簡併半導體中，電子與電洞密度分佈圖。其中 E_{mn} 與 E_{mp} 為個別的峰值能量。

$$p(E) = \left[1 - F_V(E)\right] N_v \tag{17b}$$

對於 n 型簡併半導體，電子的關係式可表示如下：[20]

$$n(E) = \frac{8\pi (m^*)^{3/2} \sqrt{2(E - E_C)}}{h^3 \left\{1 + \exp\left[(E - E_F)/kT\right]\right\}} \tag{18}$$

載子峰值濃度所具有的能量可由式(18)對 E 進行微分而獲得。雖然此關係式無法精確地解出答案，但可做相當程度地近似，最大電子密度的能量發生在[20]

$$E_{mn} = E_{Fn} - \frac{qV_n'}{3} \tag{19a}$$

類似的方法與結果也可在 p 型半導體中獲得：

$$E_{mp} = E_{Fp} + \frac{qV_p'}{3} \tag{19b}$$

峰值電壓就是使兩個峰值能量對應於相同能階上所需要的偏壓，為

$$\begin{aligned}
V_P &= (E_{mp} - E_{mn})/q \\
&= \frac{V_n' + V_p'}{3}
\end{aligned} \tag{20}$$

　　圖 9 指出鍺穿隧二極體中峰值電壓的位置隨著簡併 V'_n 與 V' 變化的函數。值得注意的是，當摻雜增加，峰值電壓會往較高的值偏移， V_p 的實驗值與式(20)相當符合。

　　直到目前為止，我們尚未考慮動量守恆。這會有兩種影響，兩者都會減少穿隧機率與穿隧電流。第一種影響為間接能隙材料的非直接穿隧，k 空間中動量的改變必須由某些散射效應來補償，例如聲子散射與雜質散射。對於聲子輔助的非直接穿隧，除了在式(6)中，以 $E_g + E_p$ 代替 E_g，其中 E_p 為聲子能量，穿隧機率以式(6)的倍數減少[18,22]。穿隧電流的表示式類似於式(9)的形式，但是其值更低。因此提醒讀者要記得對於非直接穿隧，此章內的方程式必須要修正。

　　第二種關於動量的效應是與穿隧方向有關的向量方向。在之前討論中，所有的動能假設為在穿隧方向，而實際上，我們必須將總能量分成 E_x 與 $E_\perp$ 方向，$E_\perp$ 為垂直於穿隧方向(或橫向動量)而與動量有關的能量，E_x 為穿隧方向上與動量相關的能量

$$E = E_x + E_\perp = \frac{\hbar^2 k_x^2}{2m_x^*} + \frac{\hbar^2 k_\perp^2}{2m_\perp^*} \tag{21}$$

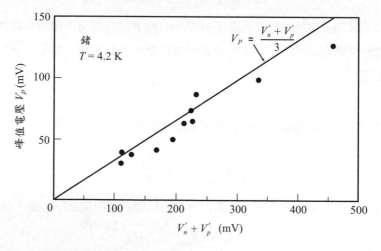

圖9　指出鍺穿隧二極體中峰值電壓的位置隨著簡併 V'_n 與 V'_p 變化的函數。(參考文獻20，21)

下標 x 與 $\perp$ 標出平行或垂直穿隧方向的分量，若只考慮貢獻穿隧過程的 E_x 分量，穿隧機率將減少了 $E_\perp$ 的量，其值為：

$$T_t \approx \exp\left(-\frac{4\sqrt{2m^*}E_g^{3/2}}{3q\hbar\mathscr{E}}\right)\exp\left(-\frac{E_\perp\pi\sqrt{2m^*E_g}}{q\hbar\mathscr{E}}\right) \tag{22}$$

換句話說，垂直能量會以第二個橫向動量指數項為因子，進一步降低傳輸。

8.2.2 I–V 特性

如同圖 2b 所示，靜態 I–V 特性是三種電流成份的結果：穿隧電流、超量電流與擴散電流。對於一個理想穿隧二極體，當 $V \geq (V'_n + V'_p)$ 時，穿隧電流會減少至零，在較大偏壓時，只有因少數載子順向注入所產生的正常二極體電流。然而，實際上在此偏壓下的實際電流已大大地超過正常二極體電流，因此稱為超量電流，其主要是由於載子透過禁止能隙中的能態進行穿隧。

　　超量電流可以利用圖 10 的輔助推演出來，其中圖 10 包含了一些可能的穿隧路徑。一顆電子可由 C 掉到 B 的空能態，再穿隧至 D（路徑 CBD）。另外一種，電子在導電帶的 C 開始，穿隧到適當的區間 A，而後再掉到價電帶的 D（路徑 CAD），第三個不同的路徑如 $CABD$，電子以一種在 A 到 B 間被稱做雜質帶傳導的過程釋出額外的能量，第四種路徑為 C 到 D 的階梯狀路徑。此包含區間一連串的穿隧躍遷，以及一連串電子藉由垂直方向上一個能態躍遷至另一能態而失去能量，在中間能態密度足夠高時，此過程是有可能發生的。第一個路徑 CBD 視為基本機制，而其他機制只是較複雜的修正。

　　假設接面處在順向偏壓 V 時，考慮電子由 B 穿隧到 D。能進行穿隧過程的能量 E_x 可寫為

$$E_x \approx E_g + q\left(V_n' + V_p'\right) - qV$$

$$\approx q(\psi_{bi} - V) \tag{23}$$

式中 ψ_{bi} 為內建電位。電子在能態 B 的穿隧機率 T_t 為

$$T_t \approx \exp\left(-\frac{4\sqrt{2m_x^*}E_g^{3/2}}{3q\hbar\mathscr{E}}\right) \tag{24}$$

上式除了 E_g 被 E_x 取代外，相對的質量 m_x^* 應被使用。此外，若假設在 B 處電子佔據能態的單位體積密度為 D_x，則過量電流密度可寫成

$$J_x \approx C_2 D_x T_t \tag{25}$$

C_2 是常數。假設 T_t 指數項的參數對過量電流變化的影響遠比因子 D_x 還重要。將式(23)、(24)、(11)代入式(25)可得到過量電流的表示式為：[10]

$$J_x \approx C_2 D_x \exp\left\{-C_3\left[E_g + q\left(V_n' + V_p'\right) - qV\right]\right\} \tag{26}$$

C_3 是另一個常數。根據式(26)，過量電流將隨著能隙中的能態體密度增加(D_x)，並且隨著外加電壓 V 的增加而呈指數增加(假設 $qV \ll E_g$)。式(26)也可重寫成[23]

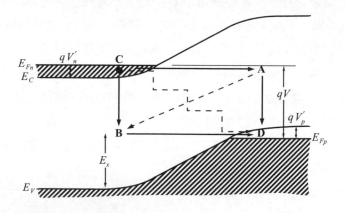

圖10　藉由禁止能隙中的能態進行穿隧的超量電流，其穿隧機制的能帶示意圖。(參考文獻10)

$$J_x = J_V \exp\left[C_4 \left(V - V_V \right) \right] \tag{27}$$

J_V 為谷值電壓 V_V 時的谷值電流，C_4 為指數項的前置因子。對於一般常見的穿隧二極體，$\ln(J_x)$ 對 V 作圖的實驗結果呈現出與式 (27) 一致性的線性關係。注意此穿隧的類型沒有負微分電阻效應。

　　穿隧二極體中的擴散電流成分是相似於 *p-n* 接面中的少數載子注入電流：

$$J_d = J_0 \left[\exp\left(\frac{qV}{kT} \right) - 1 \right] \tag{28}$$

J_0 為第 2 章中式 (64) 所給的飽和電流密度。完整的靜態 *I–V* 特性為三個電流成份的總和：

$$
\begin{aligned}
J &= J_t + J_x + J_d \\
&= \frac{J_P V}{V_P} \exp\left(1 - \frac{V}{V_P} \right) + J_V \exp\left[C_4 \left(V - V_V \right) \right] + J_0 \exp\left(\frac{qV}{kT} \right)
\end{aligned} \tag{29}
$$

每一個成份在某電壓範圍下為主要電流成份。在 $V < V_V$ 時，貢獻於總電流中的穿隧電流是重要的，在 $V \approx V_V$ 時，超量電流貢獻是重要的，而當 $V > V_V$ 時，則以擴散電流的貢獻為主。

　　圖 11 為室溫下 Ge、GaSb 與 GaAs 的 *I–V* 特性比較。Ge 的 I_P / I_V 電流比為 8：1，GaSb 為 12：1[24]，GaAs 為 28：1[25]。以其他半導體材料為主的穿隧二極體已經被製作出來，例如電流比為 4：1[26] 的 Si。電流比的最大極限值與下列因素有關：(1) 與摻雜、有效穿隧質量及能隙有關的峰值電流；(2) 與禁止帶中能態分佈以及濃度有關的谷電流。因此，可以利用增加 *n* 區與 *p* 區的摻雜濃度、增加濃度分佈的陡峭度與最小化缺陷密度等方式來提高一特定半導體的電流比。

　　簡單地考慮由溫度、電子轟擊與壓力所導致的 *I–V* 特性。峰值電流隨溫度的變化可解釋為式 (9) 中積分 D 與 E_g 的改變。在高濃度時，溫度對 D 的影響小，而負的 dE_g / dT 值主要主宰了穿隧機率的改變。因此，峰值電流隨著溫度而增加。在更低摻雜穿隧二極體中，D 隨溫度減少的效應成為主要因素，且溫度係數為負值。對 Ge 穿隧二極體，在 –50 到 100 ℃ 溫度範圍內，峰值電流的改變約為 ±10%[27]。由於能帶會隨著溫度而減小，谷

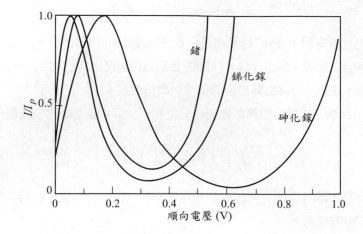

圖11 在300 K的溫度下 Ge、GaSb 與 GaAs 的 *I-V* 特性比較。

電流通常隨著溫度增加而增加。

電子轟擊後,主要的影響是由於能隙中能階體密度增加而導致增加的過量電流[28]。所增加的過量電流可透過退火製程逐漸地消除,類似結果亦可由其他種射線輻射中觀察到,如 γ 射線。當 Ge 與 Si 穿隧二極體元件遭受到物理應力作用時,過量電流也會增加,這是一種可逆的改變[29]。這個效應源自於空乏區中因應力所引發的深層缺陷能態。然而,對於 GaSb 來說,I_P 與 I_V 隨著流體靜液壓力[30](hydrostatic pressure) 增加而減小,這是由於隨著壓力增加導致能隙增加與 V'_n 和 V'_P 的簡併數降低。

8.2.3 元件性能

起初,大多數的穿隧二極體由下列技術中的其中一種所製作,(1)球狀合金(Ball alloy):含有高固態溶解度之相反雜質的小金屬合金顆粒,與高摻雜半導體基材的表面進行接合,製程的環境為惰性氣體或氫氣中,溫度–時間循環被精準地控制著,例如在 p^+ 型 Ge 基材表面,以 As 摻雜入 Sn 球中,形成具有 n^+ 型 As 摻雜 Sn 球。(2)脈衝接合(Pulse bond):

在半導體基材與含有相反雜質的金屬合金間，利用脈衝形成接面時，接觸與接面將同時被製作完成。(3) 平面技術 (Planar process)[31]：平面穿隧二極體的製作是使用平面技術，包含了溶液成長、擴散以及受到控制的合金技術。最近發展的新式技術是以低溫磊晶成長為基礎，在成長半導體層時，即將雜質原子摻雜進去，所使用的技術包括 MBE (分子束磊晶)，與 MOCVD (有機金屬化學氣相沉積)，這些技術可以達到較高的峰–到–谷比例，原因是提供了較陡的摻雜分佈可造成較高峰值穿隧電流，以及較低缺陷密度，可形成較低的過量電流。

圖 12 為四個基本元素所組成的基礎等效電路：串聯電感 L_S、串聯電阻 R_S、二極體電容 C_j 與負二極體電阻 $-R$，串聯電阻 R_S 包含了晶片內的內部連線與外部導線電阻、歐姆接觸電阻以及晶圓基材的延展電阻，其中延展電阻可由 $\rho / 2d$ 表示，其中 ρ 為半導體的電阻率，d 為二極體區域的半徑。串聯電感 L_S 主要來自於內部連線、電路接合與外部導線，我們可以瞭解這些寄生單元對穿隧二極體的性能有著重要的限制。

為了考慮本質二極體電容與負電阻，我們參考圖 13a 中直流 $I\!-\!V$ 特性圖形。圖 13b 顯示出電導 (dI / dV) 對於偏極的關係圖。在峰值與谷電壓時，電導為零。二極體電容 C_j 通常在谷電壓值量測得到。微分電阻 $(dI / dV)^{-1}$ 繪於圖 13c，在反曲點處，負電阻的絕對值，也就是此區域的最小負電阻值，可記做 R_{min}，並可近似為

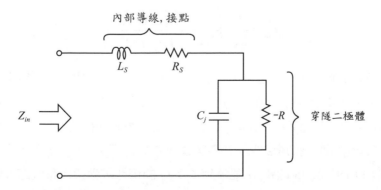

圖12　穿隧二極體的等效電路圖。

$$R_{\min} \approx \frac{2V_P}{I_P} \tag{30}$$

其中 V_P 與 I_P 分別為峰值電壓與峰值電流。

圖 12 中等效電路的總輸入阻抗 Z_{in} 為

$$Z_{in} = \left[R_S + \frac{-R}{1 + \left(\omega RC_j\right)^2} \right] + j \left[\omega L_S + \frac{-\omega C_j R^2}{1 + \left(\omega RC_j\right)^2} \right] \tag{31}$$

由式 (31) 中可以得知，阻抗的電阻式部份 (實部) 在某個頻率時為零，電抗式部份 (虛部) 在另一個頻率時亦會為零。我們將這些頻率分別表示為電阻式截止頻率 f_r 與電抗式截止頻率 f_x，且為

$$f_r = \frac{1}{2\pi RC_j} \sqrt{\frac{R}{R_S} - 1} \tag{32}$$

$$f_x = \frac{1}{2\pi} \sqrt{\frac{1}{L_S C_j} - \frac{1}{\left(RC_j\right)^2}} \tag{33}$$

因為 R 與偏壓有關，截止頻率也與偏壓有關。電阻式與電抗式截止頻率在 $R_{\min}$ 的偏壓時為：

$$f_{r0} \equiv \frac{1}{2R_{\min} C_j} \sqrt{\frac{R_{\min}}{R_S} - 1} \geq f_r \tag{34}$$

$$f_{x0} \equiv \frac{1}{2\pi} \sqrt{\frac{1}{L_S C_j} - \frac{1}{\left(R_{\min} C_j\right)^2}} \leq f_x \tag{35}$$

由於在此偏壓下，R 值為最小值 ($R_{\min}$)，f_{r0} 為二極體不再有負電阻效應時的最大電阻式截止頻率，f_{x0} 為二極體電抗為零時的最小電抗式截止頻率 (或自我共振頻率)。假如 $f_{r0} \gg f_{x0}$ 則二極體會有振盪現象。在二極體操作於負電阻區域的應用時，最希望達到 $f_{x0} > f_{r0}$ 且 $f_{r0} \gg f_0$，f_0 為操作頻率，式 (34) 與式 (35) 指出，要達到 $f_{x0} > f_{r0}$ 的條件，必須具有低的串聯電感 L_s。

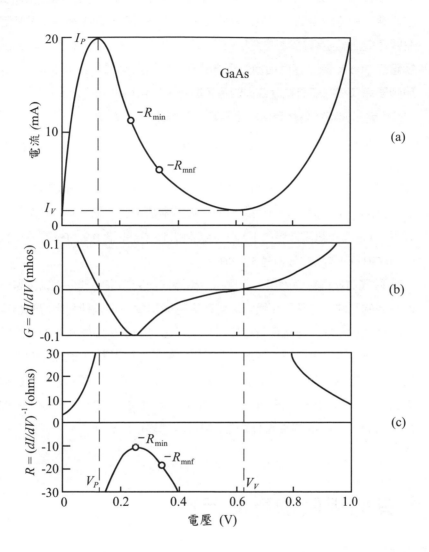

圖13　（a）GaAs 穿隧二極體在 300 K 下的本質電流-電壓特徵關係圖。（b）電導（dI/dV）對於偏極的關係圖，其中當在峰值與谷值電流時，G = 0。（c）微分電阻（dI/dV）$^{-1}$ 對偏壓的關係圖，其中 R_{min} 為最小負電阻，R_{mnf} 為在最小雜訊時的電阻。

穿隧二極體的切換速度能夠透過對接面電容進行充電的電流與平均 RC 的乘積來決定。因為負電阻 R 與峰值電流成反比，因此對於快速切換就需要大的穿隧電流。穿隧二極體的最大優點即在於速度指標，其被定義為峰值電流與電容(於谷電壓操作時)的比值，I_P / C_j。圖14 為 Ge 穿隧二極體在 300 K 時，速度指標與峰值電流對於空乏層寬度的關係圖。可以發現到要有狹窄的空乏寬度或大的有效摻雜，才可得到大的速度指標。

另一與等效電路有關的重要等式為雜訊指數

$$NF = 1 + \frac{q}{2kT} |RI|_{\min}$$

(36)

$|RI|_{\min}$ 為在 $I\text{–}V$ 特性中最小的負電阻–電流乘積值。圖13 指出相對應的 R 值(記作 R_{mnf})，$q|RI|_{\min}/2kT$的乘積稱為雜訊常數，並且是一個材料常數。室溫下，Ge 的雜訊常數值為 1.2，GaAs 為 2.4，GaSb 為 0.9，Ge 穿隧二極體在 10 GHz 的雜訊指數約為 5–6 dB。

除了微波與數位應用外，穿隧二極體在研究基礎物理參數時，是一個很有用的元件。這種二極體可以用在穿隧能譜學中，一種利用已知能量分佈的穿隧電子當作能譜探針的技術，取代在光能譜學中所使用的已知頻率光子。穿隧能譜學已經被用來研究固體中電子能態與觀察模式的激發 。例如，由低溫 Si 穿隧二極體 $I\text{–}V$ 特性的形狀，光子輔助穿隧過程可以被確認出來[32]。類似情形也在 III–V 半導體接面中發現，例如在 4.2 K 時 觀察 GaP、InAs 與 InSb 的電導對於偏壓圖形中的變化[33,34]。

8.3 其他相關的穿隧元件

8.3.1 背向二極體

與穿隧二極體相關，當 p 區或 n 區的摻雜濃度接近簡併或並非相當簡併時，在逆向方向小偏壓時的電流，會大於順向方向的電流，因此稱做背向二極體，如圖 15 所示。熱平衡時，在背向二極體中的費米能階非常接近於能帶邊緣，當小逆向偏壓(p 區相對 n 區為負值)一施加上去時，除了在

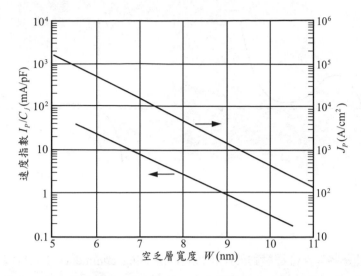

圖14 Ge 穿隧二極體在 300 K 時，速度指標與峰值電流對於空乏層寬度的關係圖。(參考文獻31)

兩邊皆無簡併外，能帶會變成類似圖 3e 的情況。在逆向偏壓下，電子可以由價電帶穿隧至導電帶，而造成穿隧電流，如式 (9) 所給，可以表示為以下形式：

$$J \approx C_5 \exp\left(\frac{|V|}{C_6}\right) \tag{37}$$

其中 C_5 與 C_6 是正值，且是隨外加電壓 V 緩慢變化的函數。式 (37) 指出逆向電流大約隨著電壓成指數上升。

背向二極體可應用於小訊號整流與微波的偵測及混成[35]。類似於穿隧二極體，因無少數載子儲存[36]，背向二極體具有好的頻率響應。此外，I–V 特性對溫度與輻射效應並不靈敏，背向二極體有非常低的 $1/f$ 雜訊[37]。

對於高速開關的非線性應用，元件優異係數 (device figure of merit) γ，即 I–V 特性中第二階導數對第一階導數的比值，也可當做彎曲係數[38]：

$$\gamma \equiv \frac{d^2 I / dV^2}{dI / dV} \tag{38}$$

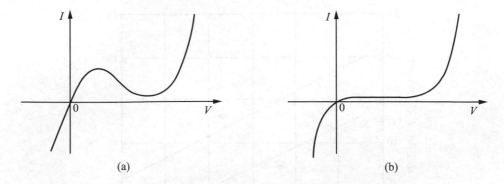

圖15 （a）有負電阻的穿隧二極體。（b）無負電阻的背向二極體。

γ 值是將非線性程度對於操作導納（operating admittance level）進行規一化的一種量測值。對於常見的順向偏壓 p–n 接面或蕭特基位障，γ 值僅為 q/nkT。因此 γ 反比於 T，在室溫下，理想 p–n 接面（$n = 1$）的 γ 約為 40 V^{-1}，與偏壓無關。然而，對於一逆向偏壓 p–n 接面，在低電壓時 γ 非常小，且在崩潰電壓附近隨著增累倍乘因子做線性增加[39]。雖然理論上逆向崩潰特性可以得到大於 40 V^{-1} 的 γ 值，但因為雜質的統計分佈與空間電荷電阻效應，預期將得到較低的 γ。

背向二極體的 γ 可由式（16）得到，且為[40]

$$\gamma \left(V = 0 \right) = \frac{4}{V_n' + V_p'} + \frac{2}{\hbar} \sqrt{\frac{2\varepsilon_s m^* \left(N_A + N_D \right)}{N_A N_D}} \tag{39}$$

m^* 為載子的平均有效質量

$$m^* \approx \frac{m_e^* m_h^*}{m_e^* + m_h^*} \tag{40}$$

可以很清楚地知道，彎曲係數 γ 與接面兩邊的雜質濃度及有效質量有關，與蕭特基位障相反，γ 值對於溫度改變的變化相當不靈敏，因式（39）中的參數對於溫度變化的改變很慢。

圖 16 為 Ge 背向二極體的理論值與實驗值的比較，實線是由式（39）並使用 $m_e^* = 0.22 m_0$、$m_h^* = 0.39 m_0$ 所計算出。在考慮的摻雜範圍內，具有很好的一致性，γ 值可超過 40 V^{-1}。

8.3.2 MIS穿隧元件

對於金屬–絕緣層–半導體 (MIS) 結構，I–V 特性主要與絕緣層厚度有關，如果絕緣層足夠厚 (Si–SiO$_2$ 系統要大於 7 nm)，穿越過絕緣層的載子傳輸即可忽略掉，MIS 結構即為傳統的 MIS 電容 (已於第 4 章討論過)。換句話說，若絕緣層很薄 (小於 1 nm)，載子在金屬與半導體間傳輸的阻礙就很小，此行為與蕭特基位障二極體相似，在這兩個氧化層厚度之間，也存在著不同的穿隧機制，我們將特別詳細討論 Fowler-Nordheim 穿隧 (圖 17a)、直接穿隧 (圖 17b)、極薄氧化層的 MIS 穿隧二極體 (圖 17c)，以及最後討論在簡併基材上的 MIS 穿隧二極體所導致的負電阻效應。

Fowler-Norheim穿隧　Fowler-Norheim (F–N) 穿隧的特性如下：(1) 位障為三角形，(2) 只穿過部份的絕緣層，如圖17a 所示，在較高的電場下，會造成較狹窄的位障。在穿隧通過三角形位障後，其餘的絕緣體並不會阻礙電流流動。因此藉由改變電場，整個絕緣層只能間接地影響電流。F–N 電流有類似式 (9) 的形式，可寫成[41]

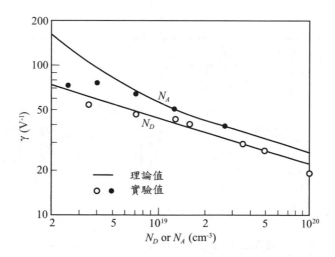

圖16　Ge背向二極體在300 K且 V = 0 時，其曲率係數對摻雜濃度 N_A (固定 N_D 為 2 × 10^{19} cm^{-3}) 或 N_D (固定 N_A 為10^{19} cm^{-3}) 的關係圖。(參考文獻 40)

$$J = \frac{q^2 \mathscr{E}^2}{16\pi^2 \hbar \phi_{ox}} \exp\left[\frac{-4\sqrt{2m^*}\left(q\phi_{ox}\right)^{3/2}}{3\hbar q \mathscr{E}}\right] = C_4 \mathscr{E}^2 \exp\left(\frac{-C_5}{\mathscr{E}^2}\right) \qquad (41)$$

對於熱氧化層，$C_4 = 9.63 \times 10^{-7}$ A / V² 且 $C_5 = 2.77 \times 10^8$ V / cm，此方程式與式(9)的共同性為三角形位障。但在 F–N 穿隧中，以 WKB 理論近似時，絕緣層的能帶結構，包括有效質量，反而是必須要使用的。值得注意的是，絕緣層的厚度並沒有出現在公式中，而是只有電場，圖 18 說明 F–N 穿隧與直接穿隧間的躍遷，直接穿隧發生在較薄氧化層與較低電場下，在 F–N 穿隧與直接穿隧間躍遷的氧化層厚度可以近似為 $d = \phi_{ox} / \mathscr{E}$，對於電子穿隧，$\phi_{ox} = 3.1$ V，而對於中等穿隧電流所需的電場 $\mathscr{E}$ 約為 6 MV / cm，由此可得到氧化層厚度約為 5 nm。

直接穿隧　　直接穿隧發生在氧化層厚度在 ≈ 5 nm 以下情形，且因如此薄

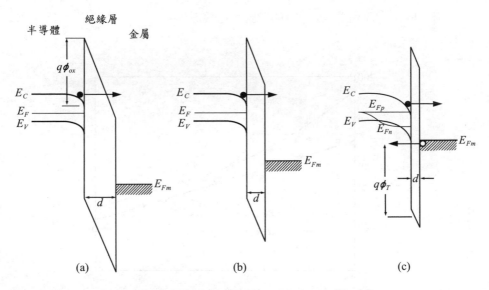

圖17　與氧化層厚度相關的穿隧機制。(a) 在較厚的氧化層厚度下 (> 5 nm)，Flower-Nordheim 穿隧是透過三角形的位障區且只發生在絕緣層的部分區域。(b) 直接穿隧整個絕緣層。(c) MIS 穿隧二極體 (d < 30 Å) 在非平衡的狀態下 (E_{Fn} 不等於 E_{Fp})，兩種載子均發生穿隧。

的氧化層，諸如量子效應的其他現象不可被忽略掉，在量子力學中，反轉層的最高載子濃度在離半導體–絕緣體界面的一有限距離，因此有效絕緣層厚度是增加的，此外，反轉層為一量子井且載子是在導電帶邊緣之上的量化能階上，圖 19 所示模擬的結果，直接穿隧電流對於氧化層厚度的改變非常靈敏，另一個要考量的因素為，在像 MOSFET 的實際元件中，氧化層上的上電極是高度摻雜多晶矽層而不是金屬，此種接觸在氧化層界面有一個小的空乏層，會使有效絕緣體厚度增加。

MIS穿隧二極體　穿隧電流為類似於式(8)的表示法，由 WKB 近似與假設能量及橫向動量守恆，沿著兩個導電區域間的 x 方向，穿過禁止區域的穿隧電流密度可寫成[44]

$$J = \frac{q}{4\pi^2\hbar} \iint T_t \left[F_1(E) - F_2(E) \right] dk_\perp^2 dE \tag{42}$$

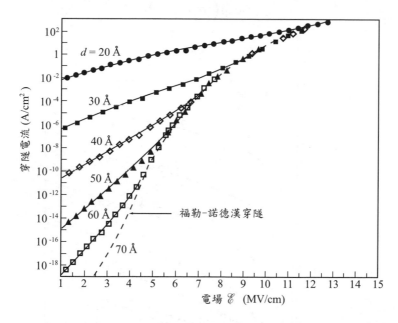

圖18　穿隧電流在不同電場下對不同氧化層厚度的關係圖，直接穿隧發生在較薄氧化層與較低電場下，在F–N穿隧發生在較厚的氧化層。

（參考文獻42）

F_1 與 F_2 為兩個傳導區域的費米分佈函數，T_t 為穿隧機率，對於所考慮的 MIS 二極體，半導體中的電子，在 k 空間中的等能量表面通常被視為小於在金屬中的 k 空間等能量表面。因此，從半導體穿隧到金屬的電子總是假設成可能的。若更進一步假設固態的能帶為拋物線，並具有等向性電子質量 m^*，式(42)可簡化成

$$J = \frac{m^* q}{2\pi^2 \hbar^3} \iint T_t dE_\perp dE \qquad (43)$$

$E_\perp$ 與 E 為半導體中電子的橫向動能與總動能。$E_\perp$ 的積分極限為 0 與 E，而 E 的極限為兩個費米能階，有效位障高度 $q\phi_T$ 與寬度 d 的方形位障(圖 17c)的穿隧機率可由式(2)得到[45]：

$$T_t \approx \exp\left(-\frac{2d\sqrt{2qm^*\phi_T}}{\hbar}\right)$$
$$\approx \exp\left(-\alpha_T d\sqrt{\phi_T}\right) \qquad (44)$$

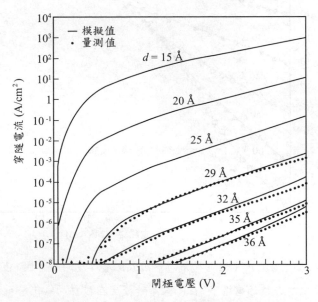

圖19 考量量子效應下的直接穿隧電流關係圖。(參考文獻43)

若絕緣體內的有效質量等於自由電子質量則 $\alpha_T(=2\sqrt{2qm^*}/\hbar)$ 接近於 1，ϕ_T 單位為伏特，d 單位為埃。

將式(44)代入式(43)並對整個能量範圍積分，可以估計穿隧電流，並得到[45, 46]

$$J = A^*T^2 \exp\left(-\alpha_T d\sqrt{q\phi_T}\right)\exp\left(\frac{-q\phi_B}{kT}\right)\left[\exp\left(\frac{qV}{\eta kT}\right)-1\right] \qquad (45)$$

$A^* = 4\pi m_t^* qk^{-2}/h^3$ 為有效 Richardson 常數，ϕ_B 為蕭特基位障高度。式(45)與蕭特基位障的標準方程式幾乎相等，除了額外加入的穿隧機率 $\exp(-\alpha_T d\sqrt{q\phi_T})$ 項，在此值為 1.01 eV$^{-1/2}$ Å^{-1} 的常數項 $[2(2m^*/\hbar^2)]^{1/2}$ 被忽略掉。因此由式(45)可以知道對於 E 在 1V 的數量級與 $d > 50$ Å 之下，穿隧機率大約是 $\exp(-50) = 10^{-22}$，而電流的確是小到可以忽略。當 d 與／或 ϕ_T 減少時，電流快速地增加到電流程度，圖 20 為 4 個不同氧化層厚度的 Au–SiO$_2$–Si 穿隧二極體順向 I–V 特性，對於 $d \approx 10$ Å，電流遵守理想因子 η 接近 1 的標準蕭特基二極體行為。當氧化層厚度增加時，電流快速地減少，理想因子開始偏離 1，η 已在第 3.3.6 節表示過。

MIS 穿隧二極體中最重要的參數之一為金屬–絕緣層位障高度，對於 I–V 特性具有極大的影響[47-48]。圖 21 為在熱平衡時在 p 型基材上，有兩個金屬到絕緣層位障高度的 MIS 能帶示意圖。對於低位障情形（Al–SiO$_2$ 系統，$\phi_{mi} = 3.2$ V），p 型矽晶的表面在平衡時為反轉，而在高位障情形下（Au–SiO$_2$ 系統，$\phi_{mi} = 4.2$ V），表面為電洞累積。存在兩個主要的穿隧電流成份：載子由導電帶到金屬所產生的 J_{ct}，以及由價電帶到金屬所產生的 J_{vt}，兩種電流皆用類似於式(42)的形式表示。

圖 22 為兩個二極體的理論 I–V 曲線，對於低位障情形，即圖 22a，在小順向與逆向偏壓下，由於電子的數量很多，主宰電流為少數載子（電子）電流 J_{ct}。在順向偏壓（半導體側為正電壓）增加時，電流也呈現單一性的增加趨勢。在一個特定的偏壓下，當氧化層厚度減小時電流快速地增加，此因電流被穿隧機率所限制住，式(44)中可知穿隧機率與氧化層厚度呈指數變化。在逆向偏壓，當 $d < 30$ Å 時電流實際上與氧化層厚度

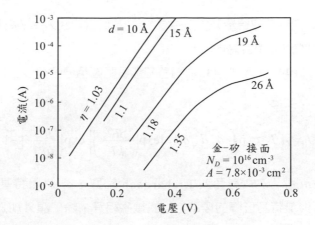

圖20 不同氧化層厚度的 MIS 穿隧二極體其電流與電壓的關係圖。（參
考文獻46）

無關，因為電流被經由半導體所產生的少數載子（電子）提供率所限制，
這是類似 *p-n* 接面逆向偏壓時的飽和電流情形。圖 22a 為 *d* = 23.5 Å 的實
驗結果，要注意 *I–V* 特性類似於 *p–n* 接面的整流性質。

　　對於高位障情形，如圖 22b 下所示，在順向偏壓下，主要電流為多數
載子（電洞）由價電帶到金屬的穿隧電流，當氧化層厚度減小時電流呈指數
性增加，在逆向偏壓下，電流不再如圖 22a 所示，其不會與氧化層厚度無
關，反而當氧化層厚度減小時電流快速地增加，因為對多數載子的傳輸來
說，電流主要受限於兩個方向的穿隧機率，而不是載子供給的速率，因此
對於高位障情形，穿隧電流較高，特別是在逆向偏壓時。

簡併半導體上的 MIS 穿隧二極體　　現在要討論的是由在簡併摻雜半導
體上的 MIS 穿隧二極體所觀察到的負電阻。圖 23 為 *p*++ 型與 *n*++ 型半
導體基材，並包含界面缺陷的 MIS 穿隧二極體的簡化能帶示意圖。為了簡
化，半導體區所呈現的影像力（image force）與能帶彎曲，以及平衡時橫跨
氧化層的位能降皆被忽略。首先考慮 *p*++ 型半導體，施加正偏壓在金屬
上（圖 23b）會使電子從價電帶穿隧至金屬。在這種電壓極性時產生的穿隧
電流（圖 23b）會隨著費米能階間能量範圍的增加而單調一性的增加，但並
不會造成負電阻；穿隧電流也會更進一步隨著減少有效絕緣層位障高度 ϕ_T

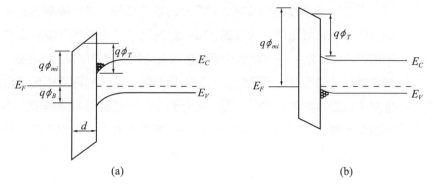

(a)　　　　　　　　　　　　　(b)

圖21　為在熱平衡時在 p 型基底上，MIS 穿隧二極體的能帶關係圖，（a）在較低金屬絕緣層位障的情況與（b）在較高金屬絕緣層位障的情況下。（參考文獻47）

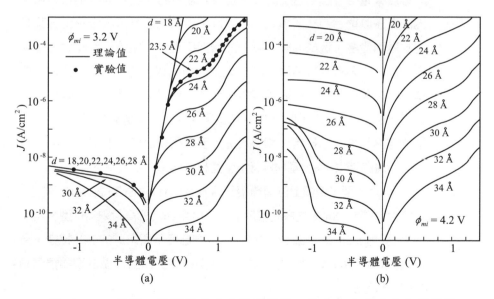

(a)　　　　　　　　　　　　　(b)

圖22　MIS穿隧二極體的電流電壓關係圖，其中（a）具有小位障的情況（b）具有高位障。$T = 300\ \text{K}$，$N_A = 7 \times 10^{15}\ \text{cm}^{-3}$。（參考文獻47）

而增加。

　　施加一小負電壓到金屬上 (圖 23c) 會造成電子從金屬穿隧到未被佔據的半導體價電帶。根據圖 23d，對於電子由金屬多穿隧到價電帶中未被佔據能態，逆向電壓的增加意味著有效位障高度 ϕ_T 的增加，而導致電流隨偏壓增加而降低，亦即為負電阻。另一個電流成份來自於金屬中有較高能量的電子，同時穿隧到空的界面缺陷與價電帶內的電洞瞬間地復合。由於有效絕緣層位障隨著偏壓減小，此電流成份總是為正微分電阻現象。最後，再增加偏壓，會造成一個從金屬進入半導體導電帶的第三階快速成長的穿隧電流成份 (圖 23e)。接著考慮 n^{++} 型半導體，如圖 23f 所示，對於 n^{++} 型的有效絕緣層位障，預期為比 p^{++} 型樣品要小，因此，對於一給定的偏壓來說，通常有一個較大穿隧電流。對於金屬上施加負偏壓，電子會從金屬穿隧到半導體導電帶的空能態，造成大且快速增加的電流 (圖 23g)。金屬上小的正電壓會使由半導體導電帶穿隧到到金屬的電子變多 (圖 23h)，若界面缺陷被導電帶內的電子以復合方式所填滿 (圖 23i)，再增加偏壓會因電子由界面缺陷穿隧到金屬，造成的第二電流成份的出現，此電流成份隨偏壓增加而增加，因有效絕緣位障的減少，對於一個較大電壓 (圖 23j)，可能造成由價電帶到金屬的額外穿隧，但此對於總 $I–V$ 特性的影響相對來說是比較小的，因為相對高的氧化位障，因此，半導體能帶結構在 n^{++} 型的穿隧特性上的影響，相對於 p^{++} 型結構有比較小的效應，要注意一個有趣的結果，n^{++} 基材不像 p^{++} 基材有負電阻的情形。

　　在 p^{++} 型半導體上的負電阻已經在 Al–Al$_2$O$_3$–SnTe 的 MIS 穿隧二極體上獲得[50]。SnTe 是摻雜濃度為 8×10^{20} cm^{-3} 的高摻雜 p 型材料，Al$_2$O$_3$ 約為 5 nm 厚。圖 24 為在三個不同溫度下所量測的 $I–V$ 特性，負電阻在 0.6 到 0.8 V 間發生，這些結果與根據式 (43) 所做的理論預測有好的一致性[44]。

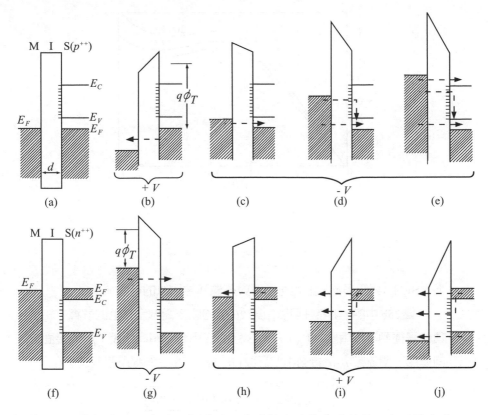

圖23 簡化的 MIS 穿隧二極體於不能基材上的能帶關係圖，上下圖各爲 p^{++} 型與 n^{++} 型的半導體基材，並包含了界面的缺陷且一正電壓 V 施加於金屬上。（參考文獻49）

8.3.3 MIS 開關二極體

　　MIS 開關（MISS）二極體具有如圖 25a 中所示的四層結構，基本上它是由　MIS 穿隧二極體串連一個 p–n 接面所構成。這個二極體具有由電流所控制的負電阻效應（圖 25b），類似蕭特基二極體（第 11 章）[51]。當負偏壓施加在上金屬接觸時（或正 V_{AK}，　p^+ 區假設爲接地），I–V 特性會有高阻抗或是截止狀態。在一個足夠高的電壓下，例如：切換電壓 V_s，元件會突然切換到具有低電壓高電流的導通狀態。切換的發生常是由表面空乏區延伸到 p^+–n 接面（即：貫穿），或是由表面 n 層中的累增所引發[52]。起初，元件是以 SiO_2 爲穿隧絕緣層並製作在矽晶圓上，隨後，在其他絕緣體（例

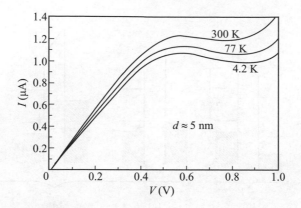

圖24　顯示了負電阻的 MIS 穿隧二極體（Al–Al$_2$O$_3$–SnTe）流電壓關係圖。（參考文獻50）

如：Si$_3$N$_4$）與厚多晶矽上也可獲得與這種元件類似的行為。

圖25b 中的 I–V 特性可以由圖 26 中的能帶圖做定性上的解釋。給予一負的陽極到陰極電壓（$-V_{AK}$），MIS 穿隧二極體為順向偏壓，p–n 接面為逆向偏壓。電流被 p–n 接面中空乏區（W_D）內的產生過程所限制住，

$$J_g = \frac{qn_iW_D}{2\tau} \approx \frac{n_i}{\tau}\sqrt{\frac{q\varepsilon_s\left(\left|V_{AK}\right|+\psi_{bi}\right)}{2N_D}} \tag{46}$$

τ 為少數載子生命期，ψ_{bi} 為 p–n 接面的內建電位。在這種偏壓操作的條件下，無切換現象的發生。

在正 V_{AK} 操作下，MIS 穿隧二極體為逆向偏壓，p–n 接面為順向偏壓（圖 26c）。在這個低電流的截止狀態下，除了以平衡時位障高度 ϕ_B 取代 ψ_{bi} 之外，在相同表示式下，電流主要由表面空乏區的產生過程所支配。由熱產生的電子接近 p–n 接面，並且在順向偏壓下的 p–n 接面空乏區內與電洞復合。由於低程度的電流通過接面，這意味著通過 p–n 接面的電流主要由復合所支配，而非擴散電流。從金屬穿隧到半導體的電子是 MIS 穿隧二極體的逆向電流，在截止狀態下此電流是小的。但此電流在後面的討論時將會是大的，並變成在導通狀態下的主要電流。

MISS 的切換判斷端視於往絕緣層穿隧的電洞的補充，當電洞電流受

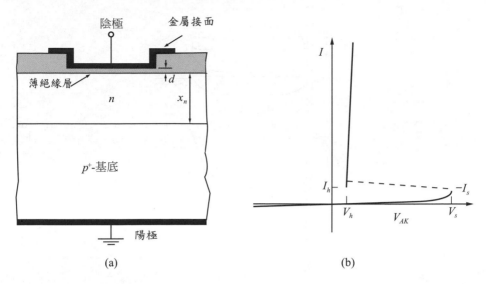

圖25 （a）具有四層結構的 MIS 開關二極體。（b）電流電壓關係圖顯
示了電流控制的 S 型負電阻。

限於半導體時(產生過程)，電洞電流是小的。在此情況下，半導體表
面為深空乏，表面的電洞反轉層並未形成。假如有其他供給電洞的額
外來源，穿隧電流就不足以讓電洞完全流掉，因此會變成受限於穿隧
效應，電洞反轉層將會形成。表面電位下跌(即：表面能帶彎曲)會增
加橫跨絕緣體的電壓 V_i，以及在兩個方面增加 J_{nt}。第一為位障高度 ϕ_B
減小，第二，ϕ_T 亦減小。後者等同於較高的電場橫跨於絕緣層，大
電流通過 $p–n$ 接面，在 $p–n$ 接面的電流機制由復合變成擴散。因為 N_A
$\gg N_D$，電子電流 J_n 可注入一較大的電洞電流中，其差值為 $\approx 1 / (1–\gamma)$
，γ 為 $p–n$ 接面注入效率(電洞電流對總電流的比值)。穿隧過絕緣體
的總電洞電流變成

$$J_{pt} = J_n \left(\frac{1}{1-\gamma} \right) \tag{47}$$

MIS 穿隧二極體與 $p–n$ 接面對產生了再生回饋與造成負微分電阻。

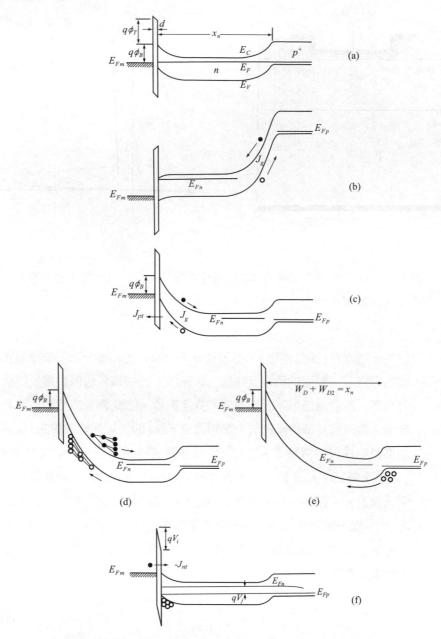

圖26 MISS 在不同偏壓下的能帶示意圖。（a）平衡下（b）負V_{AK}（c）正V_{AK}（d）疊增倍增發生時（e）貫穿發生時（f）高電流情況下。

再產生的回饋可視為兩個電流增益的結果：一個為在 MIS 穿隧二極體中由電洞電流產生的電子電流增益[53]，另一個為 p^+–n 接面中由電子電流產生的電洞電流增益。在 MIS 穿隧二極體中為了得到電流增益，準確的絕緣層厚度是很重要的，對於 SiO$_2$ 而言必須在 20~40 Å 的範圍之內，比 20 Å 還薄的氧化層不能將電洞限制在表面以維持反轉層並減少 ϕ_B，而電流總是被半導體所限制住。比 50 Å 厚的氧化層無法造成深空乏，電流總是被穿隧所限制住。

實際上，因產生過程引發的電流不足以觸發切換現象，兩個最常見的額外來源是貫穿與累增過程。在圖 26e 的貫穿情形下，MIS 二極體的空乏區會與 p–n 接面的空乏區合併在一起，電洞的能位障會減少，大的電洞電流會注入。在此貫穿模式下的切換電壓為

$$V_s \approx \frac{qN_D \left(x_n - W_{D2}\right)^2}{2\,\varepsilon_s} \tag{48}$$

其中 W_{D2} 為 p–n 接面空乏區寬度。

在貫穿前，若靠近表面的電場足夠高，會發生累增倍乘的現象，也會引起往表面方向的大電洞電流(圖 26d)，此模式下的切換電壓類似於 p–n 接面的累增崩潰電壓。在 n 層中高摻雜濃度的結構中，累增模式的切換是主導因素，此高摻雜濃度通常高於 10^{17} cm^{-3}。

圖 26f 為 MISS 在切換到高電流的導通狀態能帶圖。在切換之後，貫穿或累增不再持續下去，表面的導電帶邊緣在 $E_{Fm}(\phi_B = 0)$ 之下，J_{nt} 控制開啟電流。這個保持電壓(holding voltage)可以近似為

$$V_h \approx V_i + V_j \tag{49}$$

V_i 為跨過絕緣層的電壓，並可以近似為等於平衡時原來位障高度 ϕ_B($\approx$ 0.5~0.9 V)。若保持電壓約為 1.5 V，則在 p–n 接面的順向偏壓大約在 0.7 V。

除了前述的貫穿與累增，也有兩個可能的電洞電流來源，一為第三端接觸，另一為光學產生。三端點的 MISS 有時稱為 MIS 閘流體(thyristor)。其為具有少數或多數載子其中之一的注入器，相同的功能是要增加

流向絕緣體的電洞電流。當少數載子注入體直接注入電洞，多數載子注入體控制 n 層的電位，電洞電流直接由 p^+ 基材注入。在任一結構中，隨著正閘極電流向元件，會產生較低的開關電壓。另一方面，當 MISS 受到光源的照射，J_p 因光照而產生，切換電壓減小。對於固定的 V_{AK}，光可以導致導通狀態，元件會變成光觸發開關。

誠如前面所提，氧化層厚度是開關特性的一個關鍵參數。圖27中，對於厚度大於等於 50 Å 的厚氧化層來說，穿隧阻礙太大而無法符合開關需求，對於厚度小於 15 Å 的很薄氧化層，p^+–n 接面在深空乏形成之前已完全地打開，因此元件變成為 p–n 接面特性，開關行為只有在中間氧化層厚度 (15 Å $< d <$ 40 Å) 才能觀察得到。

MIS 開關二極體吸引人的特徵包括了高切換速度(1 ns 或更短)，與切換電壓 V_s 對於光或電流注入的高靈敏度。MISS 可以應用在數位邏輯，亦有同步移位暫存器的展示。其他方面的應用包括 SRAM 記憶體，若與鬆馳振盪電路結合可做為微波產生器，以及做為警報系統的光觸發開關。MISS 的限制在於其相當高的保持電壓，以及在形成均勻且薄的穿隧絕緣層上的難度。

8.3.4 MIM 穿隧二極體

金屬–絕緣層–金屬 (MIM) 穿隧二極體是一種電子從第一個金屬穿隧進絕緣層，並由第二個金屬汲取的薄膜元件，具有非線性的 I–V 特性但無負電阻現象，非線性 I–V 本質有時可用於微波偵測中的調音裝置 (mixer)。圖28a 與28b 說明具有類似金屬電極的基本 MIM 二極體能帶圖，因為外加電壓的壓降全部落於絕緣層上，穿過絕緣層的穿隧電流可依式 (42) 表示為：

$$J = \frac{4\pi q m^*}{h^3} \iint T_t \left[F(E) - F(E+qV) \right] dE_\perp dE \tag{50}$$

在 0 K 時，式 (50) 可簡化成[54]

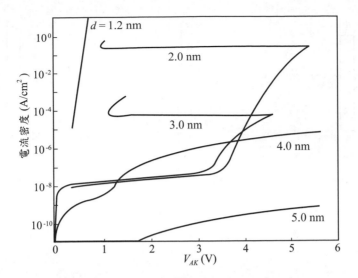

圖27　不同氧化層厚度下對 MIS 開關二極體元件，所計算出的電流電壓關係圖。元件的固定參各別爲$x_n = 10$ μm，$N_D = 10^{14}$ cm^{-3}，和 $\tau = 3.5 \times 10^{-5}$ s。（參考文獻52）

$$J = J_0 \left[\overline{\phi} \exp(-C\sqrt{\overline{\phi}}) - (\overline{\phi}+V) \exp(-C\sqrt{\overline{\phi}+V}) \right] \tag{51}$$

其中，

$$J_0 \equiv \frac{q^2}{2\pi h d^{*2}} \tag{52}$$

$$C \equiv \frac{4\pi d^* \sqrt{2m^* q}}{h} \tag{53}$$

$\overline{\phi}$ 為費米能階以上的平均位障高度，d^* 為簡約化的有效位障寬度，式(51)可解釋為一電流密度 $J_0\overline{\phi}\exp(-C\sqrt{\overline{\phi}})$ 由金屬電極 1 流至金屬電極 2，而另一個 $J_0(\overline{\phi}+V)\exp(-C\sqrt{\overline{\phi}+V})$ 由金屬電極 2 流至金屬電極 1。

　　現在將式(51)代入理想對稱 MIM 結構中，理想所指的是金屬電極中的溫度效應，影像力效應與場穿透效應可以被忽略掉，對於 $0 \le V \le \phi_0$，$d^* = d$ 與 $\overline{\phi} = \phi_0 - V/2$ 的情形，電流密度為

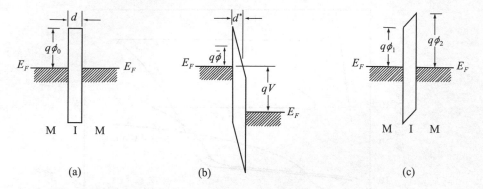

圖28　MIM 結構的能帶示意圖。(a)對稱的 MIM 結構在熱平衡下(b)施加偏壓下 $V > \phi_0$，(c)非對稱的 MIM。

$$J = J_0\left[\left(\phi_0 - \frac{V}{2}\right)\exp\left(-C\sqrt{\phi_0 - \frac{V}{2}}\right) - \left(\phi_0 + \frac{V}{2}\right)\exp\left(-C\sqrt{\phi_0 + \frac{V}{2}}\right)\right] \quad (54)$$

對於大電壓，$V > \phi_0$，可以得到 $d^* = d\phi_0 / V$ 與 $\overline{\phi} = \phi_0/2$，則電流密度為

$$J = \frac{q^2\mathscr{E}^2}{4\pi h\phi_0}\left\{\exp\left(\frac{-\mathscr{E}_0}{\mathscr{E}}\right) - \left(1 + \frac{2V}{\phi_0}\right)\exp\left[\frac{-\mathscr{E}_0\sqrt{1 + \left(2V/\phi_0\right)}}{\mathscr{E}}\right]\right\} \quad (55)$$

其中

$$\mathscr{E}_0 \equiv \frac{8\pi}{3h}\sqrt{2m^*q}\phi_0^{3/2} \quad (56)$$

且 $\mathscr{E} = V/d$ 為絕緣體中的電場。對於如 $V > \phi_0$ 的較高電壓，式(55)中的第二項可以被忽略，並得到著名的 Fowler-Nordheim 穿隧方程式〔式(41)〕。

　　對一具有不同位障高度 ϕ_1 與 ϕ_2 的理想對稱 MIM 結構(圖28c)，在 $0 < V < \phi_1$ 的低電壓範圍內，$d^* = d$ 與 $\overline{\phi} = (\phi_1 + \phi_2 - V)/2$ 的量與極性無關，因此 J–V 特性與極性無關，在較高電壓 $V > \phi_1$ 時，平均位障高度 $\overline{\phi}$ 與有效穿隧距離 d^* 與極性有關。因此，對於不同的極性電流也是不同的。

　　MIM 穿隧二極體已經被用來研究具有寬能隙半導體的禁止能帶中能量–動量的關係[55,56]。MIM 穿隧結構是使用單晶材料樣本所製作而成，例如

GaSe (E_g = 2.0 eV，d < 10 nm)，夾於兩個金屬電極之間，由一組 J–V 曲線，與式 (42) 以及式 (50) 可得到能量–動量 (E–k) 關係。一旦知道 E–k 關係，無須使用調變的參數，即可計算出所有其他厚度的穿隧電流。

8.3.5 熱電子電晶體

　　過去幾年內，為了發明或發現具有比雙載子電晶體或是 MOSFET 效能還要好的新式固態元件，許多的嘗試一直在進行。熱電子電晶體 (HET) 為眾多候選者中最令人感到有趣的一種。在熱電子電晶體中，由射極射出的載子在基本上就已具有高位能或動能，因熱載子有較高速度，HET 被期待有較高的本質速率、較高電流，以及較高轉導。在這一節，將討論以穿隧射極-基極接面為基礎的 HET，這些元件有時被稱為穿隧熱電子轉換放大器 (THETA)。

　　第一個 THETA 於 1960 年由 Mead 所發表，使用的是 MOMOM (金屬–氧化物–金屬–氧化物–金屬) 結構，有時稱做 MIMIM (金屬–絕緣層–金屬–絕緣層–金屬) 結構 (圖 29a)[57,58]。此結構中，射極與集極位障皆由氧化層所形成，金屬基極必須要薄且通常介於 10 到 30 nm 之間，此種結構的電流增益可利用金屬–半導體接面來取代 MOM 集極接面而來大幅度改善 (圖 29b)[59]，而形成 MOMS (金屬–氧化層–金屬–半導體) 或 MIMS (金屬–絕緣層–金屬–半導體) 結構。然而，這種 MIMS 結構比雙載子電晶體有較低的最大振盪頻率，主要是因為較長的射極充電時間 (由較大射極電容造成) 與較小共基極電流增益 (由基極區域熱電子散射造成)。仍有其他的變化是在集極中使用 p–n 接面 (圖 29c)[60]，在這種 MO p–n (或 MI p–n) 結構，相對於金屬來說，半導體是基極，因此有較小的基極散射。

　　因所有上述結構使用相同射極接面穿隧機制，所以皆面臨低電流增益與位障厚度控制不佳的相同問題。從 Heiblum 在 1981 年提出使用寬能隙半導體當做穿隧位障與簡併摻雜 (degenerately doped) 的窄能隙半導體當做射極、基極與集極[61]，THETA 重新引起人們注意。在 1970 年代時，如　MBE

與 MOCVD 等磊晶技術的快速發展，這個理念特別合時宜，第一個異質接面的 THETA 在 1984 年[62,63]與 1985 年[64-66]發表。

　　對於異質接面結構（圖29d），AlGaAs／GaAs系統最為常見，但其他材料，如 InGaAs／InAlAs、InGaAs／InP、InAs／AlGaAsSb，與 InGaAs／InAAlGaAs 也已經被報導過。射極、基極與集極的窄能隙材料通常為高摻雜，而寬能隙層則為無摻雜，可穿隧射極的位障厚度在 7~50 nm 的範圍內，集極的位障層較厚，範圍從 100 到 250 nm，基極寬度為 10 到 100 nm，薄的基極可以改善轉換比，但較難製作出不會與集極產生短路的接觸點，集極–基極接面通常為漸變式的摻雜濃度所形成，以減少量子力學上的反射。

　　對於上述的工作原理，是針對異質接面的 THETA，因為它受到大家高度的興趣。在正常的操作環境，射極相對基極為負偏壓（針對如上所顯示的摻雜類型），而集極為正偏壓（圖 29d），因異質接面所產生的偏壓小，通常在 0.2~0.4 eV 間，所以THETA 必須在低溫下操作，以減少整個位障的熱游離發射電流。電子由射極注入到 n^+ 基極，使 THETA 成為多數載子的元件，射極–基極電流為藉由直接穿隧或 Fowler-Nordheim 穿隧穿過位障的穿隧電流，在基極所注入的電子有最大動能（大於 E_C）值

$$E = q(V_{BE} - V_n) \tag{57}$$

（對於簡併半導體而言，V_n 為負值）。當電子橫越過基極，能量會由一些散射方式所散失，在基極–集極接面，能量超過位障 $q\phi_B$ 的載子會貢獻出集極電流，而其他則會貢獻到令人討厭的基極電流。

　　基極傳輸因子 α_T 可分為不同的組成，

$$\begin{aligned}I_C &= \alpha_T I_E \\ &= \alpha_B \alpha_{BC} \alpha_C I_E\end{aligned} \tag{58}$$

α_B 是由於在基極層發生的散射而來，

$$\alpha_B = \exp\left(-\frac{W}{\lambda_m}\right) \tag{59}$$

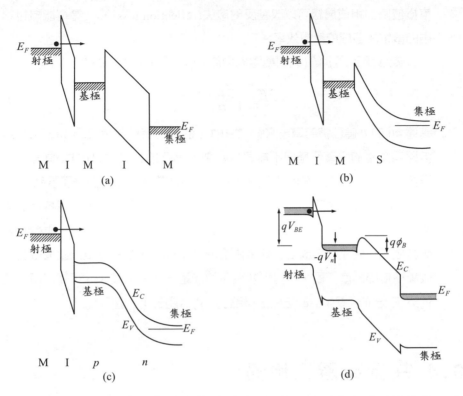

圖29　不同的穿隧熱電子轉換放大器，在不同順向偏壓下的能帶示意圖。(a) MIMM (b) MIMS (c) MIp-n (d) 異質接面的 THETA。

W 與 λ_m 為基極寬度與平均自由徑，λ_m 值已被報導在 70 到 280 nm 之間，λ_m 亦與電子能量有關。當能量太高時，λ_m 會開始降低，在 MOM 射極的情形下，因氧化層位障較高，需要大的 V_{BE} 來注入特定電流數值，不幸地，較高 V_{BE} 會增加電子能量，並減少 λ_m，此即為 MOM 位障氧化層厚度要小 (~15 Å) 的因素[61]。若要改善 α_B 的值，基極厚度要最小化，但這會造成超量基極電阻。已經有文獻提出使用引致基極[67]或調整基極的摻雜，可達到薄 (≈ 10 nm) 且可導電的目的。第二個因子 α_{BC} 是由於基極-集極能帶不連續所造成的量子力學反射。對於陡峭接面，

$$\alpha_{BC} \approx 1 - \left[\frac{1 - \sqrt{1 - (q\phi_B / E)}}{1 + \sqrt{1 - (q\phi_B / E)}} \right]^2 \tag{60}$$

集極位障的組成層級可以改善反射散失(reflection loss)，α_C 為寬能隙材料中的散射所造成的集極效率。

為了達到高 β 值 (共射極電流增益)，α_T 要接近 1，因為

$$\beta \approx \frac{\alpha_T}{1-\alpha_T} \tag{61}$$

高達 40 的 β 值已被報導出來[69]。THETA 的輸出特性顯示於圖 30，由於具備通過基極的彈導傳輸與不需要少數載子儲存的特性，THETA 具有高速操作的潛能。然而，在低溫下操作的要求可能為它的應用帶來了限制。

THETA 已經被使用成為研究熱電子性質的研究工具，一個特定的功能是在基極中量測穿隧熱電子能量光譜的光譜儀，在此作用下，集極相對於基極為正偏壓，以改變有效集極位障 (圖 31a)。當集極電流遞增量對有效集極位障高度作圖，可得到熱電子的能量光譜。由圖 31b 可知對每一個 V_{BE}，在分佈範圍中的峰值能量 (相對於 V_{CB}) 隨著 V_{BE} 值而增加。

8.4 共振穿隧二極體

60 年代後期與 70 年代早期，Tsu 與 Esaki[71] 在經過超晶格方面的先驅研究工作之後，預言了共振穿隧二極體 (有時稱做雙位障二極體) 的負微分電

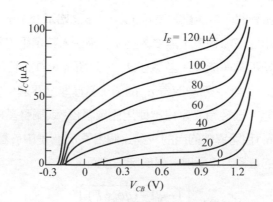

圖30 共基極異質接面 THETA 的輸出特性曲線。(參考文獻70)

阻（NDR）特性。於1974 年，由 Chang 等人首先展示出此二極體的結構與特性[72]。隨著 80 年代早期許多研究學者發表許多改善特性的技術，使得此方面的研究興趣迅速遞增，部份的原因也是由於 MBE 與 MOCVD 技術的成熟發展。於1985年，此結構的室溫 NDR 也被發現[73-74]。

　　共振穿隧二極體需要利用導電帶或價電帶在能帶邊緣處的不連續性，以形成量子井，因此異質磊晶的技術成為必要。最廣為使用的材料組合為 GaAs／AlGaAs（圖32），其次為 GaInAs／AlInAs。結構中間的量子井寬度約為 5 nm，位障層則由 1.5 到5 nm，因位障層不需具有對稱性，故其厚度可不相同。量子井與位障層皆是未摻雜，但被夾在高摻雜、窄能隙且通常與量子井材料相同的材料之間。圖32 中並未畫出鄰近位障層且是未摻雜的間隔薄層（約 1.5 nm GaAs），此層的目的是為確保摻雜原子不會擴散到位障層中。

　　量子力學中指出，寬度為 W 的量子井中，導電帶(或價電帶)會分裂成分離的次能帶，每個次能帶的底部可以用下式表示：

$$E_n - E_{Cw} = \frac{h^2 n^2}{8m^* W^2} \qquad , \, n = 1 \,、\, 2 \,、\, 3 \,、\, ... \tag{62}$$

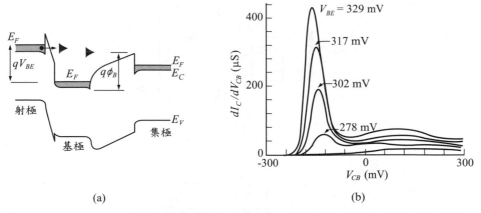

(a)　　　　　　　　　　　　　(b)

圖31　（a）用於光譜儀的 THETA 能帶示意圖。集極電壓相對於基極為負，且改變了有效的集極位障高度。（b）熱電子的能量光譜（參考文獻70）

其中 E_{Cw} 為量子井中的 E_C，此等式假設無限的位障高度，且僅具定性的討論用途。實際上，當量子化的能階在 E_C 之上 ≈ 0.1 eV，則位障 (ΔE_C) 約為 0.2~0.5 eV 左右。在施加偏壓下，載子可以經量子井中的能態，由一電極穿隧到另外一個電極。

　　當穿隧行為是經由量化能態通過雙位障時，共振穿隧為一獨特現象[75]。如前面所述，當穿隧過單一位障時，穿隧機率為入射粒子能量的單調遞增函數，在共振穿隧中，薛丁格方程式必須同時解三個區域—射極、量子井，與集極，因為量子井內能階量化，當入射粒子符合量化能階之一時，穿隧機率達到最大值，如圖33 所示，在此種同調穿隧中，若入射能量並不符合任一個量化的能階，穿隧可能是量子井與射極間穿隧機率 T_E，和量子井與集極間穿隧機率 T_C 的乘積，

$$T(E) = T_E T_C \tag{63}$$

然而，當入射能量符合量化能階之一時，量子井內的波方程式會是類似 Fabry-Perot 共振的形式，躍遷機率變成[76]

$$T(E = E_n) = \frac{4T_E T_C}{(T_E + T_C)^2} \tag{64}$$

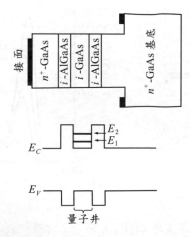

圖32 一共振穿隧二極體的結構圖，且具有 GaAs/AlGaAs 的異質結構。能帶示意圖中顯示了，量子井與量子能態的形成。

對於一個對稱結構來說，$T_E = T_C$，且 $T = 1$。若偏離此共振行為，由圖33 所給的形狀與式(63)所得到的值，會以數個數量級的量減少，而共振穿隧電流則為：

$$J = \frac{q}{2\pi\hbar} \int N(E)T(E)dE \tag{65}$$

從射極所貢獻至穿隧的電子數量(每單位面積)為：[75]

$$N(E) = \frac{kTm^*}{\pi\hbar^2} \ln\left[1 + \exp\left(\frac{E_F - E}{kT}\right)\right] \tag{66}$$

在共振穿隧二極體中，入射電子可透過外加偏壓以獲得能量，相對於量子井與集極，此偏壓將可提升射極的能量。一般而言，如圖33 中藉由積分所有陡峭的共振穿隧電流峰值，將可預測所得到的穿隧電子入射能量分佈是一陡峭電流峰值及非常高的峰對谷比值。然而，在真實情況下，即使在低溫，也很難觀察到這個預測的現象。原因有二，主要因為共振穿隧峰的能量範圍很窄，正比於 $\Delta E = \hbar/\tau$(τ 是電子在次能帶 E_n 上未穿隧出的存活期，ΔE 是能量 E_n 的延展範圍)[75]。除此之外，還存在著一些非理想的效應如：雜質散射、非彈性聲子散射、聲子輔助散射和熱游離發射。這些效應將大幅增加谷值電流，進而影響峰值與谷值的比例。序列穿隧的模型證明比同調穿隧更適合解釋實驗數據[77]。在序列穿隧情況下，從射極穿隧到量子井，以及從量子井穿隧到集極可視為兩個不相關的事件。這簡單的描繪比較容易解釋實驗的數據以及做為日後分析之用。

共振穿隧二極體的 I–V 特性如圖 34 所示。除了負電阻效應外，還有一點值得注意的是電流峰值與谷值是可重複的。此特徵在傳統的 p–n 穿隧二極體中是不存在的。相對應 I–V 曲線，不同區域的能帶圖如圖 35 所示。峰值電流所對應到的偏壓條件可使射極的 E_C 能階與每一個量子化的能階對齊。我們接下來將解釋負電阻的起源。

在序列穿隧模型中，電流流動的機制主要是由載子從射極穿隧到量子井的這段穿隧來決定，而與載子穿隧出量子井而到達集極的情況較無相關。此情形的發生需要在射極與量子井中具有相同能階並可供躍遷的空能態(即：能滿足能量守恆)，以及可提供具有相同側向動量的電子(即：能

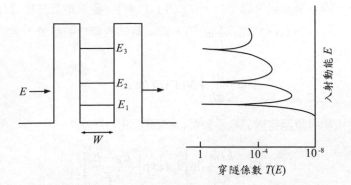

圖33　一具有能量 E 的電子，藉由共振穿隧穿過一具有雙層位障的穿隧係數，其穿隧係數的峰值發生在當 E 匹配 E_n。（參考文獻75）

滿動量守恆）。由於量子井中，平行(於穿隧方向)動量 k_x 被量化，導致量化能階 E_n (即 $\hbar^2 k_x^2 / 2m^* = h^2 n^2 / 8m^* W^2$)，使得在每個次能帶的載子能量僅為側向動量 $k_\perp$ 的函數，且為

$$E_w = E_n + \frac{\hbar^2 k_\perp^2}{2m^*}$$
(67)

從式(67)中，值得注意的是載子能量只有在次能帶底部才量化，高於 E_n 的能量則為連續。換句話說，射極電極的自由電子能量可表示為：

$$E = E_C + \frac{\hbar^2 k^2}{2m^*} = E_C + \frac{\hbar^2 k_x^2}{2m^*} + \frac{\hbar^2 k_\perp^2}{2m^*}$$
(68)

因此，射極中具有式(68)給定能量的電子可以穿隧到式(67)的能階，此觀念於圖 36 中說明。

　　先考慮圖 34 區域 a 中，電流隨偏壓增加的 I–V 曲線。圖 36a 說明若 E_1 在 E_F 之上，將有一個極小電子穿隧的可能性。當偏壓增加時，E_1 被拉到 E_F 以下且朝著射極的 E_C，穿隧電流開始隨著偏壓增加而增加。

　　圖 34 的區域 c 內電流隨偏壓減少的情形是不重要。側向動量守恆的滿足需要使式(67)與式(68)的最後一項相等，亦即，欲使能量守恆，則需要滿足

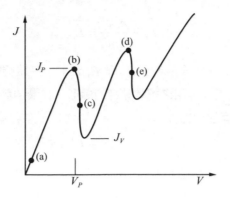

圖34　在低且有限的溫度下，共振穿隧二極體的電流電壓特徵曲線。曲線具有多個電流峰值與谷值，（a）–（e）的各點所對應的能帶圖如圖35中所示。

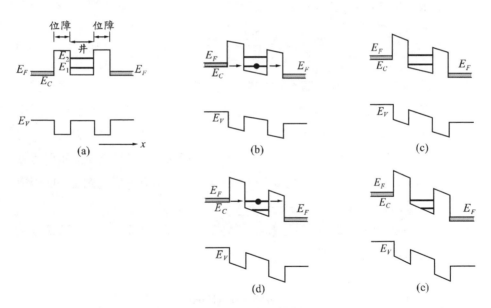

圖35　共振穿隧二極體在不同偏壓下的能帶示意圖。（a）近似零偏壓（b）透過 E_1 共振穿隧（c）在 E_1 小於 E_C 的情況下，第一個 NDR 區（d）透過 E_2 共振穿隧（e）在 E_2 於 E_C 的情況下，第二個 NDR 區。上述各點的電性特徵如圖34所示。

$$E_C + \frac{\hbar^2 k_x^2}{2m^*} = E_n \tag{69}$$

這個能量方程式暗示只要射極 E_C 在 E_n 之上，共振穿隧就有可能發生。由圖36b，可知道這並非用來解釋動量的情形。從圖中發現在量子井中 $k_\perp$ 會變大，對射極而言，由於

$$k^2 = k_x^2 + k_\perp^2 \tag{70}$$

即使 $k_x = 0$，k 的最小值為 $k_\perp$，在低溫的情況下，電子是在有限動量的費米球殼中。對於在費米球殼之外的 $k_\perp$，無法造成電子穿隧，所以圖36b 中的穿隧事件是被禁止的。

由以上討論，對於最大穿隧電流而言，E_n 必須在射極的 E_F 與 E_C 之間，但在低溫時，如圖35b 與 d 所示的外加偏壓條件，E_n 會與 E_C 能階對齊。隨著偏壓的升高，射極 E_C 高於 E_n 且穿隧電流大大地降低，並造成 NDR。在對稱接面的峰值電壓大約發生於電壓為

$$V_P \approx \frac{2(E_n - E_C)}{q} \tag{71}$$

這是因為有一半的偏壓落於位障間。在實際元件中，V_P 是大於式 (71) 得到的值 (其中 E_C 為射極的值，以不同於量子井)，電場可能穿越到射極與集極區域，造成一些電壓降。其次，在每個未摻雜的間隙層間也存在著電壓降。另一個效應是由偏壓下量子井內有限電荷聚集所造成的，此電荷薄層會造成橫跨於兩個位障的電場不均等，需要一個額外電壓以調整射極與量子井間的相對能量。

區域峰值電流 (J_P) 對谷電流 (J_V) 的比值是 NDR 極重要的一項量測，由式 (65) 修正的電流為：

$$\begin{aligned} J &= \frac{qN(V)T_E(V)\Delta E}{2\pi\hbar} \\ &\approx \frac{qN(V)T_E(V)}{2\pi\tau} \end{aligned} \tag{72}$$

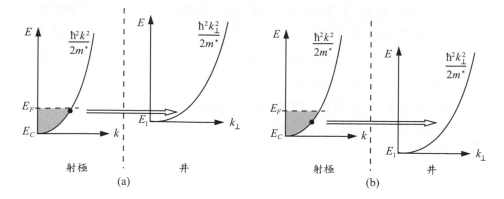

圖36 電子由射極穿隧進入位能井，注意圖中具有不同的橫坐標。(a) E_1 高於 E_C 且小於 E_F，共振穿隧開始發生。(b) E_1 小於 E_C，共振穿隧機率顯著的下降。

其可藉由使用有效質量較小的材料來達到最大化。在這個方面，GaInAs / AlInAs 的使用比 GaAs / AlGaAs 有更多的優點。一個大約在半個 10^5 A/cm^2 範圍的最大峰值電流密度已被觀察到，由於它是穿隧電流，所以幾乎與溫度無關。而不為零的谷電流值主要是來自與溫度極為相關的熱游離發射 (愈低溫 J_V 愈小) 越過位障所產生的。另一個小但可想像到的貢獻是來自電子穿隧到較高的量化能態，即使能量高於 E_F 的穿隧電子數目極小，但仍有一以熱分佈的尾端範圍 (不為零) 的電子數目存在，特別是在量化能態彼此愈接近的時候，此現象更為明顯。

　　舉例說明，圖34 中表示的特性對於每個電壓極性有兩個 NDR 的區域。實際上，第二個電流峰值不容易被觀察到，原因是由於它是大熱游離發射電流背景中的小訊號。然而，圖解中清楚顯現出勝過受限於僅有一個 NDR 區域的穿隧二極體的特性。相對於傳統的設計需要較多組成元素，此多電流峰值的特性是特別地重要，因為其單一元件就能展現許多複雜的功能。

　　由於穿隧在本質上是一種不受限於躍遷時間的快速現象，故共振穿隧二極體可被視為最快速的元件。除此之外，穿隧二極體也沒有少數載子儲存的問題。目前已經有可以產生700 GHz 訊號的振盪器元件,且預期最大操作振盪頻率可超過 1 THz。另一方面,要利用穿隧現象來[78] 提供高電流是比較困難的,且振盪器輸出功率亦被限制住。共振穿隧二極體已被使用在高速脈衝源電路與觸發電路[79]。多電流峰值的獨特特性可做為有效率的功能性元件。這些應用的實例包括多值邏輯與記憶體[80]。共振穿隧二極體亦可做為其他三端點元件的構成區塊,如共振穿隧雙極性電晶體與共振穿隧熱電子電晶體[81],以及應用於研究熱電子分光儀的結構上[82]。

參考文獻

1. K. K. Thornber, T. C. McGill, and C. A. Mead, "The Tunneling Time of an Electron," *J. Appl. Phys.*, **38**, 2384 (1967).

2. J. Niu, S. Y. Chung, A. T. Rice, P. R. Berger, R. Yu, P. E. Thompson, and R. Lake, "151 kA/cm² Peak Current Densities in Si/SiGe Resonant Interband Tunneling Diodes for High-Power Mixed-Signal Applications," *Appl. Phys. Lett.*, **83**, 3308 (2003).

3. P. Chahal, F. Morris, and G. Frazier, "50 GHz Resonant Tunneling Diode Relaxation Oscillator," *2004 Dev. Res. Conf. Digest*, p. 241.

4. Q. Liu and A. Seabaugh, "Design Approach Using Tunnel Diodes for Lowering Power in Differential Amplifiers," *IEEE Trans. Circ. Sys. –II: Express Briefs*, **52**, 572 (2005).

5. L. Esaki, "New Phenomenon in Narrow Germanium *p-n* Junctions," *Phys. Rev.*, **109**, 603 (1958).

6. L. Esaki, "Long Journey into Tunneling," *Proc. IEEE*, **62**, 825 (1974).

7. L. Esaki, "Discovery of the Tunnel Diode," *IEEE Trans. Electron Dev.*, **ED-23**, 644 (1976).

8. N. Holonyak, Jr. and I. A. Lesk, "Gallium Arsenide Tunnel Diodes," *Proc. IRE*, **48**, 1405 (1960).

9. R. L. Batdorf, G. C. Dacey, R. L. Wallace, and D. J. Walsh, "Esaki Diode in InSb," J. *Appl. Phys.*, **31**, 613 (1960).

10. A. G. Chynoweth, W. L. Feldmann, and R. A."Logan,Excess Tunnel Current in Silicon Esaki Junctions," *Phys. Rev.*, **121**, 684 (1961).

11. H. P. Kleinknecht, "Indium Arsenide Tunnel Diodes," *Solid-State Electron.*,**2**, 133 (1961).

12. W. N. Carr, "Reversible Degradation Effects in GaSb Tunnel Diodes," *Solid-State Electron.*, **5**, 261 (1962).

13. C. A. Burrus, "Indium Phosphide Esaki Diodes," *Solid-State Electron.*, **5**, 357 (1962).

14. R. N. Hall, "Tunnel Diodes," *IRE Trans. Electron Devices*, **ED-7**, 1 (1960).

15. W. B. Joyce and R. W. Dixon, "Analytic Approximations for the Fermi Energy of an Ideal Fermi Gas," *Appl. Phys. Lett.*, **31**, 354 (1977).

16. J. V. Morgan and E. O. Kane, "Observation of Direct Tunneling in Germanium," *Phys. Rev. Lett.*, **3**, 466 (1959).

17. L. D. Landau and E. M. Lifshitz, *Quantum Mechanics,* Addison-Wesley, Reading, Mass., 1958, p. 174.

18. E. O. Kane, "Theory of Tunneling," *J. Appl. Phys.*, **32**, 83 (1961); "Tunneling in InSb," *J. Phys. Chem. Solids*, **12**, 181 (1960).

19. P. N. Butcher, K. F. Hulme, and J. R. Morgan, "Dependence of Peak Current Density on Acceptor Concentration in Germanium Tunnel Diodes," *Solid-State Electron.*, **5**, 358 (1962).

20. T. A. Demassa and D. P. Knott, "The Prediction of Tunnel Diode Voltage-Current Characteristics," *Solid-State Electron.*, **13**, 131 (1970).

21. D. Meyerhofer, G. A. Brown, and H. S. Sommers, Jr., "Degenerate Germanium I, Tunnel, Excess, and Thermal Current in Tunnel Diodes," *Phys. Rev.*, **126**, 1329 (1962).

22. L. V. Keldysh, "Behavior of Non-Metallic Crystals in Strong Electric Fields," *Sov. J. Exp. Theor. Phys.*, **6**, 763 (1958).

23. D. K. Roy, "On the Prediction of Tunnel Diode I-V Characteristics," *Solid-State Electron.*, **14**, 520 (1971).

24. W. N. Carr, "Reversible Degradation Effects in GaSb Tunnel Diodes," *Solid-State Electron.*, **5**, 261 (1962).

25. S. Ahmed, M. R. Melloch, E. S. Harmon, D. T. McInturff, and J. M. Woodall, "Use of Nonstoichiometry to Form GaAs Tunnel Junctions," *Appl. Phys. Lett.*, **71**, 3667 (1997).

26. V. M. Franks, K. F. Hulme, and J. R. Morgan, "An Alloy Process for Making High Current Density Silicon Tunnel Diode Junction," *Solid-State Electron.*, **8**, 343 (1965).

27. R. M. Minton and R. Glicksman, "Theoretical and Experimental Analysis of Germanium Tunnel Diode Characteristics," *Solid-State Electron.*, **7**, 491 (1964).

28. R. A. Logan, W. M. Augustyniak, and J. F. Gilber, "Electron Bombardment Damage in Silicon Esaki Diodes," *J. Appl. Phys.*, **32**, 1201 (1961).

29. W. Bernard, W. Rindner, and H. Roth, "Anisotropic Stress Effect on the Excess Current in Tunnel Diodes," *J. Appl. Phys.*, **35**, 1860 (1964).

30. V. V. Galavanov and A. Z. Panakhov, "Influence of Hydrostatic Pressure on the Tunnel Current in GaSb Diodes," *Sov. Phys. Semicond.*, **6**, 1924 (1973).

31. R. E. Davis and G. Gibbons, "Design Principles and Construction of Planar Ge Esaki Diodes," *Solid-State Electron.*, **10**, 461 (1967).

32. L. Esaki and Y. Miyahara, "A New Device Using the Tunneling Process in Narrow *p-n* Junctions," *Solid-State Electron.*, **1**, 13 (1960).

33. R. N. Hall, J. H. Racette, and H. Ehrenreich, "Direct Observation of Polarons and Phonons During Tunneling in Group 3-5 Semiconductor Junctions," *Phys. Rev. Lett.*, **4**, 456 (1960).

34. A. G. Chynoweth, R. A. Logan, and D. E. Thomas, "Phonon-Assisted Tunneling in Silicon and Germanium Esaki Junctions," *Phys. Rev.*, **125,** 877 (1962).

35. J. B. Hopkins, "Microwave Backward Diodes in InAs," *Solid-State Electron.*, **13**, 697 (1970).

36. A. B. Bhattacharyya and S. L. Sarnot, "Switching Time Analysis of Backward Diodes," *Proc. IEEE*, **58**, 513 (1970).

37. S. T. Eng, "Low-Noise Properties of Microwave Backward Diodes," *IRE Trans. Microwave Theory Tech.*, **MTT-8**, 419 (1961).

38. H. C. Torrey and C. A. Whitmer, *Crystal Rectifiers,* McGraw-Hill, New York, 1948. Ch. 8.

39. S. M. Sze and R. M. Ryder, "The Nonlinearity of the Reverse Current-Voltage Characteristics of a *p-n* Junction near Avalanche Breakdown," *Bell Syst. Tech. J.*, **46**, 1135 (1967).

40. J. Karlovsky, "The Curvature Coefficient of Germanium Tunnel and Backward Diodes," *Solid-State Electron.*, **10**, 1109 (1967).

41. M. Lenzlinger and E. H. Snow, "Fowler-Nordheim Tunneling into Thermally Grown SiO_2," *J.Appl. Phys.*, **40**, 278 (1969).

42. W. K. Shih, E. X. Wang, S. Jallepalli, F. Leon, C. M. Maziar, and A. F. Tasch, Jr., "Modeling Gate Leakage Current in nMOS Structures due to Tunneling Through an Ultra-Thin Oxide," *Solid-State Electron.*, **42**, 997 (1998).

43. S. H. Lo, D. A Buchanan, Y. Taur, and W. Wang, "Quantum-Mechanical Modeling of Electron Tunneling Current from the Inversion Layer of Ultra-Thin-Oxide nMOSFET's," *IEEE Electron Dev. Lett.*, **EDL-18**, 209 (1997).

44. L. L. Chang, P. J. Stiles, and L. Esaki, "Electron Tunneling between a Metal and a Semiconductor: Characteristics of $Al-Al_2O_3$-SnTe and -GeTe Junctions," *J. Appl. Phys.*, **38**, 4440 (1967).

45. V. Kumar and W. E. Dahlke, "Characteristics of $Cr-SiO_2$-nSi Tunnel Diodes," *Solid-State Electron.*, **20**, 143 (1977).

46. H. C. Card and E. H. Rhoderick, "Studies of Tunnel MOS Diodes I. Interface Effects in Silicon Schottky Diodes," *J. Phys. D: Appl. Phys.*, **4**, 1589 (1971).

47. M. A. Green, F. D. King, and J. Shewchun, "Minority Carrier MIS Tunnel Diodes and Their Application to Electron and Photovoltaic Energy Conversion: I. Theory," *Solid-State Electron.*, **17**, 551 (1974). "II. Experiment," *Solid-State Electron.*, **17**, 563 (1974).

48. V. A. K. Temple, M. A. Green, and J. Shewchun, "Equilibrium-to-Nonequilibrium Transition in MOS Tunnel Diodes," *J. Appl. Phys.*, **45**, 4934 (1974).

49. W. E. Dahlke and S. M. Sze, "Tunneling in Metal-Oxide-Silicon Structures," *Solid-State Electron.*, **10**, 865 (1967).

50. L. Esaki and P. J. Stiles, "New Type of Negative Resistance in Barrier Tunneling," *Phys. Rev. Lett.*, **16**, 1108 (1966).

51. T. Yamamota and M. Morimoto, "Thin-MIS-Structure Si Negative Resistance Diode," *Appl. Phys. Lett.*, **20**, 269 (1972).

52. S. E.-D. Habib and J. G. Simmons, "Theory of Switching in *p-n* Insulator (Tunnel)-Metal Devices," *Solid-State Electron.*, **22**, 181 (1979).

53. M. A. Green and J. Shewchun, "Current Multiplication in Metal-Insulator-Semiconductor (MIS) Tunnel Diodes," *Solid-State Electron.*, **17**, 349 (1974).

54. J. G. Simmons, "Generalized Formula for the Electric Tunnel Effect between Similar Electrodes Separated by a Thin Insulating Film," *J. Appl. Phys.*, **34**, 1793 (1963).

55. S. Kurtin, T. C. McGill, and C. A. Mead, "Tunneling Currents and E-k Relation," *Phys. Rev. Lett.*, **25**, 756 (1970).

56. S. Kurtin, T. C. McGill, and C. A. Mead, "Direct Interelectrode Tunneling in GaSe," *Phys. Rev.*, **B3**, 3368 (1971).

57. C. A. Mead, "Tunnel-Emission Amplifiers," *Proc. IRE*, **48**, 359 (1960).

58. C. A. Mead, "Operation of Tunnel-Emission Devices," *J. Appl. Phys.*, **32**, 646 (1961).

59. J. P. Spratt, R. F. Schwartz, and W. M. Kane, "Hot Electrons in Metal Films: Injection and Collection," *Phys. Rev. Lett.*, **6**, 341 (1961).

60. H. Kisaki, "Tunnel Transistor," *Proc. IEEE*, **61**, 1053 (1973).

61. M. Heiblum, "Tunneling Hot Electron Transfer Amplifiers (THETA): Amplifiers Operating up to the Infrared," *Solid-State Electron.*, **24**, 343 (1981).

62. N. Yokoyama, K. Imamura, T. Ohshima, H. Nishi, S. Muto, K. Kondo, and S. Hiyamizu, "Tunneling Hot Electron Transistor using GaAs/AlGaAs Heterojunctions," *Jpn. J. Appl. Phys.*, **23**, L311 (1984).

63. N. Yokoyama, K. Imamura, T. Ohshima, H. Nishi, S. Muto, K. Kondo, and S. Hiyamizu, "Characteristics of Double Heterojunction GaAs/AlGaAs Hot Electron Transistors," *Tech. Dig. IEEE IEDM*, 532 (1984).

64. M. Heiblum, D. C. Thomas, C. M. Knoedler, and M. I. Nathan, "Tunneling Hot-Electron Transfer Amplifier: A Hot-Electron GaAs Device with Current Gain," *Appl. Phys. Lett.*, **47**, 1105 (1985).

65. M. Heiblum and M. V. Fischetti, "Ballistic Electron Transport in Hot Electron Transistors,"in F. Capasso, Ed., *Physics of quantum electron devices*, Springer-Verlag, New York, 1990.

66. I. Hase, H. Kawai, S. Imanaga, K. Kaneko, and N. Watanabe, "MOCVD-Grown AlGaAs/GaAs Hot-Electron Transistor with a Base Width of 30 nm," *Electron. Lett.*, **21**, 757 (1985).

67. S. Luryi, "Induced Base Transistor," *Physica*, **134B**, 466 (1985).

68. S. Luryi, "Hot-Electron Injection and Resonant-Tunneling Heterojunction Devices," in F. Capasso and G. Margaritondo, Eds., *Heterojunction Band Discontinuities: Physics and Device Applications*, Elsevier Science, New York, 1987.

69. K. Seo, M. Heiblum, C. M. Knoedler, J. E. Oh, J. Pamulapati, and P. Bhattacharya, "High-Gain Pseudomorphic InGaAs Base Ballistic Hot-Electron Device," *IEEE*

Electron Dev. Lett., **EDL-10**, 73 (1989).

70. M. Heiblum, M. I. Nathan, D. C. Thomas, and C. M. Knoedler, "Direct Observation of Ballistic Transport in GaAs," *Phys. Rev. Lett.*, **55**, 2200 (1985).

71. R. Tsu and L. Esaki, "Tunneling in a Finite Superlattice," *Appl. Phys. Lett.*, **22**, 562 (1973).

72. L. L. Chang, L. Esaki, and R. Tsu, "Resonant Tunneling in Semiconductor Double Barriers," *Appl. Phys. Lett.*, **24**, 593 (1974).

73. T. J. Shewchuk, P. C. Chapin, and P. D. Coleman, "Resonant Tunneling Oscillations in a GaAs-Al$_x$Ga$_{1-x}$As Heterostructure at Room Temperature," *Appl. Phys. Lett.*, **46**, 508 (1985).

74. M. Tsuchiya, H. Sakaki, and J. Yoshino, "Room Temperature Observation of Differential Negative Resistance in an AlAs/GaAs/AlAs Resonant Tunneling Diode," *Jpn. J. Appl. Phys.*, **24**, L466 (1985).

75. S. Luryi and A. Zaslavsky, "Quantum-Effect and Hot-Electron Devices," in S. M. Sze, Ed, *Modern Semiconductor Device Physics*, Wiley, New York, 1998.

76. B. Ricco and M. Y. Azbel, "Physics of Resonant Tunneling: The One-Dimensional Double-Barrier Case," *Phys. Rev. B*, **29**, 1970 (1984).

77. S. Luryi, "Frequency Limit of Double-Barrier Resonant-Tunneling Oscillators," *Appl. Phys. Lett.*, **47**, 490 (1985).

78. E. R. Brown, J. R. Soderstrom, Jr., C. D. Parker, L. J. Mahoney, K. M. Molvar, and T. C. McGill, "Oscillations up to 712 GHz in InAs/AlSb Resonant-Tunneling Diodes," *Appl. Phys. Lett.*, **58**, 2291 (1991).

79. E. Ozbay, D. M. Bloom, and S. K. Diamond, "Looking for High Frequency Applications of Resonant Tunneling Diodes: Triggering,"in L. L. Chang, E. E. Mendez, and C. Tejedor, Eds., *Resonant Tunneling in Semiconductors*, Plenum Press, New York, 1991.

80. A. C. Seabaugh, Y. C. Kao, and H. T. Yuan, "Nine-State Resonant Tunneling Diode Memory," *IEEE Electron Dev. Lett.*, **EDL-13**, 479 (1992).

81. K. K. Ng, *Complete Guide to Semiconductor Devices*, 2nd Ed., Wiley/IEEE Press, New York, 2002.

82. F. Capasso, S. Sen, A. Y. Cho, and A. L. Hutchinson, "Resonant Tunneling Spectroscopy of Hot Minority Electrons Injected in Gallium Arsenide Quantum Wells," *Appl. Phys. Lett.*, **50**, 930 (1987).

習題

1. 試求一穿隧過一個具有位障高 E_0，寬度 d 一維矩形位障的電子穿隧係數，如果 $\beta d \gg 1$，其中 $\beta \equiv \sqrt{2m^*(E_0 - E)/\hbar^2}$，則此穿隧係數的極限值是多少？

注意：穿隧係數定義為 $(C/A)^2$，其中 A 和 C 分別為入射及反射波函數的振幅。

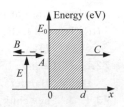

2. 一特殊設計的 GaSb 穿隧二極體其 I–V 特性可由式(29)所展開，其中 $J_p = 10^3$ A/cm²，$V_P = 0.1$ V，$J_0 = 10^{-5}$ A/cm² 及 $J_V = 0$，該穿隧二極體截面積為 10^{-5} cm²，試求最大的負微分電阻以及對應的電壓。

3. 有一 GaSb 穿隧二極體其導線電感為 0.1 nH、串聯電阻 4 Ω、接面電容為 77 f_F 以及負微分電阻 -20 Ω，試求在輸入特性阻抗的實部為零時的頻率。

4. 試求圖 13 所示 GaAs 穿隧二極體的速度指數，其中該元件面積為 10^{-7} cm²，二極體摻雜量兩端為 10^{20} cm⁻³，兩端的簡併為 30 mV。(提示：使用陡峭接面近似)

5. 由於成長平面的階地形成，分子束磊晶的表面一般可介於一或兩個單原子層(GaInAs的一層單原子層約 2.8 Å)，試估計以一厚AlInAs位障良好貼合的15 nm GaInAs 位能阱，其基態和第一激發態的能帶寬。(提示：假設有兩單原子層的厚度以變動及一無窮深量子阱，且該電子有效質量為 0.0427 m_0)

6. 證明對於有一雙對稱矩形阻障的穿隧二極體的穿隧係數，其中假設貫穿該雙阻障結構的有效質量為常數。

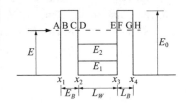

7. 對於一雙對稱能障其 $L_B = 2$ nm，$L_W = 2$ nm，$E_0 = 3.1$ eV，及 $m^* = 0.42\ m_0$，試求其最低的四個共振能階。

8. 利用解有限深位能阱情況，針對一對稱量子阱，其位阱寬度為 L，位障高度為 E_0，以及粒子質量為 m^*，求解其束縛能階 $E_n < E_0$ 以及其波函數 $X_n(z)$。試求一具有 $L = 10$ nm，$E_0 = 300$ meV 的位能阱能階數目。如果 $m^* = 0.067\ m_0$，其中 m_0 是自由電子質量。這些參數大致對應到 $Al_{0.35}Ga_{0.65}As$ 異質結構位障所侷限 GaAs 量子阱內的電子情況。

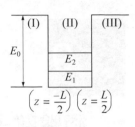

9. 為了瞭解電子從量子阱穿隧出來的問題，請估算一個典型對稱雙位障的最低兩個能階的能帶寬 ΔE_1 和 ΔE_2（圖見題6），其中位阱寬 $L = 10$ nm，位障厚度 $L_B = 7$ nm，位障高 $E_0 = 300$ meV，且 $m^* = 0.067\ m_0$。並考慮符合半古典粒子的電子，其有著如式（64）所給的從受限雙位障位阱穿隧逃脫的機率，試求其生命期。

10. 一對稱的 GaAs／AlAs 電阻溫度感測器（RTD），其位障寬為 1.5nm，且位能井寬為 3.39 nm。當電阻溫度感測器嵌入一異質接面電晶體（HBT）的基極端，其射極通量中心集中於該電阻溫度感測器的第一激發能階。如果最初的 f_T 為 100 GHz，試求其嵌入電阻溫度感測器的異質接面電晶體（HBT）的截止頻率。（提示：通過共振穿隧二極體的穿巡時間為 $\dfrac{d}{v_G} + \dfrac{2\hbar}{\Gamma}$，其中 d 為共振穿隧二極體結構的寬度，v_G 是電子的群速度 $(10^7\ \text{cm/s})$，Γ 是共振寬度(20 meV).）

衝擊離子化累增穿巡二極體

9.1 簡介

IMPATT (impact-ionization avalanche transit-time) 衝擊離子化累增穿巡二極體為同時具有衝擊離子化與穿巡時間特性的半導體結構,在微波頻率操作時產生動態負電阻。在此需注意,此負電阻並不同於穿隧二極體中 I-V 曲線所提及的負 dI/dV 區。此負電阻的產生係由於時間區域上的交流電流與交流電壓產生相位落後所造成 ($\tilde{V} \cdot \tilde{I}$ = 負值)。此負電阻的形成係由兩種時間延遲造成電流落後於電壓。一種是累增延遲,由累增電流建立的有限時間所導致;另一種則為穿巡時間延遲,由載子穿越漂移區的有限時間所造成。當這兩種延遲增加至同一半週期時,在對應的頻率下,此二極體的動態電阻呈現為一負值。

因轉換時間而產生具有負電阻的半導體二極體是在 1954 年由 Shockley 首先提出的構想，但基於一不同的注入機制：一順向偏壓的 p–n 接面電流 [1]。1958 年，Read 提出一種二極體結構，包含了一做為注入機制的累增區域，其位於一相對高阻值區的末端，為產生的電荷載子提供一個穿巡時間的漂移區域（ i.e., p^+–n-i-n^+ or n^+–p-i–p^+ ）[2]。1965 年 Johnston, DeLoach 以及 Cohen 等學者經由施加一逆向偏壓於 p–n 接面 Si 二極體至累增崩潰並安置於微波腔內[3,4]，提出觀察 IMPATT 振盪器的實驗結果。以 Read 二極體為基礎的振盪器，首先由 Lee 等學者於同年提出報告[5]。小訊號理論則由 Misawa[6] 與 Gilden 和 Hines[7] 推導得出，並且證實 IMPATT 的負電阻特性可藉由具有任意摻雜濃度分佈的半導體所形成的 p–n 接面二極體或金屬－半導體接觸而獲得。

　　IMPATT 二極體是目前微波頻率中最有用的一種固態源之一。在目前所有能產生厘米波頻率範圍（ 由 30 GHz 到高於 300 GHz ）的固態元件中，IMPATT 二極體能產生最高的 cw（ 連續波 ）功率輸出。但是 IMPATT 電路在應用上仍有兩項值得注意的部分：(1) 具有高雜訊且對操作條件敏感；(2) 存在頗大的電抗值，且其電抗值強烈隨振盪振幅變化，因此在電路設計上需要特別注意，以避開元件的不協調甚至於元件燒毀的情況發生[8]。

9.2 靜態特性

IMPATT 二極體包含了一高電場累增區與一漂移區。IMPATT 二極體族群的基本成員如圖 1 所示。有 Read 二極體，單邊 p–n 陡接面，p-i-n 二極體（ Misawa 二極體 ），雙邊（ 雙漂移 ）二極體，高–低以及低–高–低二極體（ 改良式讀取 Read 二極體 ）。

　　我們現在將探討它們的靜態特性，例如電場分佈，崩潰電壓以及空間電荷效應。圖 1a 首先顯示一個理想的 Read 二極體（ p^+–n-i-n^+ 或是它的雙 n^+–p-i–p^+ ）在崩潰條件下的摻雜濃度分佈、電場分佈以及游離程度的積分值。位於中間區域的 n 和 i 皆被完全空乏。游離化程度的被積函數（ ion-

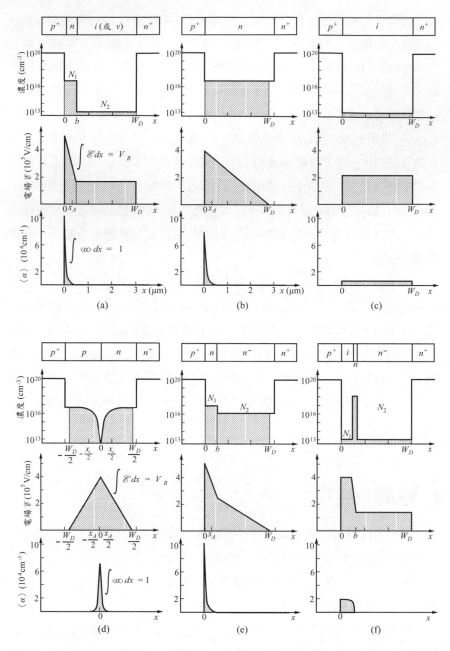

圖1 （a）Read 二極體；（b）單邊陡接面二極體；（c）$p-i-n$ 二極體；（d）雙漂移二極體；（e）高–低結構；（f）低-高-低結構的掺雜濃度分佈，電場分佈以及游離化被積函數。

ization integrand) 可寫為

$$\langle\alpha\rangle \equiv \alpha_n \exp\left[-\int_x^{W_D}\left(\alpha_n - \alpha_p\right)dx'\right] \qquad \alpha_n > \alpha_p \qquad (1)$$

其中 α_n 和 α_p 分別為電子及電洞的游離率，而 W_D 為空乏層寬度。

如同第二章所討論的累增崩潰條件，可寫為

$$\int_0^{W_D}\langle\alpha\rangle\,dx = 1 \qquad (2)$$

由於 α 和電場有強相關，我們必須注意到，累增區，即絕大多數的倍增過程均發生在介於 0 和 x_A 之間接近最高電場處的狹窄區間，其中 x_A 被定義為累增區寬度 (之後將再做討論)。橫跨累增區域 x_A 的壓降被定義為 V_A。之後將說明 x_A 和 V_A 對於 IMPATT 二極體最佳電流密度與最大效率的影響非常重要。在累增區的外圍區域 ($x_A \leq x \leq W_D$) 稱為漂移區。

在 Read 摻雜濃度分佈上有兩種極限的情況。當 N_2 區的寬度變成 0 時，稱為一單邊陡形 p^+n 接面。圖1b 描述單邊陡 p–n 接面的結構圖。此時累增區在非常靠近接面之處。此外，當 N_1 區的寬度為 0 時，為一 p–i–n 二極體 (圖1c)[6]。此 p–i–n 二極體在低電流操作情況下有一均勻電場橫跨此本質區。此累增區即為整體本質區的寬度。圖1d 描述一雙邊陡形 p–n 二接面結構。此時累增區是位於空乏層的中心位置。被積分函數 $\langle\alpha\rangle$ 對最大電場的位置呈現些微非對稱的現象，主要是由於在 Si 內的 α_n 以及 α_p 有著極大的差異。若在 GaP 的情況下，$\alpha_n \approx \alpha_p$，則 $\langle\alpha\rangle$ 可以簡化為

$$\langle\alpha\rangle = \alpha_n = \alpha_p \qquad (3)$$

且累增區相對於 $x = 0$ 對稱。

圖1e 顯示一改良式讀取 Read 高–低二極體結構，其 N_2 摻雜遠大於之前的 Read 二極體[9]。圖1f 顯示另一型的改良 Read 低–高–低二極體結構，其有一堆載子位於 $x = b$ 處。由於 $x = 0$ 到 $x = b$ 之間存在一非常均勻的高電場區，此最大電場值相較於高-低二極體結構可以大幅地被降低。

9.2.1 崩潰電壓

在第二章裡，我們已經對單邊陡接面的崩潰電壓做過討論。在此，我們可以用該章節摘錄的相同方法去計算其他二極體的崩潰電壓。即使最後是用游離被積函數去定義崩潰，依然可以依據在崩潰條件下計算得到的最大電場值來簡單地預測崩潰情形。在圖1(a、c、f)的一些結構下，需注意最大空乏區的長度終結於輕微摻雜區的寬度，且接近 n^+ 端處有一電場的不連續性。在其他的結構中，大多將摻雜為零與空乏邊緣電場降為零之處定義為空乏寬度的邊緣。

對單邊(圖1b)以及雙邊(圖1d)對稱陡接面而言，崩潰電壓分別為

$$V_B = \frac{1}{2}\mathscr{E}_m W_D = \frac{\varepsilon_s \mathscr{E}_m^2}{2qN} \quad （單邊）$$

(4a)

$$V_B = \frac{1}{2}\mathscr{E}_m W_D = \frac{\varepsilon_s \mathscr{E}_m^2}{qN} \quad （雙邊）$$

(4b)

其中 $\mathscr{E}_m$ 為 $x=0$ 處的最大電場。Si 與 <100> 方向 GaAs 雙邊(對稱)陡接面以及單邊陡接面，在崩潰下的最大電場如圖 2 所示。一旦得知摻雜濃度，崩潰電壓即可以式(4a)或(4b)計算出來，其中 $\mathscr{E}_m$ 值由圖 2 可得。在崩潰下施加的反向電壓為($V_B - \psi_{bi}$)，其中 ψ_{bi} 為內建電位，若為對稱陡接面時則為($2kT/q$)。在實際的 IMPATT 二極體中，ψ_{bi} 通常可以忽略不計。

對 Read 二極體而言，崩潰電壓為

$$V_B = \mathscr{E}_m W_D - \frac{qN_1 b}{\varepsilon_s}\left(W_D - \frac{b}{2}\right)$$

(5)

空乏寬度受 n^- 層的厚度限制。對於高–低二極體，其崩潰電壓以及空乏寬度為

$$V_B = \frac{\mathscr{E}_m}{2}\left(W_D + b\right) - \frac{qN_1 W_D b}{2\varepsilon_s} = \frac{\mathscr{E}_m b}{2} + \frac{qN_2 W_D \left(W_D - b\right)}{2\varepsilon_s}$$

(6)

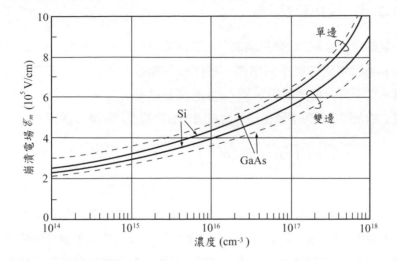

圖2　Si 與 GaAs的單邊和雙邊陡接面於崩潰時的最大電場對摻雜濃度關係圖。(參考文獻10以及11)

$$W_D = \frac{\varepsilon_s \mathscr{E}_m}{q N_2} - b\left(\frac{N_1}{N_2} - 1\right) \tag{7}$$

我們發現如果累增寬度 x_A 小於 b 時[12]，對一已知 N_1 的 Read 二極體或高–低二極體，在崩潰情況下的最大電場值幾乎相同於 (誤差在 1%內) 一具有相同 N_1 單邊陡接面的最大電場。所以，崩潰電壓可以利用圖 2 的最大電場代入式 (5) 和 (6)計算得出。

　　對於一個具有狹窄的，完全空乏電荷堆的低–高–低二極體，其崩潰電壓可寫為

$$V_B = \mathscr{E}_m b + \left(\mathscr{E}_m - \frac{qQ}{\varepsilon_s}\right)(W_D - b) \tag{8}$$

其中 Q 為電荷堆內每平方公分的摻雜濃度。由於在 $0 \leq x \leq b$ 的最大電場幾乎為一常數，所以在崩潰時$\langle\alpha\rangle = 1 / b$。可由電場相依游離係數計算出最大電場$\mathscr{E}_m$。

9.2.2 累增區與漂移區

一個理想 p–i–n 二極體累增區為本質層寬度的全部。然而，Read 二極體和 p–n 二接面的載子倍增區，被限制在靠近冶金接面的狹窄區間內。當 x 從冶金接面遠離時，式（2）的積分結果迅速減小。所以累增區寬度 x_A 的合理定義可透過使積分值超過 95% 所經歷的距離以求得，

$$\int_0^{x_A} \langle \alpha \rangle \, dx \quad \text{or} \quad \int_{-x_A/2}^{x_A/2} \langle \alpha \rangle \, dx \;\; = 0.95 \tag{9}$$

圖 3 顯示 Si 與 GaAs 二極體的累增寬度為摻雜濃度的函數[11]。圖中也顯示了 Si 與 GaAs 的對稱雙邊接面的空乏寬度。對於給定的摻雜濃度，由於游離率的不同（$a_n > a_p$），Si 的 n^+–p 接面比 p^+–n 接面有著更狹窄的累增寬度。對 Read 二極體或高－低二極體，其累增區會和具有相同 N_i 的單邊陡接面累增區相同。然而，對於低－高－低二極體，其累增區寬度則是等於

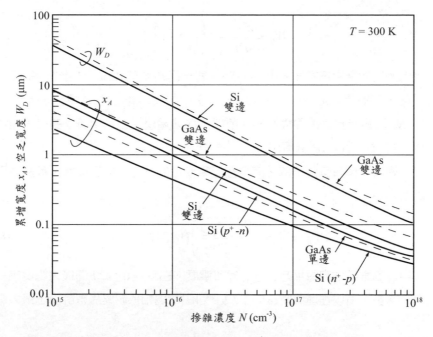

圖3　Si 與 GaAs 接面的累增區寬度 x_A。另外為 Si 與 GaAs 對稱雙邊接面的空乏寬度 W_D。（參考文獻11）

冶金接面至電荷堆 $x_A = b$ 之間的距離。

漂移區為累增區以外的空乏層，即 $x_A \leq x \leq W_D$。漂移區最重要的參數為載子的漂移速度。為了獲得可預測的載子跨越漂移區所需的穿巡時間，電場必須夠大，才能使產生的載子達到飽和速率 v_s 以進行穿越。就 Si 而言，此電場必須高於 10^4 V／cm。就 GaAs 而言，因本身具有較高載子移動率，所以其電場可以較小（約 10^3 V／cm）。

對 $p–i–n$ 二極體，此項要求是自動滿足的，因為在崩潰情形下的電場（橫跨整個本質寬度，近似於常數）都會遠大於飽和速度下的電場要求。對 Read 二極體在漂移區的最小電場可表示為

$$\mathscr{E}_{min} = \mathscr{E}_m - \frac{q\left[N_1 b + N_2\left(W_D - b\right)\right]}{\varepsilon_s} \tag{10}$$

依前述討論，很明顯的，Read 二極體的電場 $\mathscr{E}_m$ 值可經由設計達到足夠大的值。而陡接面時，由於在空乏區邊緣所跨的電場為零，部分區域的電場總是小於所要求的最小電場。然而，此低電場區在全部空乏區中僅佔有一很小比例。例如，對一個基板摻雜濃度為 10^{16} cm^{-3} 的 Si $p^+–n$ 接面而言，在崩潰情況下的最大電場為 4×10^5 V／cm。低電場區（低於 10^4 V／cm）對整個空乏層而言所佔的比值為 $10^4 / 4 \times 10^5 = 2.5\%$。對相同摻雜濃度的 GaAs $p^+–n$ 接面來說，低電場區所佔的比值則低於 0.2%。因此，這些低電場區對跨越空乏層的載子穿巡時間，所產生的影響將可忽略不計。

9.2.3 溫度與空間電荷效應

先前所討論的崩潰電壓與最大電場都是在室溫的等溫環境、沒有來自高階注入的空間電荷效應以及沒有振盪的條件下所求得。而在操作條件下，IMPATT 二極體所加的偏壓是處於累增崩潰狀態，且電流密度通常很高。這將導致接面溫度明顯的上升以及較大的空間電荷效應。

電子與電洞的游離率隨溫度上升而減低[13]。所以，對一給定摻雜濃度分佈的 IMPATT 二極體而言，其崩潰電壓將隨溫度上升而增加。當直流功

率（逆向電壓與逆向電流的乘積）上升時，接面的溫度與崩潰電壓同時增加。最後，二極體毀壞無法操作。最主要的原因是由於局部區域過高溫度造成的永久毀損。所以接面溫度的上升嚴重限制了元件的操作。為了防止溫度上升，散熱片的使用是必須的。這部分將於9.4.4做討論。

空間電荷效應是由於多出的空間電荷，導致空乏區電場的改變。此效應造成陡接面的正直流微分電阻，以及 $p-i-n$ 二極體中的負直流微分電阻[14]。

首先，考慮圖4a所示的單邊 p^+-n-n^+ 陡接面。當外加偏壓等於崩潰電壓 V_B 時，電場 $\mathscr{E}(x)$ 在 $x=0$ 處有一最大絕對值 $\mathscr{E}_m$。我們假設電子以其飽和速度 v_s 穿越橫跨的空乏區，空間電荷限制電流可表示如下

$$I = Aq\Delta n v_s \tag{11}$$

其中 Δn 為高階注入載子密度，而 A 為面積。由於空間電荷造成的電場分佈變化 $\Delta\mathscr{E}_x$ 可由式（11）和 Poisson 方程式得到：

$$\Delta\mathscr{E}(x) \approx \frac{Ix}{A\varepsilon_s v_s} \tag{12}$$

我們假設所有的載子皆在累增寬度 x_A 內產生，在漂移區 $(W_D - x_A)$ 內載子所引起的電壓變化可由 $\Delta\mathscr{E}_x$ 在漂移區的積分求得：

$$\Delta V_B \approx \int_0^{W_D-x_A} \frac{Ix}{A\varepsilon_s v_s} dx \approx I\frac{(W_D - x_A)^2}{2A\varepsilon_s v_s} \tag{13}$$

所以，所有的外加偏壓隨此量而增加，以維持相同的電流。空間電荷電阻[15]可由式（13）獲得：

$$R_{SC} \equiv \frac{\Delta V_B}{I} \approx \frac{(W_D - x_A)^2}{2A\varepsilon_s v_s} \tag{14}$$

如圖4a所示的樣本，其空間電荷電阻約為20Ω。

對 $p-i-n$ 或 $p-v-n$ 二極體而言，此情形和 p^+-n 接面不同。當一外加逆向偏壓剛好足夠大到可導致累增崩潰發生時，逆向電流是很小的。此時可忽略空間電荷效應，而橫跨空乏區的電場必須是均勻分佈的。當電流增加時，在靠近 p^+-v 的邊界將有更多的電子產生，另外在靠近 $v-n^+$ 的邊界則

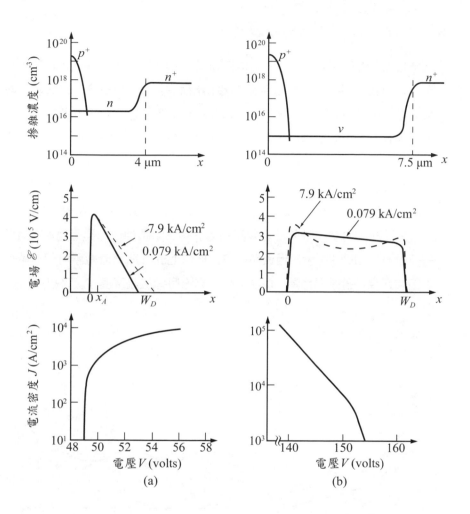

圖4　(a) p^+-n-n^+ 與 (b) p^+-v-n^+ 二極體的摻雜濃度分佈、電場以及電流−電壓特性曲線。面積為 $10^{-4}\,cm^2$。(參考文獻14)

將有更多的電洞產生(如圖4b,當電場有雙峰值時,將藉由衝擊離子化效應來產生)。這些電荷將造成 v 區域的中心電場減低,使得總端點電壓降低。如圖4b,對 $p-v-n$ 二極體而言,此電場減低會導致負微分直流電阻。

9.3 動態特性

9.3.1 注入相位延遲與穿巡時間效應

我們首先考慮理想元件的注入相位延遲與穿巡時間效應[16]，其結構如圖5所示，其中我們將初始 x 移動至累增區 (電荷注入面) 的右邊。端點電壓與累增產生速度亦為彼此相關。角頻率為 ω 的端點電壓在累增崩潰 V_B 邊緣有一平均值。在正向循環中，累增放大效應開始。然而如圖 5所示，載子產生速度和電壓或電場並不一致。這是因為產生速度不僅是電場的函數，另外也和載子存在的數量有關。在電場通過峰值之後，產生速度持續成長直到電場低於臨界值為止。此相位延遲值趨近於 π，稱為注入相位延遲。

　　假設在 $x=0$ 處，注入一已知其相對於端點電壓相位角延遲為 ϕ 的累增電荷脈衝，如圖5所示。且假設跨在二極體上的外加直流電壓可使得載子以飽和速度 v_s 通過漂移區，$0 \leq x \leq W_D$。交流傳導電流密度 $\widetilde{J}_c$ 亦為位置 x 的

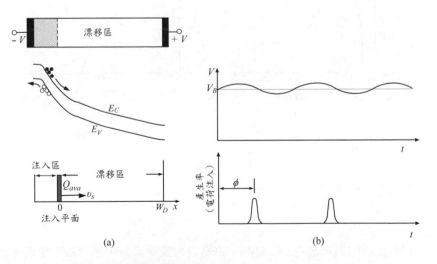

圖5　(a)為理想二極體，其載子注入處為 $x = 0$ 且在漂移區中皆為飽和速度 (b)端點電壓與累增產生速度在時域上的變化。累增延遲電壓相位 $\phi \approx \pi$。

函數，且其大小和總交流電流密度有關：

$$\widetilde{J}_c(x) = \widetilde{J} \exp\left[-j\left(\phi + \frac{\omega x}{\upsilon_s}\right)\right] \tag{15}$$

在漂移區內任意處的總交流電流為傳導電流與位置電流的總和：

$$\begin{aligned}\widetilde{J}(x) &= \widetilde{J}_c(x) + \widetilde{J}_d(x)\\ &= \widetilde{J} \exp\left[-j\left(\phi + \frac{\omega x}{\upsilon_s}\right)\right] + j\omega\varepsilon_s\widetilde{\mathscr{E}}(x)\end{aligned} \tag{16}$$

其中 $\widetilde{\mathscr{E}}(x)$ 為交流電場。由式(15)、(16)，我們得到：

$$\widetilde{\mathscr{E}}(x) = \frac{\widetilde{J}(x)}{j\omega\varepsilon_s}\left\{1 - \exp\left[-j\left(\phi + \frac{\omega x}{\upsilon_s}\right)\right]\right\} \tag{17}$$

對式(17)積分可得交流阻抗：

$$Z \equiv \frac{1}{\widetilde{J}}\int_0^{W_D}\widetilde{\mathscr{E}}(x)dx = \frac{1}{j\omega C_D}\left\{1 - \frac{\exp(-j\phi)\left[1 - \exp(-j\theta)\right]}{j\theta}\right\} \tag{18}$$

其中 C_D 為每單位面積的電容 ε_s / W_D，而 θ 為穿巡角度：

$$\theta = \frac{\omega W_D}{\upsilon_s} \tag{19}$$

藉由解出式(18)的實部與虛部，我們可得：

$$R_{ac} = \frac{\cos\phi - \cos(\phi+\theta)}{\omega C_D\theta} \tag{20}$$

$$X = -\frac{1}{\omega C_D} + \frac{\sin(\phi+\theta) - \sin\phi}{\omega C_D\theta} \tag{21}$$

接著我們考慮注入相位 ϕ 對交流電阻 R_{ac}（式20）的影響。當 ϕ 等於零（無相位延遲），此電阻正比於 $(1-\cos\theta)/\theta$，如圖6a所示，其永遠大於或等於零；此即無負電阻。所以，若是僅有穿巡時間效應並無法造成負電阻。然而對於任意不為零的 ϕ，在某些穿巡角度時會有負電阻產生。例如，在 $\phi = \pi / 2$ 時，在 $\theta = 3\pi / 2$ 有最大負電阻，如圖 6b。在 $\phi = \pi$ 時，$\theta = \pi$ 有同樣情況發生，如圖 6c。這是根據 IMPATT 操作原理，由衝擊崩潰造成的注入電流引起約為 π 的相位延遲，且在漂移區的穿巡時間有一額外 π 的延遲。

　　先前的分析證實了注入延遲的重要性。求解主動穿巡時間元件的問題已經可被簡化成求解延遲傳導電流注入漂移區的方法。由圖 6 我們發現注入相位與最佳穿巡角度的總和，$\phi + \theta_{\mathrm{opt}}$，近似於 2π。當 ϕ 從零開始增加時，負電阻也隨之變大。

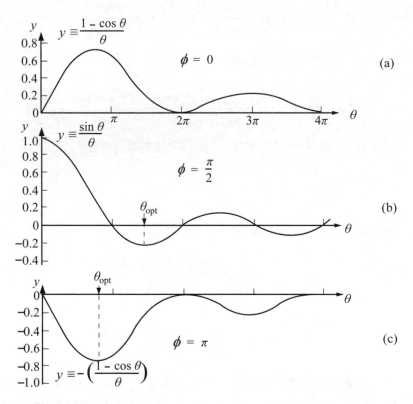

圖6　三種不同注入相位延遲的交流電阻對穿巡角度效應（a）$\phi = 0$、（b）$\phi = \dfrac{\pi}{2}$、（c）$\phi = \pi$。

9.3.2 小訊號分析

小訊號分析是由 Read[2] 首先提出，之後由 Gilden 和 Hines 兩人做進一步的探討[7]。為簡化此分析，我們假設 $\alpha_n = \alpha_p = \alpha$，並且電子和電洞的飽和速度是一樣的。圖 7a 為 Read 二極體的模型。由 9.2 節的討論，我們將二極體分為三個區域：(1) 累增區，假設此區厚度很薄，並薄到空間電荷與訊號延遲可忽略不計；(2) 飄移區，此區裡面沒有載子產生，且所有從累增區進入的載子皆以飽和速度通過；(3) 包含了不受歡迎寄生電阻的被動區。

由於交流電場持續跨過此兩個主動區的邊界，故而造成其彼此間有交互影響的作用。我們將以 " 0 " 表示直流量，並以 " ～ " 表示小訊號交流量。對同時具有直流與交流的部分，則 " 0 " 與 " ～ " 皆不使用。我們首先定義 $\tilde{J}_A$ 為累增電流密度，其為累增區的交流傳導 (質點) 電流，另外 $\tilde{J}$ 為總交流電流密度。由累增區極薄的假設，可預測 $\tilde{J}_A$ 進入漂移區時沒有延遲。由飽和速度 v_s 的假設，交流傳導電流 $\tilde{J}_c(x)$ 以其漂移速度的未衰減波 (僅存在相位變化) 通過漂移區，

$$
\begin{aligned}
\tilde{J}_c(x) &= \tilde{J}_A \exp\left(\frac{-j\omega x}{v_s}\right) \\
&\equiv \gamma \tilde{J} \exp\left(\frac{-j\omega x}{v_s}\right)
\end{aligned}
\tag{22}
$$

其中 $\gamma = \tilde{J}_A / \tilde{J}$ 是累增電流對總電流分率比相關的複數函數。在任意 x 位置，總交流電流 $\tilde{J}$ 為傳導電流 $\tilde{J}_c$ 與位置電流 $\tilde{J}_d$ 的總和。此總和為常數，和 x 位置無關。式 17 (令 $\phi = 0$) 可重寫為：

$$
\tilde{\mathscr{E}}(x) = \frac{\tilde{J}}{j\omega \varepsilon_s}\left[1 - \gamma \exp\left(-\frac{j\omega x}{v_s}\right)\right]
\tag{23}
$$

在漂移區內對 $\tilde{\mathscr{E}}(x)$ 積分可得到以 $\tilde{J}$ 來表示的電壓降。我們以此分析可推導出係數 γ。

累增區 　首先考慮累增區。在直流情況下，直流電流 $J_0 \left(= J_{po} + J_{no} \right)$ 和熱產生的逆向飽和電流 $J_s \left(= J_{ns} + J_{ps} \right)$ 有關：

$$J_0 = \frac{J_s}{1 - \int_0^{W_D} \langle \alpha \rangle \, dx} \tag{24}$$

在崩潰時，J_0趨近於無限大，因為游離積分為1。在直流情況下，游離積分不會大於1。對於一快速變化電場，這是不需要的。針對這個電流為時間函數的微分方程式現在將進行推導。在情況 (1) 電子與電洞有相同游離率及相同飽和電流，與 (2) 漂移電流項遠大於擴散電流項，在這兩個條件下，一維情況下的基本元件方程式可表示如下：

$$J = J_n + J_p = q \upsilon_s (n + p) \quad \text{電流密度方程式} \tag{25}$$

$$\frac{\partial n}{\partial t} = \frac{1}{q} \frac{\partial J_n}{\partial x} + \alpha \upsilon_s (n + p) \quad \text{連續方程式} \tag{26a}$$

$$\frac{\partial p}{\partial t} = -\frac{1}{q} \frac{\partial J_p}{\partial x} + \alpha \upsilon_s (n + p) \tag{26b}$$

在式 (26a) 與 (26b) 的右邊第二項是對應到累增放大作用所產生的電子電洞對產生率。此產生率遠大過熱產生率，所以後者可忽略不計。將式 (26a) 與 (26b) 相加，並從 $x=0$ 積分至 x_A 可得：

$$\tau_A \frac{dJ}{dt} = -\left(J_p - J_n \right)\Big|_0^{x_A} + 2J \int_0^{x_A} \alpha \, dx \tag{27}$$

其中 $\tau_A = x_A / v_s$ 為橫跨放大區的穿巡時間。邊界條件為在 $x=0$ 的電子電流完全是由逆向飽和電流 J_{ns} 所組成。所以在 $x=0$ 處，邊界條件為

$$J_p - J_n = -2J_n + J = -2J_{ns} + J \tag{28a}$$

在 $x=x_A$ 處，電洞電流是由在空間電荷區產生的逆向飽和電流 J_{ps} 所組成，所以

$$J_p - J_n = 2J_P - J = 2J_{ps} - J \tag{28b}$$

藉由這些邊界條件，式 (27) 可寫為

$$\frac{dJ}{dt} = \frac{2J}{\tau_A} \left(\int_0^{x_A} \alpha \, dx - 1 \right) + \frac{2J_s}{\tau_A} \tag{29}$$

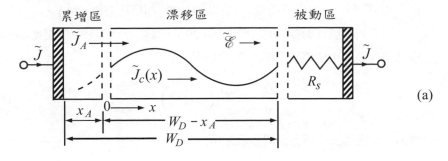

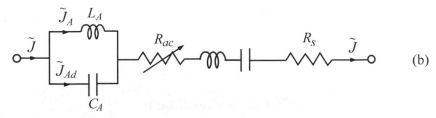

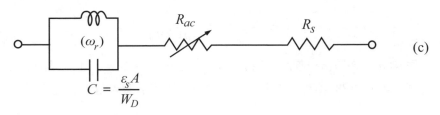

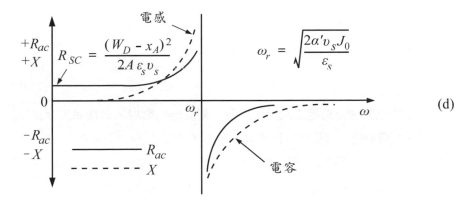

圖7　(a) Read 二極體模型，其分爲累增區、漂移區以及被動區。(b) 等效電路。(c) 小穿巡角度 θ_d 的等效電路。(d) 阻抗的實虛部對角頻率 ω 的關係圖。(參考文獻7)

在直流情況下，J為直流電流J_0，所以式（29）可簡化為式（24）。

現在我們以$\overline{\alpha}$替換α用來簡化式（29），其中$\overline{\alpha}$代表將α於整個累增區積分所得到的平均值。忽略J_s項，我們可得

$$\frac{dJ}{dt} = \frac{2J}{\tau_A}\left(\overline{\alpha}x_A - 1\right) \tag{30}$$

此外，現在可將小訊號假設表示如下：

$$\overline{\alpha} = \overline{\alpha}_0 + \widetilde{\alpha}\exp(j\omega t) \approx \overline{\alpha}_0 + \alpha'\widetilde{\mathscr{E}}_A\exp(j\omega t) \tag{31}$$

$$\overline{\alpha}x_A = 1 + x_A\alpha'\widetilde{\mathscr{E}}_A\exp(j\omega t) \tag{32}$$

$$J = J_0 + \widetilde{J}_A\exp(j\omega t) \tag{33}$$

$$\mathscr{E} = \mathscr{E}_0 + \widetilde{\mathscr{E}}_A\exp(j\omega t) \tag{34}$$

其中$\alpha' \equiv \partial\alpha / \partial\mathscr{E}$並且利用$\widetilde{\alpha} = \alpha'\widetilde{\mathscr{E}}_A$這個替代式。將上述表示式代入式（30），忽略掉高次方項乘積，可推導出累增傳導電流的交流項，

$$\widetilde{J}_A = \frac{2\alpha'x_AJ_0\widetilde{\mathscr{E}}_A}{j\omega\tau_A} \tag{35}$$

而累增區的位移電流可簡單的表示成

$$\widetilde{J}_{Ad} = j\omega\varepsilon_s\widetilde{\mathscr{E}}_A \tag{36}$$

上述為累增區總電流的兩個部分。對於已知電場，累增電流$\widetilde{J}_A$為電抗值，如電感隨ω成反比。其他項J_{Ad}同樣為電抗性的，如同電容一般，直接與ω成正比。所以累增區的表現就如同LC並聯電路。此有效電路如圖7b所示，其中電感與電容可表示如下（其中A為二極體面積）：

$$L_A = \frac{\tau_A}{2J_0\alpha'A} \tag{37}$$

$$C_A = \frac{\varepsilon_s A}{x_A} \tag{38}$$

此組成的共振頻率為

$$\omega_r = 2\pi f_r = \sqrt{\frac{2\alpha' \upsilon_s J_0}{\varepsilon_s}} \tag{39}$$

所以，在一個薄累增區的表現就如同一個具有共振頻率的反共振電路，其共振頻率正比於直流電流密度 J_0 的平方根。累增區的阻抗具有下列的簡單模式

$$Z_A = \frac{x_A}{j\omega\varepsilon_s A}\left[\frac{1}{1-(\omega_r^2/\omega^2)}\right] = \frac{1}{j\omega C_A}\left[\frac{1}{1-(\omega_r^2/\omega^2)}\right] \tag{40}$$

因子 γ 可表示為

$$\gamma \equiv \frac{\widetilde{J}_A}{\widetilde{J}} = \frac{1}{1-(\omega^2/\omega_r^2)} \tag{41}$$

漂移區　聯立式（41）與（23），並對整個漂移區長度（$W_D - x_A$）積分，可得出跨在此區的交流電壓，

$$\widetilde{V}_d = \frac{(W_D - x_A)\widetilde{J}}{j\omega\varepsilon_s}\left\{1 - \frac{1}{1-(\omega^2/\omega_r^2)}\left[\frac{1-\exp(-j\theta_d)}{j\theta_d}\right]\right\} \tag{42}$$

其中 θ_d 為漂移空間的穿巡角度

$$\theta_d \equiv \frac{\omega(W_D - x_A)}{\upsilon_s} \equiv \omega\tau_d \tag{43}$$

且

$$\tau_d = \frac{(W_D - x_A)}{\upsilon_s} \tag{44}$$

我們亦定義 $C_D \equiv A\varepsilon_s / (W_D - x_A)$ 為漂移區的電容。由式（42），我們可得到漂移區的阻抗為

$$Z_d \equiv \frac{\widetilde{V}_d}{A\widetilde{J}} = \frac{1}{\omega C_D}\left[\frac{1}{1-(\omega^2/\omega_r^2)}\left(\frac{1-\cos\theta_d}{\theta_d}\right)\right] + \frac{j}{\omega C_D}\left[\frac{1}{1-(\omega^2/\omega_r^2)}\left(\frac{\sin\theta_d}{\theta_d}-1\right)\right] \tag{45}$$

$$= R_{ac} + jX$$

其中 R_{ac} 與 X 分別為電阻與電抗。在低頻及 $\phi = 0$ 時，可將式（45）簡化為式（20）與式（21）。對於所有高於 ω_r 的頻率，除了在 $\theta_d = 2\pi \times$ 整數的零點之外，實數的部分（電阻）皆為負值。對於低於 ω_r 的頻率，電阻為正，並且在頻率為零時，趨近一有限值：

$$R_{ac}(\omega \to 0) \; = \; \frac{\tau_d}{2C_D} \; = \; \frac{(W_D - x_A)^2}{2A\varepsilon_s \upsilon_s} \tag{46}$$

低頻小訊號電阻係為在有限厚度漂移區內的空間電荷所推出的結果，上述表示與先前推導的式（14）相同。

整體阻抗　整體阻抗為累增區、漂移區與被動區的被動電阻 R_s 的總和：

$$Z \; = \; \frac{(W_D - x_A)^2}{2A\varepsilon_s \upsilon_s} \left[\frac{1}{1-(\omega^2/\omega_r^2)} \right] \left(\frac{1-\cos\theta_d}{\theta_d^2/2} \right)$$
$$+ \frac{j}{\omega C_D} \left\{ \left(\frac{\sin\theta_d}{\theta_d} - 1 \right) - \frac{(\sin\theta_d/\theta_d) + [x_A/(W_D - x_A)]}{1-(\omega_r^2/\omega^2)} \right\} + R_S \tag{47}$$

實部為動態電阻，且當 ω 大於 ω_r 時，此動態電阻的符號由正變為負。

式（47）在轉換為小的穿巡角度情況下，可直接被簡化。在 $\theta_d < \pi/4$ 時，式（47）簡化為

$$Z = \frac{(W_D - x_A)^2}{2A\upsilon_s \varepsilon_s \left[1-(\omega^2/\omega_r^2) \right]} + \frac{j}{\omega C_D} \left[\frac{1}{(\omega_r^2/\omega^2)-1} \right] + R_S \tag{48}$$

其中 $C_D \equiv \varepsilon_s A / W_D$ 為總空乏電容。等效電路與阻抗實部及虛部的頻率相關性，分別如圖7c 和 d 所示。式（48）再一次標示了第一項為主動電阻，在 $\omega > \omega_r$ 時為負。第二項是電抗性的，與並聯共振電路相關，其中包含了二極體電容與分流誘導器。在 $\omega < \omega_r$ 時，電阻為電感性，而在 $\omega > \omega_r$ 時，則為電容性。換言之，在電抗部分改變符號的頻率下，電阻變為負值。

9.4 功率與效率

9.4.1 大訊號操作

在大訊號操作下，一個高電場累增區是存在 Read 二極體的 p^+-n 接面（圖 1a），電子電洞對也在此區域產生，而且一個固定電場的漂移區則存在低摻雜的 υ 區域。產生的電洞很快進入 p^+ 區，而產生的電子則是注入漂移區，進而產生外部功率。如前述所討論，注入電荷的交流相位變化會落後交流電壓約為 π，如圖 8 所示的注入延遲 ϕ。隨後，注入的載子進入漂移區，並以飽和速度通過，造成穿巡時間延遲。被誘發出的外部電流也同時出現。比較交流電壓和外部電流即可清楚的顯示出，二極體在其端點具有負電阻。

對大訊號操作，端點電流主要就是由累增崩潰放大所產生的電荷，以及電荷的移動所造成的結果。當電子封包（Q_{ava} 載子密度）以飽和速度傳輸至 n^+ 區（陽極）時，有一外部電流被誘發產生。端點傳導電流可經由計算在陽極或陰極被分隔開的誘發載子而獲得。譬如說，在陽極的載子密度 Q_A 為其位置 Q_{ava} 的函數，且其可表示為

$$Q_A(t) = \frac{Q_{ava}x}{W_D} = \frac{Q_{ava}\upsilon_s t}{W_D} \tag{49}$$

所以峰值傳導電流為

$$J_c = \frac{dQ_A}{dt} = \frac{Q_{ava}\upsilon_s}{W_D} \tag{50}$$

針對最大功率效率，在電壓高過平均值之前，此電流將在靠近電壓循環的終點處降低。由於電流脈衝的持續時間是和載子封包的穿巡時間有關，且此時間等於半週期，所以操作頻率可最佳化在

$$f = \frac{\upsilon_s}{2W_D} \tag{51}$$

對實際的振盪器來說，其偏壓電路如圖 9 所示，且其電流源偏壓系統較電壓源更為普遍。外部共振器電路有一符合式（51）所表示的共振頻率。值

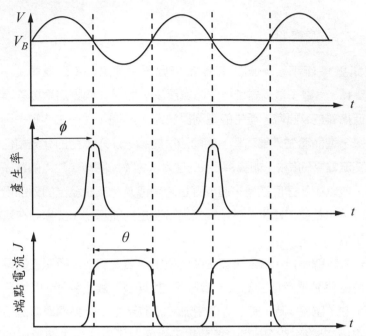

圖8　IMPATT 二極體的大訊號操作，其中包含端點電壓，累增產生速率以及端點電流。$\phi =$ 注入延遲。$\theta =$ 穿巡時間延遲。

得注意的是，如前所述，一個振盪器的基本功用可以利用直流偏壓電路來產生橫跨於IMPATT二極體的端點交流電壓。利用一直流偏壓，由於正向迴饋之故，任何內部產生的雜訊將被放大，一直到上面提到的電流值及頻率的穩定交流波形被建立為止。

圖8顯示出正交流電流和負交流電壓同時到達時，有一約為 π 的相位轉差。這是動態負電阻的起源，或是被元件吸收的負功率。值得注意的是，對端點電流波形來說，電流脈衝的起始是由注入延遲來決定的，而其終點則是由穿巡延遲來決定。

穿巡時間元件的功率產生能力不應該與電容或電感交流特性所引發的相位差產生混淆。在這些被動元件中，端點電壓與電流之間的相位差為 $\pi / 2$。所以就半週期而言，被元件吸收的功率為負值，但在另一半週期則為正。這會互相抵銷，使其淨功率為零。

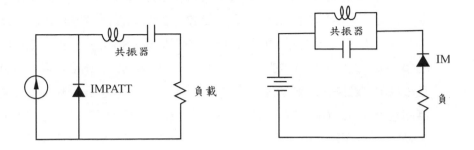

圖9 具有 (a) 電流源 (b) 電壓源的 IMPATT 二極體振盪器基本電路。

9.4.2 功率−頻率限制─電性

在微波電路中，由於半導體材料本身的限制以及可達到的阻抗程度的極限，使得單一二極體以某一特定頻率操作時的最大輸出功率將受到限制。半導體材料的限制為 (1) 累增崩潰發生時的臨界電場 $\mathscr{E}_m$，及 (2) 半導體材料內可獲得的最大速度，飽和速度 υ_s。

橫跨在整個半導體樣本上所施加的最大電壓是受崩潰電壓所限制。在均勻累增區，最大電壓可表示為 $V_m = \mathscr{E}_m W_D$。在半導體樣本上可得到的最大電流也同樣受累增崩潰所限制，由於在漂移區的累增電荷將會導致電場變化。由 $\mathscr{E}_m \varepsilon_s$ (高斯定律) 所得的最大累增電荷 Q_{ava}，最大電流密度為

$$J_m = \frac{\mathscr{E}_m \varepsilon_s \upsilon_s}{W_D}$$

(52)

所以 V_m 和 J_m 乘積的功率密度上限為

$$P_m = V_m J_m = \mathscr{E}_m{}^2 \varepsilon_s \upsilon_s$$

(53)

合併式 (51)，式 (53) 可重寫為

$$P_m f^2 \approx \frac{\mathscr{E}_m{}^2 \upsilon_s{}^2}{4\pi X_c}$$

(54)

其中 X_c 為電抗 $(2\pi f C_D)^{-1}$。在實際的高速振盪器電路，因為與最小外部電路阻抗的交互作用以及已被忽略的累增區，我們可以發現 X_c 是固定的。

　　所以式（54）預測 IMPATT 二極體的最大功率可以設計成隨著 $1/f^2$ 遞減。對於Si與GaAs而言，此電性的限制在高於厘米波以上頻率（＞30GHz）。對操作在 150 到 200℃ 的實際接面，Si中的 $\mathscr{E}_m$ 約比GaAs中的小 10%。此外，在 Si 中的 v_s 也幾乎比在 GaAs 中的大了兩倍之多。所以在電性限制範圍（i.e. 超過厘米波頻率），我們可預期到 Si IMPATT 二極體的輸出功率是 GaAs 的三倍大[17]。在次厘米波段區，因為具有均勻電場的 Misawa 二極體元件比較受到喜愛，這是由於它具有廣大的負電阻帶，以及在產生負電阻時，穿巡時間效應並不如 Read 二極體中[18]那麼重要。在可忽略熱效應的脈衝情況下，可忽略不計（即：短脈衝），對於所有頻率而言，峰值功率能力將由電子操控限制(即：$P \propto 1/f^2$)來決定。

9.4.3 效能極限

一個有效率的IMPATT二極體，當載子通過漂移區時，漂移區內的電場沒有降低到飽和速度所需要的電場值以下，仍可在累增區內儘可能的產生足夠大的脈衝電荷 Q_{ava}。通過漂移區的 Q_{ava} 引起一振幅為 mV_D 的交流電壓，其中 m 為調變因子（$m \le 1$），而 V_D 為橫跨漂移區的平均電壓。在最佳化頻率（$\approx v_s / 2W_D$）時，Q_{ava} 的移動也導致一交流電荷電流，且比橫跨二極體的交流電壓多了相位延遲 ϕ_m。若平均電荷電流為 J_0，則最大的電荷電流變化為 0 到 $2J_0$ 之間。對於同時具有如前所述的大小與相位之電荷電流方波形與漂移電壓的正弦波變化而言，其微波功率產生效率 η 為[19,20]

$$\eta \equiv \frac{\text{ac power output}}{\text{dc power input}} = \frac{(2J_0/\pi)(mV_D)}{J_0(V_A+V_D)}|\cos\phi|$$

$$= \left(\frac{2m}{\pi}\right)\frac{|\cos\phi|}{1+(V_A/V_D)} \tag{55}$$

其中 V_A 與 V_D 分別為跨在累增區與漂移區的壓降，其總和即為總外加直流電壓。角度 ϕ 為電荷電流的注入相位延遲。在理想情況下，ϕ 值為 π，$|\cos\phi| = 1$。對雙漂移二極體而言，V_D 則替換成 $2V_D$。由於累增區電壓與電荷

電流的關係呈電感性作用 (inductively reactive)，所以累增區貢獻的交流功率可忽略不計。位移電流對二極體電壓則為電容性 (capacitively reactive) 相關，因此將不會對平均交流功率有貢獻。

式 (55) 清楚地表示出功率的改善必須增加交流電壓的調變因子 m，調整相位延遲角度至最佳化 π，並且降低 V_A / V_D 比值。然而，V_A 必須足夠大才能使累增過程；當 V_A / V_D 低於某特定的最佳化值時，效率會下降至零[19]。

如果漂移載子在極低電場下有飽和速度，m 可以接近到 1 且不會對結果有任何損害。在 n 型態的 GaAs，在電場接近 10^3 V／cm 時，速度可有效地達到飽和，但仍遠小於在 n 型 Si 的電場 2×10^4 V／cm。所以，在 n 型 GaAs 中，極大的交流電壓變化是可預期的；在 n 型 GaAs 內，這些大電壓變化會有較高的工作效率[21]。

為評估 V_A / V_D 的最佳化數值，我們首先求得

$$V_D = \langle \mathscr{E}_D \rangle (W_D - x_A) = \frac{\langle \mathscr{E}_D \rangle \upsilon_s}{2f} \tag{56}$$

其中 $\langle \mathscr{E}_D \rangle$ 為漂移區的平均電場。對 100% 的電流調變，$J_0 = J_{dc} = J_{ac}$，以及有一最大電荷 $Q_{ava} = m \varepsilon_s \langle \mathscr{E}_D \rangle$ 決定電流密度

$$J_0 = Q_{ava} f = m \varepsilon_s \langle \mathscr{E}_D \rangle f \tag{57}$$

對一具有電場相關的游離係數 $\alpha \propto \mathscr{E}^\zeta$，$\zeta$ 為常數，α' 值可由下得出

$$\alpha' \equiv \frac{d\alpha}{d\mathscr{E}} = \frac{\zeta \alpha}{\mathscr{E}} \approx \frac{\zeta (W_D - x_A) \alpha}{V_D} \tag{58}$$

假設穿巡時間頻率〔式 (51)〕比共振頻率〔式 (39)〕大了約 20%，將式 (56) 合併到式 (58) 即可得[20]

$$\left. \frac{V_A}{V_D} \right|_{opt} \approx 4m \left(\frac{1.2}{2\pi} \right)^2 \zeta \alpha x_A \tag{59}$$

對相對小的頻率 ≈ 10 GHz 而言，GaAs 在 $m = 1$ 時，V_A / V_D 最佳化數值為 0.65，而 Si 則是在 $m = 1／2$ 時有最佳化數值 1.1。

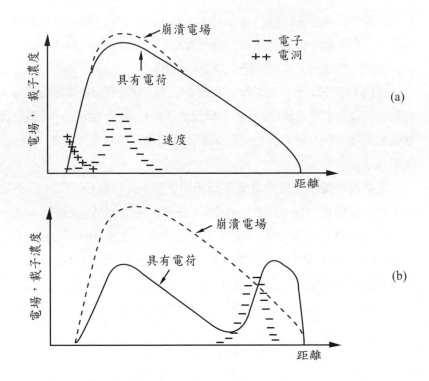

圖11　Read二極體的瞬間電場與電荷分佈。(a)累增作用剛完成，電荷開始移動跨過二極體。(b)載子傳輸幾乎完成。注意空間電荷的強效應會抑制電場。(參考文獻23)

形，並降低在穿巡時間頻率下產生的功率。

　　由於一高逆向飽和電流將導致累增建立的太快，使得累增相位延遲減少以致效率減低[24]。而從一個較差歐姆接觸區來的少量注入亦將使得逆向飽和電流增加以致效率衰減。

　　靠近漂移區終點的位置，電場是較小的。載子以飽和速度為初始速度並逐漸遞減地傳輸至移動率區域[25]。尚未掃過的地方將提供一串聯電阻，而降低了端點負電阻。然而，注意在 n 型GaAs中的電場將會更小，因為GaAs具有著更高的低電場移動率。

　　當一IMPATT二極體的操作頻率增加至厘米波區時，電流將被限制在

　　圖 10 為效率對 V_A / V_{Dv} 的作圖。用上述所討論的最佳化數值可求得最大效率。所預期的最大效率對單漂移（SD）Si 二極體約為 15%，對雙飄移（DD）Si 二極體約為 21%，而對單飄移 GaAs 二極體約為 38%。這些估計與實驗的結果吻合。在更高的頻率下，V_A / V_D 的最佳化比例將傾向增加；此比例的增加將導致最大效率的衰減。n 型 GaAs 單漂移二極體的實驗結果也和前述討論結果一致[22]。

　　在實際的 IMPATT 二極體上，還有其他許多因素會使效率衰退。這些因素包含空間電荷效應、逆向飽和電流、串聯電阻、集膚效應、飽和游離率、穿隧效應、本質累增共振時間、少數載子儲存，以及熱效應。

　　圖 11 所示為空間電荷效應[23]。所產生出的電子將抑制電場（圖 11a）。電場的衰減將導致累增作用提早停滯，並減低累增所提供的 180 度相位延遲。當電子向右漂移時（圖 11b），空間電荷也可能造成向左的載子脈衝電場，使其低於飽和速度所要求的電場。此下降的結果將改變端點電流波

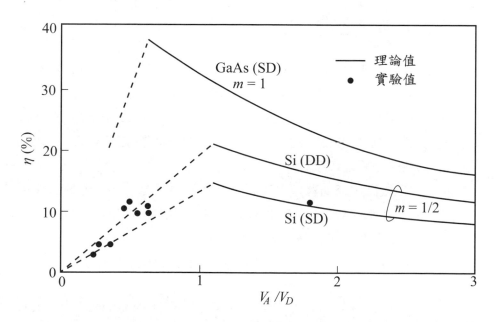

圖10　Si 與 GaAs 二極體的效能對 V_A / V_D 做圖。SD，DD ＝單漂移，雙漂移。虛線是利用峰值到零的外推法計算所得。（參考文獻20）

　　在 p^+–n (或 n^+–p) 二極體主動區中產生的電子 (或電洞) 背向擴散至中性 p^+ (或 n^+) 區時，可能會造成少數載子儲存效應，並使得效能降低。此少數載子將被儲存在中性區內，而剩餘的載子將被傳送，且在週期的末段時間向後擴散進主動區導致一累增提早發生，進而破壞電流–電壓相位關係。

9.4.4 功率–頻率限制—熱效應

在低頻情況下，一 IMPATT 二極體連續波 (cw) 效能主要由熱所限制，此熱可能是來自半導體晶片發散的功率。IMPATT 二極體傳統的固定方式是將其正面 (即以上下顛倒的固定接合方式) 與導熱良好的基板接著，如此一來熱源將靠近散熱片。如果二極體的上表面接觸有多層金屬層，總熱電阻串聯合併為[29]

$$R_T = \sum \frac{d_s}{A\kappa_s} + \sum \frac{1}{\pi\kappa_h R_h}\left[1 + \frac{z_h}{R_h} - \sqrt{1 + \left(\frac{z_h}{R_h}\right)^2}\,\right] \tag{60}$$

其中 d_s 和 κ_s 分別為二極體表面薄膜厚度與金屬的熱導率，而 Z_h , κ_h 與 R_h 則分別為散熱片的薄膜厚度，熱導率與接觸半徑 (靠近元件)。對一單層－半－無限散熱片，z_h / R_h 趨近於無窮大而第二項縮減為 $1 / \pi\kappa_h R_h$。銅與鑽石為兩種最普及的散熱片材料。由於鑽石的熱導率為銅的三倍大，所以在功能與價格上將會有所取捨。

　　在二極體中被消耗掉的功率 P 必定和傳輸至散熱片的熱功率相等。所以 P 等於 $\Delta T / R_T$，其中 ΔT 為在接面與散熱片間的溫差。如果電抗 $X_c = 2\pi f C_D$ 為固定常數 ($f \propto 1 / C_D$) 且在熱阻的主要貢獻來自於半導體 (假設 $d_s \approx W_D$，$R_T = W_D / A\kappa_s$)，對一給定的溫度增加 ΔT 時，我們可得

$$P \cdot f = \left(\frac{\Delta T}{R_T}\right)f \approx \frac{\Delta T}{W_D / A\kappa_s}\left(\frac{W_D}{A\varepsilon_s}\right) = \frac{\kappa_s \Delta T}{\varepsilon_s} = \text{constant} \tag{61}$$

基板表面的集膚厚度 δ 內流動。圖12所示為集膚效應[26]。所以基板的有效電阻會增加，引起一個橫跨在二極體半徑範圍內的電壓降(圖12b)。此電壓降將在二極體內導致一非均勻的電流分佈，以及高的等效串聯電阻，而此二者都將造成效能的衰減。然而，先進製程技術可有效消除集膚效應，且集膚效應也僅在一些以上下顛倒方式固定的元件中扮演一輕微的角色。

在極高頻率操作之下，空乏寬度必須相當窄〔式(51)〕且為了滿足式(2)的積分要求，衝擊離子化的電場值將變高。在如此高的電場下，有兩個主要的效應。第一個效應為在高電場下游離速度變化緩慢，使注入電流脈衝變寬[27]且改變端點電流波形，以至於效能變差。第二個效應為穿隧電流將可能主導。此電流與電場同相位，所以不存在180°累增相位延遲。

在次厘米波時有另一限制效能的要素為有限延遲，此延遲使得游離速率落後於電場。對 Si 來說，本質累增反應時間 τ_i 低於 10^{-13} 秒。由於此時間遠小於次厘米波區域中的傳輸時間，預估 Si IMPATT 二極體的有效操作將高於 300 GHz 甚至更高頻率。然而對 GaAs 而言，發現其 τ_i 大過 Si 的 τ_i 一個數量級以上[28]。如此長的 τ_i 會限制 GaAs IMPATT 操作頻率將低於 100 GHz。

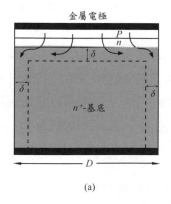

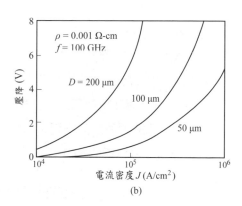

(a)

(b)

圖12　IMPATT二極體中的集膚效應。(a) 被限制在厚度 δ 的表面金屬薄板電流導致非均勻性及電阻損耗。(b) 計算幾種不同二極體直徑 D 於 100 GHz 時，在基板上的壓降。(參考文獻26)

在此條件下，連續波輸出將隨 $1/f$ 遞減。所以，在連續波條件下，我們於低頻時有一熱限制（ $P \propto 1/f$ ），而在高頻時，我們有一電性限制（ $P \propto 1/f^2$ ）。對一特定的半導體而言，發生功率急速下降時的轉角頻率與最大許可的溫度上升、可獲得最小電路阻抗，以及 $\mathscr{E}_m$ 與 v_s 的乘積有關。

來自於導電絲形成的燒毀　　燒毀不僅有可能因為二極體過熱而發生，也可能是載子電流不能在二極體內分佈均勻，而局部集中於高電流強度的導電絲內所造成。這類我們不希望發生的現象常常會在二極體具有直流負電導時發生，這是因為在局部區域的極大電流密度造成一個極低的崩潰電壓。由於這項因素，p–i–n 二極體容易發生燒毀現象。在漂移區的移動載子空間電荷，有傾向防止低頻負電阻的產生，因而有助於防止導電絲燒毀。在低電流情況時，具有正直流電阻的二極體可能會發展成負直流電阻，並且在高電流時被燒毀。

9.5 雜訊行為

IMPATT 二極體內的雜訊主要源自於累增區內電子電洞對產生率的統計特性。由於在放大微波訊號時，雜訊設定在較低極限，因此對 IMPATT 二極體的雜訊理論分析很重要。

　　IMPATT 二極體可被鑲嵌入一與傳輸線結合的共振腔內，以做為放大的用途[30]。藉由一個循環器可將此傳輸線結合並分成輸入與輸出，如圖13a 所示。圖 13b 所示為小訊號分析的等效電路。我們將介紹兩個有用的表示式來說明雜訊的表現：雜訊指數（ noise figure ）與雜訊量測（ noise measure ）。雜訊指數 NF 定義為

$$
\begin{aligned}
NF &= 1 + \frac{\text{output noise power from amplifier}}{(\text{power gain}) \times (kT_0 B_1)} \\
&= 1 + \frac{\langle I_n^2 \rangle R_L}{G_P kT_0 B_1}
\end{aligned}
\tag{62}
$$

其中 G_P 為放大功率增益，R_L 為負載電阻，T_0 為室溫（290K），B_1 為雜訊頻寬，以及 $\langle I_n^2 \rangle$ 為由二極體引起並在圖13b迴路誘發的雜訊電流均方值。雜訊量測 M 定義為

$$M \equiv \frac{\langle I_n^2 \rangle}{4kT_0GB_1} = \frac{\langle V_n^2 \rangle}{4kT_0(-Z_{real})B_1} \tag{63}$$

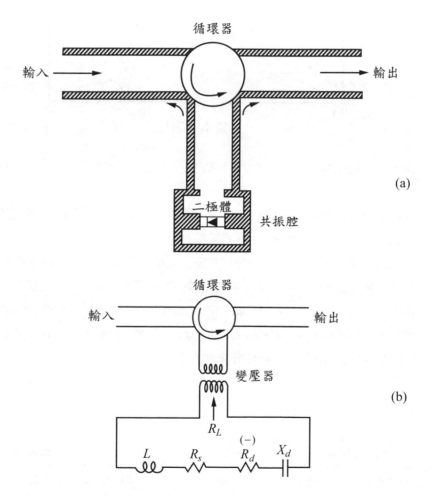

圖13　(a) 鑲嵌於共振器內的IMPATT二極體。(b) 等效電路。(參考文獻30)

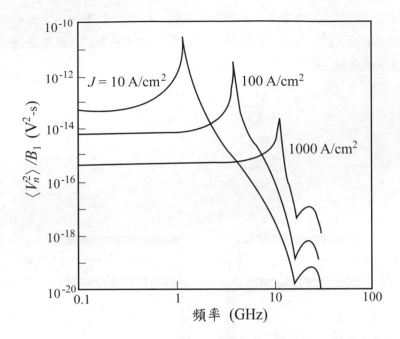

圖14　Si IMPATT二極體的均方雜訊電壓頻寬與頻率的關係圖。（參考文獻31）

個無耗損電路操作在一個無簡諧調變的最大振盪頻率。最近的結果提出在 60 GHz 下，有一較低的 22 dB 雜訊量測[33]。

　　GaAs 低雜訊表現的主要原因是由於在給定電場下，電子與電洞的游離率在實質上是相等，但在 Si 中則相當不同。由累增放大積分，我們可以證明，若 $\alpha_n = \alpha_p$，為了求得一個大的放大因子 M，游離平均距離 $1/\langle\alpha\rangle$ 約等於 x_A，但若是 $\alpha_n \gg \alpha_p$ 則約為 $x_A / \ln(M)$。因此，針對一已知 x_A，在 Si 必將發生更多的游離事件，導致較高的雜訊。

表1　IMPATT 二極體的雜訊量測

半導體材料	鍺	矽	砷化鎵
小訊號雜訊量測（dB）	30	40	25
大訊號振盪器雜訊量測（dB）	40	55	35

其中 G 為負電導，$-Z_{real}$ 為二極體阻抗實部，以及雜訊電壓均方值 $\langle V_n^2 \rangle$。在此須注意雜訊指數與雜訊量測都和雜訊電流均方值 (或雜訊電壓均方值) 有關。當頻率大於共振頻率 f_r 時，在二極體中的雜訊會減少，但仍為負電阻。在此情形下，評估二極體做為放大器的效能值為雜訊量測，其最小值 (最小雜訊量測) 是最受關注的。

高增益放大器的雜訊指數為[30]

$$NF = 1 + \frac{qV_A / kT_0}{4\,\zeta\tau_A^2(\omega^2 - \omega_r^2)} \tag{64}$$

其中 τ_A 與 V_A 分別是跨於累增區的時間與壓降；而 ω_r 為式 (39) 所給定的共振頻率。上述的表示式是在累增區很窄以及電子與電洞的游離係數相等的簡化假設下所得的形式。$\zeta = 6$ (Si) 與 $V_A = 3\,V$，在 $f = 10\,GHz$ ($\omega = \omega_r$) 的雜訊指數可預測為 11000 或 40.5 dB。

就實際游離係數 (Si 之 $\alpha_n \neq \alpha_p$) 以及一任意摻雜分佈而言，均方雜訊電壓在低頻的表示式為[31]

$$\langle V_n^2 \rangle = \frac{2qB_1}{J_0 A}\left[\frac{1 + (W_D / x_A)}{\alpha'}\right]^2 \propto \frac{1}{J_0} \tag{65}$$

其中 $\alpha' \equiv \partial\alpha / \partial\mathscr{E}$。圖 14 顯示 $A = 10^{-4}\,cm^2$，$W_D = 5\,\mu m$，$x_A = 1\,\mu m$ 之 Si IMPATT 二極體的 $\langle V_n^2 \rangle / B_1$ 為頻率的函數。在低頻下，要注意式 (65)，雜訊頻率 $\langle V_n^2 \rangle$ 和直流電流成反比。接近共振頻率時 (隨 $\sqrt{J_0}$ 變動)，$\langle V_n^2 \rangle$ 達到極大值，之後約隨頻率四次方衰減。所以，雜訊可以藉由在高於共振頻率的操作與保持低電流的條件下來減少。這些條件與我們所偏好的高功率及高效能條件有衝突，所以必須有所取捨來獲得一最佳化的實際應用。

圖 15 顯示 GaAs IMPATT 二極體中雜訊量測的典型理論與實驗結果。在穿巡時間頻率 (6 GHz)，此雜訊量測約為 32 dB。然而，在約兩倍穿巡時間頻率下可獲得 22 dB 的最小雜訊量測。GaAs 雜訊量測的重要特徵之一是它顯著低於 Si IMPATT 二極體的雜訊量測。表 1 比較了 Ge、Si 以及 GaAs IMPATT 二極體的雜訊量測。在圖表中，放大器與振盪器的雜訊是針對一

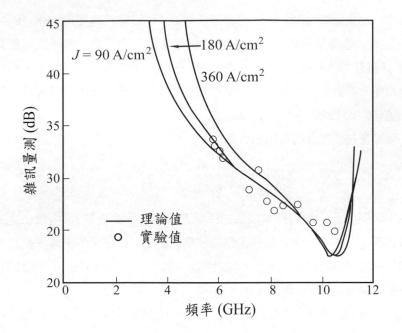

圖15　GaAs IMPATT 二極體的雜訊量測。穿巡時間頻率為6 GHz。(參考文獻32)

　　圖16為 Si 與 6 GHz 的 GaAs IMPATT 二極體輸出功率及雜訊量測間的關係[34]。功率大小是針對 1 mW 的參考功率表示，即功率可表示為 10 log ($P \times 10^3$) dBm，其中 P 以瓦特為單位。二極體是以單調同軸共振電路來做評估，此共振器中的負載電阻是隨著使用可相互交換阻抗變壓器而有遞增的變化。在最大功率輸出時，雜訊量測相對較差。稍微降低功率輸出，可獲得一低雜訊量測。在一已知功率大小下 (1W 30 dBm)，GaAs IMPATT 二極體比 Si IMPATT 二極體低約 10 dB。

9.6 元件設計與效能

　　由小訊號理論，我們可得不同元件參數對操作頻率函數的近似關係式。忽略微小的累增區 x_A，式 (47) 中的電阻表示式可改寫為

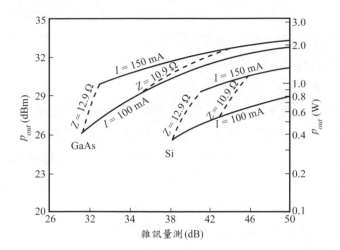

圖16　相位鎖定振盪器的功率輸出對雜訊量測的關係圖。鎖定功率固定在常數 4 dBm。固定負載阻抗 Z 與固定二極體電流 I 的曲線亦被顯示於圖中。（參考文獻34）

$$-R \approx \frac{W_D^2}{2A\varepsilon_s\upsilon_s}\left[\frac{1}{(\omega^2/\omega_r^2)-1}\right]\left(\frac{1-\cos\theta_d}{\theta_d^2/2}\right) \tag{66}$$

其中 θ_d 為穿巡角度等於 ωW_D。固定 ω/ω_r，由式（66）的要求，W_D^2/A 和 θ_d 為常數，$-R$ 不會有所變化。由於空乏寬度 W_D 反比於操作頻率〔式（51）〕，因此，正比 W_D^2 的元件面積 A 是正比於 ω^{-2}。此外，由式（2）的累增崩潰方程式，我們可以證明游離率（α）以及電場微分（α'）反比於空乏區寬度 W_D。將 $\alpha'\propto 1/W_D$ 關係式與式（39）結合，則產生下列直流電流密度結果：

$$J_0 \propto \frac{\omega_r^2}{\alpha'} \propto \frac{\omega^2}{1/W_D} \propto \omega \tag{67}$$

這些頻率微縮關係節錄於表2，利用這些關係於外插效率及新頻率設計的導引上將非常有用。

　　我們在 9.4 節已經對功率輸出極限做過討論。在低頻下，我們預期低頻下的效率和頻率間只有弱相關。然而，在厘米波區域，操作電流密度很

高 ($\propto f$))且面積很小 ($\propto f^2$)，所以元件操作溫度將會非常高。此高溫將導致逆向飽和電流的增加以及效能的衰減。此外，集膚效應、穿隧，以及其他伴隨著高頻與高電場而來的相關效應也會使效能表現衰減。所以當頻率增加時，效率將被預期最終會減低。

圖17顯示起始電流密度 (在給定頻率下，產生振盪的最小電流密度) 與頻率的關係。起始電流密度大約隨頻率的二次方而增加，和一般共振頻率的行為相符合。為了顯示穿巡時間效應的重要，圖18顯示出最佳空乏層寬度對 Si 與 GaAs IMPATT 二極體頻率的關係。如預期的，空乏層寬度和頻率呈反比變化。有趣地是，在頻率超過 100 GHz 下，空乏層寬度小於 0.5 μm。此極窄的寬度顯示出要製造高頻修正 Read 二極體或雙漂移二極體是非常困難的。

由雙漂移二極體中可獲得最高的功率與 f^2 的乘積。圖 19 比較在 50 GHz 下雙漂移與單漂移二極體的效能。此由離子佈植製作的雙漂移 50 GHz 的 Si IMPATT 二極體顯示在最大效能14%時，有超過 1 W 的輸出連續波功率。此結果可以和相似的單漂移二極體做比較。單漂移二極體將只有效能為10%，輸出約為 0.5 W。效能較好的雙漂移二極體是因為其電洞與電子都是由累增所產生，並可在操作時抵抗橫跨漂移區的射頻 (radio frequency (RF)) 電場。單漂移二極體中則只有一種載子是可用的。所以，需要外加較大的端點電壓。

表2 IMPATT 二極體的微縮頻率 (近似)。

參數	頻率相依性
接面面積 A	f^{-2}
電壓-電流密度 J_0	f
空乏層寬度 W_D	f^{-1}
崩潰電壓 V_B	f^{-1}
輸出功率 P_{out} : 熱限制	f^{-1}
電限制	f^{-2}
效率 η	constant (固定)

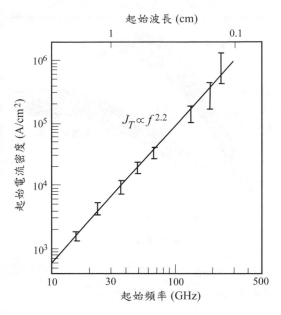

圖17 在直流電流下的起始頻率關係。（參考文獻35）

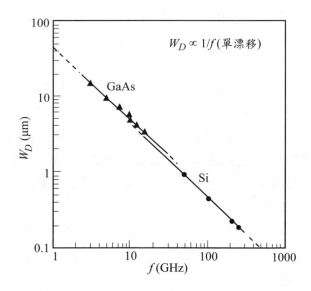

圖18 Si 與 GaAs IMPATT 二極體空乏寬度與頻率的關係。（參考文獻36 ，37）

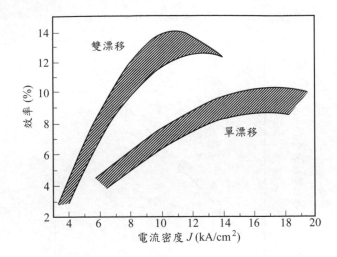

圖19　50 GHz 下,單漂移與雙漂移 Si IMPATT 二極體的效率關係。效率範圍取每一形態的四個二極體。(參考文獻38)

　　最新式的IMPATT二極體效能總結於圖20。此外,也包含有將在9.7節作討論的 BARITT 二極體。在低頻下,功率輸出為熱效應限制且隨 f^1 變化;在高頻下(> 50 GHz),功率為電性限制且隨 f^2 變化。GaAs IM-PATT 二極體一般在低頻低於 ≈ 60　GHz 有較佳的功率效能。圖20 清楚地顯示出 IMPATT 二極體是最有威力的固態微波產生源之一。相較於其它固態元件,IMPATT 二極體可以在厘米波頻率下產生較高的連續波輸出。在脈衝操作下,功率甚至可以比圖20所示來得更好。

　　最近除了 Si 與 GaAs 以外的材料也被用來研究。例如,相對於Si,SiC有10倍高的崩潰電場、3倍高的熱導率係數,以及2倍大的飽和速度[40]。這些因素造成一個比 Si 高350倍的預期功率輸出。缺點則是具有較高的雜訊量測。

　　高能隙的 GaN 也提供了相似的優點,以及可在高溫下操作[41]。依據結構,藉由在注入接面加入一個異質接面,預期GaN將可減低漏電流,改善射頻效能以及降低雜訊[42]。

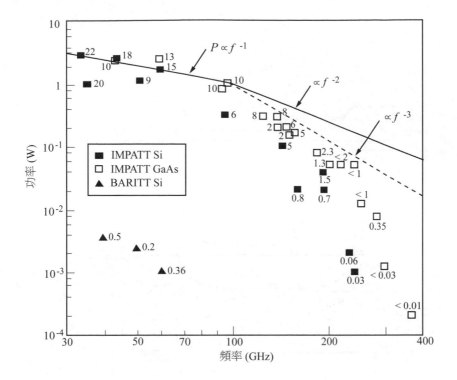

圖20　最新式的IMPATT（與BARITT）效能。針對每個實驗點所顯示的數字是以百分比指出效率。（參考文獻39）

9.7 BARITT 二極體

另一種穿巡時間元件為 BARITT（*barrier-injection transit-time*，位障注入傳輸時間）二極體。其微波振盪的機制是熱游離化注入以及少數載子擴散橫跨順向偏壓的位障。因為沒有累增延遲時間，預估 BARITT 二極體的操作效率與功率會比 IMPATT 二極體低。在另一方面，與橫跨位障的載子注入有關的雜訊會比在 IMPATT 二極體中的累增雜訊低。低雜訊特質以及元件的穩定度使 BARITT 二極體適用於低功率的應用上，像是局部振盪器。BARITT 的操作是由 Coleman 和 Sze 於 1971 年首度以一金屬–半導體–

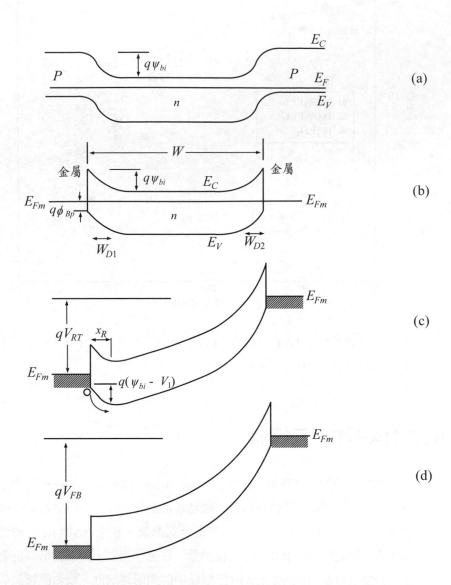

圖21　BARITT 二極體的能帶圖，其具有 (a) p–n 接面與 (b) 熱平衡下的金屬-半導體接觸。MSM 結構在 (c) 貫穿以及 (d) 平帶狀態。

金屬透穿二極體的結構提出[43]。相似的結構在1968年由Ruegg以大訊號分析與Wright以空間電荷限制傳輸機制為基礎所提出[44,45]。

9.7.1 電流傳輸

BARITT二極體基本上是一組背對背二極體（圖21），被偏壓進入透穿（reach-through）條件。這兩個二極體可以是 $p-n$ 接面或者是金屬–半導體接觸，又或是兩者合併。我們首先考慮在一個對稱金屬–半導體–金屬（MSM）結構下[46]均勻摻雜的 n 型半導體電流傳輸（圖21b）。在偏壓情況下，空乏層寬度為

$$W_{D1} = \sqrt{\frac{2\varepsilon s}{qN_D}(\psi_{bi} - V_1)} \tag{68a}$$

$$W_{D2} = \sqrt{\frac{2\varepsilon_s}{qN_D}(\psi_{bi} + V_2)} \tag{68b}$$

其中 W_{D1} 與 W_{D2} 為 n 型順向與逆向偏壓位障下的空乏層寬度；V_1 與 V_2 為橫跨在相對應接面所施加偏壓的分壓，N_D 為游離摻質濃度；ψ_{bi} 為內建電位。在這些條件下，電流是（具 ϕ_{Bn} 的Schettky二極體）逆向飽和電流、產生－複合電流，以及表面漏電流之總和。

　　當電壓增加時，逆向偏壓空乏區最後將貫穿到順向偏壓空乏區（圖21c）。此對應電壓稱為穿透電壓 V_{RT}。此電壓可由 $W_{D1} + W_{D2} = W$（為 n 區域的長度）的條件下得到

$$\begin{aligned} V_{RT} &= \frac{qN_D W^2}{2\varepsilon_s} - W\sqrt{\frac{2qN_D}{\varepsilon_s}(\psi_{bi} - V_1)} \\ &\approx \frac{qN_D W^2}{2\varepsilon_s} - W\sqrt{\frac{2qN_D\psi_{bi}}{\varepsilon_s}} \end{aligned} \tag{69}$$

如果電壓再繼續增加，在正偏壓接觸點（左端）的能帶會變平。當 $\psi_{bi} = V_1$ 時，在 $x = 0$ 處的電場為零；此狀態為平帶狀態（圖21d）。定義

$$\frac{d\mathscr{E}}{dx} = \frac{\rho}{\varepsilon_s} = \frac{q}{\varepsilon_s}\left(N_D + \frac{J}{q\upsilon_s}\right) \approx \frac{J}{\varepsilon_s\upsilon_s} \tag{75}$$

兩次積分 (藉由邊界條件；在 $x=0$ 處，$\mathscr{E}=0$，$V=0$) 可得[47]

$$J = \left(\frac{2\varepsilon_s\upsilon_s}{W^2}\right)V = q\upsilon_s N_D\left(\frac{V}{V_{FB}}\right) \tag{76}$$

穿透 p^+–n–p^+ 結構的電流傳輸機制和 MSM 結構相似。唯一不同之處為式 (73) 與式 (74) 中，當被注入的載子橫越順向偏壓 p^+–n 接面時[47]，因子項 $\exp(-q\phi_{BP}/kT)$ 予以不計，即

$$J = A^*T^2\exp\left[-\frac{q\left(V_{FB}-V\right)^2}{4kTV_{FB}}\right] \tag{77}$$

對一 PtSi–Si 位障而言，電洞位障高度 $q\phi_{BP}$ 等於 0.2 eV。因此在 300 K 時，對某一高於透穿條件的電壓，p^+–n–p^+ 元件的電流將大於 MSM 元件約 3000 倍。在室溫下，A^*T^2 值約為 10^7 A / cm^2。所以，在正常操作時，空間電荷效應的起始作用將始終在平帶狀態前發生。

圖 22 所示為一具有背景摻雜 5×10^{14} cm^{-3} 且厚度為 8.5 μm 的 Si p^+–n–p^+ 標準的 I–V 特性曲線。平帶電壓為 29 V 而透穿電壓約為 21 V。我們注意到電流先是指數增加，然後轉變成和電壓呈線性相關。實驗結果與式 (76) 和式 (77) 的理論計算一致。

為了使 BARITT 能高效率的操作，電流必須隨電壓快速增加。由於空間電荷效應造成的線性 I–V 關係將使元件性能劣化。實際上，最佳化的電流密度通常低於 $J=q\upsilon_s N_D$。

9.7.2. 小訊號特性

我們將展示 BARITT 二極體有一小訊號負電阻；所以，二極體可以有自我起始振盪。考慮一個 p^+–n–p^+ 結構。當其施加一個超過透穿電壓的偏壓時，電場分佈圖如圖 23a 所示。x_R 點對應至電洞注入的最大電場，由

此對應電壓為平帶電壓

$$V_{FB} \equiv \frac{qN_DW^2}{2\varepsilon_s}$$

(70)

對於某一特定長度與具有高摻雜準位，此外，加偏壓在達到 V_{FB} 之前是受累增崩潰電壓所限制。

在微波振盪下，BARITT 二極體的直流偏壓通常是介於 V_{RT} 與 V_{FB} 之間。對於在此範圍內（ $V_{RT} < V < V_{FB}$ ）的外加電壓，其與順向偏壓位障高度的關係為

$$\psi_{bi} - V_1 = \frac{\left(V_{FB} - V\right)^2}{4V_{FB}}$$

(71)

透穿位置 x_R 如圖21c 所示為：

$$\frac{x_R}{W} = \frac{V_{FB} - V}{2V_{FB}}$$

(72)

在透穿之後，熱游離發射的電洞電流越過電洞位障 ϕ_{BP} 成為主導的電流：

$$J_p = A_p^* T^2 \exp\left[-\frac{q\left(\phi_{Bp} + \psi_{bi}\right)}{kT}\right] \exp\left[\exp\left(\frac{qV_1}{kT}\right) - 1\right]$$

(73)

其中 A_p^* 為電洞的有效 Richardson 常數（參考第 3 章）。由式（71）我們可由 $V \geq V_{RT}$ 得到，

$$J_p = A_p^* T^2 \exp\left(-\frac{q\phi_{Bp}}{kT}\right) \exp\left[-\frac{q\left(V_{FB} - V\right)^2}{4kTV_{FB}}\right]$$

(74)

所以在超過透穿之後，電流會隨施加電壓成指數增加。

在電流準位足夠高，使得注入載子密度達到背景摻質離子化密度時，移動載子將對在漂移區的電場分佈造成影響。此即為空間電荷效應。假如所有的移動電洞以飽和速度 v_s 通過 n 區，且 $J > Pv_sN_D$，則 Poisson 方程式變為

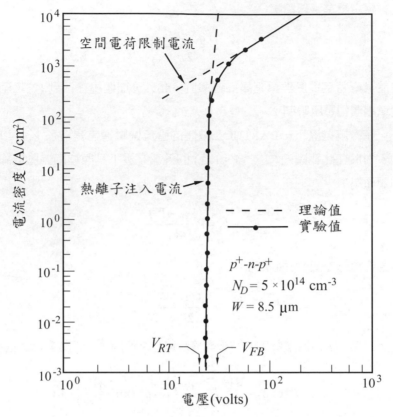

圖22　Si p^+-n-p^+ 穿透二極體的電流-電壓特性。（參考文獻47）

式(72)給定。點 a 將低電場區域與飽和速度區分開，即在 $\mathscr{E}>\mathscr{E}_s$，$\upsilon=\upsilon_s$，如圖23b所示。在低階注入狀態

$$a \approx \frac{\varepsilon_s \mathscr{E}_s}{qN_D} + x_R \tag{78}$$

在漂移區($x_R<x<W$) 的穿巡時間表示如下[49]：

$$\tau_d = \int_{x_R}^{a} \frac{dx}{\mu_n \mathscr{E}(x)} + \int_{a}^{W} \frac{dx}{\upsilon_s} = \int_{x_R}^{a} \frac{dx}{\mu_n qN_D x/\varepsilon_s} + \frac{W-a}{\upsilon_s}$$

$$\approx \frac{3.75\varepsilon_s}{q\mu_n N_D} + \frac{W-a}{\upsilon_s} \tag{79}$$

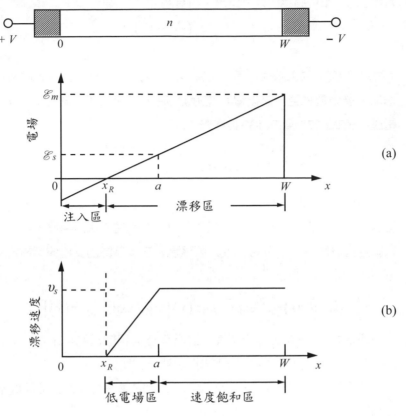

圖23　(a)電場分佈與(b)BARITT 二極體漂移區中的載子漂移速度。(參考文獻48)

為了推導小訊號阻抗，我們將遵循類似9.3.2節的方法並於其中導入一時變量(time-varying quantity)做為與時間無關項(直流部分)和一小交流訊號項之總和：

$$J(t) = J_0 + \tilde{J}\exp(j\omega t) \tag{80}$$

$$V(t) = V_0 + W\tilde{\mathscr{E}}\exp(j\omega t) \tag{81}$$

將上述表示式代入式(77)可得線性交流注入電洞電流密度：

$$\tilde{J} = \sigma\tilde{\mathscr{E}} \tag{82}$$

其中 σ 為每單位面積的注入電導，且其為

$$\sigma = J_0 \frac{\varepsilon_s \left(V_{FB} - V_0 \right)}{N_D W k T} \tag{83}$$

J_0 為電流密度，如式(77)所示，其中以 V_0 取代 V。此注入電導隨外加電壓增加，達到最大值，之後當 V_0 趨近 V_{FB} 時，迅速衰減。對應最大 σ 的施加電壓可由式(77)與式(83)推導得：

$$V_0(\text{for max } \sigma) = V_{FB} - \sqrt{\frac{2kTV_{FB}}{q}} \tag{84}$$

　　由於交流電場在橫跨注入區與漂移區的邊界是連續的，此兩區將互相影響。我們定義 $\widetilde{J}$ 為總交流電流密度，而 $\widetilde{J}_1$ 為注入電流密度。我們假設注入區足夠薄使得 $\widetilde{J}_1$ 不延遲的進入漂移區。在漂移區的交流傳導電流密度如下

$$\widetilde{J}_c \left(t \right) = \widetilde{J}_1 \exp\left[-j\omega\tau\left(x \right) \right] \equiv \gamma\widetilde{J}\exp\left[-j\omega\tau\left(x \right) \right] \tag{85}$$

其為傳播朝向 $x = W$ 的無衰減波，且具有穿巡相位延遲 $\omega\tau(x)$。$\tau \equiv \widetilde{J}_1 / \widetilde{J}$ 為交流注入電流對全部交流電流複數部分的比值。

　　在漂移區中給定位置，總交流電流 $\widetilde{J}$ 等於傳導電流 $\widetilde{J}_c$ 與位移電流 $\widetilde{J}_d$ 的總和：

$$\widetilde{J} = \widetilde{J}_c \left(x \right) + \widetilde{J}_d \left(x \right) \tag{86}$$

且其為常數，與 x 無關。位移電流和交流電場 $\widetilde{\mathscr{E}}(x)$ 的關連為

$$\widetilde{J}_d \left(x \right) = j\omega\varepsilon_s \widetilde{\mathscr{E}}\left(x \right) \tag{87}$$

合併式(83)、(85)與(87)可得在漂移區中交流電場為 x 和 $\widetilde{J}$ 的函數表示式

$$\widetilde{\mathscr{E}}(x) = \frac{\widetilde{J}}{j\omega\varepsilon_s} \left\{ 1 - \gamma\exp\left[-j\omega\tau\left(x \right) \right] \right\} \tag{88}$$

對 $\widetilde{\mathscr{E}}(x)$ 做積分，以交流電流密度 $\widetilde{J}$ 表示，可得橫跨漂移區的交流電壓。其係數可表示為

$$\gamma = \frac{\widetilde{J}_1}{\widetilde{J}_1 + \widetilde{J}_d} = \frac{\sigma}{\sigma + j\omega\varepsilon_s} \tag{89}$$

將 γ 代入式(88),並利用在 $x = x_R$ 時 $\tau = 0$,與 $x = W$ 時 $\tau = \tau_d$ 的邊界條件,對漂移長度($W - x_R$)積分可得橫跨漂移區的交流電壓方程式

$$V_d = \frac{\widetilde{J}(W - x_R)}{j\omega\varepsilon_s}\left[1 - \left(\frac{\sigma}{\sigma + j\omega\varepsilon_s}\right)\frac{1 - \exp(j\theta_d)}{j\theta_1}\right] \tag{90}$$

其中 θ_d 為漂移區的穿巡角度,

$$\theta_d = \omega\left(\frac{W - a}{\upsilon_s} + \frac{3.75\varepsilon_s}{q\mu_n N_D}\right) = \omega\tau_d \tag{91}$$

θ_1 為常數

$$\theta_1 \equiv \omega\left(\frac{W - x_R}{\upsilon_s}\right) \tag{92}$$

我們也可以定義 $C_D = \varepsilon_s / (W - x_R)$ 為漂移區的電容。由式(90)我們可得此結構的小訊號阻抗

$$Z \equiv \frac{\widetilde{V}_d}{\widetilde{J}} = R_d - jX_d \tag{93}$$

其中 R_d 與 X_d 分別為小訊號電阻與電抗

$$R_d = \frac{1}{\omega C_D}\left(\frac{\sigma}{\sigma^2 + \omega^2\varepsilon_s^2}\right)\left[\frac{\sigma(1 - \cos\theta_d) + \omega\varepsilon_s\sin\theta_d}{\theta_1}\right] \tag{94}$$

$$X_d = \frac{1}{\omega C_D} - \frac{1}{\omega C_D}\left(\frac{\sigma}{\sigma^2 + \omega^2\varepsilon_s^2}\right)\left[\frac{\sigma\sin\theta_d - \omega\varepsilon_s(1 - \cos\theta_d)}{\theta_1}\right] \tag{95}$$

注意假如穿巡角度的值在 π 到 2π 間,且 $|(1 - \cos\theta_d) / \sin\theta_d|$ 小於 $\omega\varepsilon_s / \sigma$ 時,這個實部(電阻)將為負。

由這些結果,我們可以知道(1)BARITT二極體有小訊號負電阻,所以會有自我起始振盪能力;(2)跨越順向偏壓 p^+–n 接面或金屬–半導體位障之注入可以做為提供載子的來源;(3)漂移區之穿巡時間對BARITT二極體的頻率特性而言是很重要的項目。

　　BARITT 二極體已經被證明為一個具有低雜訊的元件，基本上只有兩個雜訊來源。一雜訊來源為注入載子的散粒雜訊 (注入雜訊)。而另一雜訊來源為漂移區載子的隨機速度擾動 (擴散雜訊)。

9.7.3 大訊號效能

　　基本的大訊號 BARITT 操作顯示於圖 24[50]。當交流電壓達到峰值 ($\theta = \pi / 2$) 時，注入載子為一 δ 函數。此誘發的外加電流傳輸 3/4 週期後將到達負端：

$$\theta_d \ = \ \omega \tau_d \ = \ \frac{3\pi}{2} \tag{96}$$

或

$$f \ = \ \frac{3}{4\tau_d} \approx \frac{3\upsilon_s}{4W} \tag{97}$$

其中 θ_d 為穿巡角度而 τ_d 為載子穿巡時間。藉由將式 (79) 代入式 (97) 中可得較為正確的最佳頻率值。

　　若載子於 $\theta = \pi / 2$ 注入時 (圖24)，可估計 BARITT 二極體的最大效率為 10% 的數量級。然而，如果載子注入可以更延遲一些，即 $\pi / 2 < \theta \le \pi$，則可以獲得更高的效率。一多層 $n^+\!-\!i\!-\!p\!-\!v\!-\!n^+$ BARITT 二極體已經製造出來[51]，其為 $p^+\!-\!i\!-\!n\!-\!\pi\!-\!p^+$ 之互補結構。$n^+\!-\!i\!-\!p$ 區域提供一阻礙電場以增加注入延遲時間。最新式的 BARITT 二極體效能如圖20 所示。雖然其接近 50 GHz 的輸出功率比 IMPATT 二極體約小了兩個數量級，但其雜訊量測亦是如此。藉由注入延遲過程的最佳化，BARITT 二極體期待可以在適當的功率及效能下，發揮其所有潛能來當作一個低雜訊微波的來源。

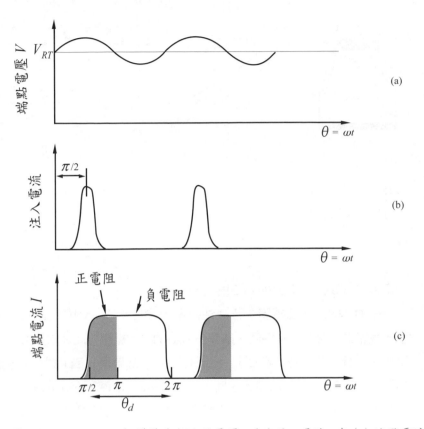

圖24　BARITT 二極體的 (a) 端點電壓，(b) 注入電流，與 (c) 端點電流波形。

9.8 穿隧注入轉換時間二極體

在極高頻率操作時，IMPATT 二極體中的空乏層寬度變得相當窄且發生衝擊離子化的電場要求也會變高。在此高電場時，會有兩個主要的效應。首先是在高電場下，游離率將緩慢地變化，緩和注入電流脈衝並且改變端點電流波形，使得效能降低[27]。第二個效應是可能變為由穿隧電流主導。由於此穿隧電流是與電場同相位，所以180°累增相位延遲並不會被提供。經過研究，此穿隧機制為 TUNNETT（穿隧注入轉換時間）操作模式[2,52]。此 TUNNETT 二極體預期將擁有較 IMPATT 二極體更低的雜訊；但同時其

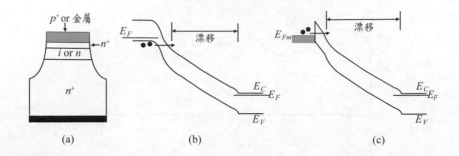

圖25 （a）TUNNETT 二極體結構。能帶圖顯示。（b）在 p–n 接面注入器中的能帶對能帶穿隧行為。（c）在Schottky-barrier 注入器中，穿隧通過能障的行為。

功率輸出與效能亦較IMPATT二極體低得多。

在 TUNNETT 二極體，穿隧注入電流發生於約 1 MV／cm 的高電場下。其結構僅存在一個接面，故異於BARITT二極體。此注入接面的鄰近區域有一較高的掺雜（圖25）。一靠近注入器的典型 n^+ 層（對一 n 型態漂移區）具有約 10^{19} cm^{-3}的掺雜濃度以及 $\approx$ 10 nm 的厚度。在 p–n 接面注入器的情況，穿隧可發生於能帶對能帶間，而在蕭特基位障情況下可穿過能障。TUNNETT 二極體的的優點包括可在 1 THz 下操作的高頻率能力。高於650 GHz的連續波產生已經被觀察到[53]。另一項優點為具有低電壓操作，可低到2V。由於較低穿隧電流的緣故，功率能力是此元件的限制。

參考文獻

1. W. Shockley, "Negative Resistance Arising from Transit Time in Semiconductor Diodes," *Bell Syst. Tech. J.*, **33**, 799 (1954).

2. W. T. Read, "A Proposed High-Frequency Negative Resistance Diode," *Bell Syst. Tech. J.*, **37**, 401 (1958).

3. R. L. Johnston, B. C. DeLoach, Jr., and B. G. Cohen, "A Silicon Diode Oscillator," *Bell Syst. Tech. J.*, **44**, 369 (1965).

4. B. C. DeLoach, Jr., "The IMPATT Story," *IEEE Trans. Electron Dev.*, **ED-23**, 57 (1976).

5. C. A. Lee, R. L. Batdorf, W. Wiegman, and G. Kaminsky, "The Read Diode and Avalanche, Transit-Time, Negative-Resistance Oscillator," *Appl. Phys. Lett.*, **6**, 89 (1965).

6. T. Misawa, "Negative Resistance on *p-n* Junction under Avalanche Breakdown Conditions, Parts I and II," *IEEE Trans. Electron Dev.*, **ED-13**, 137 (1966).

7. M. Gilden and M. F. Hines, "Electronic Tuning Effects in the Read Microwave Avalanche Diode," *IEEE Trans. Electron Dev.*, **ED-13**, 169 (1966).

8. C. A. Brackett, "The Elimination of Tuning Induced Burnout and Bias Circuit Oscillation in IMPATT Oscillators," *Bell Syst. Tech. J.*, **52**, 271 (1973).

9. G. Salmer, H. Pribetich, A. Farrayre, and B. Kramer, "Theoretical and Experimental Study of GaAs IMPATT Oscillator Efficiency," *J. Appl. Phys.*, **44**, 314 (1973).

10. S. M. Sze and G. Gibbons, "Avalanche Breakdown Voltages of Abrupt and Linearly Graded *p-n* Junctions in Ge, Si, GaAs, and GaP," *Appl. Phys. Lett.*, **8**, 111 (1966).

11. W. E. Schroeder and G. I Haddad, "Avalanche Region Width in Various Structures of IMPATT Diodes," *Proc. IEEE*, **59**, 1245 (1971).

12. G. Gibbons and S. M. Sze, "Avalanche Breakdown in Read and p-i-n Diodes," *Solid-State Electron.*, **11**, 225 (1968).

13. C. R. Crowell and S. M. Sze, "Temperature Dependence of Avalanche Multiplication in Semiconductors," *Appl. Phys. Lett.*, **9**, 242 (1966).

14. H. C. Bowers, "Space-Charge-Limited Negative Resistance in Avalanche Diodes," *IEEE Trans. Electron Dev.*, **ED-15**, 343 (1968).

15. S. M. Sze and W. Shockley, "Unit-Cube Expression for Space-Charge Resistance," *Bell Syst. Tech. J.*, **46**, 837 (1967).

16. P. Weissglas, "Avalanche and Barrier Injection Devices" in M. J. Howes and D. V. Morgan, Eds., *Microwave Devices-Device Circuit Interactions*, Wiley, New York, 1976, Chap. 3.

17. D. L. Scharfetter, "Power-Impedance-Frequency Limitation of IMPATT Oscillators Calculated from a Scaling Approximation," *IEEE Trans. Electron*

Dev., **ED-18**, 536 (1971).

18. H. W. Thim and H. W. Poetze, "Search for Higher Frequencies in Microwave Semiconductor Devices," 6th Eur. Solid State Device Res. Conf., *Inst. Phys. Conf. Ser.*, **32**, 73 (1977).

19. D. L. Scharfetter and H. K. Gummel, "Large-Signal Analysis of a Silicon Read Diode Oscillator," *IEEE Trans. Electron Dev.*, **ED-16**, 64, (1969).

20. T. E. Seidel, W. C. Niehaus, and D. E. Iglesias, "Double-Drift Silicon IMPATTs at X Band," *IEEE Trans. Electron Dev.*, **ED-21**, 523 (1974).

21. P. A. Blakey, B. Culshaw, and R. A. Giblin, "Comprehensive Models for the Analysis of High Efficiency GaAs IMPATTs," *IEEE Trans. Electron Dev.*, **ED-25**, 674 (1978).

22. K. Nishitani, H. Sawano, O. Ishihara, T. Ishii, and S. Mitsui, "Optimum Design for High-Power and High Efficiency GaAs Hi-Lo IMPATT Diodes," *IEEE Trans. Electron Dev.*, **ED-26**, 210 (1979).

23. W. J. Evans, "Avalanche Diode Oscillators," in W. D. Hershberger, Ed.," *Solid State and Quantum Electronics*, Wiley, New York, 1971.

24. T. Misawa, "Saturation Current and Large Signal Operation of a Read Diode," *Solid-State Electron.*, **13**, 1363 (1970).

25. Y. Aono and Y. Okuto, "Effect of Undepleted High Resistivity Region on Microwave Efficiency of GaAs IMPATT Diodes," *Proc. IEEE*, **63**, 724 (1975).

26. B. C. DeLoach, Jr., "Thin Skin IMPATTs," *IEEE Trans. Microwave Theory Tech.*, **MTT-18**, 72 (1970).

27. T. Misawa, "High Frequency Fall-Off of IMPATT Diode Efficiency," *Solid-State Electron.*, **15**, 457 (1972).

28. J. J. Berenz, J. Kinoshita, T. L. Hierl, and C. A. Lee, "Orientation Dependence of n-type GaAs Intrinsic Avalanche Response Time," *Electron. Lett.*, **15**, 150 (1979).

29. L. H. Holway, Jr. and M. G. Adlerstein, "Approximate Formulas for the Thermal Resistance of IMPATT Diodes Compared with Computer Calculations," *IEEE Trans. Electron Dev.*, **ED-24**, 156 (1977).

30. M. F. Hines, "Noise Theory for Read Type Avalanche Diode," *IEEE Trans. Electron Dev.*, **ED-13**, 158 (1966).

31. H. K. Gummel and J. L. Blue, "A Small-Signal Theory of Avalanche Noise on IMPATT Diodes," *IEEE Trans. Electron Dev.*, **ED-14**, 569 (1967).

32. J. L. Blue, "Preliminary Theoretical Results on Low Noise GaAs IMPATT Diodes," *IEEE Device Res. Conf.*, Seattle, Wash., June 1970.

33. W. Harth, W. Bogner, L. Gaul, and M. Claassen, "A Comparative Study on the Noise Measure of Millimeter-Wave GaAs IMPATT Diodes," *Solid-State Electron.*, **37**, 427 (1994).

34. J. C. Irvin, D. J. Coleman, W. A. Johnson, I. Tatsuguchi, D. R. Decker, and C.

N. Dunn, "Fabrication and Noise Performance of High-Power GaAs IMPATTs," *Proc. IEEE*, **59**, 1212 (1971).

35. L. S. Bowman and C. A. Burrus, Jr., "Pulse-Driven Silicon p-n Junction Avalanche Oscillators for the 0.9 to 20 mm Band," *IEEE Trans. Electron Dev.*, **ED-14**, 411 (1967).

36. M. Ino, T. Ishibashi, and M. Ohmori, "Submillimeter Wave Si p^+pn^+ IMPATT Diodes," *Jpn. J. Appl. Phys.*, **16**, Suppl. **16-1**, 89 (1977).

37. J. Pribetich, M. Chive, E. Constant, and A. Farrayre, "Design and Performance of Maximum-Efficiency Single and Double-Drift-Region GaAs IMPATT Diodes in the 3–18 GHz Frequency Range," *J. Appl. Phys.*, **49**, 5584 (1978).

38. T. E. Seidel, R. E. Davis, and D. E. Iglesias, "Double-Drift-Region Ion-Implanted Millimeter-Wave IMPATT Diodes," *Proc. IEEE*, **59**, 1222 (1971).

39. H. Eisele and R. Kamoua, "Submillimeter-Wave InP Gunn Devices," *IEEE Trans. Microwave Theory Tech.*, **52**, 2371 (2004).

40. M. Arai, S. Ono, and C. Kimura, "IMPATT Oscillation in SiC $p^+-n^--n^+$ Diodes with a Guard Ring Formed by Vanadium Ion Implantation," *Electron. Lett.*, **40**, 1026 (2004).

41. A. K. Panda, D. Pavlidis, and E. Alekseev, "DC and High-Frequency Characteristics of GaN-Based IMPATTs," *IEEE Trans. Electron Dev.*, **ED-48**, 820 (2001).

42. J. K. Mishra, G. N. Dash, S. R. Pattanaik, and I. P. Mishra, "Computer Simulation Study on the Noise and Millimeter Wave Properties of InP/GaInAs Heterojunction Double Avalanche Region IMPATT Diode," *Solid-State Electron.*, **48**, 401 (2004).

43. D. J. Coleman, Jr. and S. M. Sze, "The BARITT Diode—A New Low Noise Microwave Oscillator," IEEE Device Res. Conf., Ann Arbor, Mich., June 28, 1971; "A Low-Noise Metal-Semiconductor-Metal (MSM) Microwave Oscillator," *Bell Syst. Tech. J.*, **50**, 1695 (1971).

44. H. W. Ruegg, "A Proposed Punch-Through Microwave Negative Resistance Diode," *IEEE Trans. Electron Dev.*, **ED-15**, 577 (1968).

45. G. T. Wright, "Punch-Through Transit-Time Oscillator," *Electron. Lett.*, **4**, 543 (1968).

46. S. M. Sze, D. J. Coleman, and A. Loya, "Current Transport in Metal-Semiconductor- Metal (MSM) Structures," *Solid-State Electron.*, **14**, 1209 (1971).

47. J. L. Chu, G. Persky, and S. M. Sze, "Thermionic Injection and Space-Charge-Limited Current in Reach-Through p^+np^+ Structures," *J. Appl. Phys.*, **43**, 3510 (1972).

48. J. L. Chu and S. M. Sze, "Microwave Oscillation in *pnp* Reach-Through BARITT Diodes," *Solid-State Electron.*, **16**, 85 (1973).

49. H. Nguyen-Ba and G. I. Haddad, "Effects of Doping Profile on the Performance of BARITT Devices," *IEEE Trans. Electron Dev.*, **ED-24**, 1154 (1977).

50. S. P. Kwok and G. I. Haddad, "Power Limitation in BARITT Devices," *Solid-State Electron.*, **19**, 795 (1976).

51. O. Eknoyan, S. M. Sze, and E. S. Yang, "Microwave BARITT Diode with Retarding Field—An Investigation," *Solid-State Electron.*, **20**, 285 (1977).

52. J. Nishizawa, "The GaAs TUNNETT Diodes," in K. J. Button, Ed., *Infrared and Millimeter Waves*, Vol. **5**, p. 215, Academic Press, New York, 1982.

53. J. Nishizawa, P. Plotka, H. Makabe, and T. Kurabayashi, "GaAs TUNNETT Diodes Oscillating at 430–655 GHz in CW Fundamental Mode," *IEEE Microwave Wireless Comp. Lett.*, **15**, 597 (2005).

習題

1. 傳輸時間二極體的理想電壓電流波形如圖所示，其 δ 為注入脈衝寬度，ϕ 是脈衝中心的相位延遲，且 θ 為飄移區域角度，該直流電流為

$$I_{dc} = \frac{1}{2\pi} \int_0^{2\pi} I_{ind} d(\omega t)$$

其中 I_{ind} 其為感應電流值，試求出(a)以 I_{dc} 及 θ 表示的 I_{max}。(b)效率值($\eta \equiv P_{ac} / P_{dc}$) (c)如果 $V_{ac} / V_{dc} = 0.5$，$\phi = 3\pi / 2$，$\delta = 0$，及 $\theta = \pi / 2$，試求其效率。

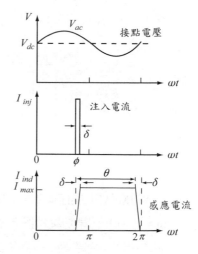

2. 試求一矽 $p^+–i–n^+–i–n^+$ 衝度二極體(IMPATT)操作於 1 A 時的直流逆向偏壓電壓。元件設定如下，該元件第一個 i 區域厚度為 1.5 μm，次層 i 區域厚度為 4.5 μm，且 n^+ 參雜的 δ 區域摻雜量為 10^{18} cm⁻³，寬度為 14 nm，元件面積為 5×10^{-4} cm²，不須考量溫度效應。

3. 如上題的 IMPATT，試問：

（a）當元件處於累增崩潰情況下，在其飄移區域內的電場是否足夠高能維持電子的飽和速度？

（b）試求元件的最大輸出功率，假設該二極體的電容值為 0.05 pF，且 Pf^2 為常數。

4. 一個 Si IMPATT 操作於 94 GHz，其 dc 直流偏壓為 20 V，並且有一 200 mA 的平均偏壓電流。如果功率轉換效率為 25%，其熱阻值為 30℃ / W，其崩潰電壓隨溫度以 40 mV / ℃ 的變化率增加，試求該二極體於室溫時的崩潰電壓為何。（假設空間電荷的阻值為零）

5. 考慮一具有 0.4 μm 寬的累增區域以及總空乏區寬度為 3 μm 的砷化鎵雙漂移低–高–低 IMPATT。其 n^+ 或 p^+ 區塊摻雜量為 $1.5 \times 10^{12}\,cm^{-2}$。而假設在下圖中，A、B 及 C 區域的摻雜量極低，試求該元件的崩潰電壓。

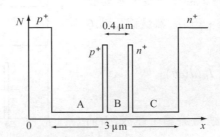

6. 一 Si IMPATT 操作於 140 GHz，其直流偏壓為 15 V 且平均偏壓電流為 150 mA。（a）如果功率轉換效率為 25%，其二極體的熱阻值為 40 ℃／W，試求接面溫度將高於室溫多少？（b）如其崩潰電壓隨溫度的變化率為 40 mV／℃，試求該二極體於室溫下的崩潰電壓何為?（假設空間電荷阻值為 10 Ω，且不受溫度的影響）

7. 一傳輸時間二極體有著 $3\pi／2$ 的注入相延遲，其傳輸角為 $\pi／4$，且 $V_{ac}／V_{dc}$ 為 0.5，試求其直流對直流功率轉換效率。

8. 一對稱 PtSi–Si–PtSi（MSM）結構，其 $N_D = 4 \times 10^{14}\,cm^{-3}$，$W = 12$ μm，以及面積為 $5 \times 10^{-4}\,cm^2$。試求（a）其於零電位偏壓下的電容值；（b）在穿透電壓時的電容值。

9. 基於一障壁注入式 BARITT 二極體的大訊號操作（見第 111 頁，圖24），試估計在交流電壓峰值 V_{ac} 等於 $0.4\,V_{RT}$，而直流電壓等於 V_{RT} 的情況下，其微波功率產生效益。

10. 推導式（71）。

10

電子轉移與真實位置空間轉換元件

10.1 簡介
10.2 電子轉移元件
10.3 真實位置空間轉換元件

10.1 簡介

在這個章節裡，我們將介紹兩種不同的負微分電阻機制，電子轉移效應 (transferred-electron effect) 和真實位置空間 (real-space transfer) 轉換。這兩種機制的共通點在於載子在高電場的時候，會轉換到不同的空間而造成有較低的移動率以及漂移速度。因此在高電場的時候反而會使電流降低，所以在此定義為負微分電阻。這兩種機制的相異點在於它們發生在完全不同的空間：電子轉移效應是在能量–動量 (E-k) 關係的 k 空間，而真實位置空間轉換是發生在兩種不同半導體材料的異質界面上。也就是前者發生在半導體材料的本體上，後者是發生在兩種材料的異質接面。電子轉移效應可以由轉移電子元件 (transferred-electron device；TED) 所造成，此元件為一個兩端點的二極體。而真實位置空間轉換可以由兩端點的二極體或是三端點的電晶體所造成。在以下章節各部份將會詳細的介紹這些機制以及元件。

10.2 電子轉移元件

電子轉移元件 (TED)，也稱作 Gunn 二極體，是許多重要微波元件中的一種。目前也廣泛地做為局部的振盪器與功率放大器，其微波頻率的範圍從 1 到 300 GHz。而 TEDs 已經是成熟且重要的固態微波源，應用於雷達，入侵警報以及微波的測試設備。

　　在 1963 年時，Gunn 發現當施加一超過某個臨界起始值的直流電場於一個具任意晶向的短 n 型砷化鎵 (GaAs) 或磷化銦 (InP) 上[1,2]，則會產生反覆的微波電流脈衝輸出。振盪頻率約等於載子通過樣品長度的過渡時間的倒數。隨後，Kroemer[3] 指出觀察到的微波振盪特性與負微分移動率理論相符合，卻與 Ridley 和 Watkins[4,5] 以及 Hilsum[6,7] 在早期所提出的理論無關。這個負微分移動率的機制是一種電場引發的效應，其將導電帶的電子由低能量高移動率的能谷傳到高能量低移動率的衛星能谷。Hutson[8] 等學者所做的砷化鎵壓力實驗，以及 Allen[9] 等學者研究的磷砷化鎵 ($GaAs_{1-x}P_x$) 合金實驗，均顯示出臨界電場下降與能谷最低值之間的分離能量減小有關係，由此證實了 Gunn 振盪器的確是要由電子轉移效應來負責。

　　電子轉移效應也一直被稱為 Ridley-Watkins-Hilsum 效應或者是 Gunn 效應。有關更詳細的 TEDs 資料，可以參考文獻 10-14。

10.2.1 熱阻器

電子轉移效應為導電電子由高移動率的能谷傳到低移動率、高能量的衛星能谷。為了瞭解這個效應如何導致負微分電阻 (negative differential resistance；NDR)，就要探討砷化鎵和磷化銦這兩種最重要 TEDs 元件[15,16]的半導體能量–動量圖 (圖 1)。由圖可知，砷化鎵和磷化銦的能帶結構非常相似，其導電帶包含許多的次能帶。導電帶的底部位於 $k = 0$ (Γ 點) 的位置。第一個較高的次能帶位置是沿著 <111> (L) 軸的方向，下一個較高的次能帶出現在沿著 <100> (X) 軸的方向。所以，這兩種半導體的次能帶順

序為 Γ-*L*-*X*。一直到了 1976 年[15] Aspnes 進行同步輻射、蕭特基位障、電子反射實驗之前，一般都認為砷化鎵的第一個次能帶是在室溫下且分離能量約 0.36 eV 的 *X* 軸上。這些量測結果建立了砷化鎵次能帶的正確順序為 Γ-*L*-*X*，這些都跟磷化銦相同(圖1)。

我們將利用單一溫度(single-temperature)的模型來推導近似的速度–電場關係式，即在較低能谷(Γ)與較高能谷(*L*)的電子被指定具有相同的電子溫度 T_e[16,17]。這兩谷之間的分離能量在砷化鎵約為 0.31 eV，在磷化銦約為 0.53 eV。在較低能谷的有效質量以及移動率分別以 m_1^* 和 μ_1 表示。相同的，在較高能谷也分別以 m_2^* 和 μ_2 表示。而在較低能谷以及較高能谷的電子濃度分別定義為 n_1 和 n_2，因此所有的濃度和為 $n = n_1 + n_2$。所以在半導體中的穩定態電流密度可以寫成：

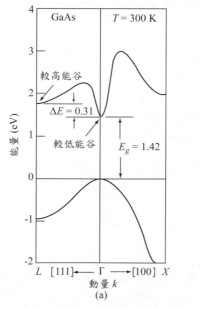
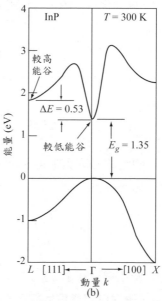

圖1　能帶圖結構 (a) 砷化鎵 (GaAs) (b) 磷化銦 (InP)，較低的導電能谷是在 $k = 0$ (Γ)；較高的能谷是沿著 <111> (*L*) 軸的方向。(參考文獻15，16)

$$J = q(\mu_1 n_1 + \mu_2 n_2)\mathscr{E} = qn\upsilon \tag{1}$$

這裡的平均漂移速度 υ 為

$$\upsilon = \left(\frac{\mu_1 n_1 + \mu_2 n_2}{n_1 + n_2}\right)\mathscr{E} \approx \frac{\mu_1 \mathscr{E}}{1 + (n_2/n_1)} \tag{2}$$

由於 $\mu_1 \gg \mu_2$，在能量相差 ΔE 的較高能谷與較低能谷的濃度比為

$$\frac{n_2}{n_1} = R \exp\left(-\frac{\Delta E}{kT_e}\right) \tag{3}$$

這裡的 R 是狀態密度比，可以表示為

$$R = \frac{較高能谷中可利用的能態}{較低能谷中可利用的能態} = \frac{M_2}{M_1}\left(\frac{m_2^*}{m_1^*}\right)^{3/2} \tag{4}$$

M_1 和 M_2 分別表示較低與較高能谷的數目。對於砷化鎵而言 $M_1 = 1$ 以及在 L 方向有 8 個較高能谷，但是他們發生在靠近第一布里淵區邊緣，所以 $M_2 = 4$。就砷化鎵來說，其有效質量 $m_1^* = 0.067\ m_0$ 和 $m_2^* = 0.55\ m_0$，因此可以得到 R 為 94。

因為電場加速電子，並且導致其動能上升，所以電子溫度 T_e 比晶格溫度 T 還要高。電子溫度經由能量弛緩時間 τ_e 可得

$$q\upsilon\mathscr{E} = \frac{3k(T_e - T)}{2\tau_e} \tag{5}$$

其中 τ_e 的數量級假設為 10^{-12} 秒。將式(2)的 υ 以及式(3)的 n_2/n_1 代入式(5)可以得到：

$$T_e = T + \frac{2q\tau_e\mu_1}{3k}\mathscr{E}^2\left[1 + R \exp\left(-\frac{\Delta E}{kT_e}\right)\right]^{-1} \tag{6}$$

給定一個溫度 T，我們可以計算 T_e 與電場的關係式。根據式(2)和式(3)，則速度與電場的關係式，可以寫成

$$\upsilon = \mu_1\mathscr{E}\left[1 + R \exp\left(-\frac{\Delta E}{kT_e}\right)\right]^{-1} \tag{7}$$

根據式（6）和式（7）所得到砷化鎵在三種不同晶格溫度的速度–電場(v-$\mathscr{E}$)曲線，如圖2所示。其中也包含較高能谷的濃度比例 $P(= n_2 / n)$是電場的函數。

從圖二的速度–電場(v-$\mathscr{E}$)曲線可知，元件的電流–電壓特性曲線具有完全相同趨勢。由圖中可知負微分電阻區域是存在的。然而，相較於穿隧二極體以及位置空間轉換二極體的機制，TED 與眾不同的地方就是其 NDR 是源自於速度與電場的相關性。而這個與電場相依的速度會導致一個令人有興趣的內部不穩定現象並形成電荷區域，這就是 Gunn 觀察到電流脈衝。關於電荷區域將會再下一個章節探討。這裡我們將介紹負微分移動率 μ_d 的觀念，其定義為

$$\mu_d \equiv \frac{d\upsilon}{d\mathscr{E}}$$

(8)

這不同於傳統場效應電晶體的低電場移動率（$\mu \equiv \upsilon / \mathscr{E}$）。所以根據定義，低電場時移動率與電場無關，但在考慮微分移動率時，這並不是必要的。

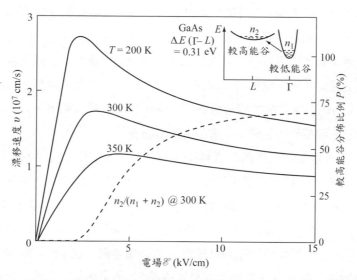

圖2　根據具有單一電子溫度的兩能谷模型，計算出在三種不同的晶格溫度時，砷化鎵的速度-電場特性曲線。

在實際操作時的 TEDs，較高能谷有較低的移動率，在那能谷中的載子受到大電場作用時，將會被驅動到速度飽和的狀態。從式(2)可知，平均速度可以修改為

$$v = \frac{n_1\mu_1\mathscr{E} + n_2 v_s}{n_1 + n_2} = \mu_1\mathscr{E} - P\left(\mu_1\mathscr{E} - v_s\right) \tag{9}$$

微分移動率可以寫為

$$\mu_d = \frac{dv}{d\mathscr{E}} = \mu_1\left(1-P\right) + \left(v_s - \mu_1\mathscr{E}\right)\frac{dP}{d\mathscr{E}} \tag{10}$$

經過一些數學的計算，在式(11)的條件下，可以發現 μ_d 是負的。

$$\frac{dP}{d\mathscr{E}} > \frac{1-P}{\mathscr{E} - \left(v_s/\mu_1\right)} \tag{11}$$

根據上述簡單的模式，可以歸納以下幾點：(a)有一個定義明確的起始場($\mathscr{E}_T$)會使負微分電阻(或負微分移動率)開始發生；(b)隨著晶格溫度上升，起始場會增加；與(c)在晶格溫度太高或能量變化(ΔE)太小時，負的移動率會消失。所以，要使電子轉移機制引發本體 NDR(bulk NDR)，必須符合某些要求：(1)晶格溫度必須足夠低或沒有偏壓電場時，大部分的電子必須處在導電帶的最低點，或者 $kT < \Delta E$。(2)在較低的導電帶最小值處，電子必須具備高的移動率，小的有效質量和低的能態密度。在較高的衛星能谷時，電子必須具備低的移動率，大的有效質量和高的能態密度。(3)兩能谷之間的能量分離必須要小於半導體的能隙，以致於使電子在轉移到較高能谷之前，不會發生累增崩潰。

在滿足這些條件的半導體中，其中以 n 型的砷化鎵和 n 型磷化銦被廣泛地進行研究與應用。然而，在許多其他的半導體中也有電子轉移效應現象被觀察到，包含鍺(Ge)，二元素，三元素和四元素化合物(見表1)[12,18,19]。砷化銦(InAs)和銻化銦(InSb)利用流體靜力學來降低能量差異 ΔE，如此可觀察到電子轉移效應，這能量差異(ΔE)在平常壓力時是大於能隙的。由於低的起始場以及高的速度，GaInSb 三元素化合物在低功率，高速度方面的應用很有潛力。對於具有較大的能谷能量差異的半導

表1 在 300 K 時，不同半導體材料，其電子轉移效應

半導體	E_g (eV)	範圍	ΔE (eV)	$\mathscr{E}_T$ (kV / cm)	v_p (10^7 cm / s)
			能谷分離量		
GaAs	1.42	Γ–L	0.31	3.2	2.2
InP	1.35	Γ–L	0.53	10.5	2.5
Ge[a]	0.74	L–Γ	0.18	2.3	1.4
CdTe	1.50	Γ–L	0.51	11.0	1.5
InAs[b]	0.36	Γ–L	1.28	1.6	3.6
InSb[c]	0.28	Γ–L	0.41	0.6	5.0
ZnSe	2.60	Γ–L	—	38.0	1.5
$Ga_{0.5}In_{0.5}Sb$	0.36	Γ–L	0.36	0.6	2.5
$Ga_{0.3}In_{0.7}Sb$	0.24	Γ–L	—	0.6	2.9
$InAs_{0.2}P_{0.8}$	1.10	Γ–L	0.95	5.7	2.7
$Ga_{0.13}In_{0.87}As_{0.37}P_{0.63}$	1.05	—	—	5.5-8.6	1.2

a 在 77 K，（100）或（110）方向。
b 在 14-kbar 壓力下。
c 在 77 K，8-kbar 壓力下。

體 (例如 $Al_{0.25}In_{0.75}As$，$\Delta E = 1.12$ eV 和 $Ga_{0.6}In_{0.4}As$ 其 $\Delta E = 0.72$ eV)，此負微分電阻將受到中央 Γ 能谷所支配[20]。Monte Carlo 的運算顯示出即使沒有較高能谷存在於這些半導體中，仍可有負微分電阻的出現。僅需以極化光學散射作用在一非拋物線中央能谷中，就可以產生峰值速度以及負電阻效應。

　　圖 3 顯示砷化鎵和磷化銦在室溫所量測到速度-電場特性。根據高電場載子傳輸研究的分析與實驗結果是一致[22,23]。定義砷化鎵與磷化銦的 NDR　開始發生的起始場 $\mathscr{E}_T$ 分別大約是 3.2 kV / cm 與 10.5kV / cm 。高純度的砷化鎵其峰值速度約 2.2 × 10^7 cm / s，而高純度的磷化銦約為 2.5 × 10^7 cm / s。砷化鎵其最大的負微分移動率約–2400 cm² / V-s，而磷化銦約為–2000 cm² / V-s。圖4 顯示砷化鎵的相對起始場 $\mathscr{E}_T(T)$ / $\mathscr{E}_T(300$ K) 和相對峰值速度 $v_p(T)$ / $v_p(300$ K) 與晶格溫度的關係。簡單模型 (圖 2) 在定性上與實驗結果是相符合的。

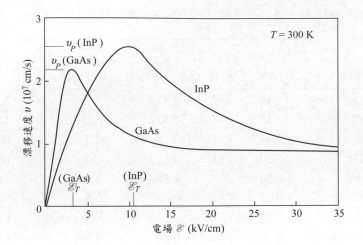

圖3　量測得到的砷化鎵和磷化銦之速度-電場特性。(參考文獻16,21)

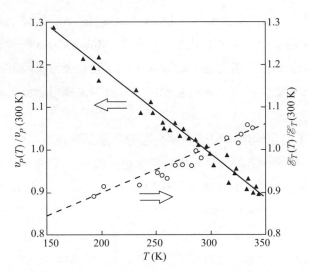

圖4　量測得到的砷化鎵峰值速度(相對 300 K)及起始場(相對 300 K)與溫度的關係。(參考文獻 24)

10.2.2 區域形成

不像其它各種的物理實例引起負微分電阻，若是半導體展現出本體負微分移動率，就顯示其本質地不穩定狀態，因為在半導體中，任何一點發生一個隨機的載子密度變動，將會瞬間產生一個以時間做為指數關係成長的空間電荷。圖 5 定性地顯示了區域形成以及 Gunn 振盪器的概念。在 TED 中的不穩定狀態開始於由過量電子 (負電荷) 以及空乏電子 (正電荷) 所組成的電偶極，如圖 5b 所示。電偶極的產生有許多原因，例如摻雜的不均勻性、材料的缺陷或隨機的雜訊干擾。電偶極會對那個位置處的電子建立一個較高的電場。根據圖 5a，相對於電偶極外面的其他區域，這個高電場會使電子的速度變慢。由於在電偶極後面的尾部電子會以高速到達，導致超量電子的範圍將會增大。同理，空乏電子 (正電荷) 的區域也會因為電偶極之前的電子高速離開而變大。

當電偶極變大時，在那個位置的電場也會增加，但僅以犧牲電偶極外的其他區域的電場做為代價。在電偶極內的電場總是高於 $\mathscr{E}_0$，而且載子速度隨著電場單調地下降。而在區域外的電場會比 $\mathscr{E}_0$ 小，隨著電場降低，載子的速度會先歷經峰值，然後下降。當電偶極外的電場下降到某一值時，區域內外電子的速度則會相同 (圖 5c)。在這一點時電偶極會停止成長，此時可以說是成熟到一個區域 (domain)，通常仍然會在陰極附近。然後區域會在陰極附近傳送到陽極。

圖 5d 顯示了電極–電流波形。在 t_2 時，區域形成。在 t_1，當另一區域形成之前，區域就會到達陽極，並且任何地方的電場都躍至 $\mathscr{E}_0$。在區域形成之期間 ($t_1 - t_2$)，區域外的電場會經歷過峰值速度發生時的 $\mathscr{E}_T$。這會造成電流峰值。電流脈衝寬度是根據在陽極區域消失與新的區域形成之間的間隔。週期 T 是依據區域從陰極到陽極的穿巡時間。

我們現在正式處理區域形成。根據一維的連續方程式[*]

$$\frac{\partial n}{\partial t} + \frac{1}{q}\frac{\partial J}{\partial x} = 0 \tag{12}$$

假如均勻平衡濃度為 n_0 的多數載子發生一個小局部變動，且局部產生的空

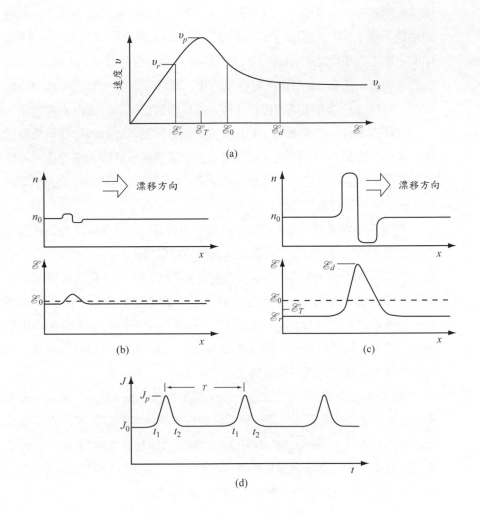

圖5 區域形成的說明。(a) v–$\mathscr{E}$ 關係和一些關鍵點。(b) 一個小的電偶極成長
(c) 一個成熟的區域。(d) 在 t_1 與 t_2 之間電極–電流（Gunn）振盪器，成熟的區域
消失在陽極，另一個則在陰極附近形成。

間電荷密度是 $(n - n_0)$。則波松方程式和電流密度方程式是

$$\frac{d\mathscr{E}}{dx} = \frac{q(n - n_0)}{\varepsilon_s} \tag{13}$$

$$J = \frac{\mathscr{E}}{\rho} - qD\frac{dn}{dx} \tag{14}$$

其中 ρ 是電阻係數與 D 為擴散常數。將式 (14) 對 x 進行微分並代入波松方程式，產生

$$\frac{1}{q}\frac{dJ}{dx} = \frac{n - n_0}{\rho\varepsilon_s} - D\frac{d^2n}{dx^2} \tag{15}$$

把這個式子代入式 (12) 得到

$$\frac{\partial n}{\partial t} + \frac{n - n_0}{\rho\varepsilon_s} - D\frac{\partial^2 n}{\partial x^2} = 0 \tag{16}$$

式 (16) 可藉由變數分離法解之。式子 (16) 各分項的解為

$$n - n_0 = (n - n_0)\big|_{x=0}\exp\left(\frac{-x}{L_D}\right) \tag{17}$$

其中 L_D 為狄拜長度為

$$L_D \equiv \sqrt{\frac{kT\varepsilon_s}{q^2 n_0}} \tag{18}$$

其決定了一個微小且不平衡電荷衰減的距離。對於暫態響應，式 (16) 的解為：

$$n - n_0 = (n - n_0)\big|_{t=0}\exp\left(\frac{-t}{\tau_R}\right) \tag{19}$$

上式的介電弛緩時間為

annotation ・註釋

*為了避免過多的負號在運算式中出現，所以在本章中我們將電子視為正電荷來表示，並且在這個章節的所有運算都會因此而修正。

$$\tau_R \equiv \rho\varepsilon_s = \frac{\varepsilon_s}{q\mu_d n} \approx \frac{\varepsilon_s}{q\mu_d n_0} \tag{20}$$

若微分移動率 μ_d 是正值時,則上式顯示出,空間電荷衰減成中性時的時間常數。然而,如果半導體顯示為負的微分移動率,則任何的電荷不平衡將會隨著時間常數 $|\tau_R|$ 而增加,卻不會衰減。

　　一個強空間電荷不穩定狀態的形成,是與半導體內電荷是否足夠,以及元件是否夠長可讓電子在穿巡時間內能建立起足夠的空間電荷。這些條件將對各種模式的操作建立起標準。在式(19)中,我們展示了一個有負微分移動率的元件,空間電荷將與時間常數 $|\tau_R| = \varepsilon_s / qn_0|\mu_d|$ 呈現指數形式的增加。假如全部空間電荷層的穿巡時間關係是維持不變,則成長最大的因素將會是 $\exp(L / \upsilon_d|\tau_R|)$,其中 υ_d 為空間電荷層的平均漂移速度。針對空間電荷大量增加時,這個增加因子必須大於 1,就是 $L / \upsilon_d|\tau_R| > 1$ 或者是

$$n_0 L > \frac{\varepsilon_s \upsilon_d}{q|\mu_d|} \tag{21}$$

對於 n 型砷化鎵和磷化銦,式(21)右邊的值約為 $10^{12} \, \text{cm}^{-2}$。在 TEDs 元件中,其 $n_0 L$ 的乘積若小於 $10^{12} \, \text{cm}^{-2}$ 將展現穩定的電場分佈,而沒有電流的振盪狀態。因此,(載子濃度)×(元件長度)的乘積,以及 $n_0 L = 10^{12} \, \text{cm}^{-2}$,是區分各種不同操作模式的重要邊界條件。

區域成熟　　我們可以意識到電偶極層將會變得穩定,並以特定速度傳送且不會隨時間來改變形狀與大小。圖5a 顯示我們假設電子漂移速度是隨著穩態速度–電場的特性。波松方程式,式(13)決定電子系統的行為,而整個電流密度方程式如下:

$$J = qn\upsilon(\mathscr{E}) - q\frac{\partial D(\mathscr{E})n}{\partial x} + \varepsilon_s \frac{\partial \mathscr{E}}{\partial t} \tag{22}$$

這個方程式除了增加的第三項之外,其餘都跟式(14)是一樣的,該項是對應位移電流的部份。

　　這個解表示了高電場區域以區域速度 υ_d 傳播而不會改變形狀。在區域外,載子濃度與電場均保持定值,分別為 $n = n_0$ 和 $\mathscr{E} = \mathscr{E}_r$。對於這種型式的解,$\mathscr{E}$ 和 n 兩者都必須為單一變數的方程式 $x' \equiv x - \upsilon_d t$。注意 n 是電場

的雙變數函數。這個區域包含了一個 $n > n_0$ 聚積層，以及一個 $n < n_0$ 的空乏層。在兩種電場下，其中一種為區域外 $\mathscr{E} = \mathscr{E}_r$，以及另一為區域電場峰值 $\mathscr{E} = \mathscr{E}_d$ 時，載子濃度 $n = n_0$。

假設外部電場值 $\mathscr{E}_r$ 是已知的(稍後 $\mathscr{E}_r$ 將會很容易被決定)。在外部區域的電流只會由導電電流來組成(稍後會得到)。注意關係式

$$\frac{\partial \mathscr{E}}{\partial x} = \frac{\partial \mathscr{E}}{\partial x'} \tag{23}$$

以及

$$\frac{\partial \mathscr{E}}{\partial t} = -v_d \frac{\partial \mathscr{E}}{\partial x'} \tag{24}$$

其中 v_d 為區域內的區域速度，也就是載子速度的平均值。將式(13)以及式(22)改寫為

$$\frac{d\mathscr{E}}{dx'} = \frac{q}{\varepsilon_s}\left(n - n_0\right) \tag{25}$$

以及

$$\frac{d\left[D(\mathscr{E})n\right]}{dx'} = n\left[v\left(\mathscr{E}\right) - v_d\right] - n_0\left(v_r - v_d\right) \tag{26}$$

我們將式(26)除以(25)，可以消去變數 x'，得到電場函數的微分方程式 $[D(\mathscr{E})n]$：

$$\frac{q}{\varepsilon_s}\frac{d\left[D(\mathscr{E})n\right]}{d\mathscr{E}} = \frac{n\left[v\left(\mathscr{E}\right) - v_d\right] - n_0\left(v_r - v_d\right)}{n - n_0} \tag{27}$$

通常式(27)只能利用數值方法才能求得解[25-27]。然而，假設擴散項與電場無關 $D(\mathscr{E}) = D$，就可以將問題大幅地簡化。藉著這種近似法，式(27)的解為

$$\frac{n}{n_0} - \ln\left(\frac{n}{n_0}\right) - 1 = \frac{\varepsilon_s}{qn_0 D}\int_{\mathscr{E}_r}^{\mathscr{E}}\left\{\left[v\left(\mathscr{E}'\right) - v_d\right] - \frac{n_0}{n}\left(v_r - v_d\right)\right\}d\mathscr{E}' \tag{28}$$

(方程式的解可以藉由微分來證實)

當 $\mathscr{E} = \mathscr{E}_r$ 或 $\mathscr{E}_d$，則 $n = n_0$(圖5c)，式(28)的左邊項會消失；當 $\mathscr{E} = $

$\mathscr{E}_d$，方程式右邊的積分式會消失。然而從 $\mathscr{E}$ 積分到 $\mathscr{E}_d$，當 $n < n_0$ 可以表示積分空乏區或當 $n > n_0$ 可以表示積分聚積區。因為積分式的第一項與n無關，在兩種情形下積分的第二項是不同的，為了使積分空乏區與聚積區消失則必須要使 $v_r = v_d$。所以當 $\mathscr{E} = \mathscr{E}_d$，式(28)可以化簡為

$$\int_{\mathscr{E}_r}^{\mathscr{E}_d} \left[\upsilon \left(\mathscr{E}' \right) - \upsilon_r \right] d\mathscr{E}' = 0 \tag{29}$$

若要滿足這個方程式，在圖 6 中的兩個陰影區域面積都要相等。利用等面積法則[25]，假設外部電場 $\mathscr{E}_r$ 已知，則峰值區域電場 $\mathscr{E}_d$ 可以被決定。在圖6虛線部分為利用等面積法則來得到 $\mathscr{E}_{dom}$ 對 v_r 的曲線關係。它是電壓(或是電場 $\mathscr{E}_0$)的函數，開始發生在起始電場 $\mathscr{E}_T$ 時的速度–電場特性峰值。對於造成低電場速度 $v(\mathscr{E}_r)$ 小於飽和速度 v_s 的外部電場值($\mathscr{E}_r$)而言，等面積法則不再被滿足而且穩定的區域傳送也不能再被維持。

假如式(27)方程式，其中的擴散因子是隨電場改變的話，則必須使用數值方法來求解。這些解顯示了對於給定一個外部電場的值 $\mathscr{E}_r$，最多會有一個區域超量速度的值，對於這個解的存在，可以定義成($v_d - v_r$)。換句話說，就是對於任何一個 $\mathscr{E}_r$ 的值只有一個穩定的電偶極區域存在。

現在，我們考慮一些高電場區域的特性。當區域不再與其他電極接觸時，元件端點電流將藉由外部電場 $\mathscr{E}_r$ 來決定，其為

$$J_0 = q n_0 \upsilon \left(\mathscr{E}_r \right) \tag{30}$$

因此，對於給定一個載子濃度 n_0，則外部電場就可以決定 J 值。這可以方

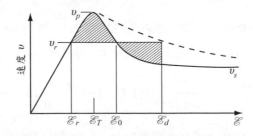

圖6　　速度對電場顯示區域形成的等面積法則。虛線為當偏壓變化時，針對不同的區域形成的 v_r 對 $\mathscr{E}_d$ 變化的軌跡。

便的以外部電場 $\mathscr{E}_r$ 來定義在高電場區域中的超量電壓，可以寫為

$$V_{ex} = \int_{-\infty}^{\infty} \left[\mathscr{E}(x) - \mathscr{E}_r \right] dx \tag{31}$$

圖 7 表示對於不同的載子濃度與外部電場下的式(31)電腦計算解。當下列方程式(32)與(31)同時成立時，這些曲線可以用來決定在特定元件長度 L、摻雜濃度 n_0 以及偏壓 V 的二極體的外部電場 $\mathscr{E}_r$：

$$V_{ex} = V - L\mathscr{E}_r \tag{32}$$

圖 7 顯示在這個方程式中，直線定義為元件線，虛線則表示為在 $L = 25\ \mu\text{m}$ 與 $V = 10\ \text{V}$ 的特定值。假如 $V/L > \mathscr{E}_T$ 起始電場，元件線的截距與式子(31)的解可以得到唯一的 $\mathscr{E}_r$，進一步指定電流值。L 可以固定元件線的斜率；然而，定義 $\mathscr{E}_r$ 的截距可藉著偏壓 V 的調整來做改變。

圖 8 顯示了區域寬度與區域超量電壓的關係圖[27]。其中可以注意到給定一個 V_{ex}，則對於越高的摻雜濃度其區域越窄。在零擴散的限制下，當

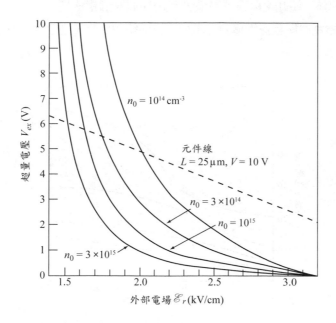

圖7　對於不同的載子濃度的超量電壓對電場關係圖。虛線是元件線。（參考文獻27）

$\mathscr{E}$ 在式 (28) 中 $\mathscr{E}$ 介於 $\mathscr{E}_r$ 與 $\mathscr{E}_d$ 之間時，區域為一三角形，當 D 趨近於零時，方程式右邊將趨於無窮，因此式子左邊也要趨於無窮。這些條件暗示著 $n \to 0$ 是在空乏區，以及 $n \to \infty$ 是在累增區。電場從 $\mathscr{E}_d$ 到 $\mathscr{E}_r$ 將會是非常線性，且此區域的寬度是

$$d = \frac{\varepsilon_s}{qn_0}\left(\mathscr{E}_d - \mathscr{E}_r\right)$$

(33)

區域超量電壓為

$$V_{ex} = \frac{\left(\mathscr{E}_d - \mathscr{E}_r\right)d}{2} = \frac{\varepsilon_s \left(\mathscr{E}_d - \mathscr{E}_r\right)^2}{2qn_0}$$

(34)

實驗得知，砷化鎵和磷化銦的 TEDs 元件僅可得到三角型區域。

當高電場區域到達陽極時，在外部電路的電流會增加，且在電偶極內的電場會重新自我分佈，並重新結合成一個新的區域。接著電流振盪器的頻率是依據區域穿過樣品的速度 v_d 來決定；假如 v_d 增加，則頻率增加，反之亦然。如此可以很容易來決定 v_d 與偏壓的相依性。

當電偶極到達陽極時，電場會遍佈整個樣品，並到達一個比起始場更

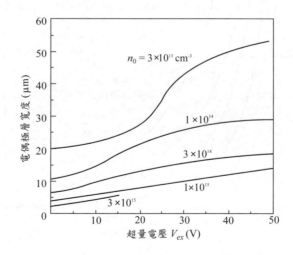

圖8 對於不同摻雜濃度，區域寬度對區域超量電壓圖。(參考文獻27)

大的值,且在陰極產生一個新的區域。圖 9 顯示模擬在長度 100 μm 且摻雜濃度為 $5 \times 10^{14}\ cm^{-3}$ ($n_0L = 5 \times 10^{12}\ cm^{-2}$) 砷化鎵元件的一個區域與時間相依的行為。連續的垂直波 $\mathscr{E}(x,t)$ 的間隔時間為 $16\tau_R$,而 τ_R 為式 (20) 中的低電場介電弛緩時間 (對於這個元件 τ_R 為 1.5 ps)。在這裡可以看到在任何時間中,只有一個區域可以存在。端點電流的波形顯示在圖 5d 中。在 t_1 時,區域到達陽極。電流脈衝達到峰值並且可以寫為

$$J_p = qn_0v_p \tag{35}$$

藉由區域穿巡時間 (L / v_d) 可以得到電流脈衝的週期。Gunn 是第一個發現這種電流振盪的電子轉移效應。

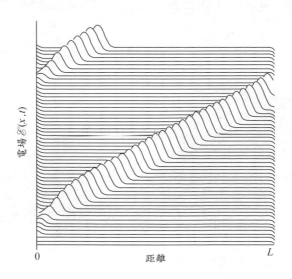

圖9 區域形成與傳送隨時間變化的數值模擬。樣品長度為 100 μm 以及摻雜濃度為 $5 \times 10^{14}\ cm^{-3}$。每個連續時間間隔為 24 ps。(參考文獻28)

10.2.3 操作模式

自從 Gunn 在 1963 年第一次發現在砷化鎵與磷化銦的 TEDs 元件有微波振盪的現象後，已研究出各種不同的操作模式。一個 TED 元件依據 I–V 特性可知其具有負微分電阻的特性，因此可以利用與其它 NDR 元件一樣的操作方式來操作。區域 Gunn 電流振盪的額外特性是其頻率與區域穿巡時間具有相關性。有五項主要因素影響或決定操作模式：(1)元件的摻雜濃度以及摻雜的均勻性，(2)主動區的長度，(3)陰極接觸的特性，(4)操作電壓，以及(5)電路連接的形式。不同的操作模式將會在後面的部分進行說明。

理想的均勻電場模式 　　在一個沒有內部空間電荷(區域)被建立以及整個元件具有均勻電場的理想情形下，TED 的電流–電壓關係可藉由度量速度–電場的特性來得到。在這種操作的模式下，TED 被用來當作一個正常的 NDR 元件，因為操作不是與區域有關，所以操作頻率不會被區域穿巡時間所限制。我們考慮一個最簡單的方波電壓，如圖 10。我們定義兩個常態化的參數：$\alpha \equiv I_v / I_T$ 以及 $\beta \equiv V_0 / V_T$。從波形的種類假設，平均直流電流 I_0 為

$$I_0 = \frac{(1+\alpha)I_T}{2}$$

(36)

元件提供的直流功率為

$$P_0 = V_0 I_0 = \frac{\beta(1+\alpha)V_T I_T}{2}$$

(37)

以及負載所獲得所有的功率為

$$P_{rf} = \left(\frac{V_M - V_T}{2}\right)\left(\frac{I_T - I_V}{2}\right)\left(\frac{8}{\pi^2}\right) = \frac{(\beta-1)(1-\alpha)V_T I_T}{2}\left(\frac{8}{\pi^2}\right)$$

(38)

所以直流到 RF 的轉換效率為

$$\eta = \frac{(1-\alpha)(\beta-1)}{(1+\alpha)\beta}\left(\frac{8}{\pi^2}\right)$$

(39)

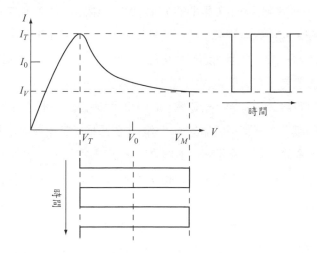

圖10　均勻電場模式下的理想方波。V_0 以及 I_0 是 ac 訊號成分的中間值。（參考文獻29）

從式(39)可以得知要讓效率達到最大值，必須使偏壓越高越好($\beta \rightarrow \infty$)以及電流峰到電流谷比例 $1/\alpha$ 儘可能越大越好。對於砷化鎵($1/\alpha = 2.2$)，若能產生理想值的 30%，以及對磷化銦($1/\alpha = 3.5$)若能產生理想值的 45%，則已是最大的效率了。當頻率比能量弛緩時間以及能谷間散射時間的倒數還低時，效率與操作頻率是無關的。

在實驗上，上述這樣高的效率是絕對無法達成的，並且操作頻率通常與穿巡時間頻率($f = v_d/L$)是有關的。理由為：(1)偏壓被累增崩潰所限制；(2)空間電荷層的形成，造成不均勻的電場產生，並且(3)在共振電路裡是很難達到理想的電流和電壓波形。

穿巡時間(Transit-Time)的電偶極層模式　當 n_0L 乘積大於 10^{12} cm^{-2} 時，在材料中空間電荷的微擾會隨著空間以及時間成指數性的增加，形成完整的電偶極層並傳送至陽極。而電偶極通常都在陰極接觸附近形成，這是因為在那裡有最大摻雜變動以及空間電荷微擾存在。在陽極完全發展的電偶極層，會週期性的形成以及消失，因而可以在實驗上觀察到 Gunn 振盪行為。

　　當一個有超臨界 n_0L 乘積的 TED 與共振電路並聯連接時，例如，高 Q 的微波腔，就可以得到穿巡時間雙極層模式。在這個模式下，高電場的區域會在陰極形成，並且通過整個樣品長度到達陽極。每一時間裡，區域被陽極所吸收時，在外部電路的電流就會增加；所以，樣品區域的寬度會遠小於樣品寬度時，電流波形就會傾向尖形而非正弦波形。為了得到更接近於正弦的波形，只有將樣品的長度縮小（在這種模式下將會增加頻率）或者增加區域寬度。圖 8 顯示區域寬度是隨著摻雜濃度 n_0 減少而增加。通常，要得到更接近於正弦波形，必須將 n_0L 乘積越小越好，一直到超過極限值為止。圖 11 顯示在一個 RF 週期中，整個 35μm 的樣品內一連續的電場分佈以及電流波形。就這個元件而言，n_0L 的乘積為 2.1×10^{12} cm^{-2}，同時波形非常接近正弦波形。理論研究上顯示穿巡時間模式的效率在 n_0L 乘積為

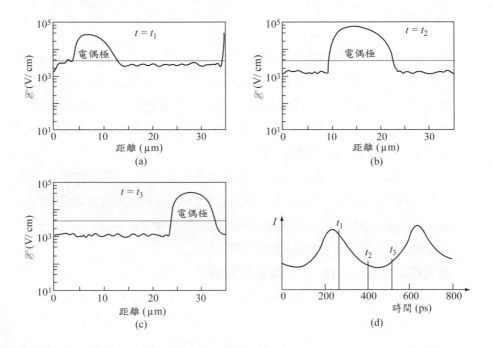

圖11　針對效率所設計的穿巡時間電偶極層模式。值得注意的是，具有較大的區域寬度以及接近正弦的電流波形。砷化鎵樣品具有 $n_0L = 2.1 \times 10^{12}$ cm^{-2} 以及 $fL = 0.9 \times 10^7$ cm/s。（參考文獻30）

1 倍至數倍的 10^{12} cm^{-2} 時為最大,將使得區域填滿到樣品長度的一半,並且電流波形幾乎就是正弦波形。在這個模式下,最大的直流到 RF(dc-to-RF)轉換效率為 10%。假如電流波形接近方波,則效率將會被改善。此波形可藉由在陽極端電偶極消失的瞬間,調整電壓使其低於起始值來產生。新的電偶極一直要到電壓比起始值高的時候才會形成。然而,對於這種延遲的區域模式,轉折的過程是極為複雜的。

淬冷偶極層模式(Quenched Dipole-Layer Model) 假若高電場電偶極層在它到達陽極前被瞬間淬冷破壞(quenched),則在一個共振電路中的TED 將可操作在比穿巡時間頻率還要高的頻率。在操作穿巡時間的電偶極層模式下,跨在元件上的電壓大部分會降在高電場電偶極層本身上。因此當降低共振電路的偏壓時,電偶極層的寬度也會跟著降低(圖8)。隨著偏壓減少時,電偶極層也會跟著下降,一直到其聚積層與空乏層彼此達互相中和為止。此時的偏壓稱為 V_s。當橫跨在元件的偏壓小於 V_s 時,電偶極層的瞬間淬冷破壞會發生。當偏壓折回到比起始值高時,一個新的電偶極層就會產生,並且重複這個過程。因此振盪發生在共振電路的頻率而不是穿巡時間的頻率。

圖 12 顯示淬冷偶極層模式的例子[28]。這個元件與圖 9 的元件一樣,具有相同的長度以及摻雜濃度。如圖 9 所示,在距離陰極約 $L/3$ 處,電偶極層被瞬間淬冷破壞,並且操作頻率高於穿巡時間電偶極層模式的三倍。

藉著瞬間淬冷破壞的速度可以決定這種模式的頻率上限,也就是由兩個時間常數決定。第一個為正的介電弛緩時間,第二為 RC 時間常數;R 是正的電阻在二極體中未被電偶極佔領的區域,C 為所有的串聯的電偶極電容。在 n 型的砷化鎵以及磷化銦[31,32],第一個條件有最低的臨界 n_0/f 比例,大約 10^4 $s-cm^{-3}$。第二時間常數是依據電偶極數目以及樣品長度。淬冷偶極層振盪器的效率在理論上可以達到 13%[33]。

在淬冷偶極層模式操作下,無論是在理論[30] 或實驗上[34] 都發現樣品中電路的共振頻率是穿巡時間頻率好幾倍($fL > 2 \times 10^7$ cm / s),操作頻率是介電鬆弛頻率的數量級(式(40)$n_0/f \approx \varepsilon_s / q|\mu_d|$),因此經常形成多重的高電場電偶極層。這是因為一個電偶極不會有足夠的時間來重新調整與吸收其他電偶極的電壓。

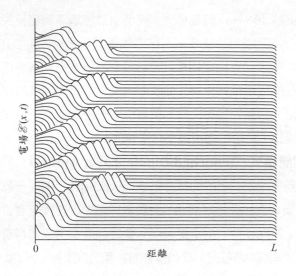

圖12　淬冷偶極層模式下，TED 的數值模擬。(參考文獻28)

聚積層模式　　聚積層模式與偶極層模式主要的不同是在輕摻雜或短樣品 (n_0L < 10^{12} cm^{-2})，這只顯示電子的聚積層而沒有正電荷的空乏層。電場的分佈輪廓變成一個圍繞電荷包的階梯函數，如圖 5c，相對於峰值的顯示。在圖 13 中，當一個均勻的電場施加在元件上，聚積層的動態可以用簡單的方式知道。在時間 t_1，從陰極射入聚積層 (超量電子)，所以電場分佈分為兩個部份，如圖中的時間 t_2。在聚積層兩邊的速度，會隨著方向改變，如圖13a 所示。因為端點電壓被假設為常數，在圖13c 中每條電場曲線下的面積應該要相同。當聚積層朝著陽極方向傳輸，只有速度在聚積層兩邊下降時才保持這個等式，如速度–電場的曲線在時間 t_3，t_4，t_5 時所指出的值。最後聚積層在時間 t_6 時到達陽極，並且消失。電場在陰極附近會超過起始值，並注入另一個聚積層，一直重覆此作用。在圖 13d 中顯示平滑的電流波形。在這個特例中，聚積的電荷會連續成長遍佈整個元件長度。

具有次極限 n_0L 乘積 (n_0L < 10^{12} cm^{-2}) 的 TED 在電子穿巡時間頻率以及諧波頻率附近，會有負電阻的現象。它可以被操作成一穩定的放大器[36]。當它連接到一個具有負載電阻約 $10R_0$ 的並聯共振電路時，其中 R_0 為 TED 低電場電阻，在穿巡時間聚積層模式下會有振盪的現象。圖 14

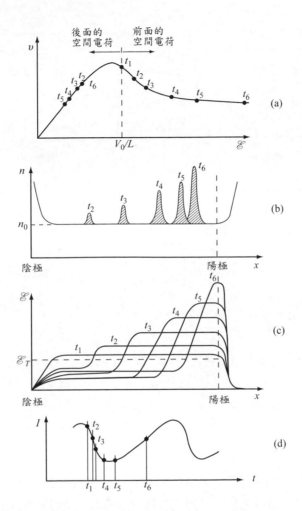

圖13　隨時間變化的聚積層穿巡模式。(參考文獻35)

顯示在一個 RF 週期內,三種不同時間下電場與距離的關係,同時顯示端點電流波形[30]。此電壓總是在起始值 $(V > V_T = \mathscr{E}_T L)$ 之上。這些波形離理想狀況有很大的差異;這些特殊波形的效率只有 5%。假如 TED 連接串聯電阻與電感,其會得到效率約 10% 的較佳波形。在此例中,當空間電荷漂移到陽極時即會停止成長。

限制空間電荷聚積模式(LSA)　　在操作限制空間電荷聚積模式下[31],跨在元件上的電場從低於起始值開始上升,並且很快速的回復,以致於與

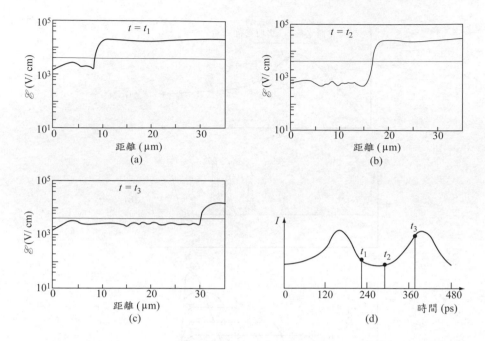

圖14 (a)-(c)在聚積層模式中，於一個 RF 週期內三種時間間隔所對應到的電場與距離關係。(d) 砷化鎵 TED 在共振電路的端點電流波形，$n_0 = 2 \times 10^{14}$ cm^{-3}，$fL = 1.4 \times 10^7$ cm/s 以及 $n_0/f = 5 \times 10^4$ s-cm^{-3}。(參考文獻30)

空間電荷分佈有關的高電場電偶極層沒有足夠的時間來形成。在陰極附近只有最初的聚積層形成；並且元件其餘部分保持均勻，可以提供夠小的摻雜變動，以避免電偶極層形成。在這種情況下，元件內大部分為均勻的電場並且以電路控制的頻率來產生有效的功率。越高的頻率下，空間電荷層傳送的距離越短，導致大部分被偏壓的元件處在負移動率範圍。操作模式的條件起源於兩種需求：空間電荷不應該有足夠的時間達到適合的大小，並且聚積層必須在一個 RF 週期內完全淬冷。所以式(20)負的 τ_R 應該要比 RF 週期還大，而正的 τ_R 較小。這些要求導致了下列的條件[32]

$$\frac{\varepsilon_s}{qn_0\mu_{d+}} << \frac{1}{f} < \frac{\varepsilon_s}{qn_0|\mu_{d-}|}$$

$$(40)$$

其中 μ_{d+} 為在低電場時的正微分移動率，以及 μ_{d-} 為在起始電場之上的平均負微分移動率。對於砷化鎵以及磷化銦兩種極限的比例為

$$10^4 < \frac{n_0}{f} < 10^5 \text{ s-cm}^{-3} \tag{41}$$

在此可注意到的是，假如存在摻雜的變動，在某一個 n_0 / f 比例的範圍中，淬冷多種偶極層模式也會發生。因為過長的(非穿巡時間模式)元件可以應用在散熱困難的元件上，因此 LSA 元件非常適合產生高峰值功率的短脈衝。然而 LSA 元件操作頻率最大值比穿巡時間元件小很多。這種較低的頻率是由於電子在低能谷時能量弛緩慢，導致淬冷時間增長。電腦模擬指出，為了能在砷化鎵中達到週期性的操作，應保持在低於起始電壓下最少 20 ps 的時間；其對應的頻率上限約為 20 GHz[37,38]。對於磷化銦可以預期有較高的頻率。

10.2.4 元件的功能

陰極接觸 TEDs 元件應是具有最少深層施體能階與最少缺陷的極高純度、高均勻度的材料，尤其空間電荷的淬冷會發生在操作中時，此需求將特別重要。第一個 TEDs 是從具有合金歐姆接觸的本體砷化鎵以及磷化銦製成的。現今 TEDs 的製作，幾乎是使用非常先進的磊晶技術，例如分子束磊晶術，在 n^+ 基板上成長磊晶層。標準的施體濃度範圍從 10^{14} 到 10^{16} cm^{-3}，標準的元件長度的範圍從幾個微米到幾百微米。TED 晶片鑲嵌在微波封裝內。這些封裝與散熱的部份與 IMPATT 二極體相似。

為了改善元件特性，注入限制的陰極接觸已被用來取代 n^+ 歐姆接觸[39-41]。藉著使用注入限制接觸，對應到陰極電流的起始電場可以被調整成一個值近似等於 NDR 的起始電場 $\mathscr{E}_T$。所以，可以得到一個均勻的電場。對於歐姆接觸，由於較低能谷電子的有限加熱時間，使得聚積層以及電偶極層會形成在陰極附近的一段距離內。這個死區(dead zone)會大到 1 μm，限制了元件的最小長度進而限制最大的操作頻率。在注入限制的接觸，熱

電子將會從陰極注入使其減少死區的長度。因為穿巡時間可以被最小化，一個連接平行板結構旁路電容的元件可以顯示出與頻率無關的負電導。假如一個電感和一個足夠大的電導連接到這個元件，可以預期在共振頻率下以均勻電場模式振盪。在章節10.2.3 會推導理論的效率。

目前已有兩種注入限制接觸被研究出來；一個是具有低位障高度的蕭特基位障，另一個為雙區域的陰極結構。圖15 將這些接觸與歐姆接觸做出比較。對於歐姆接觸（圖 15a），在陰極附近總是有一個低電場區域，電場是非均勻橫跨元件長度。對於逆向偏壓下的蕭特基位障，可以得到一個合理的均勻電場（圖 15b）[42]。逆向電流為（見第三章）

$$J_R = A^{**}T^2 \exp\left(\frac{-q\phi_B}{kT}\right) \tag{42}$$

其中 A^{**} 為有效李查遜常數，以及 ϕ_B 是位障高度。在電流密度範圍為 10^2 到 10^4 A／cm²，對應到的位障高度大約為 0.15 到 0.3 eV。在 III-V 半導體中，

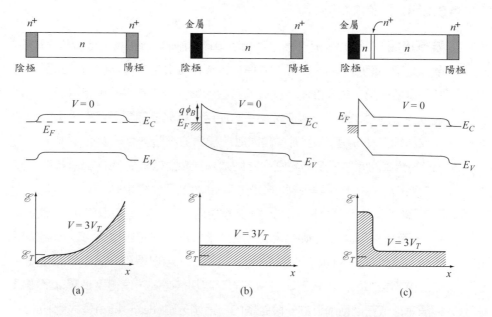

圖15　三種陰極接觸圖：(a) 歐姆接觸，(b) 蕭特基位障接觸，以及 (c) 雙區域的蕭特基位障接觸。

要實現低位障高度的蕭特基位障並不是很容易達成的，此外，因為注入電流隨著溫度成指數地變化(式42)，所以它會有一相當有限的溫度範圍。

兩區域的陰極接觸包含高電場區域以及 n^+ 區域(圖15c)[43]。這種結構與低–高–低 IMPATT 二極體相似(見第九章)。在高電場的區域電子加熱注入到具有均勻電場的主動區。這種結構已經成功運用在寬廣的溫度範圍。

功率–頻率特性以及雜訊　能量從電場轉移到電子，以及電子在較低與較高能谷間的散射都需要花費一定的時間。這些有限的時間，會使得散射以及能量弛緩頻率有一個頻率的上限值。圖 16 顯示一些電子特性對於時間的響應，這些包括了較低與較高能谷的速度，在較高能谷的總數比例，以及當電場突然從 6 kV / cm 降到 5 kV / cm 的平均速度。注意到較高能谷的速度 v_2 幾乎是隨著電場瞬間變化。然而，較低能谷的速度 v_1 具有較緩慢的時間響應約 2ps。這響應暗示在較低能谷有較弱的熱電子散射。此外，n_2 緩慢的衰退對應於較高能谷到較低能谷的緩慢散射。平均速度 v 的響應，有部份是由於來自 v_1 的回復，另一部份為能谷間的傳送。因為有限的響應時間，TED 元件的頻率上值約為 500 GHz。

在穿巡時間的條件下，操作頻率與元件長度成倒數，即 $f = v / L$。功率–頻率關係為

$$P_{rf} = \frac{V_{rf}^2}{R_L} = \frac{\mathscr{E}_{rf}^2 L^2}{R_L} = \frac{\mathscr{E}_{rf}^2 v^2}{R_L f^2} \propto \frac{1}{f^2} \tag{43}$$

其中 V_{rf} 以及 $\mathscr{E}_{rf}$ 分別表示為 RF 電壓以及對應的電場，R_L 為阻抗。所以輸出功率預期會隨著 $1 / f^2$ 下降。圖 17 為 cw 砷化鎵以及磷化銦 TEDs 微波功率與頻率的關係圖。在數據點附近的數字為轉換頻率。在式 (43) 得知功率通常隨著 $1/f^2$ 改變。磷化銦良好的特性是顯而易見的，特別是在更高頻率時。通常 cw 功率比 IMPATT 二極體還小。另一方面，在一特定頻率對 TED 所供應的電壓將小於 IMPATT 二極體(以一個大約為 2 到 5 的因子)，且 TED 有較佳的雜訊特性。

TED 有兩種形式的雜訊：振幅偏差(振幅調變(AM)雜訊)以及頻率偏差(FM　雜訊)，兩者都是電子熱速度的擾動造成的。因為速度–電場的關

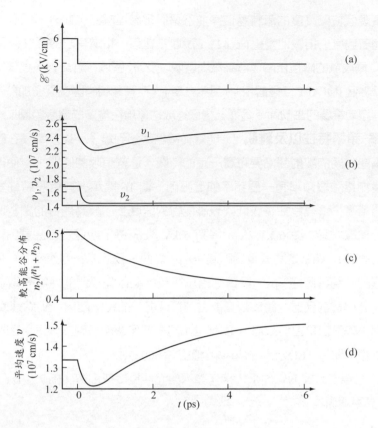

圖16　在電場從 6 到 5 kV/cm 突然變化時，電子在較高能谷 (v_2, n_2) 以及較低能谷 (v_1, n_1) 的響應。(參考文獻44)

係非線性，使得振幅相對地穩定，所以 AM 雜訊通常比較小。FM 雜訊平均頻率偏差為[46]

$$f_{rms} = \frac{f_0}{Q_{ex}} \sqrt{\frac{kT_{eq}(f_m)B}{P_0}} \tag{44}$$

其中 f_0 為載子頻率，Q_{ex} 為外部品質因子，P_0 為輸出功率，以及 B 為量測的帶寬。與調制頻率相關的等效雜訊溫度 T_{eq} 為

$$T_{eq}(f_m) = \frac{qD}{k|\mu_{d-}|} \tag{45}$$

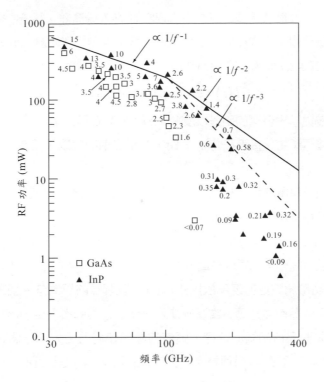

圖17　cw 操作的砷化鎵以及磷化銦 TEDs 微波輸出功率與頻率的關係。在數據點附近的數字代表著直流到 RF 轉換效率，以百分比的形式表示。(參考文獻45)

其中平均負微分移動率 μ_{d-} 是隨著電壓波動變化。因為磷化銦的 $D / |\mu_d|$ 比砷化鎵還小，因此預計磷化銦有較低的雜訊。

功能性元件　到目前為止我們探討了電子轉移效應以及在微波振盪器與放大器的運用。TED 同時也可以運用在高速邏輯與類比操作方面。我們將探討 TED 非均勻橫截面(或／以及)非均勻的摻雜濃度，與三端點 TED。

　　我們假設非常薄的高電場區域以及考慮鄰近均勻區域的現象，則一維的高電場區域可以用來分析非均勻狀態的振盪器。當 $n_0 L \gg 10^{12}$ cm^{-2}，且橫截面積的變化以及摻雜為漸變的，則上面的這些假設可以成立。使用之前章節所提到的理論，可知有一區域過量電壓 V_{ex} 存在，高於此電壓則外部電場 $\mathscr{E}_r$ 會隨著時間保持常數。如圖 5a 所示，區域外平均速度的值對應於

$\mathcal{E}_r$ 為 v_r。如此飽和區域將以一定的速度 v_r 進入振盪器。電流的密度會跟成熟的區域有關，如式(30)。對於一個具有非均勻摻雜濃度 $N(x)$ 以及截面積 $A(x)$ 的 TED 而言，式(30)可以被一般化表示成

$$I(t) = qN(x)A(x)v(\mathcal{E}_r) \tag{46}$$

其中 x 為從陰極量測的距離以及 $x = v_r t$。假如在時間 $t = 0$，一個高電場的區域從陰極產生，接著在時間 t 時，利用之前的假設可知區域位在 $x(t) = v_r t$。

　　圖 18 顯示非均勻形狀的樣品其本體效應振盪器的波形[47]。實驗電流波形的確與樣品的形狀相似，當區域到達陽極，波形位置遠離已知的電流尖峰(current spike)。以字母A，B，B' 以及 C 來代表區域在這些位置時所對應到時間軸中的瞬間時間。

　　端點電流波形的現象依據式(46)可以解釋的更清楚。因為元件的電流在任何位置都要定值，當區域進入一個低摻雜或者是更小橫截面的範圍時，為了要保持相同的速度，區域的電場會變得更大。一個較高區域電場(或是過量電壓 V_{ex})可意謂此區域外的電場($\mathcal{E}_r$)是很低的。因為區域外的電場決定電流，所以端點電流更低。

　　直至現在，只有探討兩端點的元件。一個 TED 的電流波形可以藉著沿元件長度增加一個或更多的電極來控制。圖 19a 顯示電極在點B的元件

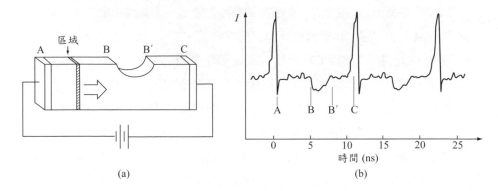

(a)　　　　　　　　　　　　　　(b)

圖18　　(a) 非均勻橫截面的 TED (b) 其電流波形。在 (b) 中標明的為特定時間下其對應的區域位置。(參考文獻47)

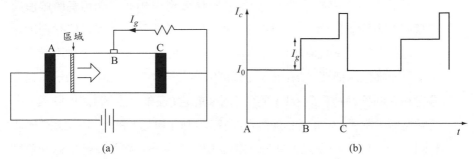

圖19 （a）TED 控制的電流步級產生器電路（b）其陰極電流波形，在（b）時間軸的字母代表區域的位置。（參考文獻47）

結構。圖 19b 為預期的電流波形。這個波形可以解釋如下。(與之前的飽和區域理論一樣) 當區域於時間 $t = 0$ 離開陰極，陰極電流 $I_c(t)$ 會等於飽和區域電流 $(Aqn_0 v_r)$，直到區域到達電極 B。此時，陰極電流會變成飽和區域電流與流過電阻的 I_g 電流之總和。電流 I_g 等於區域中樣本 B 與 C 之間維持的電壓除以電阻值。陰極電流維持在

$$I_c(t) = Aqn_0 v_r + I_g \tag{47}$$

直到區域在陽極被吸收為止，在那時電流尖峰的時間很短。

10.3 真實位置空間轉換元件

10.3.1 真實位置空間轉換二極體

在 1972 年 Gribnikov[48] 以及在 1979 年 Hess，發明了負微分電阻的位置空間轉換(RST)二極體[49]。在 1981 年 Keever 為第一個從 RST 二極體中得到負微分電阻的實驗證據[50]。這個真實位置空間轉換二極體是由兩種不同移動率的異質結構所組成。此外，對於一個 n 型通道的元件，擁有較低移動率的材料也必須要有較高的導電帶邊緣 E_C。GaAs / AlGaAs 異質結構是一個很好的例子。

　　真實位置空間轉換效應[51]與電子轉移效應很相似，而且有時候很難在實驗上分辨出它們。電子轉移效應可由一層具有均勻特性的材料所產生。當載子被高電場激發到能量-動量空間中的衛星能帶，移動率會下降以及電流降低，造成了 NDR。在真實位置空間轉換效應中，載子是在兩種材料之間轉換(真實空間)而不是兩種能帶(在動量空間)之間轉換。在低電場時，電子(在一個 n 通道元件)被限制在具有低的 E_C 以及高移動率材料中(砷化鎵)。圖 20 為在高電場下的能帶圖。載子在砷化鎵通道需要從電場中得到能量來克服導電帶的不連續，到達相鄰較低移動率的材料中(AlGaAs)。這種載子轉換可以認為是一種以電子溫度取代晶格溫度的熱游離發射。所以較高的電場造成較低的電流，這就是 NDR 的定義。圖 21 為實驗時的 $I\text{–}V$ 特性。這裡顯示的真實位置空間轉換其臨界電場在 2 以及 3 kV/cm 之間，而在砷化鎵的電子轉移效應標準為 3.5 kV/cm。其中要注意的是這些臨界電場是由兩種不同的型態通道得到的(異質界面 vs. 本體)，並且無法單獨分離這些效應。另一種真實位置空間轉換效應的特性是其具有一些可使控制能力更佳的因子，例如導電帶不連續，移動率比

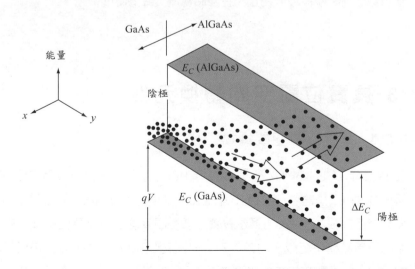

圖20　　顯示 RST 二極體在偏壓下，導電帶邊緣 E_C 的能帶圖。在主砷化鎵通道中的電子從電場得到能量來克服位障流入 AlGaAs 層。

例以及薄膜的厚度,使得元件的特性可以改變並且達到最佳化。RST 效應產生的 I–V 特性與電子轉移效應非常相似。為了能達到一個有效率的 RST 二極體,藉由適當的選擇具有最佳化能帶邊緣不連續的異質接面,並伴隨一個高的衛星能谷來避免電子轉移效應(或缺乏衛星能谷)是我們想要的目標。

　　RST 二極體的模型非常複雜,沒有可明確推導出的簡單公式來精確描述 I–V 特性。定性上,以下的描述可瞭解負微分電阻的來源。假設所有單位面積的載子密度 N_s 分散在厚度為 L_1(n_{s1}) 的砷化鎵通道層和 AlGaAs 層(n_{s2}):

$$n_{s1} + n_{s2} = N_s \tag{48}$$

這也暗示,載子從較低能量的砷化鎵通道傳送到高能量的 AlGaAs 時,除了要克服位障 ΔE_C 之外,載子是可以在兩層之間輕易的移動。兩層的載子密度是與熱載子的能量有關,可以藉著量測電子溫度 T_e 與位障 ΔE_C 的關係來得到其比例關係:

$$\frac{n_{s2}}{n_{s1}} = \left(\frac{m_2^*}{m_1^*}\right)^{3/2} \exp\left(\frac{-\Delta E_C}{kT_e}\right) \tag{49}$$

電子溫度與電場的關係為

$$\frac{3k(T_e - T_0)}{2\tau_e} = q\mu_1 \mathscr{E}^2 \tag{50}$$

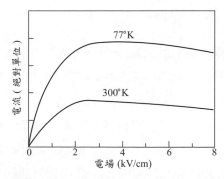

圖21　RST 二極體以砷化鎵/砷化鋁鎵(AlGaAs)異質結構為基礎的電流–電壓(或–電場)關係。(參考文獻50)

其中 τ_e 為能量弛緩時間以及 T_0 為晶格(室溫)溫度。被激發到 AlGaAs 層的電子比例定義為

$$F(\mathscr{E}) \equiv \frac{n_{s2}}{N_s} \tag{51}$$

其為外加電場的函數。它在低電場下是從零開始,趨近到高電場時的 $L_2 \,/\, (L_1 + L_2)$ 比例。所有的漂移電流為

$$J = qn_{s1}\mu_1\mathscr{E} + Aqn_{s2}\mu_2\mathscr{E} = q\mathscr{E}N_s \left[\mu_1 - (\mu_1 - \mu_2)F \right] \tag{52}$$

微分電阻為

$$\frac{dJ}{d\mathscr{E}} = qN_s \left[\mu_1 - (\mu_1 - \mu_2)F - \mathscr{E}(\mu_1 - \mu_2)\frac{dF}{d\mathscr{E}} \right] \tag{53}$$

並且藉著適當的選擇 μ_1,μ_2,F 以及 $dF\,/\,d\mathscr{E}$,可證明微分電阻是負的。在 GaAs / AlGaAs 調制摻雜系統中,室溫時 μ_1 約為 8000 cm²/V-s 以及 μ_2 遠小於 500 cm²/V-s。實驗資料顯示電流峰對谷比值並不是非常高的,其最大值約為 1.5。電腦模擬顯示比例大於2是有可能的。

　　RST 二極體的其中一項優點就是高操作速度。響應時間受限於載子橫跨兩材料異質界面的移動,並且相較於以橫跨陰極與陽極的穿巡時間為主導機制的傳統二極體,RST 二極體的響應時間比較快。

10.3.2 真實位置空間轉換電晶體

真實位置空間轉換(RST)電晶體是一個三端點型式的 RST 二極體。在一個 RST 電晶體中,第三個端點會接觸高導電帶的材料,以吸收發射出來的熱載子,同時也控制橫向場,使載子轉換有效率。在 1983 年,Kastalsky 以及 Luryi 提出以 RST 電晶體做為負微分場效電晶體(NERFET)[52],隨後在 1984 年 Kastalsky 等人就實現了GaAs / AlGaAs 調制摻雜異質結構[53]。

　　圖 22 為一個 RST 電晶體的標準結構,同時也顯示了載子的動向以及垂直於異質界面方向的能帶。熱載子跨越過能量障礙後被第三端點收集,

並提供電流給另一個端點。因為這個理由，第三端點就稱為集極。所以不像 RST 二極體，在位障層中的移動率並不是重要的。因為所有的載子密度下降，因此造成通道電流下降。這電流的下降是因為密度調制，而不是像 RST 二極體中發生的移動率調制。在源極的電流與 FET，如 MOSFET 以及 MODFET，的通道電流相似。集極與閘極類似，能夠調變通道載子的密度與電流，具有額外的功能可以將越過位障的發射熱載子空乏掉。由此可知，從集極電流增加可以使通道電流下降。汲極電流以及集極電流的總和與一個絕緣閘場效電晶體 (insulated-gate FET) 的總通道電流相同。

　　圖 23 顯示 RST 電晶體的 I–V 特性。在低 V_D 時，源極–汲極間的電流為一標準的 FET 電流。集極電流很低，並且它的端點控制通道電流使其成為一絕緣閘極。在高的 V_D，載子開始得到越來越多能量而且開始溢出越過集極位障。集極流為熱電子電流，並且隨著縱向電場或者 V_D 而增加。這電流通常發生在電場不均勻的飽和區，並且在汲極附近會有較高的峰值出現。克希荷夫電流定律需要

$$I_S = I_D + I_C \tag{54}$$

當 I_C 上升時汲極電流會下降，得到負微分電阻 (NDR) dV_D / dI_D。所以這個元件因為它的特性被集極端點控制，故為可變 NDR 元件。在室溫時發現汲極電流有最大的峰對谷比值，其超過 340,000[55]。

　　我們定性地分析集極電流來得到一些對 RST 電晶體操作上的了解。

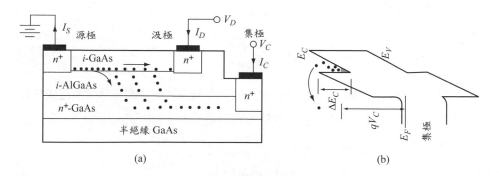

(a)　　　　　　　　　　　　　　(b)

圖22　（a）一個真實位置空間轉換電晶體的結構圖，以及（b）垂直於通道的能帶圖。

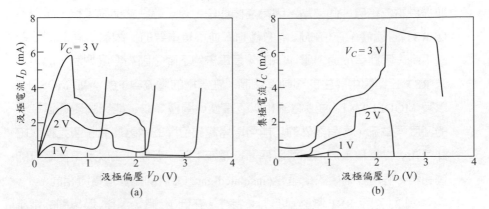

圖23　　　一真實空間轉換電晶體端點電流。(a) 汲極電流 (b) 集極電流與汲極偏壓。(參考文獻54)

I_D 改變與集極電流的關係為

$$\frac{dI_D}{W dx} = -J_C \tag{55}$$

其中 W 為通道寬度。集極電流是由於熱電子的熱游離發射。一個簡單的分析為在平均電子溫度 T_e 下，熱載子有馬克斯威爾分佈，這溫度比室溫或晶格溫度 T_0 還高。這個熱游離發射電流為

$$J_C(x) = q \upsilon n(x) \exp\left(-\frac{\Delta E_C}{k T_e}\right) \tag{56}$$

電子速度為

$$\upsilon = \sqrt{\frac{k T_e}{2\pi m^*}} \tag{57}$$

圖 22b 顯示因為導電帶不連續所以 ΔE_C 為位障高度。電子溫度直接與在汲極附近高的局部電場有關，實驗上它與汲極偏壓的平方成正比[56]。因為汲極電流為漂移電流。

$$I_D(x) = W d n(x) q \upsilon_s \tag{58}$$

其中 d 為通道厚度。假設一個均勻的電場，從源極到汲極呈現指數遞減來

解式 (55，56，58) 的微分方程式，可得到電子濃度 $n(x)$。將式 (56) 對整個通道長度 L 積分，可得所有的集極電流。從熱游離發射理論經過嚴密的證明可以得到以下相似的結果[57]：

$$I_C = A^{**}T_0^2 W \int_0^L \left\{ \exp\left[\frac{V_C - V(x)}{kT_e(x)}\right] \exp\left[\frac{-\Delta E_C}{kT_e(x)}\right] - \exp\left[\frac{-\Delta E_C}{kT_0}\right] \right\} dx \quad (59)$$

其中 A^{**} 為有效李查遜常數 (參見上冊第三章) 以及 $V(x)$ 為通道位能。

V_C 的增加對元件而言將有以下幾點效應：(1) 通道載子增加，(2) 在 AlGaAs 內，能有效收集熱載子的電場增加，以及 (3) 由於在通道中更多均勻電場的再分佈，可使得 T_e 下降。這些效應對熱電子電流很重要，且有時候是相反的影響。圖23 顯示根據不同的 V_D 值有三種不同的區域。在低的 V_D 時，載子無法從縱向的電場獲得足夠的能量來克服位障。通道是由集極控制，並且它的特性與 FET 的線性區很相似。最有趣的區域為中間值的 V_D，對應於 FET 的飽和區。然而，只有在高的 V_C 值下，NDR 才能觀察到。在低的 V_C 下，AlGaAs 層中沒有足夠高的橫向電場來有效收集載子。空間電荷效應的加入將進一步地減少橫向電場。空間電荷效應在位障層薄膜中建立的電壓為

$$\Delta V = \frac{J_C l^2}{2\varepsilon_s \upsilon_s} \quad (60)$$

其中 l 為 AlGaAs 厚度。經過快速的估計 ΔV 可高達 2 V[58]。另外在這區域裡有一有趣的現象，兩種正的以及負的轉移電導 (dI_D / dV_C) 會同時存在。正的轉導是因為通道載子增加同時 T_e 以及 I_C 隨著 V_C 下降。負的轉導為橫向電場以及 I_C 隨著 V_C 上升。最後，第三區域為高 V_D，其中漏電流開始於汲極與集極之間。

RST 電晶體的本質速度受限於兩個時間常數，即：建立 T_e 的能量弛緩時間，以及接近汲極附近高電場區域內的飛行時間。後者為穿過非常短的距離的穿巡時間，不像 FET 一樣，其總距離是從源極到汲極。這兩種時間常數大約為 1ps。因此，RST 電晶體可以做為具有終極速度的快速元件，針對適當微縮的元件其速度約 100 GHz。已經有研究展示出截止頻率

比 70 GHz 還高的結果[59]。

有人提出利用集極電流當做主要的輸出電流，如電荷注入電晶體(CHINT)，以及利用汲極當作輸入[60]。在結構上正規的 RST 電晶體與 CHINT 並沒有什麼不同。因為 I_C 受限於位障，相較於 FET，它的操作是更接近於電位效應電晶體(如雙載子電晶體)。因為這個原因，源極與汲極端點可分別類比於雙載子電晶體的射極與基極端點。藉由 V_D 所創出來的電子溫度 T_e 可以決定電晶體電流 I_C。CHINT 的操作可以與藉由電流熱阻式加熱陰極燈絲的真空二極體相比[60]。轉導為

$$g_m = \frac{dI_C}{dV_D} \tag{61}$$

其值可能相當高。這裡可以得到 g_m 最大值約為 1.1 S/mm[59]。在 CHINT 操作下，NDR 並不重要。

一個三端點 RST 元件有下列幾項優點：(1)變動 NDR 的控制，(2)高的峰對谷比值，(3)高速的操作(因為射出的載子被排掉了，並沒有回到主要的通道)，(4)高的轉導 g_m 以及(5)做為功能型元件的潛力(能執行功能的單一元件)。

速度調制電晶體 速度調制電晶體(VMT)是在 1982 年提出用來當作超高速度的元件[61]。它重新呈現了場效電晶體的新階段，在這電晶體中，源極–汲極電流無法藉著閘極引發的載子或電荷進行調整(密度調節)。反而，電流的調整是藉由載子速度的改變(速度調制或移動率調制)，具有所有載子數為常數的獨特特性。可藉著在不同移動率的兩條平行通道間進行載子的真實空間轉換來實現。速度調制電晶體最主要的優點就是本質元件的速度。對一個傳統的 FET 來說，突然施加閘極偏壓使其導通，閘極引發的載子會從源極端產生。同樣的，截止狀態需要載子消失在汲極區。一個標準的 FET 本質速度會受到在源極與汲極的穿巡時間所影響。在 VMT 中，狀態的改變可藉由轉移兩通道間的電荷來達成，而這兩通道甚至比源極與汲極通道長度更短。電腦模擬顯示響應時間約為 0.2 ps。所以為了速度的考量，對短通道長度的需求是可以移除的。不幸的是，這種概念還沒在實驗上做出來。為了利用 VMT 的全部優點，閘極電壓必須在一個範圍

之內,以使得通道中所有的電荷被保留不會流失,因為相似的特性可以藉由傳統的 FET 達到,其中較高的閘極電壓會產生出額外的通道電荷,在實驗上的展現並不是沒有價值的。單獨的量測,像霍爾量測,都可用來確認 VMT 的特性。它也指出對於短通道元件,在高電場下,載子速度會趨近於飽和速度。在這個操作的區域中,兩個通道中移動率的差異性比起飽和速度的差異是比較不重要的。實際上飽和速度的差異遠比移動率的差異還小。這個缺點限制了元件的電流驅動。

參考文獻

1. J. B. Gunn, "Microwave Oscillation of Current in III-V Semiconductors," *Solid State Commun.*, **1**, 88 (1963).

2. B. Gunn, "Instabilities of Current in III-V Semiconductors," *IBM J. Res. Dev.*, **8**, 141 (1964).

3. H. Kroemer, "Theory of the Gunn Effect," *Proc. IEEE*, **52**, 1736 (1964).

4. B. K. Ridley and T. B. Watkins, "The Possibility of Negative Resistance Effects in Semiconductors," *Proc. Phys. Soc. Lond.*, **78**, 293 (1961).

5. B. K. Ridley, "Anatomy of the Transferred-Electron Effect in III-V Semiconductors," *J. Appl. Phys.*, **48**, 754 (1977).

6. C. Hilsum, "Transferred Electron Amplifiers and Oscillators," *Proc. IRE*, **50**, 185 (1962).

7. C. Hilsum, "Historical Background of Hot Electron Physics," *Solid-State Electron.*, **21**, 5 (1978).

8. A. R. Hutson, A. Jayaraman, A. G. Chynoweth, A. S. Coriell, and W. L. Feldmann, "Mechanism of the Gunn Effect from a Pressure Experiment," *Phys. Rev. Lett.*, **14**, 639 (1965).

9. J. W. Allen, M. Shyam, Y. S. Chen, and G. L. Pearson, "Microwave Oscillations in $GaAs_{1-x}P_x$ Alloys," *Appl. Phys. Lett.*, **7**, 78 (1965).

10. J. E. Carroll, *Hot Electron Microwave Generators*, Edward Arnold, London, 1970.

11. P. J. Bulman, G. S. Hobson, and B. S. Taylor, *Transferred Electron Devices*, Academic, New York, 1972.

12. B. G. Bosch and R. W. H. Engelmann, *Gunn-Effect Electronics*, Wiley, New York, 1975.

13. H. W. Thim, "Solid State Microwave Sources," in C. Hilsum, Ed., *Handbook on Semiconductors,* Vol. 4*, Device Physics*, North-Holland, Amsterdam, 1980.

14. M. Shur, *GaAs Devices and Circuits*, Plenum, New York, 1987.

15. D. E. Aspnes, "GaAs Lower Conduction Band Minimum: Ordering and Properties;" *Phys. Rev.*, **14**, 5331 (1976).

16. H. D. Rees and K. W. Gray, "Indium Phosphide: A Semiconductor for Microwave Devices," *Solid State Electron Devices*, **1**, 1 (1976).

17. D. E. McCumber and A. G. Chynoweth, Theory of Negative Conductance Application and Gunn Instabilities in 'Two-Valley' Semiconductors," *IEEE Trans. Electron Dev.*, **ED-13**, 4 (1966).

18. K. Sakai, T. Ikoma, and Y. Adachi, "Velocity-Field Characteristics of $Ga_xIn_{1-x}Sb$ Calculated by the Monte Carlo Method," *Electron. Lett.*, **10**, 402 (1974).

19. R. E. Hayes and R. M. Raymond, "Observation of the Transferred-Electron Effect in GaInAsP," *Appl. Phys. Lett.*, **31**, 300 (1977).

20. J. R. Hauser, T. H. Glisson, and M. A. Littlejohn, "Negative Resistance and Peak Velocity in the Central (000) Valley of III-V Semiconductors," *Solid-State Electron.*, **22**, 487 (1979).

21. J. G. Ruch and G. S. Kino, "Measurement of the Velocity-Field Characteristics of Gallium Arsenide," *Appl. Phys. Lett.*, **10**, 40 (1967).

22. P. N. Butcher and W. Fawcett, "Calculation of the Velocity-Field Characteristics for Gallium Arsenide," *Phys. Lett.*, **21**, 489 (1966).

23. M. A. Littlejohn, J. R. Hauser, and T. H. Glisson, "Velocity-Field Characteristics of GaAs with Γ-L-X Conduction-Band Ordering," *J. Appl. Phys.*, **48**, 4587 (1977).

24. I. Mojzes, B. Podor, and I. Balogh, "On the Temperature Dependence of Peak Electron Velocity and Threshold Field Measured on GaAs Gunn Diodes," *Phys. Status Solidi*, **39**, K123 (1977).

25. P. N. Butcher, "Theory of Stable Domain Propagation in the Gunn Effect," *Phys. Lett.*, **19**, 546 (1965).

26. P. N. Butcher, W. Fawcett, and C. Hilsum, "A Simple Analysis of Stable Domain Propagation in the Gunn Effect," *Br. J. Appl. Phys.*, **17**, 841 (1966).

27. J. A. Copeland, "Electrostatic Domains in Two-Valley Semiconductors," *IEEE Trans. Electron Dev.*, **ED-13**, 187 (1966).

28. M. Shaw, H. L. Grubin, and P. R. Solomon, *The Gunn-Hilsum Effect*, Academic, New York, 1979.

29. G. S. Kino and I. Kuru, "High-Efficiency Operation of a Gunn Oscillator in the Domain Mode," *IEEE Trans. Electron Dev.*, **ED-16**, 735 (1969).

30. H. W. Thim, "Computer Study of Bulk GaAs Devices with Random One-Dimensional Doping Fluctuations," *J. Appl. Phys.*, **39**, 3897 (1968).

31. J. A. Copeland, "A New Mode of Operation for Bulk Negative Resistance Oscillators," *Proc. IEEE*, **54**, 1479 (1966).

32. J. A. Copeland, "LSA Oscillator Diode Theory," *J. Appl. Phys.*, **38**, 3096 (1967).

33. M. R. Barber, "High Power Quenched Gunn Oscillators," *Proc. IEEE*, **56**, 752 (1968).

34. H. W. Thim and M. R. Barber, "Observation of Multiple High-Field Domains in n-GaAs," *Proc. IEEE*, **56**, 110 (1968).

35. G. S. Hobson, *The Gunn Effect*, Clarendon, Oxford, 1974.

36. H. W. Thim and W. Haydl, "Microwave Amplifier Circuit Consideration," in M. J. Howes and D. V. Morgan, Eds., *Microwave Devices,* Wiley, New York, 1976, Chap. 6.

37. D. Jones and H. D. Rees, "Electron-Relaxation Effects in Transferred-Electron Devices Revealed by New Simulation Method," *Electron. Lett.*, **8**, 363 (1972).

38. H. Kroemer, "Hot Electron Relaxation Effects in Devices," *Solid-State Electron.*,

21, 61 (1978).

39. H. Kroemer, "The Gunn Effect under Imperfect Cathode Boundary Condition," *IEEE Trans. Electron Dev.*, **ED-15**, 819 (1968).

40. M. M. Atalla and J. L. Moll, "Emitter Controlled Negative Resistance in GaAs," *Solid-State Electron.*, **12**, 619 (1969).

41. S. P. Yu, W. Tantraporn, and J. D. Young, "Transit-Time Negative Conductance in GaAs Bulk-Effect Diodes," *IEEE Trans. Electron Dev.*, **ED-18**, 88 (1971).

42. D. J. Colliver, L. D. Irving, J. E. Pattison, and H. D. Rees, "High-Efficiency InP Transferred-Electron Oscillators," *Electron. Lett.*, **10**, 221 (1974).

43. K. W. Gray, J. E. Pattison, J. E. Rees, B. A. Prew, R. C. Clarke, and L. D. Irving, "InP Microwave Oscillator with 2-Zone Cathodes," *Electron. Lett.*, **11**, 402 (1975).

44. H. D. Rees, "Time Response of the High-Field Electron Distribution Function in GaAs," *IBM J. Res. Dev.*, **13**, 537 (1969).

45. H. Eisele and R. Kamoua, "Submillimeter-Wave InP Gunn Devices," *IEEE Trans. Microwave Theory Tech.*, **52**, 2371 (2004).

46. A. Ataman and W. Harth, "Intrinsic FM Noise of Gunn Oscillators," *IEEE Trans. Electron Dev.*, **ED-20**, 12 (1973).

47. M. Shoji, "Functional Bulk Semiconductor Oscillators," *IEEE Trans. Electron Dev.*, **ED-14**, 535 (1967).

48. Z. S. Gribnikov, "Negative Differential Conductivity in a Multilayer Heterostructure," *Soviet Phys.-Semiconductors*, **6**, 1204 (1973). Translated from *Fizika i Teknika Poluprovodnikov*, **6**, 1380 (1972).

49. K. Hess, H. Morkoc, H. Shichijo, and B. G. Streetman, "Negative Differential Resistance Through Real-Space Electron Transfer," *Appl. Phys. Lett.*, **35**, 469 (1979).

50. M. Keever, H. Shichijo, K. Hess, S. Banerjee, L. Witkowski, H. Morkoc, and B. G. Streetman, "Measurements of Hot-Electron Conduction and Real-Space Transfer in GaAs-A_x-Ga_{1-x}As Heterojunction Layers," *Appl. Phys. Lett.*, **38**, 36 (1981).

51. Z. S. Gribnikov, K. Hess, and G. A. Kosinovsky, "Nonlocal and Nonlinear Transport in Semiconductors: Real-Space Transfer Effects," *J. Appl. Phys.*, **77**, 1337 (1995).

52. A. Kastalsky and S. Luryi, "Novel Real-Space Hot-Electron Transfer Devices," *IEEE Electron Dev. Lett.*, **EDL-4**, 334 (1983).

53. A. Kastalsky, S. Luryi, A. C. Gossard, and R. Hendel, "A Field-Effect Transistor with a Negative Differential Resistance," *IEEE Electron Dev. Lett.*, **EDL-5**, 57 (1984).

54. P. M. Mensz, S. Luryi, A. Y. Cho, D. L. Sivco, and F. Ren, "Real-Space Transfer in Three-Terminal InGaAs/InAlAs/InGaAs Heterostructure Devices," *Appl.*

Phys. Lett., **56**, 2563 (1990).

55. C. L. Wu, W. C. Hsu, H. M. Shieh, and M. S. Tsai, "A Novel δ-Doped GaAs/InGaAs Real-Space Transfer Transistor with High Peak-to-Valley Ratio and High Current Driving Capability," *IEEE Electron Dev. Lett.*, **EDL-16**, 112 (1995).

56. S. Luryi, "Hot-Electron transistors," in S. M. Sze, Ed., *High-Speed Semiconductor Devices*, Wiley, New York, 1990.

57. E. J. Martinez, M. S. Shur, and F. L. Schuermeyer, "Gate Current Model for the Hot-Electron Regime of Operation in Heterostructure Field Effect Transistors," *IEEE Trans. Electron Dev.*, **ED-45**, 2108 (1998).

58. S. Luryi and A. Kastalsky, "Hot Electron Injection Devices," *Superlattices and Microstructures*, **1**, 389 (1985).

59. G. L. Belenky, P. A. Garbinski, P. R. Smith, S. Luryi, A. Y. Cho, R. A. Hamm, and D. L. Sivco, "Microwave Performance of Top-Collector Charge Injection Transistors on InP Substrates," *Semicond. Sci. Technol.*, **9**, 1215 (1994).

60. S. Luryi, A. Kastalsky, A. C. Gossard, and R. H. Hendel, "Charge Injection Transistor Based on Real-Space Hot-Electron Transfer," *IEEE Trans. Electron Dev.*, **ED-31**, 832 (1984).

61. H. Sakaki, "Velocity-Modulation Transistor (VMT)-A New Field-Effect Transistor Concept," *Jpn. J. Appl. Phys.*, **21**, L381 (1982).

習題

1. 一 InP 結構的電子轉移元件具有 0.5 μm 的長度以及 10^{-4} cm² 的截面積，當操作於穿巡時間模式之下

(a) 請求出在穿巡時間模式下，所需之最小電子濃度 n_0。

(b) 請求出電流脈衝之間的時間。

(c) 若施加一半的起始電壓條件，請計算元件的功率損耗。

2. 對於一操作於穿巡時間雙極層模式的 InP 電子轉移元件，其元件長度為 20 μm，及其摻雜為 $n_0 = 10^{15}$ cm⁻³。若當此電偶極在沒有與電極相接觸時的電流密度為 3.2 kA/cm²，假設為三角形區域，請求出區域的過量電壓。

3. (a) 請求出 GaAs 導電帶較高能谷 N_{CU} 的有效態位密度。較高能谷的有效質量為 $1.2\ m_0$。

(b) 在較高與較低的能量谷之間的電子濃度比率為 (N_{CU} / N_{CL}) exp $(-\Delta E / kT_e)$，其中 N_{CL} 為較低能量谷的有效態位密度，能量差異 ΔE 為 0.31 eV，以及有效電子溫度 T_e。請求出對於電子溫度在 300 K 時的電子濃度比例。

(c) 當電子從電場獲得動能時，則 T_e 增加，請求對於 $T_e = 1500$ K 時的濃度比率。

4. 在一電子轉移元件中，若一區域在穿巡過程中突然地被破壞，在比穿巡時間還要短的時間內，會讓過量區域電壓從 V_{ex} 變為零，在此期間之內，將經過此元件之全部電流的變化對時間進行積分，則可得到存在此區域裡的電荷量測 Q_0。針對一個三角型的電場分佈，請求出此電量 Q_0 與此區域過量電壓 V_{ex} 的關係，也就是電場在超過聚積層厚度 x_A 的範圍裡，從 $\mathscr{E}_r$ 線性地增加至 $\mathscr{E}_{dom}$，以及在超過空乏層厚度的距離內從 $\mathscr{E}_{dom}$ 線性地減少至 $\mathscr{E}_r$（假設在各層中的電量為均勻分佈）。

5. 忽略與傳輸電子相關的電場，考慮一簡化 RST 模型。假設一如圖所示的週期性多層結構，其中窄能隙層的厚度為 d_1，寬能隙層的厚度為 d_2，其中 m_1、m_2 以及 μ_1、μ_2 分別為各層的等效質量與遷移率，其中 $\mu_1 > \mu_2$。將每個電

子的能量損耗給晶格的速率為（$T_e - T$）／τ，而這兩層的 τ 皆一樣。此外，假設此兩層的等效電子溫度 T_e 亦相同，也就是說電子在各層間的跳躍時，平均而言沒有能量的轉換，且總電子密度固定，$n = n_1 + n_2$ 為定值：

（a）請推導能量平衡方程式。

（b）請以 T_e 與位障高 ϕ 的項式，表示出 n_1 / n_2 比率。

（c）請以參數的型式 $\mathscr{E} = \mathscr{E}$（$T_e$），$J = J$（$T_e$）推導出電流–電場特性，並針對一些參數值畫出 J（$\mathscr{E}$）。在何者條件之下，可在源極–集極電流電場特性中達到高 NDR ？

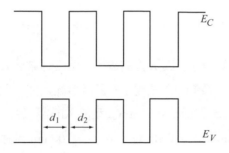

6. 一 RST 元件，其集極電流可以表示為 $I_c = A\exp$（$-\phi / kT_e$），其中 A 為一常數，ϕ 為位障高度，以及 T_e 為電子溫度。假設（$T_e - T$）／$T = BV_{SD}^m$，其中 T 為晶格溫度，B 與 m 為常數，以及 V_{SD} 為外加於源極與集極間的電壓：

（a）請證明 $f \equiv \left(V_{SD} \dfrac{d \ln J_c}{d \ln V_{SD}} \right)^{-1} = \dfrac{kT_e}{m\phi} \left(\dfrac{T_e}{T_e - T} \right)$。

（b）請證明當 $T_e >> T$，則 f 對 V_{SD}^m 的函數圖形為一直線。

7. 一真實位置空間轉換元件具有如圖21 與圖22（pp.439–440, *High Speed Semiconductor Devices*. Sze, Ed., Wiley, 1990）所示的熱電子注入，當 $V_{sub} = 0.25$ V 以及 $V_{SD} = -0.448$ V 時，請以 eV 為單位計算其位障高度 ϕ。

8. 考慮一具有厚度為 0.1 μm 本質層（*i*-AlGaAs）的真實位置空間轉換電晶體（圖22）。若能量鬆弛時間為 1 ps，以及載子穿過 *i* 區域的穿巡速度為 10^7 cm/s，請求出此元件的截止頻率。

9. 對於一如圖所示的 CHINT 邏輯，準備一真實表格（truth table）以及證明此為嚴格的 NOR 邏輯，也就是說當源極和汲極都在同一電壓準位時，其輸出電壓將會為高的。

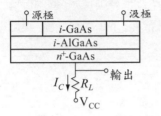

10. 一傳統的 CHINT 具有 *n* 型的射極通道與 *n* 型的集極（第二導電層），藉由以 *p* 型集極取代 *n* 型集極時，我們可以實現一新穎的發光元件。我們可以利用如下的晶格匹配層來建構出此元件：1 μm *p* 型的 AlInAs（3×10^{18} cm^{-3} 具有 E_g = 1.5 eV），50 nm *p* 型的 GaInAs（10^{17}），200 nm 未摻雜的 AlInAs 位障，50 nm *n* 型的 GaInAs（10^{17}），以及 2.5 nm AlInAs *n* 型（10^{19}）。在熱平衡條件之下，請畫出從頂端為 2.5 nm AlInAs 層到底端為 1 μm AlInAs 層之間的能帶圖（ΔE_C = 0.53 eV，ΔE_V = 0.22 eV）。請在圖上標示出所有的能隙以及層的厚度，也請求出放射光的波長。

11

閘流體與功率元件

11.1 簡介
11.2 閘流體基本特性
11.3 閘流體的種類
11.4 其他功率元件

11.1 簡介

功率半導體元件可以廣泛地分為兩種功能。第一種當作開關器(*swich*)，用來控制傳送到負載端的功率。在這種情況下，只有兩種極端的狀態是重要的。理想上導通狀態應該是短路，且截止狀態則是開路。第二種類型的功能為當做一個功率放大器(*amplifier*)來放大交流訊號。對於這種功能，電流增益(在電位效應電晶體裡)或是轉移電導(在場效電晶體裡)是很重要的。對於功率元件的應用，兩種元件的種類都需要有承擔高電壓與高電流的能力。對於一個開關器而言，閘流體是一個很好的例子，因其具有 S–型的負微分電阻。因為突返作用(snap-back action)與它的關連性是非線性效應，閘流體不能被使用在功率放大上。另一方面，一個擁有平滑電流-電壓特徵的功率電晶體也能當一個開關器使用。大多數與閘流體相關的元件以及僅具有高效率切換功能的元件都會在此章節來討論。對於同時擁有兩種功能的元件只有絕緣閘雙載子電晶體(IGBT)與靜態電感元件，將於此章的最後討論。

　　不同於前面的章節，此章只有涵蓋功率元件的工作原理。以

MOSFET、JFET、MESFET、MODFET、雙載子電晶體等為基礎的功率元件，被普遍地使用來做功率應用。然而，它們的元件工作原理並不需要額外的處理。對於這些在功率應用上的元件主要的不同是在於它們的結構，通常有較大的元件尺寸，較好的散熱，並且有些是用不同的物質來製作的。

較適合製作功率元件的半導體材料如表1所示，列出了它們一些重要的參數。一個高能隙的材料通常有較低離子化係數，可以具有低的碰撞游離與高的崩潰電壓。移動率與飽和速度是速度的考量因素。高的熱導率可以幫助熱的傳導與增加功率等級。表中所顯示的材料之中如碳化矽(SiC)與氮化鎵(GaN)都是好的結合。唯一的缺點是它們目前的技術尚未成熟，材料特性不太穩定也不具有再現性的，以及其成本也很高。

11.2 閘流體基本特性

閘流體(thyristor)的名字適用於一般能展現雙穩態特性的半導體元件家族裡，並且具有高阻抗低電流的截止狀態(off-state)與低阻抗高電流的導通

表1 半導體材料在功率元件應用上的比較

性質	矽（Si）	砷化鎵（GaAs）	碳化矽（SiC-4H）	氮化鎵（GaN）
能隙（eV）	1.12	1.42	3.0	3.4
介電常數	11.9	12.9	10	10.4
崩潰電壓（V / cm）	$\approx 3 \times 10^5$	$\approx 4 \times 10^5$	$\approx 4 \times 10^6$	$\approx 4 \times 10^6$
飽和速度（cm / s）	1×10^7	0.7×10^7	2×10^7	1.5×10^7
峰值速度（cm / s）	1×10^7	2×10^7	2×10^7	$> 2 \times 10^7$
電子移動率（cm² / V-s）	1350	6000	800	1000*
熱傳導性（W / cm-°C）	1.5	0.46	4.9	1.7

*調變摻雜的通道

狀態 (on-state) 之間的交換特性。閘流體的操作與雙極性電晶體具有密切關係，其中兩者的載子傳輸過程均含有電子與電洞。閘流體一詞源自於真空氣體閘流管，主要原因是兩者的電性在許多方面都頗為相似。

根據 1950 年蕭克萊 (Shockley) 的鉤狀集極觀念[1]，愛伯斯 (Ebers) 提出一種雙電晶體來解釋基本的閘流體多層結構 $p–n–p–n$ 元件的特性[2]。摩爾 (Mool) 等學者在 1956 年發表有關這類元件的詳細工作原理，並且首次製造雙接點的 $p–n–p–n$ 元件[3]。這項工作成果，可以作為往後學者致力於閘流體研究的根基。其後有 Mackintosh[4]、Aldrich 與 Holonyak[5] 在 1958 年研究三端點閘流體在開關控制上的使用。由於具有兩種穩定狀態以及在這些狀態下呈現出的低功率消耗特性，故閘流體的應用範圍自家電器具的速率控制到交換電路與高壓傳輸線的功率轉換，具有獨特的效益。截至目前，閘流體適用的電流範圍自幾毫安培至超過 5,000 安培左右，且同時電壓高達一萬伏特以上。有關於閘流體的詳細操作與製造技術都可以在參考文獻 6~10 中被找到。

基本的閘流體的結構如圖 1a 所示，它具有三個 $p–n$ 接面 J1、J2 和 J3 串聯的四層 $p–n–p–n$ 元件。此元件的典型摻雜分佈示於圖 1b。注意其 $n1$ 層 (n–基極) 是遠寬於其他區域，並且具有最低的摻雜濃度來保持較高的

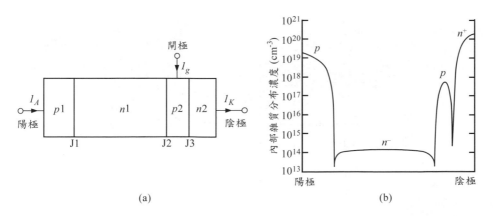

圖1　(a) 閘流體的示意結構圖。其中含有 J1、J2 和 J3 等三個串聯的 $p–n$ 接面。(b) 典型的摻雜輪廓。

崩潰電壓。連接於 p 層外圍的電極稱為陽極(Anode)，以及在 n 層外圍的稱為陰極(Cathode)，這個沒有額外電極的結構是個二端點的元件，被稱為雙接頭 p–n–p–n 二極體或蕭克萊二極體。若另一稱為閘極(Gate)的電極被連到內部 p 層($p2$ 區)，所形成的三端點元件一般被稱為半導體控制整流器(semiconductor-controlled rectifier，SCR)或閘流體。

　　具有許多複雜操作區域的閘流體基本電流–電壓特性曲線，示於圖 2。在 0–1 區域，元件處於順向阻隔區域或稱為非常高阻抗的截止狀態。當 $dV_{AK}/dI_A = 0$ 時，出現順向衝越(breakover，或稱切換)現象，在這我們定義順向衝越電壓 V_{BF} 與切換電流 I_S(也稱作導通電流)。區域 1–2 為負電阻區域，以及區域 2–3 為順向導通或稱導通狀態。在點 2 再度出現 $dV_{AK}/dI_A = 0$，我們定義 I_h 為保持電流與 V_h 為保持電壓。區域 0–4 為逆向阻隔狀態，以及區域 4–5 為逆向崩潰區域。注意切換電壓 V_{BF} 能被閘極電流 I_g 所控制。對於一個兩端點的蕭克萊二極體，其基本特性就類似於一個開路閘極或是 $I_g = 0$ 的電流–電壓特性曲線。

　　因此操作於順向區域的閘流體是個雙穩態(bistable)元件，可以由高

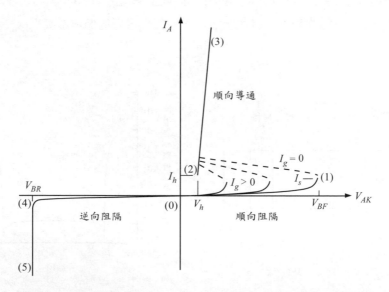

圖2　閘流體的電流–電壓特徵曲線。切換電壓 V_{BF} 能受到 I_g 的控制而減少。

阻抗低電流的截止狀態切換到低阻抗高電流的導通狀態，反之亦然。在本節裡，我們探討閘流體的基本特性，如圖 2 所示，亦即何謂逆向阻隔、順向阻隔和順向導通等模式。

11.2.1 逆向阻隔

控制逆向崩潰電壓與順向貫穿電壓的兩個基本因素為累增崩潰與空乏層貫穿。在逆向阻隔模式裡，施加的陽極電壓相對於陰極為負電位，故 J1 與 J3 接面為逆向偏壓，而 J2 為順向偏壓。如圖 1b 的摻雜分佈，絕大部分的外加逆向電壓將降在 J1 接面與 $n1$ 區域 (如圖 3a)。依據 $n1$ 層的厚度 W_{n1}，若崩潰時空乏層的寬度小於 W_{n1}，則將是由於累增放大所引起的崩潰現象，或是在 J1 接面完全短路至 J2 而使整個寬度 W_{n1} 被空乏層涵蓋，則將是由貫穿作用引起的崩潰現象。

就以具有高摻雜 $p1$ 區域的單邊陡形 $p^+\!-\!n$ 接面而言，室溫下的累增崩潰電壓可以寫為[8,11]〔見上冊第 130 頁的式（104）〕

$$V_B \approx 6.0 \times 10^{13} (N_{n1})^{-0.75} \tag{1}$$

式子中的 N_{n1} 為 $n1$ 層的摻雜濃度（cm⁻³）。單邊陡形接面的貫穿電壓可以寫為

$$V_{PT} = \frac{qN_{n1}W_{n1}^2}{2\varepsilon_s} \tag{2}$$

圖 3b 表示矽閘流體逆向阻隔功能的基本極限[12]。例如，在 $W_{n1} = 160$ μm 與 $N_{n1} \approx 8 \times 10^{13}$ cm⁻³ 時，最大的崩潰電壓侷限約在 1000 V 左右。低摻雜濃度時，崩潰電壓值受到貫穿作用的限制，而高摻雜濃度時將受限於累增倍乘機制。

由於共射極 $p\!-\!n\!-\!p$ 電晶體的電流增益，一個簡單 $p\!-\!n$ 接面的實際逆向阻隔電壓受到累增崩潰電壓的限制。這類似於雙載子電晶體的崩潰分析。對應於共射極結構的逆向崩潰條件為 $M = 1/\alpha_1$〔見第 309 頁的式（45）〕，這裡的 M 是累增倍乘因子，α_1 是共基極 $p\!-\!n\!-\!p$ 電晶體的電流增益，同時崩

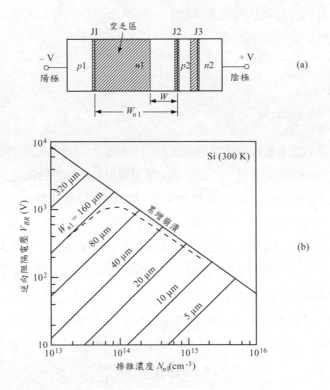

圖3 閘流體的逆向阻隔電容。（a）逆偏壓操作下，空乏區的寬度。（b）逆向阻隔偏壓被累增崩潰（頂端）和貫穿限制（平行線）所偏限住。$Wn1$ 和 $Nn1$ 表示寬度和 $n1$ 層的摻雜濃度。虛線為標示一 $Wn1 = 160 \, \mu m$ 的樣本。

潰電壓可以寫為

$$V_{BR} = V_B (1 - \alpha_1)^{1/n} \tag{3}$$

這裡的 V_B 為 J1 接面的累增崩潰電壓，與 n 是一個常數（在以矽材料 p^+–n 二極體中約為 6）。由於 $(1–\alpha_1)^{1/n}$ 小於 1，故閘流體的逆向電壓將小於 V_B。此外，我們可以由此項關係，估計 α_1 對 V_{BR} 得的影響。由於 $p2$ 區域（射極）屬於高摻雜濃度，所以實際情況下的注入效率 γ 近似於 1。因此電流增益簡化成傳輸因子 α_T：

$$\alpha_1 = \gamma \alpha_T \approx \alpha_T \approx \text{sech}\left(\frac{W}{L_{n1}}\right) \tag{4}$$

這裡的 L_{n1} 是在 $n1$ 區域的電洞擴散長度以及 W 是中性 $n1$ 區。

$$W \approx W_{n1}\left(1 - \sqrt{\frac{V_{AK}}{V_{PT}}}\right) \tag{5}$$

對於一個給定的 W_{n1} 與 L_{n1}，隨著逆向偏壓的增加將減小 W / W_{n1} 的比。因此，當逆向偏壓接近貫穿崩潰極限時，基極傳輸因子變得非常重要。圖 3 表示當 $W_{n1} = 160$ μm 與 $L_{n1} = 150$ μm 時，逆向阻隔電壓變化的例子（如虛線部份）。若 $n1$ 區域為低濃度摻雜時，得知 V_{BR} 趨近於 V_{PT}。當摻雜濃度提高後，由於 W / L_{n1} 為一有限的值，因此 V_{BR} 經常略低於 V_B。

中子改質摻雜　就高功率、高電壓的閘流體而言，需要大的使用面積，經常整個晶圓（其直徑 100 mm 或者更大）只製作一單獨元件。這類規格對於起始材料的均勻性有著更為嚴格的要求。為了得到很小偏差的電阻係數以及摻質分佈均勻性，故需使用中子改質摻雜技術[13]。一般而言，浮融帶製程法成長的矽晶片有著比一般要求還要好的平均電阻係數。隨後利用熱中子照射於晶片上，此過程將造成矽同位素產生不穩定。這些矽同位素改變成一個原子序更高的元素變質成磷，形成 n 型的摻雜物。中子改質摻雜過程的反應式如下：

$$\text{Si}^{30}_{14} + \text{neutron} \rightarrow \text{Si}^{31}_{14} \xrightarrow[2.62h]{} \text{P}^{31}_{15} + \beta \ \text{ray} \tag{6}$$

第二個反應會發射出貝他粒子且半衰期為 2.62 小時。由於中子穿入矽的範圍約為 100 cm，故此摻雜在矽晶片中會非常均勻。圖4 是利用離散電阻測量法（spreading resistance measurement），來比較傳統擴散矽晶片與使用中子照射的矽晶片中摻質的橫向電阻分佈情形。傳統擴散矽晶片的電阻變化約為 ±15%，但是中子摻雜法約為 ±1%。

傾角結構　由於圓柱與球形的接面崩潰電壓比較低，為增大閘流體的崩潰電壓，通常使用合金或擴散的方法形成平面接面（參見章節 2.4.3）。即使為平面接面，仍然會有過早崩潰的現象發生在接面端的邊緣。利用適當

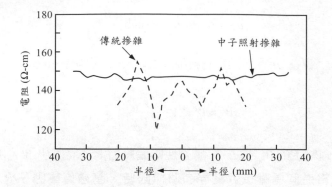

圖4　高電阻矽晶圓在傳統摻雜與中子照射的摻雜均勻度的比較。(參考文獻14
)

的傾斜角結構，可以使表面電場相較於本體中的電場顯著地被降低，確保
本體內的崩潰現象能夠均勻地發生。

　　圖 5 表示各種傾斜角度的閘流體。當傾斜角度截面由高摻雜濃度邊
往低摻雜濃度減小接面面積時，稱謂正傾斜角（如圖 5a）。另外，負傾斜
角，為與正傾斜角同一方向但截面接面逐漸增加（如圖 5b）。兩種具有傾
斜角度的閘流體，示於圖 5c 與 d。圖 5c 為接面 J2 與 J3 為負傾斜角，而 J1
為正傾斜角，圖 5d 的三個接面均為正的傾斜角[15]。

　　就正傾斜角的接面而言，第一階近似的表面電場，約被減小 $\sin \theta$ 的
因子。圖 6 表示 $p^{+}\!-n$ 接面在 600 V 的逆向偏壓下，根據二度空間波松方程
式計算所得的電場值，圖中並標示本體內部的電場大小。值得注意的是，
表面的峰值電場經常小於本體內部的電場，當減小傾斜角，則表面峰值電
場也降低。在降低傾斜角後，峰值電場的位置則往低摻雜區域移動。由於
邊緣效應不會引發提早崩潰的現象，正傾斜角接面的崩潰電壓主要是由內
部接面所主導。

　　對於負傾斜角接面而言，它的趨勢是比較複雜且非單一性的。負傾斜
角的峰值電場計算結果如圖 7 所示。圖中顯示對於大部分的角度，在斜角
邊緣的峰值電場較高於內部的接面電場。然而，假使負傾斜角度夠小，則
峰值電場開始再度下降。為了讓表面電場夠小於內部電場，則負傾斜角度

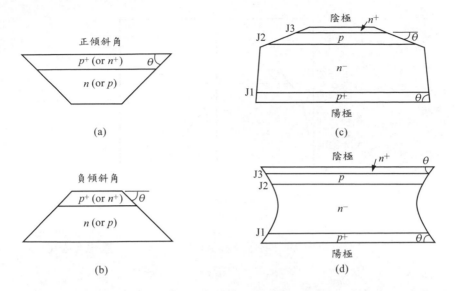

圖5 (a) 正傾斜角的正負接面；(b) 負傾斜角的正負接面。(c) 具有兩個負傾斜角 (J2、J3) 與一個正傾斜角 (J1) 的閘流體。(d) 具有三個正傾斜角的閘流體。

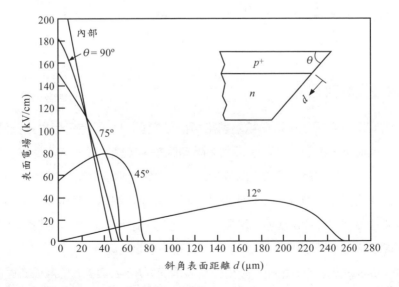

圖6 正傾斜元件的表面電場隨著傾斜角度變化的關係。(參考文獻16)

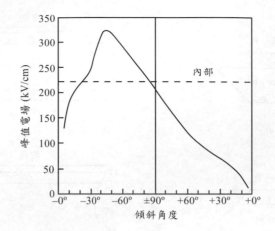

圖7　正負傾斜元件的峰值電場隨傾斜表面的變化關係。（參考文獻16）

必須要小於約 20 度。

　　結論上，為了避免邊緣效應導致的崩潰現象，傾斜角不是正就是夠要負且要小於約 20 度。應用到閘流體，圖 5c 是一般常見的設計，這裡的 J2 與 J3 是很小的負傾斜角度。假使要三個接面都要是正傾斜角，如圖5d 則是較理想的結構。然而，這是很難去製造的，因此比較少見。

11.2.2　順向阻隔

在順向阻隔作用下，陽極電壓對陰極而言為正的，同時只有中央接面 J2 是逆向偏壓，由於 J1 與 J3 接面為順向偏壓，故絕大部分的電壓都落在 J2（$V_{AK} \approx V_2$）。為瞭解順向阻隔特性，我們使用兩個電晶體的類推法[2]。此閘流體可視為一個 p–n–p 電晶體與一個 n–p–n 電晶體，其中一個電晶體的集極連接到另一個電晶體的基極，反之亦同，如圖8 所示。中間接面 J2 具有從 J1 來的電洞集極以及從 J3 來的電子集極之功能。

　　p–n–p 電晶體的射極、集極與基極電流（I_E、I_C 與 I_B）的關係式與直流的共基電流增益 α，如下式所示：

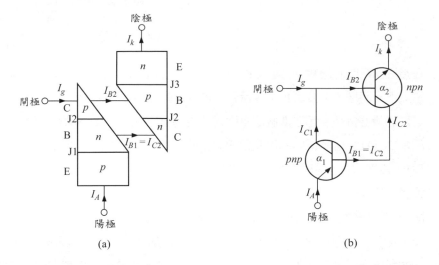

圖8　(a) 三個接頭閘流體的雙電晶體近似法，可以二分為 $p{-}n{-}p$ 和 $n{-}p{-}n$ 型的雙載子電晶體（但是有互相連接的）。(b) 使用電晶體符號的電路表示法。

$$I_C = \alpha I_E + I_{CO} \tag{7}$$

$$I_E = I_C + I_B \tag{8}$$

式中 I_{CO} 表示集極–基極逆向飽和電流。對於 $n{-}p{-}n$ 電晶體而言，除了電流方向相反外，可以得到相同的關係式。由圖 8b 可以得知，$n{-}p{-}n$ 電晶體的集極電流提供 $p{-}n{-}p$ 電晶體的基極推動源。同樣地，$p{-}n{-}p$ 電晶體的集極電流沿著閘極電流 I_g，提供 $n{-}p{-}n$ 電晶體的基極推動源。因此在整個迴路增益（Loop gain）超過 1 時，則會構成電流再生的現象。

　　$p{-}n{-}p$ 電晶體的基極電流為

$$I_{B1} = (1-\alpha_1)I_A - I_{CO1} \tag{9}$$

此電流係由 $n{-}p{-}n$ 電晶體的集極所供應。具有直流共基極電流增益 α_2，$n{-}p{-}n$ 電晶體的集極電流為

$$I_{C2} = \alpha_2 I_K + I_{CO2} \tag{10}$$

根據 I_{B1} 與 I_{C2}，且 $I_K = I_A + I_g$，故

$$I_A = \frac{\alpha_2 I_g + I_{CO1} + I_{CO2}}{1 - (\alpha_1 + \alpha_2)} \qquad (\alpha 1 + \alpha 2) < 1 \tag{11}$$

在後面的章節將證實 α_1 與 α_2 同時是電流 I_A 的函數，並且一般而言將隨著電流上升而增大。式（11）表示元件操作在彈回電壓（breakover voltage）之前的靜態特性。超過這個電壓則元件視為一 p–i–n 的二極體。值得注意的是式（11）分子項中的所有電流分量值均很小，因此除非（$\alpha_1 + \alpha_2$）趨近於1，否則 I_A 也是很小的。故在式中的分母趨近於零時，將發生順向彈回或者是切換作用。

順向彈回電壓（Forward Breakover Voltage） 在式（11）的第一項裡，給了一個獨立於 V_{AK} 的電流。假使繼續增加 V_{AK}，則不只將 α_1 與 α_2 增加並朝向（$\alpha_1 + \alpha_2$）= 1 的條件，而高電場也開始引發載子倍增作用。增益與倍增作用的交互影響將決定切換條件與彈回電壓 V_{BF}。為獲得 V_{BF}，我們應該考慮一般的閘流體，如圖9，該圖並標示電壓與電流的參考方向。我們仍然假設元件的中間接面 J2 維持著逆向偏壓。同時也假設跨越此接面的電壓降 V_2 足夠大，使得通過空乏層的載子仍會造成累增倍增作用。其中我們將電子的倍增作用因子表示為 M_n，而電洞為 M_p，兩者同時隨著 V_2 改變。由於倍增作用，進入空乏 x_1 的穩定電洞電流 $I_p(x_1)$，於 $x = x_2$ 時為 $M_p I_p(x_1)$。對於進入空乏層 x_2 的電子電流 $I_n(x_2)$，可以得到相同的結果。跨越J2接面的全部電流可以寫為：

$$I = M_p I_P(x_1) + M_n I_n(x_2) \tag{12}$$

因為 $I_p(x_1)$ 實際上為 p–n–p 電晶體的集極電流，我們可以在式（7）求出 $I_p(x_1)$

$$I_p(x_1) = \alpha_1(I_A) I_A + I_{CO1} \tag{13a}$$

同樣地，我們可以求出主要電子電流 $I_n(x_2)$ 為

$$I_n(x_2) = \alpha_2(I_K) I_K + I_{CO2} \tag{13b}$$

將式（13a）與（13b）代入式（12）可得

$$I = M_p \left[\alpha_1(I_A) I_A + I_{CO1} \right] + M_n \left[\alpha_2(I_K) I_K + I_{CO2} \right] \tag{14}$$

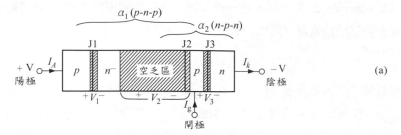

圖9 閘流體在大的順偏電壓操作下。(a) 累增倍乘發生在接面J2的空乏區中且此區域為逆偏狀態下。在 (b) 與 (c) 中，來自主要載子的相對電流也增加。

若我們假設 $M_p = M_n = M$ 且是 V_2 的函數，則式（14）可以簡化成

$$I = M(V_2)\left[\alpha_1(I_A)I_A + \alpha_2(I_K)I_K + I_0\right] \qquad (15)$$

這裡的 $I_0 = I_{CO1} + I_{CO2}$。

對於一特殊條件 $I_g = 0$，我們則有 $I = I_A = I_K$，式（15）可以簡化成

$$I = M(V_2)\left[\alpha_1(I)I + \alpha_2(I)I + I_0\right] \qquad (16)$$

當 $I \gg I_0$，它可以化簡成熟悉的形式

$$M(V_2) = \frac{1}{\alpha_1 + \alpha_2} \qquad (17)$$

倍增因子 M 與接面崩潰電壓 V_B 的一般關係可以表示為

$$M(V_2) = \frac{1}{1 - (V_2/V_B)^n} \qquad (18)$$

（參見章節 5.2.3）並且 n 是一個常數。現在能利用式（17）與（18）來獲順向彈回切換電壓（且 $V_{AK} \approx V_2$）：

$$V_{BF} = V_B(1 - \alpha_1 - \alpha_2)^{1/n} \qquad (\alpha_1 + \alpha_2) < 1 \tag{19}$$

相較於逆向崩潰電壓〔$V_{BR} = V_B(1 - \alpha_1)^{1/n}$〕，我們可得知 V_{BF} 經常小於 V_{BR}。就小的 $(\alpha_1 + \alpha_2)$ 值而言，如圖3，V_{BF} 完全與逆向崩潰電壓相同。當 $(\alpha_1 + \alpha_2)$ 接近於 1 時，彈回電壓實質上小於 V_{BR}。

陰極短路　在現代的蕭基二極體與閘流體設計時，常使用陰極短路來改善元件的效能[7,8]。具有陰極短路閘流體的結構圖形如圖 10a，這裡的陰極是被短路到 $p2$ 區域。兩個電晶體的等效電路如圖 10b 所示，其中整個陰極電流 I_K 的值是射極電流 I_{E2} 與旁路電流 Ist 的總和。此分流電阻（shunt resistance）源自於 p 區域的接觸電阻與 p 區域自身的本體電阻，並且與幾何結構有關。分流的功能會衰減 n–p–n 電晶體的電流增益，以致於要用一個有效較低的 α'_2 來代替式（19）中的 α_2，並得到較大的彈回切換電壓。有效的電流增益與分流的衰減關係，可以如下式所示：

$$\alpha'_2 = \frac{I_{C2} - I_{CO2}}{I_K} = \frac{I_{C2} - I_{CO2}}{I_{E2} + I_{st}} = \frac{\alpha_2}{1 + (I_{st}/I_{E2})} \tag{20}$$

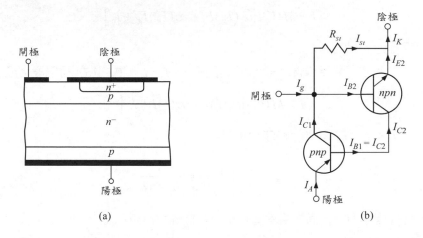

(a)　　　　　　　　　　　(b)

圖10　（a）陰極短路的閘流體。（b）類似陰極短路的雙電晶體電路示意圖。部分電流 I_{st} 將流過短路的陰極。

因為在基極–射極偏壓（閘極偏壓）下 I_{E2} 的非線性相依關係，α'_2 能從一個很小的值變動到原始 α_2。在 $\alpha'_2 = 0$ 的極端情況下，順向彈回切換電壓與逆向阻隔電壓能被控制得一樣大，如式（3）。當需要導通閘流體時，閘極偏壓將會增加 α'_2 的值，使其朝向 $(\alpha_1 + \alpha'_2) = 1$ 的條件。

11.2.3 導通機制

$(\alpha_1 + \alpha_2)$ **的準則**　　我們現在回到式（11）的順向阻隔電流表示。當接點電壓 V_{AK} 增加時，流過 p–n–p 與 n–p–n 兩者電晶體的整個電流也都將增加。較高的電流將引發 α_1 與 α_2 上升（參見圖8）。較高的電流增益甚至將引起高的電流產生。因為這些過程的再生性質，元件最後會選擇導通狀態。參見式（11）我們可以發現當 $(\alpha_1 + \alpha_2) = 1$ 的條件發生時，陽極電流將變成無限大，換言之，一個非穩態的切換效應會發生於此。

　　因 n–p–n 電晶體的基極電流 I_g 的注入也能導致 α_2 的增加。這可以用來解釋切換電壓的降低是 I_g 的函數，如圖2 所示。在一個極端的條件下，對於一固定偏壓 V_{AK}，閘極能夠控制閘流體導通與截止。

$(\tilde{\alpha}_1 + \tilde{\alpha}_2)$ **的準則**　　如前面的討論，由於電流增益 α 是電流的一個函數，它是一變數且有一個小訊號值與它有關聯。我們現在要顯示當小訊號 $\tilde{\alpha}$ 的總合達到 1 時，切換特性開始發生，此常常發生在直流切換值之前[17]。讓我們探討在閘極電 I_g 增加一微量 I_g 後，造成的狀態變化。這項電流增加的結果，將擾亂 I_A 與 I_K 兩者，但它們改變量的差異可以正確地等於 I_g；

$$\Delta I_K - \Delta I_A = \Delta I_g \tag{21}$$

小訊號 $\tilde{\alpha}$ 可以被定義成

$$\tilde{\alpha}_1 \equiv \frac{dI_{C1}}{dI_A} = \lim_{\Delta I_A \to 0} \frac{\Delta I_{C1}}{\Delta I_A} \tag{22a}$$

$$\tilde{\alpha}_2 \equiv \frac{dI_{C2}}{dI_K} = \lim_{\Delta I_K \to 0} \frac{\Delta I_{C2}}{\Delta I_K} \tag{22b}$$

在接面 J2 收集的電洞電流為 $\alpha_1 \Delta I_A$，以及電子電流 $\tilde{\alpha}_2 \Delta I_K$。使陽極電流的改

變量等於跨越 J2 電流的改變量，可得

$$\Delta I_A = \tilde{\alpha}_1 \Delta I_A + \tilde{\alpha}_2 \Delta I_K \tag{23}$$

將式（23）代入式（21）中可得

$$\frac{\Delta I_A}{\Delta I_g} = \frac{\tilde{\alpha}_2}{1 - (\tilde{\alpha}_1 + \tilde{\alpha}_2)} \tag{24}$$

當 $(\tilde{\alpha}_1 + \tilde{\alpha}_2)$ 變為 1 時，從式（24）可知，I_g 的微量增加 I_g 將造成 I_A 的無限量增大，進而導致元件變成不穩定。在此分析中雖然使用閘極電流，然而將溫度或電壓微量的增加，也可得到相同的效應。

在下面的過程，我們推導小訊號 $\tilde{\alpha}$ 與顯示出它能夠大於直流 α。在這個部分，$(\tilde{\alpha}_1 + \tilde{\alpha}_2) = 1$ 的準則將首先發生。電晶體的直流共基極電流增益可以寫為

$$\alpha = \alpha_T \, \gamma \tag{25}$$

這裡的 α_T 是表示傳輸因子，定義為達到集極接面的注入電流對射極注入電流的比值，γ 表示注入效率，定義為注入的少數載子電流對全部射極電流比值。由式（7）對射極電流微分，我們可以獲得小訊號 $\tilde{\alpha}$：

$$\tilde{\alpha} \equiv \frac{dI_C}{dI_E} = \alpha + I_E \frac{d\alpha}{dI_E} \tag{26}$$

式（25）代入式（26）中可得

$$\tilde{\alpha} = \gamma \left(\alpha_T + I_E \frac{d\alpha_T}{dI_E} \right) + \alpha_T I_E \frac{d\gamma}{dI_E} \tag{27}$$

關於 α_T 與 γ 的最簡單近似值，可寫為（參見章節 5）

$$\alpha_T = \frac{1}{\cosh\left(W/L_p\right)} \approx 1 - \frac{W^2}{2L_p^2} \tag{28}$$

$$\gamma \approx \frac{1}{1 + \left(N_B W / N_E W_E\right)} \tag{29}$$

式中 W 為中性基極寬度（圖 3a），L_p 與是少數載子在基極中的擴散長度，N_B 與 N_E 分別是代表基極與射極的摻雜濃度，以及 W_E 是射極長度。為了在大的 V_{BF} 中獲得小的 α，必須使用大的 W / L_p 與 N_B / N_E。

為了研究直流 α 與小信號 $\tilde{\alpha}$ 對電流的相關性，我們必須使用更詳細的理論計算，也就是同時要考慮擴散與漂移電流項。我們來檢視閘流體的 p–n–p 電晶體的部分。在基極的電洞電流能被計算如下式所示

$$I_p(x) = qA_s \left(p_n \mu_p \mathscr{E} - D_p \frac{dp_n}{dx} \right) \tag{30}$$

這裡的 A_s 是接面的面積。對於同樣區域的連續方程式，可以寫為

$$\frac{\partial p_n}{\partial t} = D_p \frac{\partial^2 p_n}{\partial x^2} - \frac{p_n - p_{no}}{\tau_p} - \mu_p \mathscr{E} \frac{\partial p_n}{\partial x} \tag{31}$$

以及邊界條件為 $p_n \, (x = \text{J1}) = p_{no} \exp \, (\beta V_1)$ ，這裡的 β 定義成 q / kT，與 $p_n \, (x = \text{J2}) = 0$。對應於這些邊界條件的式（31）穩態解為[18]：

$$p_n(x) = p_{no} \{ \exp(\beta V_1) \exp[(C_1 + C_2)x] - \\ [\exp(\beta V_1) \exp(C_2 W) + \exp(-C_1 W)] \exp(C_1 x) \operatorname{csch}(C_2 W) \sinh(C_2 x) \} \tag{32}$$

這裡

$$C_1 \equiv \frac{\mu_p \mathscr{E}}{2D_p} \tag{33}$$

$$C_2 \equiv \sqrt{\left(\frac{\mu_p \mathscr{E}}{2D_p} \right)^2 + D_p \tau_p} \tag{34}$$

自式（30）～（32）我們得到傳輸因子

$$\alpha_T \equiv \frac{I_p(x = \text{J2})}{I_p(x = \text{J1})} = \frac{C_2 \exp(C_1 W)}{C_1 \sinh(C_2 W) + C_2 \cosh(C_2 W)} \tag{35}$$

注入效率可以寫為

$$\gamma \equiv \frac{I_{pE}}{I_{pE} + I_{nE} + I_r} \approx \frac{I_{pE}}{I_{pE} + I_r} = \frac{I_{po} \exp(\beta V_1)}{I_{po} \exp(\beta V_1) + I_R \exp(\beta V_1 / m)} \tag{36}$$

這裡的 I_{pE} 與 I_{nE} 是各自從射極注入的電洞與電子電流，I_r 是表示空間電荷的復合電流為 $I_r \exp \, (\beta V_1 / m)$ ，這裡的 I_r 與 m 是常數（一般而

言為 $1 < m < 2$），以及

$$I_{po} = qD_p A_s p_{no}[C_1 + C_2 \coth(C_2 W)] \tag{37}$$

就圖 1b 的摻雜濃度，p_{po}（$p1$）$>> n_{po}$（$n1$），在式（36）中電流 I_{nE} 可以被忽略。

　　現在我們可根據式（35）與（36）來計算 α 隨著射極電流的關係。此外，我們能結合式（27）、（35）與（36）來得到小訊號　$\tilde{\alpha}$。這項結果示於圖11，其中摻雜分佈示於圖1b　並且列出一些典型的矽參數值[18]。注意圖中所示的電流範圍，小信號 α 經常大於直流的 α。在決定增益對電流的變化時，基極寬度對擴散長度的比值 W / L_p 為元件的重要參數。在 W / L_p 很小時，傳輸因子（α_T）係與電流無關，以及增益隨著電流的變化僅與注入效率有關。這項條件適用於窄的元件基極寬度部分（如 n–p–n 部分）。在較大的 W / L_p 時，輸出因子與注入效率同時隨著電流變化（如 p–n–p 部分）。因此，原則上經由選擇適當的擴散長度與摻雜濃度分佈，增益可延伸到期望的範圍。

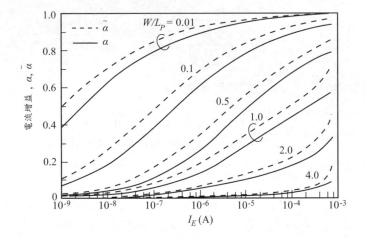

圖11　在不同的基極寬度與擴散長度比例　W / L_p 時，小信號 $\tilde{\alpha}$ 與直流 α 隨著射極電流的變化。參數值：A_s = 0.16 mm²，L_p = 25.5 μm。（參考文獻 18）

***dV/dt* 觸發作用**　　　　在暫態情況時，順向阻隔閘流體，於操作電壓足夠低於彈回切換電壓情況下仍能交換到順向導通狀態。這個不受歡迎的的效應，會使閘流體在暫態下非經意的導通，此稱之為 dV/dt 觸發作用（V 是端點電壓 V_{AK}）。這項 dV/dt 效應源自於快速改變陽極–陰極電壓以產生跨於接面 J2 的位移電流（displacement current），可以寫成 $C_2 dV_{AK}/dt$，這裡的 C_2 是 J2 的空乏電容。這種位移電流扮演的角色與閘極電流相似。它增加小訊號電流增益與迫使（$\tilde{\alpha}_1 + \tilde{\alpha}_2$）趨近於 1，然後使切換發生。在功率閘流體方面，$dV/dt$ 速率必須夠高以致於能避開不確實的觸發作用。

　　　　dV/dt 觸發作用的起源如下的解說。因順向阻隔狀態，V_{AK} 大部分都會跨在接面 J2 處，假使改變 V_{AK} 也會引起 J2 空乏寬度的改變。為了回應這個變化，主要載子在 J2 的兩邊都會流通，導致形成位移電流。這意謂著在 $n1$ 區域中的電子與在 $p2$ 區域中的電洞將各別地影響射極接面 J1 與 J3。這些電流將增加小訊號電流增益 $\tilde{\alpha}_1$ 與 $\tilde{\alpha}_2$。

　　　　為了改善 dV/dt 速率，其一方法為施予反向偏壓於閘極–陰極接點上，使得位移電流將自 $p2$ 區域被引至閘極，並且將不會影響電晶體 n–p–n 的電流增益。在 $n1$ 與 $p2$ 區域的載子存活時間能在任何的電流等級下被衰減來減少 α 的值；但是這方法將劣化順向傳導模型。

　　　　一個改善 dV/dt 速率的有效方法是利用陰極短路的方式[19]，如圖 10 所示。在 J3 接面的位移電流（電洞）將流到短路處，所以 n–p–n 電晶體的增益 α_2 並不會受到位移電流的影響，故陰極短路可顯著地改善 dV/dt 的能力。在沒有陰極短路的閘流體，基本上可獲得 20 V / μS 的變化率。然而對陰極短路的元件，dV/dt 可增加 10 至 100 倍或更大。

11.2.4 順向傳導

在順向阻隔截止狀態與順向傳導導通狀態之間的切換如圖 12 所示。在平衡狀態下，每一個接面均具有一內建電位的空乏區域，此電位係由摻雜濃度分佈決定的。當一正電壓施於陽極時，接面 J2 變為逆向偏壓，而在接面 J1 與 J3 變為順向偏壓。故陽極到陰極的電位降，約等於接面電壓降的代數和：

$$V_{AK} = V_1 + V_2 + V_3 \tag{38}$$

在切換作用後，流過元件的電流必須受到外部負載電阻的限制；否

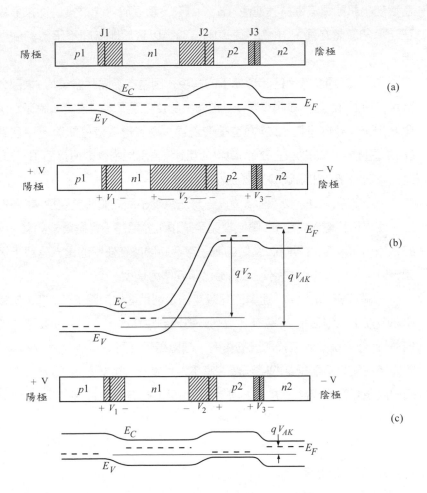

圖12　順向區域的能帶圖形。(a)熱平衡狀態。(b)順向截止，大部分的電壓跨在中間接面 J2 上。(c)順向導通，其中三個接面均為順向偏壓。注意 V_2 的崩潰與極性的反轉。

則在外加電壓足夠高時,元件必將被破壞。在導通狀態下,J2 仍為順向偏壓,如圖 12c 所示,電壓降 V_{AK} 為 $(V_1 - |V_2| + V_3)$,它近似等於跨越順向偏壓 p–n 接面的電壓降加上飽和雙載子電晶體電壓降的總合。

其中值得指出的一點是,如果陽極與陰極之間的極性是相反關係,也就是接面 J1 與 J3 是逆偏而 J2 是順偏。在這個條件下,由於只有中間接面視為射極,因此沒有切換作用,同時也不會發生再生作用。所以在反向 V_{AK} 的極性時是沒有切換作用的。

當閘流體處於導通狀態時,所有三個接面均為順向偏壓。此刻,電洞將由 p1 區域注入而電子自 n2 區域注入。這些載子大量湧進互為輕摻雜的 n1 與 p2 區域。因此,此元件行為類似於一個 $p^+–i–n^+$ (p1–i–n2) 二極體。

對於具有 i 區域寬度為 W_i (W_i 現在是 n1 與 p2 區域的總合) 的 $p^+–i–n^+$ 二極體而言,順向電流密度係根據 W_i 區域內的電洞與電子復合率計算求得。因此電流密度可寫為

$$J = q\int_0^{W_i} R\,dx \tag{39}$$

這裡 R 是復合速率,可以表示為[20]

$$R = A_r(n^2 p + p^2 n) + \frac{np - n_i^2}{\tau_{po}(n + n_i) + \tau_{no}(p + n_i)} \tag{40}$$

其中第一項係由於歐傑作用形成的,就矽的歐傑係數被認為 1~2 $\times$ 10^{-31} cm^6/s;第二項係由於能隙中央的復合陷阱造成的,以及 τ_{po} 與 τ_{no} 分別表示電洞與電子的生命期。在高階注入,$n = p \gg n_i$,式(40)可以簡化成

$$R = n\left(2A_r n^2 + \frac{1}{\tau_{po} + \tau_{no}}\right) \tag{41}$$

假設在整個 W_i 區域的載子濃度近似於一個常數,則由式(39)與(41)的電流密度為

$$J = \frac{qnW_i}{\tau_{\text{eff}}} \tag{42}$$

這裡的有效生命期為

$$\tau_{\text{eff}} \;=\; \frac{n}{R} \;=\; \left(2A_r n^2 + \frac{1}{\tau_{po} + \tau_{no}}\right)^{-1}$$ (43)

我們現在研究電壓相關的電流-電壓基本特徵。為了獲得一些物理解析，我們首先注意的是跨在 W_i 區域的內部壓降 V_i。將這個問題視為漂移過程來處理，我們能推斷電流為

$$J \;=\; q(\mu_n + \mu_p) n \overline{\mathscr{E}}$$ (44)

這裡的 $\overline{\mathscr{E}}$ 為平均電場。因 $V_i = W_i \overline{\mathscr{E}}$，由式（42）與（44）得來，我們能獲得內部壓降為

$$V_i \;=\; \frac{W_i^2}{(\mu_n + \mu_p)\,\tau_{\text{eff}}}$$ (45)

因為 V_i 與有效的生命期是成反比的，而較長的 τ_{eff} 是較希望擁有的。τ_{eff} 的計算 如圖 13 所示，顯示不同雙極性生命期值 $\tau_a = (\tau_{po} + \tau_{no})$ 與注入載子濃度的關聯。在低載子濃度下，有效的生命期等於雙極性生命期；然而當載子濃度高於 10^{17} cm^{-3} 時，由於歐傑作用而使有效的生命期隨著 n^{-2} 迅速下降。而在高載子濃度，載子與載子散射的額外效應也因移動載子之間的強交互作用而開始。這個效應可以透過一個雙極性擴散係數被解釋，可以寫成

$$D_a \;=\; \frac{n + p}{n/D_p + p/D_n}$$ (46)

式（45）可以再寫成

$$V_i \;=\; \frac{2kTbW_i^2}{q(1+b)^2 D_a \tau_{\text{eff}}}$$ (47)

這裡的 b 為是 $\mu_n / \mu_p = D_n / D_p$ 的比值。在低的 n 與 p 濃度，

$$D_a \;=\; \frac{2D_n D_p}{D_n + D_p}$$ (48)

並且與載子的濃度無關。載子與載子散射效應被包括在 D_a 且與過量載子濃度相依，如圖 14 所示。如先前的討論，我們可以看到間接地透過 τ_{eff} 與 D_a，V_i 將隨著電流（或者 n）而增加。

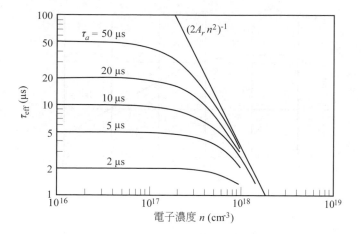

圖13　在高注入條件下的有效生命期。τ_a 為雙極性生命期與 A_r 為歐傑係數（＝ 1.45 × 10^{-31} cm^6/s）。（參考文獻8）

全部的端點電壓降應該也包含末端區域與它們的注入效率。含括這些所有的效應，端點的電流–電壓關係可以寫成[8]

$$J = \frac{4qn_iD_aF_L}{W_i}\exp\left(\frac{q\,V_{AK}}{2kT}\right) \tag{49}$$

在指數項中有一個因子2 是復合過程的特徵值。F_L 為 $W_i\,/\,L_a$ 的函數值，這裡的 L_a 是雙極性擴散長度 $L_a =(D_a\tau_a)^{1/2}$，以及它的相關性如圖 15 所示。

考慮一個簡單的復合／產生過程，可以快速獲得一個相似的方程式。在空乏區的復合電流可以寫成

$$J_{re} = \frac{qW_in_i}{2\tau}\exp\left(\frac{qV}{2kT}\right) \tag{50}$$

（參見章節 2.3.2）。假設 W_i 可以比得上雙極性擴散長度，$W_i \approx \sqrt{D_a\tau}$。將代入式（50）中，可以寫為

$$J_{re} \approx \frac{qn_iD_a}{2W}\exp\left(\frac{qV}{2kT}\right) \tag{51}$$

這個結果不同於與式（49）。

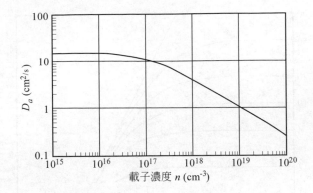

圖14　注入載子濃度與雙極性擴散常數的關係變化。(參考文獻8)

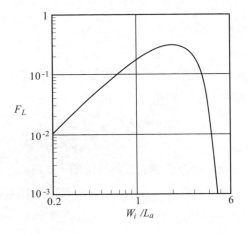

圖15　F_L 與 W_i/L_a 的變化關係。(參考文獻8)

　　針對順向傳導的數值分析以及各種物理機制探討的研究工作一直在進行中。圖 16 表示一系列 2.5–kV 閘流體經計算所得的電流–電壓曲線[20]，其散熱溫度為 400 K。每條曲線的標示說明不被考慮的物理機制。例如，「移除載子–載子」表示在數值分析時不考慮載子–載子散射作用。其中 1 kA/cm² 係對應於最大波動操作，而 100 A/cm² 則為最大穩態操作。如圖得知，載子–載子散射與歐傑復合現象是上述兩種操作層次中的重要限制機制。電流密度一直增加到 1 kA/cm² 以上時，能隙窄化效應在實際上仍沒有產生顯著的影響。在電流密度低於 100 A/cm^2，中間能隙陷阱復合作用成為侷限因子，並且此作用在波動範圍時也是同樣重要。當電流密度大於 500 A/cm^2 時，接面溫度顯得十分重要。底部曲線為一般情況，應併入到上面敘述的所有作用內。圖中並標示實驗結果，它與一般情況極為吻合。

***dI / dt* 的極限**　　　在閘流體的導通過程，起初在閘極接觸附近僅有陰極區域的狹小面積處開始導通[8]。這種高傳導區域提供導通鄰近區域所需要的順向電流，直到導通過程擴散到整個陰極的截面積。傳導過程的擴張作用是受到限制的並且可根據擴張速度 v_{sp} 來特徵化。假如陽極電流在導通過程中太快速地增加，會因閘極的快速注入導通，則有一個大電流密度會發生在陰極的邊緣處。高電流密度將導致一個熱點的產生以及永久性的傷害。

　　此問題可以變成一個整體電流增加速率與有效陰極面積擴張率（v_{sp}）

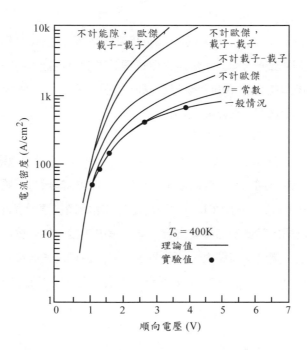

圖16　解釋各種物理作用的相關重要性的理論曲線，包括 2.5 kV 閘流體電流-電壓曲線上的熱流作用。熱傳導性等於 50 W/cm^2-K。圖中也標示出實驗測量的結果。（參考文獻20）

的一個競爭行為。熱點的局部溫度可由功率密度來評估，寫為

$$\Delta T = \frac{\text{power}}{\text{effective cathode area}} \propto \frac{dI_A / dt}{\upsilon_{sp}^k} \tag{52}$$

常數 k 是與閘極及陰極的幾何圖形有相關。對於線性比例的陰極長條狀結構約等於 1，環狀、同心圓閘極與陰極結構則約等於 2。典型的擴張速度 υ_{sp} 小於 10^4 cm / s，並且可以發現到它隨著觸發電流 I_g 而增加，而隨著全部寬度 W_i 而減少。這個後者在 W_i 的限制會使得崩潰電壓與 dI_A / dt 速率之間必須進行一些妥協。式（52）顯示對於一個特定的元件，上升溫度是與 dI_A / dt 成正比的。因此，可允許的 dI_A / dt 是一個重要的評估因素。

對於一個元件而言，我們可以藉由一個高觸發的閘極電流來過度驅動元件，以使這個問題減到最小。另一個明顯的電路方法是在陽極/陰極的端點上串聯電感，以限制快速的暫態行為饋入元件中。下面將討論一些具有較好dI / dt能力的元件設計。

許多指叉狀（Interdigitated，閘極與陰極之間）的設計相繼發展，使得沒有任何區域的陰極面積會大於從閘極起算的特定最大容許距離。一種簡單的結構是由長與薄的閘極以及條狀陰極所組成。一個較複雜的設計是被稱為迴旋圖案（Involute pattern），由螺旋狀的閘極與條狀陰極所組成，且閘極與陰極之間具有固定的寬度與間隔[21]。

另一種方法是採用放大閘極（如圖17）來增加起始的導通面積[22]。當一微量觸發電流加到中央閘極後，由於它微小的橫向尺寸，將使具有一導向寄生（pilot parasitic）SCR 功能的放大閘極結構迅速導通此閘流體。這種導發電流遠大於最初的觸發電流，同時提供主要元件一強的驅動電流。如先前指出，驅動電流愈大，則主要閘流體的最初導通面積也愈大。此設計有效地利用一個小的寄生 SCR 去放大閘極電流，並改善 dI / dt 速率。

11.2.5 I-V 靜態特性

在討論不同偏壓區域的每一個操作模式後，我們現在來驗證整個電流–電

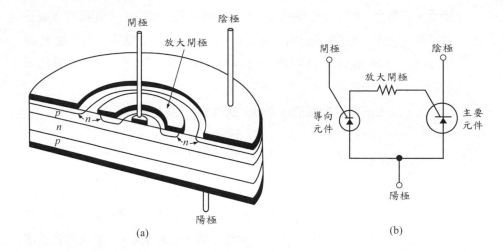

圖17　（a）改善 dI/dt 的 SCR 放大閘極結構。（b）等效電路圖。（參考文獻 22）

壓特徵範圍。我們首先從一個簡單的兩端點蕭克萊二極體開始。根據一般的方程式，我們發展一套分析 I–V 特性的圖解法[23]。從蕭克萊二極體的 $I_g =$ 0 與 $I_A = I_K = I$ 得知，式（15）與式（18）可寫成

$$\frac{1}{M(V_2)} = \alpha_1(I) + \alpha_2(I) + \frac{I_0}{I} = 1 - \left(\frac{V_2}{V_B}\right)^n \tag{53}$$

我們應該假設 I_o 是一已知的常數，以及 α_1 與 α_1 為類似於圖 11 所示已知的電流函數。所以就給予的電流 I，式（53）給定一個對應的 V_2/V_B 值。定性上的結果如圖 18a 所示。

　　由圖中所知，切換點（I_S、V_{BF}）發生在式（53）的最低點的位置（或者是 V_2/V_B 最大值處），這裡的 I_S 可以被計算出。在切換之後，保持點（holding point）可以定義是在 $dV/dI = 0$ 處的最低電壓與最高電流點。如前所述，三個所有的接面都在順向偏壓下，而這類分析使我們無法求出保持點，這是因為式（53）不適用於一個順向偏壓的 J2 上。然而，我們仍然可以估計保持電壓 V_h 如下。當元件導通時，接點電壓 V_{AK} 是三個順向偏壓 p–n 接面的總合，在這些代數和之中，J2 接面電壓為負的，如圖 12c

所示。二者擇一地，接點電壓是一個順向接面加上操作於飽和區的雙載子電晶體 V_{CE} 值。這些個值分別近似於 0.7 V 與 0.2 V，並使得保持電壓 V_h 約為 0.9 V。超過這個工作點之後，元件將在順向導通狀態，如同之前的章節 11.2.4 已討論的特性。

對於一個三端點閘極的閘流體，式（53）可以變成

$$\frac{1}{M(V_2)} = \alpha_1(I_A) + \alpha_2(I_A + I_g) + \frac{\alpha_2(I_A + I_g)}{I_A}I_g + \frac{I_0}{I_A} = 1 - \left(\frac{V_2}{V_B}\right)^n \tag{54}$$

在獲得式（54）的過程中，電流 I_K 被 $I_A + I_g$ 取替，以及包含 $\alpha_2 (I_A + I_g)$ I_g / I_A 這項。對於每一個 I_g 的值，$\alpha_2 (I_K + I_g)$ 是首先要被重新計算的數值。隨先前的步驟，產生一組電流–電壓曲線，如圖 18b。我們注意當 I_g 增加時，切換電壓將減少。這引起閘流體一般的閘極導通能力。

閘極觸發閘流體的完整端點電流–電壓特性，被以一系列不同的閘極電流顯示於圖2。在順向阻隔狀態，除了座標的改變，此曲線類似於圖18b所示。

11.2.6 導通與截止時間

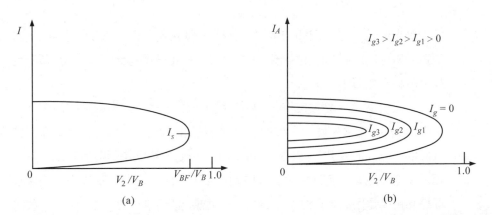

(a)　　　　　　　　　　　　(b)

圖18　電流–電壓特徵的圖解法：(a) 兩端點的蕭克萊二極體。(b) 三端點的閘流體。

導通時間　　當閘流體由截止狀態切換為導通時，則電流必須被提升到足夠高的準位，以滿足 $(\alpha_1 + \alpha_2) = 1$〔或者是 $(\tilde{\alpha}_1 + \tilde{\alpha}_2) = 1$〕的條件。可採用許多方法來觸發閘流體由截止狀態切換為導通狀態。電壓觸發的方式是唯一用來切換二端點蕭克萊二極體的方法。電壓觸發可以藉由兩種方法來完成:經由緩慢地增加順向電壓，一直達到彈回切換電壓值（Breakover voltage）為止，或施以急速變化的陽極電壓，稱為 dV / dt 觸發，如章節 11.2.3 所討論。

　　閘極電流觸發是切換三端點閘流體最重要方法。當施加閘極電流時，流過閘流體的陽極電流不可能迅速地反應。陽極電流會顯現出兩個暫態時間的特性，如圖 19a 所示。第一構成要素為延遲時間 t_d，可以聯想為兩個雙載子電晶體的本質速度。這個延遲為在基極的傳輸時間總合

$$t_d = t_1 + t_2 \tag{55}$$

這裡的 $t_1 = W^2_{n1} / 2D_p$，$t_2 = W^2_{p2} / 2D_n$，W_{n1} 與 W_{p2} 分別是 $n1$ 與 $p2$ 區域的寬度，以及 D_p 與 D_n 各別是電洞與電子的擴散係數。

　　第二構成要素是導通時間 t_r，與 p–n–p 與 n–p–n 電晶體基極區域的儲存電荷 Q_1 與 Q_2 的集結有關。因此在電晶體的集極電流，分別可寫為 $I_{C1} \approx Q_1 / t_1$ 與 $I_{C2} \approx Q_2 / t_2$。由於閘流體具有再生的特性，故導通時間近似於在 $n1$ 與 $p2$ 區域的擴散時間之幾何平均值，亦即

$$t_r = \sqrt{t_1 t_2} \tag{56}$$

這個結果可以由圖 8b 利用電荷控制的趨近法（charge-control approach）導出，在理想條件之下，$dQ_1 / dt = I_{B1} = I_{C2}$ 與 $dQ_2 / dt = I_{B2} = I_g + I_{C1}$，我們可以求得以下的式子

$$\frac{d^2 Q_1}{dt^2} - \frac{Q_1}{t_1 t_2} = \frac{I_g}{t_2} \tag{57}$$

式（57）中 $Q1$ 解的形式是正比於 $\exp(-t / t_r)$，其中時間常數 t_r 如式（56）所示。為了縮短整個導通時間，我們必須使用 $n1$ 與 $p2$ 層寬度窄的元件。然而這項條件正好與高崩潰電要求的條件相反，這就是高功率高電壓閘流體通常具有較長的導通時間的原因。

截止時間 當閘流體處於導通狀態時，三個接面都是被順向偏壓。結果在元件裡儲存過量的少數載子與多數載子，並且隨著順向電流增加。為了切換回到阻絕狀態，這些過量的載子必須利用電場移除或經由復合作用而衰減[24,25]。一個典型的截止電流波形，示於圖 19b，其中端點電壓 V_{AK} 是被突然改變為相反的極性。雖然圖 19b 中電流波形要精確分析是複雜的，我們可以得到一個截止時間的簡易估算如下所示[7]。主要的延遲時間被認為是 $n1$ 層中復合時間所造成的。基極–電荷復合作用可以寫為

$$\frac{dQ_1}{dt} + \frac{Q_1}{\tau_p} = 0 \tag{58}$$

因為流過元件結構的電洞電流是正比於基極電荷，我們可以把式（58）的解寫為

$$
\begin{aligned}
Q_1(t) &= Q_1(0)\exp\left(\frac{-t}{\tau_p}\right) \\
&= \tau_p \alpha_1 I_F \exp\left(\frac{-t}{\tau_p}\right)
\end{aligned}
\tag{59}
$$

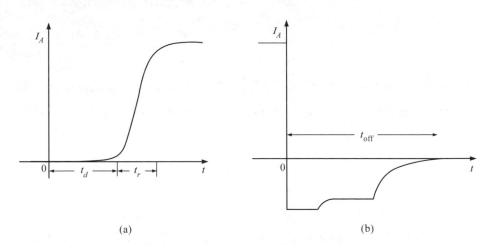

(a)   (b)

圖19 （a）當觸發電流 $I_g\,(t=0)$ 施於閘流體時，元件的導通特性（b）V_{AK} 電壓突然改變時的截止特性。

這裡我們可以獲得初始基極電荷 $Q_1(0)$ 與順向傳導電流 I_F 成正比。陽極電流預期會依據下式作衰減

$$I_A = I_F \exp\left(-\frac{t}{\tau_p}\right) \tag{60}$$

這裡的 τ_p 是在 $n1$ 基極中少數載子的生命期。為了允許元件切換到順向阻絕狀態，此電流必須減少低於保持電流 I_h。故截止時間被表示為

$$t_{\text{off}} = \tau_p \ln\left(\frac{I_F}{I_h}\right) \tag{61}$$

為求得短的截止時間，我們必須縮短 $n1$ 層的生命期 τ_p。這種縮短作用可藉由導入復合中心來達成，例如在矽的擴散過程中使用金與鉑摻雜或使用電子與加瑪射線的照射[26-27]。金在矽的能隙中間附近具有受體位階，以提供有效的產生–復合中心，但是會增加漏電流。結果，順向崩潰電壓隨著金的摻雜而降低。生命期的減小將造成導通狀態時順向的壓降增加（式（47））。所以，為了在特殊應用中得到適當的最佳化，我們必須在順向壓降與截止時間之間做一個取捨。

為了縮短截止時間，在一般電路實用上除了反轉 V_{AK} 的極性，在截止狀態時還施加一逆向偏壓於閘極與陰極之間。這個方法稱為閘極輔助截止作用[28,29]（閘極截止將在章節 11.3.1 中討論）。這個改良效果是因為在重覆施加順向陽極電壓時，逆向閘極偏壓可分離流過陰極的絕大部分順向回復電流。

最大操作頻率 在低的切換速度下，閘流體通常比雙載子電晶體具有更高的切換效率。因此閘流體實質上獨占了工業用功率控制的領域，其中操作頻率通常為 50 或 60 赫茲。最近在高切換速度電路應用的發展已經增加。因此，我們將研究閘流體可達到的最高工作頻率。

操作頻率明顯至少會被導通與截止時間所限制。在實際應用上，截止時間比較長，並且是兩者之中主要的變因。然而，還有兩個其他效應會限制最大操作頻率[30]。第一個效應是 dV/dt 暫態所引起的不正確觸發。經過逆向的回復週期，閘流體重覆施以順向電壓時的電壓變化率 dV/dt，會受

到電容性位移電流的限制。這個位移電流可能會造成 n–p–n 電晶體 α_2 值增加，在施加完全順向電壓之前以及施加任何信號於閘極之前，足夠讓閘流體導通。這個效應可藉由陰極短路被實質的降低。第二個效應是在元件於切換時，電流變化率 dI / dt 為影響閘流體導通與截止時間的主要因素。其中 dI / dt 變化率主要是由外部電路所控制的，必須確保不超過前面章節討論的 dI / dt 值以避免永久性破壞。

　　考慮這些因素，全部的順向回復時間 t_{fr}，即為：使元件沒有被導通之前，可再度施加高電壓的期間，是前述三項的總合：

$$t_{fr} = t_{\text{off}} + \frac{I_F}{dI / dt} + \frac{V_{BF}}{dV / dt} \tag{62}$$

最大操作頻率因此可以寫為

$$f_m \approx \frac{1}{2t_{fr}} \tag{63}$$

一般而言，t_{off} 隨著 τ_p 呈線性增加關係，如同式（61），所以小的 τ_p 值將可以改善頻率限制。同時，一個小的 τ_p 值將降低順向阻隔電壓。結果，功率速率變化通常與電容性頻率呈反比。為了改善 f_m，dV / dt 與 dI / dt 變化率必須被最佳化或增加元件結構的複雜性。

11.3 閘流體的種類

11.3.1 閘極截止閘流體（Gate Turn-Off Thyristor）

閘極截止閘流體（GTO）被設計為一種在正向閘極電流時導通，負向閘極電流時截止的閘流體，此時陽極–陰極電壓 V_{AK} 在順向模式下維持固定值。一個典型的閘流體要被截止可藉由減少陽極電流使其低於保持電流來或是反轉 V_{AK} 極性和陽極電流方向。閘極截止閘流體可以應用在反向器、脈衝產生器、斷路器、以及直流切換電路。閘極截止閘流體偏好應用在高速、高功率的元件，因為它在截止狀態下有抗高電壓的能力。

　　閘極截止閘流體在偏壓下的電路示意圖如圖 20a 所示。就截止過程的一維描述，我們可視閘極截止閘流體具有負閘極電流值 Γ_g。對應於圖8b並忽略所有的漏電流，維持 n–p–n 電晶體在導通狀態下所需要的基極驅動電流為 $(1-\alpha_2)\,I_K$，而實際的基極電流為 $(\alpha_1 I_A - I_g^-)$。因此，截止條件為

$$(1-\alpha_2)I_k > \alpha_1 I_A - I_g^- \tag{64}$$

因為 $I_A = I_K + I_g^-$，由式（64）得知所需的 I_g^-

$$I_g^- > \left(\frac{\alpha_1 + \alpha_2 - 1}{\alpha_2} \right) I_A \tag{65}$$

我們對於最小的 I_A 定義 I_A / I_g 比值為截止增益 β_{off}：

$$\beta_{\text{off}} \equiv \frac{I_A}{I_g^-} = \frac{\alpha_2}{\alpha_1 + \alpha_2 - 1} \tag{66}$$

高的 β_{off} 值意謂只需一個較小的 I_g^- 值就能夠截止閘流體，使 n–p–n 電晶體的 α_2 盡可能接近於 1，並同時使 p–n–p 電晶體的 α_1 值小，即可以達到高的

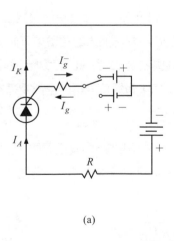

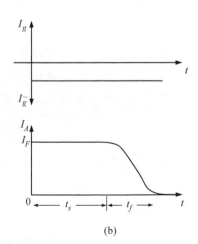

(a)　　　　　　　　　　　　　(b)

圖20　(a) 閘極截止閘流體（GTO）的電路圖。(b) 閘極截止閘流體（GTO）的截止特性曲線。

β_{off} 值。

就實際上應用的閘流體而言，截止為一個二維的過程。在施加負向閘極電流以前，兩個電晶體在導通狀態時均過度飽和。因此，移除過量的儲存電荷是截止過程中一個重要的部份。儲存電荷移除需要一個儲存時間延遲 t_s，隨後為下降時間 t_f（fall time，如圖 20b 所示），之後閘流體則處於截止狀態。

只要負偏壓施加在閘極上，$p2$ 區的儲存電荷將會被閘極電流移除。若於導通過程中，則移除電是一種電流擴張的相反作用，因為從 $p2$ 區的側向電流所引起的電壓降，若我們從元件的中央朝著閘極接觸，接面 J3 變為更小的正偏壓（如圖 21 所示）。在此情況下，所有的順向電流將被擠入仍然保持為順向偏壓的 J3 接面。順向電流不斷地被擠入越來越小的區域直到某一極限尺寸。在此極限時，於 $p2$ 的剩餘的過量電荷被移去，並且結束儲存相位。儲存時間可以表示為[31]

$$t_s = t_2(\beta_{\text{off}}-1)\ln\left(\frac{SL_n/W_{p2}^2 + 2L_n^2/W_{p2}^2 - \beta_{\text{off}}+1}{4L_n^2/W_{p2}^2 - \beta_{\text{off}}+1}\right) \tag{67}$$

這裡的 $t2$ 是通過 n–p–n 電晶體 $p2$ 基極的轉移時間（$=W_{p2}^2/2D_n$），L_n 為電子的擴散長度，S 是陰極電極長度，以及 W_{p2} 是 $p2$ 區域的寬度。儲存時間隨著截止增益 β_{off} 的增大而加長，所以具有一個折衷點在儲存時間與截止增益之間。若要減短儲存時間，則需採用低的 β_{off}（對應於大的閘極電流）。

圖 20b 的下降時間，係對應於將空乏區擴展過 J2 到 $n1$ 區域與移除此區域內的電洞電荷所需要的時間。在 $n1$ 區域內，每單位面積的全部電荷為

$$Q \approx qp^*W_D(V_{AK}) \approx J_F t_f \tag{68}$$

這裡的 p^* 是在 $n1$ 區域的平均電洞濃度，W_D 為給定陽極–陰極電壓 V_{AK} 的空乏區寬度，以及 J_F 為順向傳導的陽極電流密度。根據式（68）得知，下降時間為

$$t_f \approx \frac{qp^*W_D(V_{AK})}{J_F} \approx \frac{p^*}{J_F}\sqrt{\frac{2q\varepsilon_s V_{AK}}{N_D}} \tag{69}$$

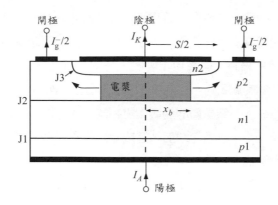

圖21　閘極截止閘流體 p 型基極內的電漿聚焦作用。(參考文獻31)

這裡的 N_D 是 $n1$ 區域的摻雜濃度。下降時間隨著陽極電流密度增加而減少，以及隨 $\sqrt{V_{AK}}$ 而增加。

　　當擠入電漿的最後面積夠大足以阻擋過量的電流密度時，可求得可靠性動作的 GTO。在採用叉合式設計則可達到這項要求，譬如迴旋式結構[21]。若使用放大型閘極亦可獲得所需要的快速導通結果。

　　就 GTO 與前述討論的閘極輔助截止型閘流體之間的主要差異為前者可在閘極施以負偏壓予以截止，同時陽極對陰極之間仍然保持正電壓。換言之，後者需要改變其供應電壓才可截止此元件，以及使用逆向偏壓來減短截止時間。

11.3.2　二極交流開關與三極管交流開關整流器

二極交流開關與三極管交流開關整流器為雙向性閘流體[32,33]。它們在正的或負的端點電壓均有導通與截止的狀態，故可應用於交流電路。

　　兩種二極交流開關結構為交流觸發式二極體與雙向 p–n–p–n 二極體切換器。前者屬於簡單的三層元件並且類似雙載子電晶體（如圖 22a），其中不同之處為兩個接面之間摻雜濃度頗為相同，且與中間基極區域沒有金屬接觸。其中相等的摻雜濃度導致一對稱性與雙向性的特徵，如圖22c　所示。若施以任何極性的電壓於二極交流開關時，其中一接面為順向偏壓與另一接面為逆向偏壓。而其電流大小係受到逆向偏壓接面的漏電流限制。若外加電壓足夠大時，崩潰現象會發生在 V_{BCBO}（$1-\alpha$）$^{1/n}$，其中 V_{BCBO} 為 $p-n$ 接面的累增崩潰電壓，α 為共基極電流增益，與 n 為一常數。這項表示與基極開路 $n-p-n$ 電晶體的崩潰電壓相同（參見章節 5.2.3）。於崩潰後電流會繼續增加，α 亦隨之增加，造成端點電壓的降低。這種降低現象會產生負微分電阻。

雙向 $p-n-p-n$ 二極體切換器的特性，類似兩個傳統的蕭克萊二極體

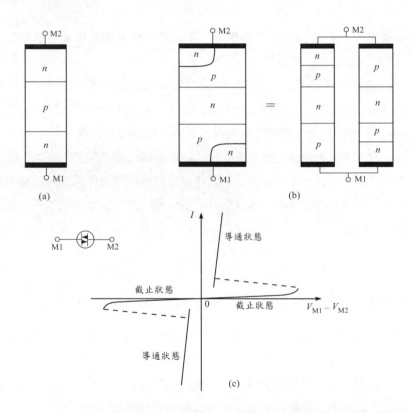

圖22　二極交流開關的結構：（a）ac 觸發二極體（$n-p-n$）；（b）$n-p-n-p-n$ 結構爲等效於兩個反向並聯的蕭克萊二極體。（c）二極交流開關的電流–電壓特性與元件符號（如左上角插圖）。

反向並聯以調諧兩種極性的電壓信號，如圖 22b。使用陰極短路原理，我們可將這種排列整合為單一雙連接點的二極交流開關，如圖所示。這種對稱性的結構，導致對於任一外加電壓極性都具有相同的功能。如圖 22c 所示，此為元件的符號與對稱性的 I-V 特性曲線。如同蕭克萊二極體，使用高於崩潰切換電壓或 dV/dt 觸發信號，可將二極交流開關觸發為導通狀態。因為再生作用，雙向 p–n–p–n 二極體切換器較交流觸發二極體具有更大的負電阻與更小的順向壓降。

矽控整流器是一個二極交流開關與一個三端點閘極接觸去控制 M1 與 M2 兩者切換電壓的極性（如圖 23）。矽控整流器結構是較複雜於傳統的閘流體。其中除了 $p1$–$n1$–$p2$–$n2$ 的基本四層外，尚有接面閘極的 $n3$ 區域與連接到 M1 的 $n4$ 區域。並注意經由個別的三個閘極，$p1$ 短路到 $n4$、$p2$ 被短路到 $n2$、以及 $n3$ 被短路到 $p2$。這個矽控整流器在光亮度控制、馬達轉速控制、溫度控制和其他交流電路的應用是非常有用的。

矽控整流器的電流–電壓特性如圖 23b 所示。在各種偏壓情況下，元件動作情形示於圖 24 中。當主要接端 M1 對應於 M2 為正電壓與施於閘極端（亦對應於 M2）者亦為正電壓，則此元件特性與傳統閘流體一樣，如圖24a。其中接面J4為部分逆向偏壓（源自於 IR 的局部地下降）且不作用；閘極電流是透過閘極短路來供應的。因接面 J5 也是（部分地）逆向偏壓與不作用，則主要電流的通過是經由 $p1$–$n1$–$p2$–$n2$ 的左邊區域。

在圖 24b 中，M1 對應於 M2 為正電壓，但是在閘極被施以一負電壓。此時在 $n3$ 與 $p2$ 之間的接面 J4 為順向偏壓（源自於 IR 下降），同時電子由 $n3$ 注入 $p2$。因為增大 $n3$–$p2$–$n1$ 電晶體的增益，使得 $p2$ 的橫向基極電流流到 $n3$ 閘極，故造成輔助閘流體 $p1$–$n1$–$p2$–$n3$ 導通作用。輔助閘流體全部導通後，導致電流流出此元件並且到達 $n2$ 區域。這項電流將提供閘極所需的電流，並且觸發 $p1$–$n1$–$p2$–$n2$ 閘流體進入傳導狀態。

當 M1 對應於 M2 為負偏壓，與 V_G 為正偏壓，則在 M2 與短路閘極之間的接面 J3 變為順向偏壓（如圖 24c）。電子由 $n2$ 注入 $p2$ 並且擴散到 $n1$，結果使得 J2 的順向電壓升高。經由再生作用，最後全部電流流過 M2 的短路部份。由於閘極接面 J4 為逆向偏壓且不作用。因此全部的元件

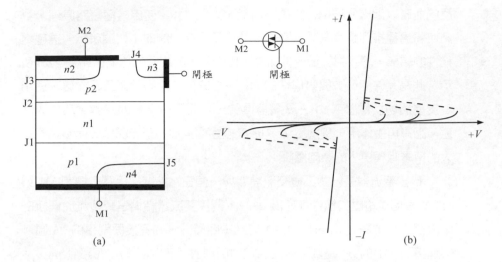

(a)　　　　　　　　　　　　　　　(b)

圖23　（a）具有五個 p–n 接面（J1–J5）與三個短路電極之六角結構的雙向矽
控整流器截面圖。（b）雙向矽控整流器的電流-電壓特性與元件符號（如左上角
插圖）。

電流經由 $p2$–$n1$–$p1$–$n4$ 閘流體的右邊通行。

圖24d 表示 M1 對應於 M2 為負偏壓與 V_G 亦為負電壓的情況。在此情
況下，接面 J4 為順向偏壓，以及從 $n3$ 注入到 $n1$ 區域的電子引起觸發作
用。這項動作降低 $n1$ 處的電位，造成電洞自 $p2$ 注入 $n1$ 區域。這些電洞提
供 $p2$–$n1$–$p1$ 電晶體的基極驅動電流，最後導通 $p2$–$n1$–$p1$–$n4$ 閘流體右邊區
域。因為 J3 為逆向偏壓，則主要電流係由 M2 的短路部份流到 $n4$ 區域。

矽控整流器為一對稱的三極體切換器，它可以控制交流供應電源的負
載。兩個閘流體整合在單一晶粒時，任何時刻都僅僅使用其中一半的結構
（如圖24）。因此矽控整流器面積使用率較差，其面積約等於兩個獨立連
接的閘流體。這類元件的最主要優點為輸出特性的完全匹配，以及單一包
裝與不需要額外的外部連接線。但是它的輸入特性是非常不匹配的。目前
矽控整流器已經達到廣範圍的操作電壓（高達 1600 V）與電流（超過 300
A）。

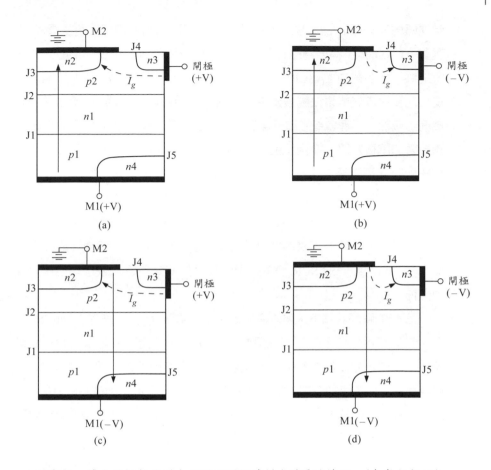

圖24 雙向矽控整流器在四種不同觸發模式的電流情形。（參考文獻32）

11.3.3 光啓動閘流體 (Light-Activated Thyristor)

光啓動閘流體（LASCR），亦可稱為光啓動開關器，是一個屬於兩端點（閘極接觸並非是必要的）四層順向阻隔閘流體，它的啓動可藉由施加超過其光強度臨界準位。透過觸發能量的光纖傳輸應用，使得 LASCR 元件在功率與觸發電路之間具有電性上的完全隔離。它的應用範圍包括光電控制、位置偵測、讀卡功能、光偶合與觸發電路。

一個簡化的 LASCR 元件結構如圖 25 所示。透過一個光纖，光源均

匀地照射在半徑 r_1 的陰極面上，結果在照射面積內亦均匀地產生電子-電洞對。LASCR 不需要閘極端點，但是閘極電流的等效是由內部的光電流所提供。大多數的 LASCRS 併入一個陰極短路來改善其 dV/dt 功能，但是也需要提高光能量去觸發元件。光大部分被吸收在中間 n^- 層的寬空間電荷區域裡，這裡會產生電子電洞對。產生的電洞被吸引到具有 n 型擴散圍繞著的陰極短路，並且產生一個 IR 壓降去順偏陰極射極接面 J3，所以電子能自 n 型陰極注入。產生的電子還留在 n^- 層裡，並且對 p–n–p 電晶體提供基極電流。這些機制可以幫助觸發閘流體。光能量對於切換的需求是要在 mW 等級以上。LASCR 的優點包含了與觸發電路有完整的電性隔離，以及有較實用且不貴的方式將光偵器與 SCR 整合。導通（約為 1 μs 數量級）時間較一般 SCR 快，是因內部產生的閘極電流較均匀地在元件中分佈。

在光的瞬間暴露下，陽極電流會隨著光電流 I_{ph} 突然增加，如圖26 所示。在具有再生作用的兩個電晶體之 p–n–p–n 結構下，可以放大其光電流。由於注入的少數載子在通過基極區域的過渡時間會引起一段延遲，而且陽極電流會持續地增加。當陽極電流到達 I_{A1}，假如 α 的總和保持小於 1 時，切換並不會發生，並且在時間間隔 t_m 其等於 $n1$ 與 $p2$ 區域的平均少數

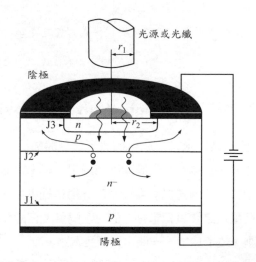

圖25　具有陰極短路的光驅動閘流體結構圖形。

載子生命期內，則電流逐漸地趨於一穩定的數值。假設 I_A^* 為使 α 總和等於 1 時的穩定電流，則 I_{ph2} 為陽極電流，而 I_{A2} 為接近一高於 I_A^* 穩定電流下的光電流大小。接著在陽極電流超過 I_A^* 值的一段短暫時間後，回饋電流的再生現象開始作用，並且導致陽極電流迅速增加。則閘流體將切換至導通狀態，如圖 26 所示。導通後，將隨著光電流增加而移至較短的時間延遲，因此增加光強度會使導通時間變得更短。

因為光能量可聚焦於非常小的面積上，故可使用非常低的光能量（如 3-kV 閘流體約為 0.2 mW）導通功率閘流體。例如，以直徑 100 μm 的單一玻璃光纖，起始導通面積可小於 10^{-2} mm^2。因此，在起始導通面積上的功率密度非常的高。就短路閘極的 LASCR（圖 25）而言，所需要的最小光能量可以近似地隨著 r_2 / r_1 來變化。故較大的 r_2 / r_1 比值，可降低所需的光能量。然而在 $r_2 / r_1 = 5$ 時，大約需要 5 mW 的光能量才可以導通元件，它約高於沒有短路閘極 LASCR 一個數量級以上。所以在光能量與 dV / dt 容量之間，存在一個折衷值。

當光能量導通起始面積的瞬間，元件的再生作用將擴大導通面積，以致於最後引起全部陰極的導通。當觸發作用開始動作且陽極電流克服光電流後，光能量的關閉不需要任何陽極電流的改變。

觸發閘流體的光電流大小，係隨著光的波長來改變。就矽而言，峰值光譜響應發生於波長 0.82 至 1.0 μm。在此波長範圍的有效光源包括 GaAs 雷射與 GaAs 發光二極體。

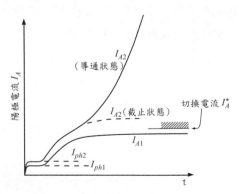

圖26　光驅動閘流體在不同的光電流作用時的導通特性曲線。（參考文獻34）

11.4 其他功率元件

11.4.1 絕緣閘雙載子電晶體
（Insulated-gate bipolar transistor）

絕緣閘雙載子電晶體（IGBT）的名字來自於它的操作是根據一個絕緣閘FET（IGFET）與一個雙載子電晶體兩者內部之間的交互作用。在不同書籍裡它也可以被稱作絕緣閘電晶體（IGT）、絕緣閘整流器（IGR）以及導電率調制場效電晶體（COMFET）。此元件第一次被 Baliga 在 1979 年[35]，以及 Plummer 與 Scharf[36]、Leipold 等人[37]與 Tihanyi 發表[38]。一個較詳細的元件優點描述於 1982 年由 Becke 與 Wheatly[39] 與 Baliga 等人提出[40]。因此元件的概念，已經有很多現行的研究，對 IGBT 提出了在執行效率上的改善與了解。自 1980 年末期，此元件在商業上已經開始使用並且現在仍然還很普及。對於較深入的元件研究，讀者可以參考文獻 41~44。

　　IGBT 的結構如圖 27 所示。它可以被視作為一個具陰極短路的 SCR 與一個 MOSFET（或者更具體地說，如一個 DMOS 電晶體；參見章節 6.5.6）連接 n^+ 陰極至 n^- 基極。此結構也可以被視為一個在汲極區域中具額外 p–n 接面的 DMOS 電晶體。在垂直結構裡（如圖 27a），p^+ 陽極是較低電阻值的基板材料，以及 n^- 層是磊晶層且摻雜濃度與厚度約為 10^{14} cm^{-3} 與 50 μm。在此結構中，元件間的隔絕是很困難的，以及元件被分成如方塊狀的分離單元。在側向結構（LIGT，側向絕緣閘電晶體），如圖27b，陽極被併入在表面，以及利用 p 型材料來將元件互相隔絕於基板上。像是 SCR，IGBT 可以使用矽材料來製作，因為它有好的熱導率與高的崩潰電壓。此樣本如圖 27 有一個 n 型通道 DMOS 電晶體，可以稱作 n 型通道 IGBT。一個互補式的元件，p 通道 IGBT，是具備有相反摻雜與操作在反向電壓的形式。陽極／陰極／閘極的專門術語是自 SCR 來的，但是一些書籍是使用汲極／源極／閘極與集極／射極／閘極這一類為其專門術語。

　　元件的基板是 n^- 層，這裡是 DMOS 電晶體的汲極，和 p–n–p 雙載子電晶體的基極一樣。它是輕摻雜且夠寬可以承受大的阻隔電壓。在導通狀

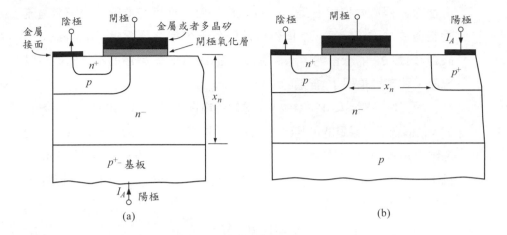

圖27　*n* 型通道 IGBT 的(a)垂直與(b)側向結構。

態下，此區域的導電率可被來自 *n⁺* 陰極的過量電子與來自 *p⁺* 陽極的過量電洞經由 DMOS 電晶體表面通道注入來提高。對於 COMFET（導電率調制 FET）的命名是由導電率調制為理由。

　　閘極偏壓為零時，DMOS 電晶體的通道是不會形成的。結構等效於具有陰極短路（金屬接觸在陰極與 *p* 型基極）的崩潰切換二極體（*p–n–p–n* 結構）。直到其中一極崩潰前，陽極（或者陰極）電流 I_A 都是最小的（如圖 28）。對於順向 V_{AK}，崩潰開始於 $n^-\!\!-\!p$ 接面的累增崩潰，以及對於反向 V_{AK}，$n^-\!\!-\!p^+$ 接面也有一樣的過程。當施加一個大於起始電壓且正的閘極電壓 V_G 時，會產生一個閘極感應的 *n* 型通道來連接兩個 *n* 型區域。端視於 V_{AK} 的值，可有三個不同的操作模式。在一個小 V_{AK} 約為 0.7 V 時，等效電路是一個 DMOS 電晶體串聯一個 *p–i–n* 二極體（如圖 29a）。忽略跨在 DMOS 電晶體的壓降，*p–i–n* 二極體處在順向偏壓下，並且電流的傳導是藉由 n^- 區域中的過量電子與電洞復合過程所產生的。為了保持電中性，這些過量的電子與電洞的數目是相等的，各別由陽極與陰極來提供。在這模式下，電流方程式是類似於順向偏壓的 *p–i–n* 二極體〔參見式 （49）〕

$$I_A \approx \frac{4Aqn_i D_a}{x_n}\exp\!\left(\frac{qV_{AK}}{2kT}\right) \tag{70}$$

這裡的 A 是截面積與 x_n 是 n^- 區域的長度。在指數項的 2 為復合電流的特徵項。電流隨著 V_{AK} 指數上升與有一段是偏移電壓（offset voltage）如圖 28 的線性軸所示。由於跨在 DMOS 電晶體的壓降已經可以忽略，電流也是與 V_G 無關的。

第二區域開始於 $V_{AK} > 0.7$ V，這裡的電性類似於 MOSFET。在中間值的 V_{AK} 情況下，過量的電洞自陽極注入不能被復合過程所全部吸收。它們溢出至 p 區域的中間並且貢獻成 p–n–p 雙載子電流。等效電路如圖 29b 所指出。MOSFET 的電流 I_{MOS} 變成雙載子電晶體的基極電流，以及陽極電流是射極電流，可以寫成

$$I_A = (1+\beta_{pnp})I_{MOS} \tag{71}$$

除了利用電流增益放大外，可以在圖 28 中看到陽極電流如同複製般地具有如同 MOSFET 的一般特徵。因為這個大尺寸的 n^- 基極層，雙載子電流增益 β_{pnp} 是很小的。由於

$$\beta = \frac{\alpha}{1-\alpha} \tag{72}$$

和

$$\alpha \approx \alpha_T \approx \frac{1}{\cosh(x_{nn}/L_n)} \tag{73}$$

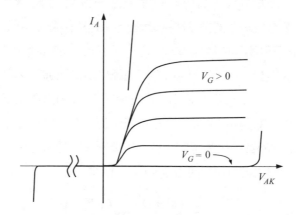

圖28　n 型通道 IGBT 的輸出特徵曲線。

（a_T是基極傳輸因子與 x_{nn} 是中性基極），β_{pnp} 是 1 左右，意謂電子與電洞電流的大小是相接近的。然而，式（71）指出比較同樣尺寸的功率 MOS-FET，其電流與轉移電導兩者大約是兩倍。這是 IGBT 的主要特色。

在第三個模式下，假如電流超過臨界值，其基本特徵維持在低電阻狀態，類似於 SCR 的導通狀態。這是因為 p–n–p–n 結構的內部互相影響所致。儘管元件維持在低導通電阻的狀態下，一旦閉鎖發生將降低閘極在截止狀況時對於元件的控制能力，所以這個並不是喜歡見到的狀態。可受閘極控制的截止狀態是很重要的，並且這也正是優於 SCR 的特點。藉由減少 n–p–n 雙載子電晶體的電流增益，在 n^+ 與 p 區域之間的陰極短路可以有助於抑制閉鎖。一個具較高 p 區域摻雜濃度且靠近陰極的特殊設計也已經被驗證。

除了閉鎖效應的可能性外，另一個 IGBT 的缺點是因為電荷儲存在 n^- 區域所以有一個慢的截止過程。一個在截止過程中的典型陽極電流波形如圖30 所示。I_A 的衰減發生在兩個階段。首先，有一個突然的降落（ΔI_A），隨後發生一個緩慢的指數衰減。利用一階近似法簡化，可知初始電流的下降是因為由 DMOS 電晶體提供的電子電流 I_n 缺少[45]。由於電流成分可以分為電子電流 I_n 與電洞電流 I_p，它們與 I_A 的關係如下

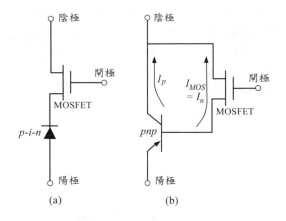

(a)   (b)

圖29　IGBT 的等效電路於 (a) 在偏移電壓之下的低 V_{AK} 電壓操作與 (b) 在偏移電壓之上的高 V_{AK} 電壓操作。

$$I_n = (1-\alpha)I_A \tag{74}$$

$$I_p = \alpha I_A \tag{75}$$

並且電流下降 ΔI_A 能被估計得到（$= I_n$）。電流 I_p 隨著電洞的特徵少數載子生命期而指數地衰減。這個截止過程典型地需要約為 10~50 ms，而且限制 IGBT 要操作在 10 kHz 以下。有一項技術是利用電子輻射來降低載子的生命期，以加快截止速度，但是卻需要較高的順向壓降來耗損。

　　IGBT 結合了 MOSFET 與雙載子電晶體的顯著特色。與一般的 MOS-FET 相同，它有高的輸入電阻與低的輸入電容。類似雙載子電晶體或者 SCR，它有低的導通電阻（或者低的順向壓降）與高電流性能。一個較重要的特色是受閘極控制的截止性能。在一個 SCR 中，閘極不能單獨地將元件截止，並且需要改變 V_{AK} 的極性來強迫切換。如此的通訊電路增加了額外的成本且缺乏應用上的彈性。因此 IGBT 擁有一個閘極截止閘流體的主要優點。

11.4.2　靜態感應電晶體 （**Static-Induction Transistor**）

靜態感應電晶體（SIT）於 1972 年被 Nishizawa 等人所採用[46,47]。此電晶體的特色是隨著汲極電壓的增加，元件會呈現非飽和的電流–電壓基本特

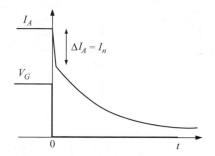

圖30　於截止狀態時的陽極-陰極電流波形。

性，主要的原因是由於來自汲極的靜電位引發載子能障的降低。於 1980 年中期，靜態感應電晶體開始在商業市場生產並當做功率放大器。

即使這些元件的操作有些微地不同，但類似於 SIT 的結構，如果不相等，都可以在較早的文獻中被發現。Shockley 在 1952 年提出類比電晶體（analog transistor），其電流是由空間電荷限制（SCL）電流所主導[48]。他使用類比來命名的原因是因為此元件的操作類似於真空三極管的操作。SCL電流的一般特徵類似於靜態感應電流。在 I_D–V_D 圖形中，它們顯現出類似三極體（非飽和）的行為，不同於一個典型 FET 所展現的五極真空管行為（飽和）。我們已知 SCL 電流與汲極偏壓有一冪次方關係的相依性，而靜態感應電流存在一個指數相依性。這些的差異性將會更一步的詳細說明。

一些常見的靜態感應電晶體結構如圖 31 所示。在 SIT 中，最重要的參數是在閘極（2a）濃度與通道摻雜濃度（N_D）之間的相差範圍。由於多數 SIT 設計成常開型元件，因此我們可以選擇特定的摻雜濃度使其不會與閘極端的空乏區合併在一起，並且當零閘極偏壓時，仍可存在著一個狹窄且為中性的通道。結構圖中也顯示出閘極可由 p–n 接面來形成，但是 SIT 的操作能被廣義地包含金屬（蕭特基）閘極[49]，或者 MIS（金屬–絕緣體–半導體）閘極。在金屬閘極的實例中，元件將類似於穿透式基極電晶體。主要不同的是在於元件的操作區域，不是結構本身。多數的 SIT 研究是製作在矽基板上，對於較高的速度操作，可以選擇 GaAs 作為下一個材料。

靜態感應電晶體在基本上為一個具有超短通道與多重閘極的 JFET 或者是 MESFET。在結構上主要的不同，是在 SIT 的閘極不會延伸靠近源極或是汲極。由於短通道（閘極）的長度，即使電晶體在截止狀態下（靜電感應效應等效於貫穿效應）貫穿效應會伴隨著高汲極偏壓而發生。SIT 的輸出特性如圖 32 所示。在零閘極偏壓時，空乏區圍繞著閘極以致於不會完全地夾止空隙，並且這條件可以對應於

$$\sqrt{\frac{2\varepsilon_s \psi_{bi}}{qN_D}} < a$$

(76)

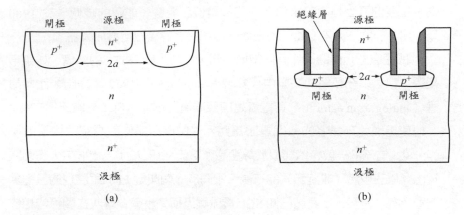

圖31 靜態電感電晶體的 (a) 平面式閘極結構與 (b) 埋藏式閘極結構。

這裡的 ψ_{bi} 是自閘極的 p–n 接面的內建電位，

$$\psi_{bi} = \frac{kT}{q}\ln\left(\frac{N_A N_D}{n_i^2}\right) \tag{77}$$

對於一個空乏式的元件（常開型），在閘極之間具有零閘極偏壓的中性區將會提供一個電流路徑。電流傳導是利用本質漂移與類似於埋藏式通道 FET。對於負閘極偏壓而言，空乏區會變寬與夾止通道，並且自源極端的電子開始看到位能障礙（如圖 33 所示）。當閘極較電壓更負於

$$V_T = \psi_{bi} - V_P \tag{78}$$

則上述現象開始發生，而夾止電壓 V_p 可以寫成

$$V_P = \frac{qN_D a^2}{2\varepsilon_s} \tag{79}$$

一旦能障形成時，電流將受到擴散的作用來控制，並且能障高度 ϕ_B 是控制載子可來自於源極的一個因子。這能障高度會受閘極與汲極電壓的影響。如圖 34 所示，負閘極電壓會提升能障，以及正的汲極電壓會降低能障。受端點電壓影響能障的效率可以用 η 與 θ 表示，與

$$\Delta\phi_B = -\eta\Delta V_G \tag{80}$$

和

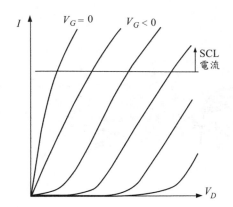

圖32　SIT 的輸出特徵曲線。在較高的電流等級下，是由空間電荷限制電流所主導。

$$\Delta\phi_B = -\theta\Delta V_D \qquad (81)$$

靜電感應概念背後的意義就是藉由汲極偏壓來造成能障的改變。η 與 θ 跟幾何結構有關，因此對於不同的結構有不同的數值，如圖 31。以圖 31a 的結構為例子[51]，

$$\eta \approx \frac{W_s}{a+W_s} \qquad (82)$$

$$\theta \approx \frac{W_s}{W_s+W_d} \qquad (83)$$

這裡的 W_s 與 W_d 是本質的閘極到源極與汲極的空乏區寬度，如圖 33b 所示。

　　當通道夾止時，SIT 的電流可以寫成以下的形式

$$J = qN_D^+\left(\frac{D_n}{W_G}\right)\exp\left(\frac{-q\phi_B}{kT}\right) \qquad (84)$$

這裡的 N_D^+ 是源極的摻雜濃度。D_n / W_G 是載子擴散速度。當 W_G（有效的能障厚度如圖 33b 所示）變成小時，載子被熱速度所限制住，電流可以寫成[47]

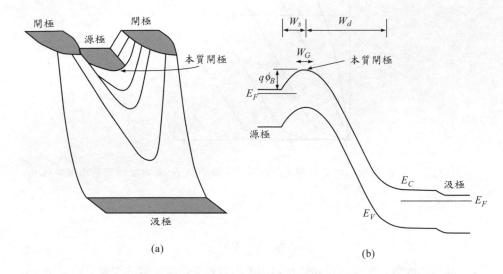

(a)

(b)

圖33　(a) SIT 的二維能量分佈 (傳導帶的邊緣 E_C)。(參考文獻50) (b) 位於閘極之間且穿過通道中央的由源極到集極的能帶圖。

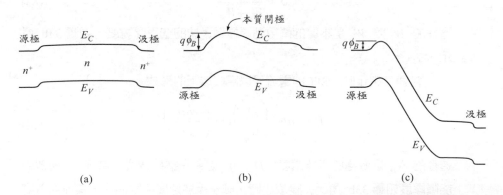

(a)　　　　　　　　(b)　　　　　　　　(c)

圖34　在不同偏壓下情形，通道中央的能帶圖：(a) $V_G = V_D = 0$，(b) $V_G < 0$，$V_D = 0$，能障 ϕ_B 會隨負的 V_G 增加和 (c) $V_G < 0$，$V_D > 0$，能障 ϕ_B 會隨正的 V_D 減少。

$$J = qN_D^+ \sqrt{\frac{kT}{2\pi m^*}} \exp\left(\frac{-q\phi_B}{kT}\right) \tag{85}$$

不管在式（84）或是（85）中，在本質閘極的能障高度可以寫成[52]

$$\phi_B = \frac{kT}{q}\ln\left(\frac{N_D^+}{N_D}\right) - \eta\left[V_G - (\psi_{bi} - V_P)\right] - \theta V_D \quad , \quad V_G < (\psi_{bi} - V_P) \tag{86}$$

在右邊的第一項是 n^+–n 接面的內建電位，以及第二項和第三項各別是自閘極與汲極偏壓的貢獻。最後一項則是隨汲極偏壓提升非飽和狀態的特徵，因此，此為靜電感應效應。通道的寬度，如圖 33a 所繪，只有一小段間隙在閘極之間。自擴散電流隨著 ϕ_B 成指數變化，有效的通道寬度大概是幾個狄拜長度。像是可以利用電腦模擬來提供理解。整體而言，電流能被寫成如下的形式

$$J = J_0 \exp\left[\frac{q(\eta V_G + \theta V_D)}{kT}\right] \tag{87}$$

在高電流程度下，注入電子濃度與摻雜能濃度 N_D 是互相接近的。因此注入載子可以調變電場的分佈，以及電流被 SCL 電流所控制（參見章節 1.5.8）。電流–電壓特徵如下形式

$$J = \frac{9\varepsilon_s \mu_n V_D^2}{8L^3} \tag{88}$$

$$J = \frac{2\varepsilon_s \upsilon_s V_D}{L^2} \tag{89}$$

$$J = \frac{4\varepsilon_s}{9L^2}\left(\frac{2q}{m^*}\right)^{1/2} V_D^{3/2} \tag{90}$$

當載子分別在移動區域、速度飽和區域、或者彈道區域，以及 L 是源極到汲極的距離時，這些方程式將適用。此外，這些方程式假設可忽略能障限制載子注入的效應。在 SIT 的例子裡，閘極偏壓所建立的能障可以控制 SCL 電流的開始。換句話說，當 ϕ_B 被 V_D 降低到趨近於零時，SCR 電流則

開始產生。因為如此，在式（88）到（90）的 V_D 有一個臨界值並且應該被（$V_D + \xi V_G$）所替代，其中的 ξ 是另一個類似於本質 η 與 θ 的常數[53]。經過這個替換，SCL 電流變成 V_G 的函數。同樣地，比較式（88）到（87），現在可以較清楚的看到在類比電晶體與 SIT 之間其基本上的不同。如 Nishizawa 所討論的，在一個類比電晶體，SCL 電流沒有一個指數的相關性[47]。當 I_D 與 V_D 畫在對數-對數軸上時，靜電感電流能有一個高於2的斜率，因此可與 SCL 電流區別出來。

　　SIT 主要吸引人的地方是其能將高電壓與高速度的能力結合一起。低的摻雜可以有約為好幾百伏的高崩潰電壓。對於一個埋藏式閘極的結構（沒有畫出），由於過度的寄生電容所造成，操作頻率限制約為 2~5 MHz。使用具有暴露式的閘極結構，頻率能增加於 2 GHz 之上。SIT 的大多數應用是在功率範圍。做為一個音頻信號功率放大器，SIT 有低的雜訊、低失真，與低輸出電阻。它可以使用在微波設備的高功率振盪器，像是通訊傳播發射台與微波爐。

　　當閘極被順向偏壓到更進一步去降低導通電阻時[54-55]，SIT 家族裡有另一個操作模式是雙載子型的 SIT（BSIT）。它也是被稱為一個空乏基極電晶體。在這元件設計上，其間隙（$2a$）小於 / 或者（並且）通道有較低的摻雜，例如

$$\sqrt{\frac{2\varepsilon_s \psi_{bi}}{qN_D}} > a \qquad (91)$$

這是對應於零閘極偏壓的夾止條件，並且元件是常關的狀態（增強式）。對於順向閘極偏壓（正的），因內建電位減少其能障也跟著降低。再者，p^+ 閘極處於順向偏壓的條件時，將注入電洞至通道中。在本質閘極處的電洞被收集在電位最小值處（能量最大值），並且提升電位，使源極更容易提供電子。除了在這裡的本質閘極是虛擬基極外，此操作模式類似於雙載子電晶體，此處位能被間接地由 p^+ 閘極所控制（或者是在雙載子中的基極）。在此觀點，電子的濃度非常高過於背景的摻雜濃度，所以電流較大於傳統的JFET。 BSIT 的輸出特徵如圖 35a 所示。

　　此電流會隨著 V_D 而飽和，這是與 SIT 大大有所不同（與五極管相似而非三極管）。一般的特徵都與雙載子電晶體相似。

11.4.3 靜電感應閘流體（**Static-Induction Thyristor**）

靜電感應閘流體（SIThy）也可以稱作場控閘流體。綜觀大部分的操作區域，此元件類似於在同時期被構思出來靜電感應電晶體。靜電感應閘流體被 Nishizawa 等人在論文的一部分中提出[47]，較詳細的描述則由 Houston 等人提出[56]，兩者都在 1975 年發表。

　　基本的靜電感應閘流體結構，如圖 36 所示，是一個具有通道的一部份被相距非常近的接面閘極（格網）所圍繞的 $p\text{–}i\text{–}n$ 二極體結構。它也類似一個具有 p^+ 陽極取代 n^+ 汲極的 SIT。此結構可以做成平面式閘極或是埋藏式閘極。由於可直接將金屬接觸沈積於平面閘極上，因此，此平面式閘極的優點是有較低閘極電阻。當有一個大量的電流流過閘極時，在截止期間會導致一個較小的閘極除偏效應（gate debiasing effect）。埋藏式閘極的優點是較有效率的使用陰極面積，以及較有效閘極控制電流的能力，導致有較高順向阻隔電壓增益（隨後會討論）。雙閘極 SIThy 相較於單閘極結構，顯示有較高的速度與較低壓降的能力[57]。

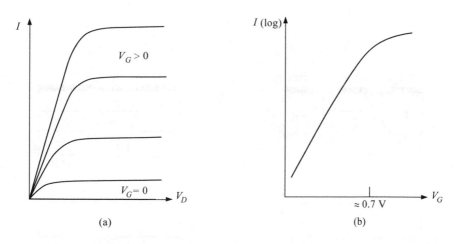

圖35　（a）BSIT 的輸出特徵曲線。（b）對於一個固定的 V_D，電流會指數的隨 V_G 提升類似於雙載子電晶體的基極–射極偏壓或者是 FET 的次臨界電流〔直到有閘極似的二極體擁有很強的偏壓狀態（> 0.7 V）〕。

在一個靜電感應閘流體，閘極控制電流有兩種不同的方法。使用結構如圖 36b 為例子，在夾止之前（圖37a），兩個閘極的空乏區還未接合，並且閘極在陽極與陰極之間控制 $p\text{-}i\text{-}n$ 二極體的有效截面積。對於一個大的負閘極電壓，在逆向偏壓下的接面與空乏區會加寬導致最後會互相接觸（如圖37b所示）。在夾止條件下，形成電子的能障來控制電流流動。

可用簡單的一維空乏理論來近似對應於夾止狀態時的閘極電壓，

$$V_P = \psi_{bi} - \frac{qN_D a^2}{2\varepsilon_s} \tag{92}$$

這裡的 ψ_{Bi} 是閘極接面的內建電位。藉由調整閘極之間的間隙 $2a$，可以將元件設計成常開或常關型。在常開型的 SIThy 裡，閘極零偏壓的條件不會使夾止狀態發生，而仍有高電流流動的現象。在常關的 SIThy 裡，$2a$ 是很小的（或者在 n^- 層的 N_D 很低）使得夾止會發生在閘極零偏壓時。為了導通元件，閘極必須順向偏壓去以減少空乏區範圍來打開通道。常關的元件是不常見的，原因在於順向偏壓有很大的閘極電流。

對於常開的 SIThy，其輸出特徵如圖 38 所示。在夾止之前，$p\text{-}i\text{-}n$ 二極體的電流條件可以寫為〔參見式(49)〕

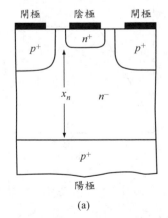

(a)

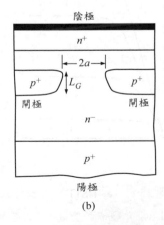

(b)

圖36　靜態感應閘流體的 (a) 平面式閘極結構與 (b) 埋入式閘極結構（極柵）。

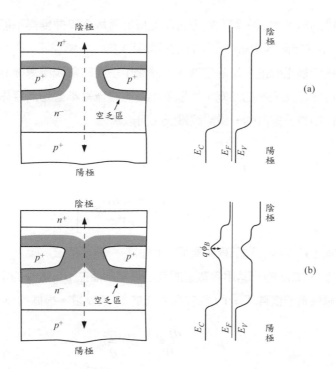

圖37　顯示空乏區寬度對通道的影響，以及在零伏 V_{AK} 時的能帶示意圖。(a) 在截止狀態發生之前，(b) 在截止狀態發生之後，能帶圖是沿著通道的中間繪出，如虛線所示。

$$I_A = \frac{4AqD_a n_i}{x_n} \exp\left(\frac{qV_{AK}}{2kT}\right) \tag{93}$$

這裡是在 n^- 區域的過量電子與電洞的復合電流。D_a 是雙極性擴散常數。在順向偏壓 V_{AK} 下，電子自陰極注入與電洞自陽極注入，以及它們的濃度是相等以保持電荷中性。過量電子與電洞增加 n^- 層的導電率。這現象稱為導電率調制。值得注意的是，雖然輸出特徵是相似於 SIT 的圖形，但 p^+ 陽極能注入電洞並使導電率調制，導致產生較低的順向壓降或是較低的導通電阻。

　　在較大的逆向閘極偏壓，可以達到夾止並且電子的能障也會形成（如圖 37b 所示）。能障限制了電子的提供並且是成為全部電流的控制因子。

沒有足夠的電子提供，電洞電流會降低成為擴散電流並變得不顯著。能障高度 ϕ_B 不只被閘極電壓控制，它也可以被大的 V_{AK} 所降低。ϕ_B 與 V_{AK} 的相依性，稱作靜電感應，是靜態感應電晶體中主要的電流傳導機制。由於薄的能障位於電流流動的方向，所以靜態電感電流基本上是貫穿電流。它是由能障控制載子提供的一種擴散電流，可以寫成

$$I_A \propto \exp\left(\frac{-q\phi_B}{kT}\right)$$
$$= I_{o2} \exp\left[\frac{q\left(\eta V_G + \theta V_{AK}\right)}{kT}\right] \tag{94}$$

η 與 θ 指出 V_G 與 V_{AK} 對於能障高度的控制。

對於 SIThy 的一有用參數是順向阻隔電壓增益 μ，這裡的定義是針對相同的陽極電流條件下，V_{AK} 改變所引起的 V_G 改變量。根據前述，它等於

$$\mu = \left.-\frac{dV_{AK}}{dV_G}\right|_{I_A} = \frac{\eta}{\theta} \tag{95}$$

它可以近似於[58]

$$\mu \approx \frac{4L_G W_d}{a^2} \tag{96}$$

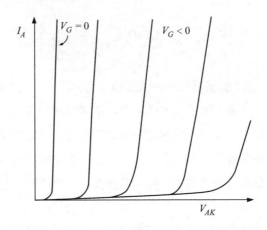

圖38 一個常開型靜態感應閘流體的輸出特性曲線。對於一個常關型的元件，類似的曲線可以在順向的閘極電壓中得到。

這裡的 W_d 是朝向陽極方向的閘極接面空乏區寬度（如圖 33b）。

SIThy 的其中一項優點是有較 SCR 更高速的操作，因為有較快的截止過程。在截止期間，逆向閘極偏壓能快速地排出過量的少數載子（電洞）。過量電子，為 n^- 層的多數載子，能被漂移過程快速地掃除。電洞電流貢獻一個瞬間的大閘極電流，並且一個小的閘極電阻對於避免閘極除偏效應而言是相當重要的。一個降低截止時間的替代技術是利用質子或電子輻射來減少少數載子生命期。大量使用此技術是因為有較大的順向壓降。

也有研究提出使用光來觸發或者抑止一個 SIThy[59]。當一個 SIThy 關閉時，不管是常關型元件或是被閘極來偏壓截止，光產生的電洞會被捕獲在能障處（如圖 37b）。對於電子，這些正電荷減少了能障高度，並且觸發導通。對於一個常開型的 SIThy，閘極是經由光偵測器連接到一個負電壓源。光可以驅動光電晶體，而負電壓源來提供閘極去截止 SIThy。

靜態感應閘流體提供了一些特定的優點優於其他閘流體。由於較快速的截止過程，高操作頻率是可能達到。因為其導通過程不會與一個 SCR 中出現的再生回饋相關，它在高溫時有較穩定的操作並且能容忍較快速的 dI / dt 及 dV / dt 暫態。它有低順向壓降、高阻隔電壓增益約至 700，以及閘控截止能力（一個 SCR 在閉鎖以後，不能被簡單地透過移去閘極電壓來到達截止狀態）。

SIThy 已經被主要地應用提供在功率源轉換上，例如交流對直流轉換、直流對交流轉換以及斷路器電路[60]。另一個應用是在脈衝產生器，例如感應加熱、螢光燈的照明以及驅動式脈衝雷射等。

參考文獻

1. W. Shockley, *Electrons and Holes in Semiconductors*, D. Van Nostrand, Princeton, New Jersey, 1950, p. 112.

2. J. J. Ebers, "Four-Terminal *p-n-p-n* Transistors," *Proc. IRE*, **40**, 1361 (1952).

3. J. L. Moll, M. Tanenbaum, J. M. Goldey, and N. Holonyak, *p-n-p-n* Transistor Switches," *Proc. IRE*, **44**, 1174 (1956).

4. I. M. Mackintosh, "The Electrical Characteristics of Silicon *p-n-p-n* Triodes," *Proc. IRE*, **46**, 1229 (1958).

5. R. W. Aldrich and N. Holonyak, Jr., "Multiterminal *p-n-p-n* Switches," *Proc. IRE*, **46**, 1236 (1958).

6. F. E. Gentry, F. W. Gutzwieler, N. H. Holonyak, and E. E. Von Zastrow, *Semiconductor Controlled Rectifiers*, Prentice-Hall, Englewood Cliffs, New Jersey, 1964.

7. A. Blicher, *Thyristor Physics*, Springer, New York, 1976.

8. S. K. Ghandhi, *Semiconductor Power Devices*, Wiley, New York, 1977.

9. B. J. Baliga, *Power Semiconductor Devices*, PWS, Boston, 1996.

10. P. D. Taylor, *Thyristor Design and Realization*, Wiley, New York, 1987.

11. S. M. Sze and G. Gibbons, "Avalanche Breakdown Voltages of Abrupt and Linearly Graded *p-n* Junctions in Ge, Si, GaAs, and GaP," *Appl. Phys. Lett.*, **8**, 111 (1966).

12. A. Herlet, "The Maximum Blocking Capability of Silicon Thyristors," *Solid-State Electron.*, **8**, 655 (1965).

13. E. E. Haller, "Isotopically Engineered Semiconductors," *J. Appl. Phys.*, **77**, 2857 (1995).

14. E. W. Haas and M. S. Schnoller, Phosphorus Doping of Silicon by Means of Neutron Irradiation," *IEEE Trans. Electron Dev.*, **ED-23**, 803 (1976).

15. J. Cornu, S. Schweitzer, and O. Kuhn, Double Positive Beveling: A Better Edge Contour for High Voltage Devices," *IEEE Trans. Electron Dev.*, **ED-21**, 181 (1974).

16. R. L. Davies and F. E. Gentry, "Control of Electric Field at the Surface of *p-n* Junctions," I*EEE Trans. Electron Dev.*, **ED-11**, 313 (1964).

17. F. E. Gentry, Turn-on Criterion for *p-n-p-n* Devices," *IEEE Trans. Electron Dev.*, **ED-11**, 74 (1964).

18. E. S. Yang and N. C. Voulgaris, "On the Variation of Small-Signal Alphas of a *p-n-p-n* Device with Current," *Solid-State Electron.*, **10**, 641 (1967).

19. A. Munoz-Yague and P. Leturcq, "Optimum Design of Thyristor Gate-Emitter Geometry," *IEEE Trans. Electron Dev.*, **ED-23**, 917 (1976).

20. M. S. Adler, "Accurate Calculation of the Forward Drop and Power Dissipation in Thyristors," *IEEE Trans. Electron Dev.*, **ED-25**, 16 (1978).

21..H. F. Storm and J. G. St. Clair, "An Involute Gate-Emitter Configuration for Thyristors," *IEEE Trans. Electron Dev.*, **ED-21**, 520 (1974).

22.F. E. Gentry and J. Moyson, "The Amplifying Gate Thyristor,"Paper No. 19.1, *IEEE Meet. Prof. Group Electron Devices*, Washington, D.C., 1968.

23.J. F. Gibbons, "Graphical Analysis of the *I-V* Characteristics of Generalized *p-n-p-n* Devices," *Proc. IEEE*, **55**, 1366 (1967).

24.E. S. Yang, "Turn-off Characteristics of *p-n-p-n* Devices," *Solid-State Electron.*, **10**, 927 (1967).

25.T. S. Sundresh, "Reverse Transient in *p-n-p-n* Triodes," *IEEE Trans. Electron Dev.*, **ED-14**, 400 (1967).

26.B. J. Baliga and E. Sun, "Comparison of Gold, Platinum, and Electron Irradiation for Controlling Lifetime in Power Rectifiers," *IEEE Trans. Electron Dev.*, **ED-24**, 685 (1977).

27.B. J. Baliga and S. Krishna, "Optimization of Recombination Levels and their Capture Cross Section in Power Rectifiers and Thyristors," *Solid-State Electron.*, **20**, 225 (1977).

28.J. Shimizu, H. Oka, S. Funakawa, H. Gamo, T. Ilda, and A. Kawakami, "High-Voltage High-Power Gate-Assisted Turn-Off Thyristor for High-Frequency Use," *IEEE Trans. Electron Dev.*, **ED-23**, 883 (1976).

29.E. Schlegel, "Gate Assisted Turn-off Thyristors," *IEEE Trans. Electron Dev.*, **ED-23**, 888 (1976).

30.F. M. Roberts and E. L. G. Wilkinson, "The Relative Merits of Thyristors and Power Transistors for Fast Power-Switching Application," *Int. J. Electron.*, **33**, 319 (1972).

31.E. D. Wolley, Gate Turn-Off in *p-n-p-n* Devices," *IEEE Trans. Electron Dev.*, **ED-13**, 590 (1966).

32.F. E. Gentry, R. I. Scace, and J. K. Flowers, "Bidirectional Triode *p-n-p-n* Switches," *Proc. IEEE*, **53**, 355 (1965).

33.J. F. Essom, "Bidirectional Triode Thyristor Applied Voltage Rate Effect Following Conduction," *Proc. IEEE*, **55**, 1312 (1967).

34.W. Gerlach, "Light Activated Power Thyristors," *Inst. Phys. Conf. Ser.*, **32**, 111 (1977).

35.B. J. Baliga, "Enhancement- and Depletion-Mode Vertical-Channel M.O.S. Gated Thyristors," *Electron. Lett.*, **15**, 645 (1979).

36.J. D. Plummer and B. W. Scharf, "Insulated-Gate Planar Thyristors: I–Structure and Basic Operation," *IEEE Trans. Electron Dev.*, **ED-27**, 380 (1980).

37.L. Leipold, W. Baumgartner, W. Ladenhauf, and J. P. Stengl, "A FET-Controlled Thyristor in SIPMOS Technology," *Tech. Dig. IEEE IEDM*, 79 (1980).

38.J. Tihanyi, "Functional Integration of Power MOS and Bipolar Devices," *Tech. Dig. IEEE IEDM*, 75 (1980).

39. H. W. Becke and C. F. Wheatley, Jr., "Power MOSFET with an Anode Region," U.S. Patent 4,364,073 (1982).

40. B. J. Baliga, M. S. Adler, P. V. Gray, R. P. Love, and N. Zommer, "The Insulated Gate Rectifier (IGR): A New Power Switching Device," *Tech. Dig. IEEE IEDM*, 264 (1982).

41. V. K. Khanna, *The Insulated Gate Bipolar Transistor (IGBT): Theory and Design*, Wiley/IEEE Press, Hoboken, New Jersey, 2003.

42. A. R. Hefner, Jr. and D. L. Blackburn, "An Analytical Model for the Steady-State and Transient Characteristics of the Power Insulated-Gate Bipolar Transistor," *Solid-State Electron.*, **31**, 1513 (1988).

43. D. S. Kuo, C. Hu, and S. P. Sapp, "An Analytical Model for the Power Bipolar-MOS Transistor," *Solid-State Electron.*, **29**, 1229 (1986).

44. H. Yilmaz, W. Ron Van Dell, K. Owyang, and M. F. Chang, "Insulated Gate Transistor Physics: Modeling and Optimization of the On-State Characteristics," *IEEE Trans. Electron Dev.*, **ED-32**, 2812 (1985).

45. B. J. Baliga, "Analysis of Insulated Gate Transistor Turn-Off Characteristics," *IEEE Electron Dev. Lett.*, **EDL-6**, 74 (1985).

46. J. Nishizawa, "A Low Impedance Field Effect Transistor," *Tech. Dig. IEEE IEDM*, 144 (1972).

47. J. I. Nishizawa, T. Terasaki, and J. Shibata, "Field-Effect Transistor Versus Analog Transistor (Static Induction Transistor)," *IEEE Trans. Electron Dev.*, **ED-22**, 185 (1975).

48. W. Shockley, "Transistor Electronics: Imperfections, Unipolar and Analog Transistors," *Proc. IRE*, **40**, 1289 (1952).

49. P. M. Campbell, W. Garwacki, A. R. Sears, P. Menditto, and B. J. Baliga,"Trapezoidal-Groove Schottky-Gate Vertical Channel GaAs FET (GaAs Static Induction Transistor)," *Tech. Dig. IEEE IEDM*, 186 (1984).

50. J. I. Nishizawa and K. Yamamoto, "High-Frequency High-Power Static Induction Transistor," *IEEE Trans. Electron Dev.*, **ED-25**, 314 (1978).

51. J. I. Nishizawa, "Junction Field-Effect Devices," *Proc. Brown Boveri Symp.*, 241 (1982).

52. C. Bulucea and A. Rusu, "A First-Order Theory of the Static Induction Transistor,"*Solid-State Electron.*, **30**, 1227 (1987).

53. O. Ozawa and K. Aoki, "A Multi-Channel FET with a New Diffusion Type Structure," *Jpn. J. Appl. Phys., Suppl.*, **15**, 171 (1976).

54. J. I. Nishizawa, T. Ohmi, and H. L. Chen, "Analysis of Static Characteristics of a Bipolar-Mode SIT (BSIT)," *IEEE Trans. Electron Dev.*, **ED-29**, 1233 (1982).

55. T. Tamama, M. Sakaue, and Y. Mizushima, "Bipolar-Mode' Transistors on a Voltage-Controlled Scheme," *IEEE Trans. Electron Dev.*, **ED-28**, 777 (1981).

56. D. E. Houston, S. Krishna, D. Piccone, R. J. Finke, and Y. S. Sun, "Field

Controlled Thyristor (FCT)–A New Electronic Component," *Tech. Dig. IEEE IEDM*, 379 (1975).

57. J. Nishizawa, Y. Yukimoto, H. Kondou, M. Harada, and H. Pan, "A Double-Gate-Type Static-Induction Thyristor," *IEEE Trans. Electron Dev.*, **ED-34**, 1396 (1987).

58. J. Nishizawa, K. Muraoka, T. Tamamushi, and Y. Kawamura, "Low-Loss High-Speed Switching Devices, 2300-V 150-A Static Induction Thyristor," *IEEE Trans. Electron Dev.*, **ED-32**, 822 (1985).

59. J. Nishizawa, T. Tamamushi, and K. Nonaka, "Totally Light Controlled Static Induction Thyristor," *Physica*, **129B**, 346 (1985).

60. J. Nishizawa, "Application of the Power Static Induction (SI) Devices," *Proc. PCIM*, 1 (1988).

習題

1. 對於如圖1b 所示的掺雜分佈，此閘流體具有 200 伏特的逆向阻隔電壓，請求出 $n1$ 區域的寬度。

2. 假如我們使用 SiC 做為功率元件時，假設 $p1–n1–p2$ 雙極性電晶體的共基極電流增益非常小，對於圖1b 所示的掺雜分佈，請計算出最大的阻隔電壓，以及所需最短的 $n1$ 層的厚度。

3. 如圖4 所示，請比較一具有中子蛻變的掺雜矽其掺雜的變化性（以平均值的百分比例方式）。

4. 若一 $n1–p2–n2$ 電晶體的電流增益 α_1 為 0.4，其與電流無關，且 $p1–n1–p2$ 電晶體的 α_1 可以表示成 $0.5\sqrt{L_p/W}\ln(J/J_0)$ ，其中 L_p 為 25 μm，$W = 40$ μm，以及 J_0 是 $5 \times 10^{-6} A / cm^2$，請求出於 1 mA 電流 I_s 下能進行切換的閘流體其橫截面面積。

5. 在陰極短路的狀況下，在閘流體中 $n1–p2–n2$ 電晶體的電流增益 α_2 將衰減成 α'_2，如式（20）所示，請推導此方程式。

6. 在一矽材質的閘流體中，由於 $n1$ 掺雜的非常低，所以其 $p1–n1–p2$ 的區域，與一 $p^+–i–n^+$ 二極體相似，（a）請計算跨在 i 區域間的電壓降，（b）在 i 區域中的載子濃度，以及（c）對於一順偏電流為 $200 A / cm^2$ 的 i 區域的等效電阻值。假設遷移率比值 $b \equiv \mu_n / \mu_p$ 為 3，且與載子濃度無關，$n1$ 層的厚度為 50 μm，其等效生命期為 $10^{-6} s$，此元件橫截面面積為 $1 cm^2$。

7. 如圖1b 所示的矽閘流體，具有 50 μm 的 W_{n1}（$n1$ 層的厚度）以及 10 μm 的 W_{p2}（$p2$ 層的厚度），$n1$ 區域的掺雜為 $10^{14} cm^{-3}$，且假設 $p2$ 中的掺雜值為 $10^{17} cm^{-3}$，若其保持電流為 0.1 A，其順偏導體電流 I_F 為 10 A，以及其 $n1$ 層的生命期為 $10^{-7} s$，請求出開啟與關閉的時間。

8. 一矽閘極關閉的閘流體具有 $n1$ 與 $p2$ 掺雜濃度分別為 $10^{14} cm^{-3}$ 與 $10^{17} cm^{-3}$，$n1$ 區域的厚度為 100 μm，$n2$ 為 10 μm，若此元件操作於 100 A 的陽極電流下，求出關閉元件所需的最小負閘極電流。假設 $n1$ 區域與 $p2$ 區域中少數載子生命期分別為 0.15 μs 與 4 μs。

9. 對於一對稱阻隔的 n 通道矽絕緣閘雙載子電晶體，其具有 500 V 的崩潰電壓，若漂移區的生命期為 1 μs，請求出漂移區的摻雜濃度與厚度。

（提示：如同一般的指導方針，漂移區厚度被選擇使得其等於最大操作電壓下的空乏區寬度加上一擴散長度）。

10. 如圖27a 所示，一矽絕緣閘雙載子電晶體其通道長度為 3 μm，通道寬度為 16 μm，p 基底摻雜濃度為 1×10^{17} cm⁻³，閘極氧化層厚度為 0.02 μm 且 $n1$ 區域厚度為 70 μm，而陽極面積為 16 μm × 16 μm，$n1$ 區的生命期為 1 μs，通道移動率為 500 cm² / V-s，請計算此矽絕緣閘雙載子電晶體具有 200 A / cm² 電流密度時的導通狀態電壓降，並且 $(V_G - V_T) = 5$ V。

Memo

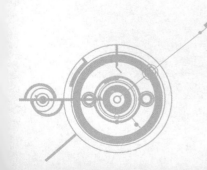

⫴PART 5

第 五 部 份

光 子 元 件 和 感 應 器

12

發光二極體和雷射

12.1 簡介
12.2 輻射躍遷
12.3 發光二極體（**LED**）
12.4 雷射物理
12.5 雷射操作特性
12.6 特殊雷射

12.1 簡介

光的基本粒子—光子（ photon ），在光電元件中扮演著重要角色。光電元件可分為三大類：（1）將電能轉換為放射光的發光元件—發光二極體（ LED ）與雷射二極體（ laser diode ）（2）光信號偵測元件—光偵測器（ photodetector ）（3）轉換光輻射為電能元件—光致電壓（ photovoltaic ）元件或太陽能電池（ solar cell ）。本章首先將討論第一類；而光偵測器與太陽能電池將在第十三章中討論。

電激發光（electroluminescence）現象發現於 1907 年[1]。電激發光現象即元件處在偏壓操作下時，電流流經元件所導致的發光現象。與熱輻射不同的是，電激發光在其光譜上具有較狹窄之波長範圍。以 LED 來說，其光譜線寬度通常介於 5~20 nm 之間。而雷射二極體之光源十分接近理想單色光，其線寬約 0.1~1 Å（埃）。在所有半導體元件中僅有 LED 與雷射二極體為發光元件。如本章所列的元件在我們日常生活中扮演著越來越重要的角色,也推動著通訊與醫學等科學領域之發展。

　　LED 與半導體雷射屬於螢光(luminescent)元件。螢光(luminescence)即為電子在元件或材料中躍遷所產生之光輻射(紫外光、可見光或紅外光),其中並不包含由材料本身溫度所導致之任何輻射(熱光)。圖 1 代表在電磁光譜中,可見光與近可見光部分之圖示。雖然有許多不同的理論用來解釋不同波長的輻射激發,但所有的輻射基本上都是類似的。人眼可見的範圍僅為 0.4 μm 延伸至 0.7 μm。如圖1 所示,主要的彩色分佈從紫色到紅色。遠紅外線區域由 0.7 μm 延伸至約 1000 μm,而紫外線區域包含了 0.4 到 0.01 μm 之波長範圍(i.e., 10 nm)。在接下來的小節中,我們主要針對由近紫外線(≈ 0.3 μm)到近紅外線(≈ 1.5 μm)的波長範圍進行討論。

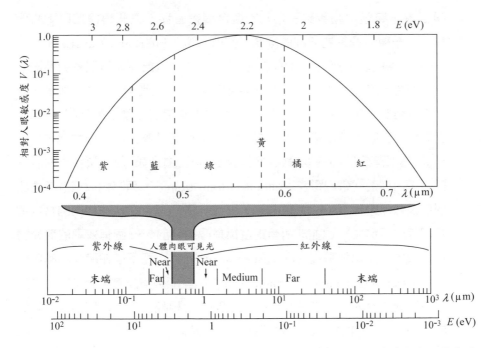

圖1　可見光與近可見光電磁光譜。可見光部分被獨立放大出來,並且被分為兩種主要的色帶。同時也代表了 CIE 所定義之相對流明函數 $V(\lambda)$。

光線刺激人眼的效率主要是由相對人眼敏感度所決定〔或稱為流明效率 $V(\lambda)$〕，其為波長的函數。圖 1 展示了在 2 度視角下，由國際照明委員會 [Commission Internationale del'Eclarrage (CIE)] 所定義之相對於人眼的敏感度[2]。人眼之最大敏感度在波長為 0.555 μm 下定義為 1，也就是 V (0.555 μm) = 1.0。在可見光譜的邊界 0.4 μm 與 0.7 μm，其 $V(\lambda)$ 值遞減至大約為零。也就是對於紅色與紫色，人眼的敏感度是低於綠色的。因此對人眼來說，紅色與紫色需要更高的強度才能達成與綠色相似的亮度。

12.2 輻射躍遷

圖 2 為半導體中超量載子之基本復合躍遷過程。這些轉換如以下所分類。第一種分類是能帶間的躍遷（間帶躍遷；interband transition）：（a）對應能量很接近能隙的本質放射，（b）包含高能量載子或熱載子的較高能量發射，有時也和累增發射有關。第二種分類（2）則是包含化學性雜質或物理缺陷的躍遷；（a）由導電帶到受體狀態缺陷，（b）施體狀態缺陷到價電帶，（c）施體狀態到受體狀態缺陷（成對發射），（d）透過深層缺陷的能帶與能帶之間。第三種分類（3）為包含熱載子的能帶內躍遷（帶內躍遷；intraband transition），有時也被稱為減速放射或是歐傑過程（Auger process）。並非所有躍遷都能在相同的材料或相同條件下發生，也並非所有躍遷都是輻射性的。一個有效率的發光材料必須主要是輻射躍遷（radiative transition），而不是如歐傑非輻射復合（Auger nonradiative recombination），其能帶與能帶之間的復合能量被轉移成能帶內的熱電子或是電洞的激發[2]。相較之下，能帶到能帶之間的復合〔（1）中的（a）〕是最適當的輻射過程。

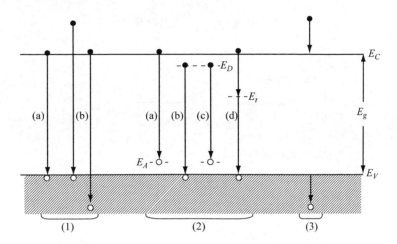

圖2　半導體中的基本復合躍遷。E_D、E_A、E_t 分別為施體狀態，受體狀態與深層缺陷。（參考文獻3）

12.2.1　放射光譜

光子和固體內的電子之間有三種主要的交互作用過程（如圖 3 ）：（a）一個由價電帶激發到導電帶上空能階的電子將會吸收一個光子。）（b）一個導電帶中的電子自發地回到價電帶中的空能階時（重新復合），會放射一個光子。過程（b）為（a）之逆向過程，而（c）乃一入射光子誘發另一個因復合而放射的光子，產生兩個同調性的光子。過程（a）為光偵測器或是太陽能電池之主要過程，過程（b）則是 LED 中之主要過程。而雷射的運作過程主要是過程（c）。

　　不管是光子吸收或是放射，對於直接能隙材料而言，價電帶與導電帶之間的光學躍遷過程是根據一般俗稱的 k - 選擇規則（ k-selection rule ）。由動量守恆可知，價電帶波函數之波向 k_1 與導電帶波函數之波向量 k_2 相差必等於光子的波向量。由於電子的波向量遠大於光子的波向量，k - 選擇規則大致上可表示成以下式子

$$k_1 = k_2 \qquad (1)$$

當起始與最終狀態具有相同之波向量時，轉換是可允許的。此種躍遷被稱

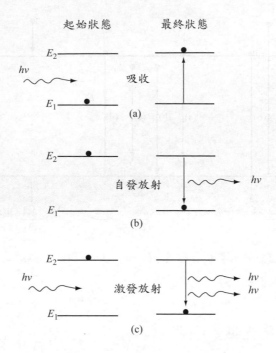

圖3　兩電子能階之間中的三種基本光交互作用過程。黑點代表電子狀態。左圖為起始狀態;而右圖為發生交互作用後之最終狀態。

為直接或垂直躍遷(direct or vertical transition)(在 $E\text{–}k$ 空間中)。

　　當導電帶出現最小值時的 k 值與價電帶所對應的 k 值不相等時,便需要一個聲子的幫助來使晶體動量守恆,此躍遷被稱為非直接的(或稱間接)。在非直接能隙材料中,發生輻射性轉換機率便小的多。為了增強非直接能隙半導體的光放射,會引入一些特殊的雜質。如此波函數便會改變,而 k-選擇規則也將不再成立。

　　圖 4a 為 $GaAs_{1-x}P_x$ 的能隙示意圖,其中 x 為莫爾分量。當 $0 < x < 0.45$ 時, 能隙為直接能隙,且當 x 由 0 增加到 0.45 時,E_g 亦隨之由 1.424 eV 增加到 1.977 eV。對 $x > 0.45$,能隙為非直接。圖 4b 顯示一些選定成份的合金半導體材料所對應的能量與動量關係圖。如圖所示,導電帶有兩處最小值。其中沿著 Γ 軸為直接能隙的最小值而沿著 X 軸為非直接能隙的最小

值。在直接半導體導電帶最小值處的電子與價電帶頂端的電洞具有相同的動量，而與非直接半導體導電帶最小值處的電子有不同的動量。對於直接能隙半導體如 GaAs 與 GaAs$_{1-x}$P$_x$（ $x \leq 0.45$ ）而言，其動量守恆並且具有較高機率發生能帶之間躍遷。光子能量大致上等同於半導體能隙的能量。在直接能隙半導體中輻射性轉換是主要機制。然而，$x > 0.45$ 的 GaAs$_{1-x}$P$_x$ 與 GaP 為非直接能隙半導體，由於聲子(phonon)或其他散射媒介必須參與過程來遵守動量守恆，因此其發生能帶間躍遷之機率非常小。所以對於非直接能隙半導體而言，必須加入特殊形式的復合中心才能增強其輻射性的躍遷。

目前為止我們已經假設能帶與能帶之間的復合是對應能隙的能量。實際上，當溫度高於絕對零度時，由於熱能量使得電子和電洞會駐留在導電帶邊緣些微上方之處與價電帶邊緣些微下方處。因此放射光子能量會稍微大於能隙能量。在此，我們分析自發放射的光譜。在靠近能帶邊緣處，放射的光子能量由下列式子所決定

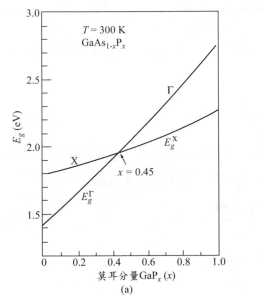
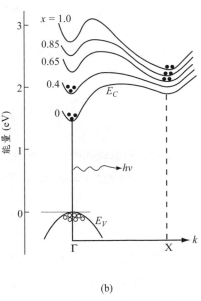

(a)   (b)

圖4　(a) 直接與非直接 GaAs$_{1-x}$P$_x$ 材料的能隙與成份之相依性。(參考文獻 4) (b) GaAs$_{1-x}$P$_x$ 的能量-動量示意圖。(參考文獻5)

$$hv = \left(E_C + \frac{\hbar^2 k^2}{2m_e^*} \right) - \left(E_V - \frac{\hbar^2 k^2}{2m_h^*} \right)$$

$$= E_g + \frac{\hbar^2 k^2}{2m_r^*} \tag{2}$$

上式稱為連接色散關係（Joint dispersion relation），其中 m_r^* 稱為簡約化有效質量（reduced effective mass）

$$\frac{1}{m_r^*} = \frac{1}{m_e^*} + \frac{1}{m_h^*} \tag{3}$$

經由簡化處裡，可得到以下連接的能態密度（Joint density of states）[6]

$$N_J(E) = \frac{\left(2m_r^*\right)^{3/2}}{2\pi^2 \hbar^3} \sqrt{E - E_g} \tag{4}$$

而載子分佈為波茲曼分佈（Boltzmann distribution）

$$F(E) = \exp\left(-\frac{E}{kT} \right) \tag{5}$$

自發放射率（spontaneous emission）與式(4)、(5)的乘積成正比。可得以下基本形式[6]

$$I(E = hv) \propto \sqrt{E - E_g} \exp\left(-\frac{E}{kT} \right) \tag{6}$$

式(6)的意義如圖 5 中來描述。自發放射光譜具有一臨界能量 E_g、一極值（$E_g + 1/2kT$）與半功率寬度為 $1.8\ kT$。這裡轉變成光譜波長寬度為

$$\Delta\lambda \approx \frac{1.8kT\lambda^2}{hc} \tag{7}$$

此處 c 為光速。在可見光譜中間，放射光譜寬度約 10 nm。

圖 6a 代表了在 77 與 300 K 下觀察到 GaAs 的 p–n 接面放射光譜。光子的峰值能量隨著溫度增加而遞減，主因乃是能隙會隨著溫度上升而變小。圖 6b 展示了一個更為詳細的光子峰值能量與半功率點伴隨溫度的關係函數圖。如同式(6)所預期的，半功率寬度會些微地隨溫度而增加。

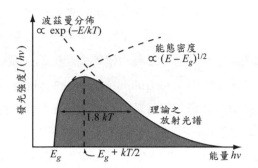

圖5　自發放射的理論光譜。（參考文獻6）

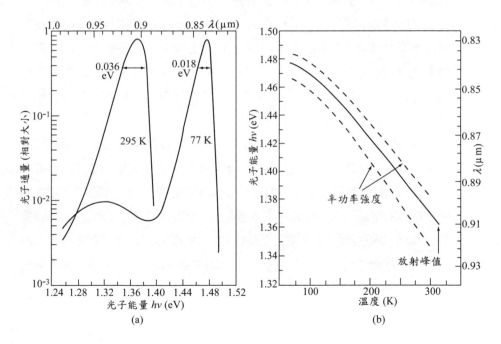

圖6　(a) 77 K 與 300 K 下的 GaAs 二極體放射光譜。(b) 放射峰值與半功率寬隨著溫度變化的函數關係。（參考文獻7）

12.2.2 激發原理

螢光(luminescence)的形式可由輸入能量的來源來區別[8]：(1)包含光輻射的光致螢光(photoluminescence)，(2)藉由電子束或陰極射線引起的陰極螢光，(3)藉由其他快速粒子或高能輻射引起的輻射激發光，與(4)由電場或電流導致的電激發光(electroluminescence)。此處我們主要討論的是電激發光，特別是注入形式的電激發光。這是在可發生輻射躍遷(radiative transition)的半導體 $p–n$ 接面處注入少數載子所產生的光輻射現象。

　　電激發光可經由許多不同的方法來激發。其中包含了注入、本質激發、累增與穿隧過程。注入形式的電激發光顯然是最重要的激發方法[9]。當 $p–n$ 接面施加了一順向偏壓，由於電能可以直接轉換成光子，注入的少數載子穿過接面就能夠引發輻射復合(radiative recombination)。在接下來的章節中，我們將主要討論注入電激發光元件，如 LEDs 與 Lasers。

　　對於本質激發(intrinsic excitation)，一種半導體(如硫化鋅)的粉末被放置在介電質(塑膠或玻璃)中，並在其上加入一交流電場。在頻率約為音頻範圍之下，通常會發生電致激發光。但一般來說效率很低(≤ 1%)。其主要機制是由加速電子所造成的衝擊離子化或缺陷中心產生場發射(field emission)電子所致[3,10]。

　　累增激發(avalanche excitation)是由於 $p–n$ 接面或是金屬–半導體能障處於逆向偏壓而進入累增崩潰狀態。衝擊離子化產生之電子電洞對將會導致能帶間(累增放射)或能帶內(減速放射)躍遷的放射。而順向或逆向偏壓下接面的穿隧現象也會導致電致激發光。例如當施加一夠大的逆向偏壓於金屬-半導體能障(於 p 型退化基板)上，金屬端的電洞能夠穿隧進入半導體的價電帶並且接下來與從相反方向來的電子，由價電帶穿隧至導電帶時產生輻射復合[11]。

12.3 發光二極體（LED）

發光二極體，一般稱為 LED，為一半導體之 p–n 接面結構。當施加適當的順向偏壓條件，便可產生如紫外光、可見光與紅外光譜範圍中的外部自發輻射。Round 於 1907 年在碳化矽（SiC）基板中發現了電激發光，但只有一份簡短的筆記報告[1]。1920 至 1930 年代之間，Lossev 發表了更為詳細的實驗結果[12,13]。當 1949 年 p–n 接面發展後，LED 的結構由原先的點接觸改為 p–n 接面。除了碳化矽之外，其他的半導體材料也陸續被研究，如鍺與矽[14]。但因為這些半導體材料為非直接能隙，其效率便無法有效提昇。1962 年發現了直接能隙的砷化鎵具有更高的量子效率[15-17]。同年稍晚時，這些研究便快速的實現了半導體雷射。由此看來，利用直接能隙的半導體材料來達到有效率的電激發光便十分重要。1964–1965年間，藉由導入等電子雜質使得非直接能隙材料 GaAs、GaP 在商業用 LED 應用上有了重大進展[18-20]。近年來，主要的進展在於成功的利用 InGaN 來產生藍光與紫外光波段，這是以前無法實現的成果[21]。此科技的進展不僅大幅的改善白光 LED 的表現與實現，同時也使得 LED 在世界上更為普及的被應用。

　　LED 的應用非常廣泛，可歸納為三大領域。第一是用於顯示方面。在家庭各種視聽設備中最常見的即為平面顯示器。於汽車中、電腦螢幕、計算機、時鐘與手錶處處可見。其效率與亮度持續提升中，戶外標誌與交通號誌之應用也越來越普及。每個人每天都有機會看到某些 LED 顯示器。圖 7 展示了一些基本的 LED 顯示。其組成為七個部份可顯示 0–9

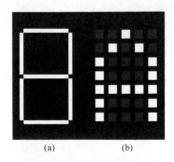

圖7　典型的架構對於（a）數字型顯示（7個部分）與（b）字母型顯示（陣列）。

等數字。對於字母(A–Z)的顯示，通常用 5×7 的矩陣來表示。 LED 陣列可由類似矽積體電路的單晶製程來製造，或可由封裝獨立的 LED 來組成大尺寸顯示。

　　第二種類為照明應用，可取代傳統的白熾電燈泡。例如家用燈泡，手電筒，閱讀燈與汽車前頭燈等等。高效率是其最大的好處，能夠大幅延長攜帶式產品的電池壽命。此外，LED 也具有較佳的可靠度與更長的壽命。此特點能夠大幅降低經常更換傳統燈泡之成本。對於交通號誌等戶外應用格外重要。

　　第三種應用是做為光纖通訊的光源，適用於中短距離(< 10 km)內的中低資料傳輸量(< 1 Gb/s)系統。由於在傳統光纖中，紅外線波段具有最小的衰減，因此紅外線 LED 格外適合用於此傳輸系統。與半導體雷射相比，使用 LED 作為光源具有許多優點及缺點。LED 的優點包括了可高溫操作，放射功率與溫度相依性小，較小的元件結構與簡單的驅動電路。缺點是較低的亮度，低的調變頻率與較寬的光譜線寬，與雷射的狹窄光譜寬度約 0.1~1 Å相比，LED 通常為 5~20 nm。

　　同樣地，可用 LED 來當作光隔離器 (opto–isolator)[2]，其能將源自於輸出端的輸入訊號或控制訊號吸收。圖8為一光隔離器，具有 LED 做為光源並且耦合至光偵測器。當輸入訊號施加在 LED 時，會產生光並接著由偵測器所偵測到。光會被轉換回電子訊號成為電流流經負載 R_L。這些元件與以光速傳輸的訊號進行光學性的結合，並且由於輸入與輸出端之間沒有回饋或干涉而形成電子絕緣。本質上，此圖示也代表了當光線被導入一長距離光纖的光纖通訊系統。

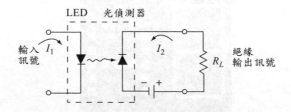

圖8　　光隔離器提供了輸入與輸出端的電子絕緣性。

12.3.1 元件結構

LED 的基本結構為 p–n 接面。當元件處於順向偏壓下，少數載子由接面的兩邊被注入。在接面附近會有超過平衡值的過多載子 ($pn > n_i^2$)，因此將會發生復合現象。如同圖 9a 所示的條件。然而，若設計上利用異質接面 (heterojunction)，其效率將可有效提升。圖 9b 代表一發光的中間層材料被束縛在兩層具有高能隙的材料之間。假如異質接面是屬於類型一 (見 1.7 節)，兩種超量載子 (電子與電洞) 被注入並被侷限於相同空間下，如圖所示，可大幅提昇超量載子的數量。之後我們將會說明隨著載子濃度的增加，可縮短輻射復合的生命期，進而導致更有效率的輻射復合。在此結構中，中間層是未摻雜的，並且被限制於兩層相反類型的材料層之間。這種較佳的雙重異質接面設計具有最高的效率。

　　此外，若中間主動層厚度被縮減至小於 10 nm，將會形成量子井 (quantum-well) 結構。在此情形下，二維的載子濃度變得相當重要，且

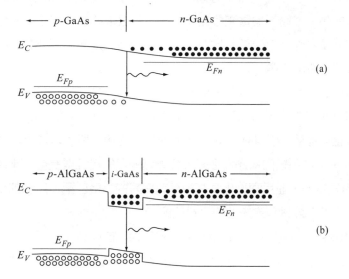

圖9　(a) 當 p–n 接面處於順向偏壓下時，電子由 n 型端注入並與來自 p 型端的電洞復合。(b) 在雙重異質接面中，具有更高的載子密度與較佳的載子侷限。

必須根據量子力學來計算。然而，有效的三維載子濃度(單位體積)可由二維的值除以量子層寬度而求得。此現象使載子密度推往更高能階的分佈並得到更高的效率。由於薄的應變層(strained layer)會產生較高程度的晶格不匹配(lattice mismatch)(見 1.7 節)，因此這是利用磊晶技術成長薄主動層的另一個好處。量子井結構的另一個特色是量子化的能階可理論地將輻射能量(或到較短的波長)延伸超過能隙，但此特點很少被使用。

12.3.2 材料選擇

圖 10 列出在 LED 應用上最重要的半導體材料組合，其中也將人眼的相對感光度包含在圖中以做為參考。此光譜涵蓋了可見光並延伸進入紅外光區域。由於人眼只能感受到能量 $hv \geq 1.8eV(\lambda \leq 0.7\ \mu m)$ 的光源，我們有興趣的半導體必須具有大於此值的能隙。一般來說，這些半導體全部為直接能隙材料，除了某些合金半導體如 GaAsP 體系，這些將於之後詳加討論。直接能隙半導體對於電激發光元件來說是很重要的，因為輻射復合為第一階的轉換過程(沒有聲子參與)，且其量子效率遠高於需要聲子參與過程的非直接能隙半導體。

AlGaAs　　$Al_xGa_{1-x}As$ 體系包含了紅色到紅外光的廣波長範圍。於 1960 年代以砷化鎵的型式出現，這是最早被用來做為高效率 LED 的材料。當提高鋁含量至 ≈ 45%，其能隙會變為非直接，所以其波長可限制在 0.65 μm。此材料系統的優點包括了具有卓越的異質接面成長能力來製作雙重異質接面 LED，並且與砷化鎵基板具有良好的晶格匹配。所有的化合物半導體中，砷化鎵具有最先進的材料技術。

InAlGaP　　此材料系統較 AlGaAs 具有更高的能量，並且包含了可見光波段，即紅、橙、黃與綠。其直接能隙範圍限制了此材料的波長大於 0.56 μm。與砷化鎵基板也有良好的晶格匹配。

InGaN　　近來 InGaN 磊晶成長技術的進展使得 LED 應用有了重要突破。這種材料其波長光譜很廣，可包含了綠、藍、紫等。重要的是，由材料觀點來看，藍色與紫色很難單獨產生。對於延伸可見光譜中剩下的更長波長，需要藉由提高 In 的百分比來減少能隙。但是高的銦含量增加了晶格不匹配，會造成更多的不合適的差排。因此，對於可見光光譜的剩餘部分，此材料是不會被使用的。基板材料可為藍寶石（sapphire）、碳化矽或氮化鎵，但由於後兩者的成本很高，通常傾向使用藍寶石作為基板。

GaAsP 如圖 10 所示，$GaAs_{1-x}P_x$ 系統包含了非常廣範圍的光譜，由紅外線至可見光中間光譜。其直接能隙轉換發生在約 1.9 eV 處（磷含量約 45~50%），並且對於發生在非直接能隙區間的波長而言，其效率非常低。然而，藉由結合特定雜質如氮的摻入可產生有效的輻射復合中心[22]。

當摻入氮原子時，將取代晶格中某些磷原子。氮的外圍電子結構與磷十分相似（週期表中皆為五價元素），但這些原子的電子核心結構差異非常大。這些差異導致了能階靠近導電帶的電子缺陷。這種引入復合中心的方法叫做等電子中心（isoelectronic center）。 ZnO 為 GaP 的另一種等電子中心。這種等電子中心通常為電中性。在操作時，被注入的電子首先落入此中心中。然後帶負電的缺陷中心由價電帶中捕獲電洞形成了侷限激發。接下來電子電洞對的復合產生了一光子，其能量大約等於能隙減去此中心的束縛能。此系統與操作可以 $E–k$ 圖表示，如圖 11。由於等電子中心在空間中是高度被侷限的，所以此處並不違反動量守恆，並且由於測不準原理（uncertainty principle）。在 k 空間（動量）中反而具有十分廣的範圍。

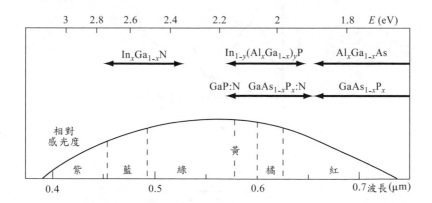

圖10 可應用於 LED 的相關半導體材料以及人眼的相對感光函數。

　　圖 12 為 $GaAs_{1-x}P_x$ 中有無加入等電子雜質氮元素時，其量子效率對摻雜成份圖[22]。由於直接－非直接能隙轉換效率十分相近，在 $0.4 < x < 0.5$ 範圍內，沒有摻氮的量子效率會快速地下降。當 $x > 0.5$ 時，摻有氮的量子效率便十分高，但由於隨著 x 上升，直接與非直接能隙之間動量的分離不斷增加，其效率會逐漸地下降 (圖 4b)。因為等電子中心束縛能的緣故，摻入氮雜質也會使得放射波長峰值產生位移 (圖 12b)。

　　端視於磷摻雜的含量而定，GaAsP LEDs 可以在砷化鎵或磷化鎵基板上成長。磷化鎵基板的好處為其具有較高的能隙，如此被基板重新吸收的光較少。具有等電子中心的 LEDs 也具有相似的優點，因為從這些中心放射的光有降低的能量，如此將可穿透基板。

波長轉換器　　一般調整LED顏色的技術為在 LED 上包覆一層波長轉換器 (wavelength converter)。這轉換器吸收 LED 發出的光並且重新放射不同波長光。波長轉換器可為磷粉[23]、染料與其他半導體。通常轉換成低能量 (長波長) 並且與原波長相比將具有較寬的光譜。其效率一般來說相當的高。這也就是為何會被廣泛地使用在白光 LED 中。轉換到較高能量並不常見。當砷化鎵 LED 放射的紅外線被摻有稀有元素離子，例如鐿 (Yb^{3+}) 和鉺 (Er^{3+}) 的磷粉吸收時，藍光 LED 可以由紅外光–可見光的上轉換器 (up-converter) 轉換而得[24]。元件的運作是先吸收兩個紅外線區域的光子，接著放射一個在可見光範圍的光子。

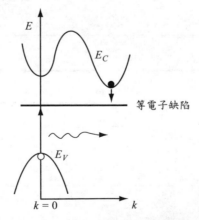

圖11　　透過非直接能隙中等電子缺陷中心的輻射復合 $E\text{–}k$ 圖。

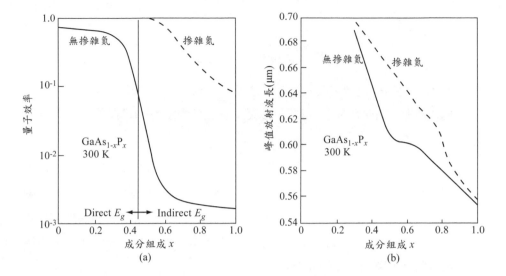

圖12　（a）有無摻氮元素之 $GaAs_{1-x}P_x$ 之量子效率對其成分組成關係。（b）放射峰值波長與其成分組成的關係。（參考文獻22）

12.3.3 效率的定義

LED 的主要功能是將電能轉換為可見光，特別是顯示與照明。此章節中將討論 LED 中不同項目之效率。瞭解這些效率的原理，便可據此來進行元件特性的優化。

內在量子效率　對於一輸入功率，輻射復合過程會直接與非輻射過程競爭。每一個能帶–能帶轉變與透過缺陷的轉變都可以是輻射的或非輻射的。非輻射的能帶-能帶復合例子即為非直接能隙半導體。反過來說，經由缺陷的輻射復合例子為透過等電子能階進行復合。

　　內在量子效率 η_{in} 是轉換電子電流為光子的效率，如以下所定義

$$\eta_{in} = \frac{內部發射光子數目 \quad \text{(number of photons emitted internally)}}{通過接面載子數目 \quad \text{(number of carriers passing junction)}} \tag{8}$$

它和能產生輻射性復合的注入載子數與總復合率的比值有關，並可以將其以生命期來表示

$$\eta_{in} = \frac{R_r}{R_r + R_{nr}} = \frac{\tau_{nr}}{\tau_{nr} + \tau_r} \tag{9}$$

此處 R_r 與 R_{nr} 為輻射與非輻射復合率，τ_r 與 τ_{nr} 分別為其相關輻射與非輻射生命期。對於低階注入而言，接面 p 型端的輻射復合率為下列式子所表示

$$R_r = R_{ec}np$$
$$\approx R_{ec}\Delta nN_A \tag{10}$$

這裡的 R_{ec} 為復合常數，而 Δn 為超量載子密度，其遠大於平衡態的少數載子密度 $\Delta n \gg n_{po}$。R_{ec} 為能帶結構與溫度的函數，對於非直接能隙半導體來說，其值十分的小。(直接能隙的半導體中 $R_{ec} \approx 10^{-10}\,cm^3/s$，而非直接能隙的半導體為 $\approx 10^{-15}\,cm^3/s$)。

對於低階注入而言($\Delta n < p_{po}$)，輻射生命期 τ_r 與復合常數是有關的

$$\tau_r = \frac{\Delta n}{R_r} = \frac{1}{R_{ec}N_A} \tag{11}$$

然而，若為高階注入，τ_r 會隨著 Δn 遞減。因此在雙重異質接面的 LED 中，載子侷限可以增加 Δn，並縮短 τ_r 使得內在量子效率得以提升。非輻射性生命期通常可視為由缺陷(N_t密度)或復合中心主導，

$$\tau_{nr} = \frac{1}{\sigma \upsilon_{th} N_t} \tag{12}$$

此處 σ 為捕獲截面。很明顯的輻射生命期 τ_r 必須縮短以得到高的內在量子效率。

外在量子效率 很明顯地，對於 LED 之應用，最重要的是光如何由元件向外放射率。針對此問題，必須考慮元件內部與外部的光學特性。量測光向外部放射效率的參數為光學效率 η_{op}，有時也稱為汲光效率(extraction efficiency)。將此列為重要因素，淨外部量子效率可如以下定義

$$\eta_{ex} = \frac{\text{外部發射光子數目 (number of photons emitted externally)}}{\text{通過接面載子數目 (number of carriers passing junction)}} = \eta_{in}\eta_{op} \tag{13}$$

光學效率是元件內部與周圍之光學問題，完全與電子特性無關。在接下來的部分我們著重在元件光學路徑與光學界面上。

光學效率　　當光穿過半導體與周圍環境的界面時，我們首先介紹基本的折射原理，如圖 13。最重要的現象源自斯奈爾定理（ Snell's law ），其由光穿過界面前 θ_s 與後 θ_o 的形式可由以下式子來表示

$$\bar{n}_s \sin\theta_s = \bar{n}_o \sin\theta_o \tag{14}$$

此處 $\bar{n}_s$ 與 $\bar{n}_o$ 分別為半導體與環境中的折射率。對於垂直入射而言，路徑方向不會被改變，除非受到折射率之菲涅耳損失（Fresnel loss）。

$$R = \left(\frac{\bar{n}_s - \bar{n}_o}{\bar{n}_s + \bar{n}_o} \right)^2 \tag{15}$$

對於 $\theta_s > 0°$ 的光學路徑而言，因為 $\bar{n}_s$（對於一般半導體來說約 3~4 ）大於 $\bar{n}_o$，θ_o 始終大於 θ_s。圖 13 展示了當 θ_o 為90° 時 θ_s 的 臨界角而且此時光線入射為平行界面。臨界角定義了光逃脫角錐，當光線位於其外時會全部反射回半導體中。將 $\theta_o = 90°$ 帶入式(14)中，可得臨界角如以下所示

$$\theta_c = \sin^{-1} \left(\frac{\bar{n}_o}{\bar{n}_s} \right) \approx \frac{\bar{n}_o}{\bar{n}_s} \tag{16}$$

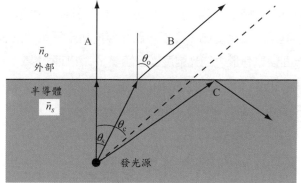

圖13　半導體／外部界面上的光學路徑。A：垂直入射幾乎沒有影響。 B：根據斯奈爾定理得出的折射角（ $\theta_o > \theta_s$ ）。C：超出光逃脫角錐的光線（ $\theta_s > \theta_c$ ）為全反射 。

對於砷化鎵($\overline{n}_s = 3.66$)與磷化鎵($\overline{n}_s = 3.45$)，其臨界角約為 16°~17°。

有三種損耗機制會減少放射光子的數量：(1)LED 內部材料的吸收，(2)菲涅耳損失，(3)臨界角損失。由於基板對放射光來說是不透明的，對於 LED 於砷化鎵基板上的吸收損耗是很大的，約吸收了 85% 由接面射出的光子。若透明基板上具有等電子缺陷中心的磷化鎵，由 LED 向下放射的光子能夠被基板反彈，則僅約 25% 的吸收量，其效率可明顯提升。菲涅耳損失是源自內部反射回半導體之中。第三種損失機制是由光子以臨界角 θ_c 入射至界面的全反射所引起。

為了計算由臨界角損失引起的光學效率，簡單起見，我們在此忽略吸收損失與菲涅耳損失。而光逃脫角錐的固體角可計算如下

$$固體角（solid angle）= 2\pi(1-\cos\theta_c) \tag{17}$$

對於點光源來說，總立體角為 4π，光學效率可以由簡單的分數所得

$$\eta_{op} = \frac{光逃脫角錐的固體角(solid\ angle\ of\ light\text{-}escape\ cone)}{4\pi} = \frac{1}{2}(1-\cos\theta_c)$$

$$= \frac{1}{2}\left[1-\left(1-\frac{\theta_c^2}{2!}+...\right)\right] \approx \frac{1}{4}\theta_c^2 \approx \frac{1}{4}\frac{\overline{n}_o^2}{\overline{n}_s^2}\ . \tag{18}$$

(將 $\cos\theta_c$ 級數展開)對於一般平面之半導體 LED，其光學效率大約只有 2%。

儘管在半導體內的光線具有均勻的強度，但經由界面折射後，射入環境的光線與其角度是相依的，這是一個源自於斯奈爾定律的有趣現象。當光線垂直界面會具有最大的光強度並且隨著 θ_o 增加而遞減。

將界面上方與下方的光能量以符號表示其關係，可以發'現一般平面 LED 結構的放射光強度與角度具有如下關係

$$I_o(\theta_o) = \frac{P_s}{4\pi r^2}\frac{\overline{n}_o^2}{\overline{n}_s^2}\cos\theta_o \tag{19}$$

P_s 為光源的功率而 r 為由光源至表面的距離。這樣的放射圖案稱為朗伯發射(Lambertian emission)圖樣。圖14 為平面、半球、拋物結構的放射圖樣。對於平面結構，角度為 60° 時歸一化強度僅剩 50%。而理想的半

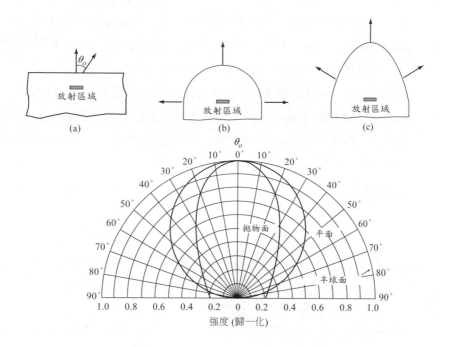

圖14　考慮不同結構 LED 的光學效率：(a) 平面。(b) 半球面。(c) 拋物面。(d) 歸一化的朗伯發射圖樣。(參考文獻6)

球面結構，由於所有的光線皆垂直於界面，因此放射強度保持一均勻高強度分佈且臨界角的損失完全被消除。一個好的實用與折衷方式為在一平面結構上覆蓋一層半球鍍膜，其折射率剛好介於半導體與外部環境之間。

　　一個平面結構的總放射光能量可以藉由在整個在 $0° \leq \theta_o \leq 90°$ 的全範圍對式(19)進行積分而得。藉由比較放射光功率界面的功率源可計算出光學效率。以此法得出的光學效率將會與式(18)具有相同的結果。

　　到目前為止，我們已經考慮了光由接面方位與上或底部表面射出的情形。這樣的元件稱為表面射極(surface emitter)。而其餘的元件稱為邊際射極(edge emitter)，其光會平行接面射出(圖 15)。有兩種基本元件架構可將 LED 光輸出耦合至玻璃光纖中。對於表面射極，放射區域由二氧化矽絕緣區與 P^+ 擴散形成的最小電阻路徑所限制。為了使吸收達到最小，放射光所經過的半導體層必須非常薄，約 10~15 μm。由於高能隙半導體(如

AlGaAs) 包圍輻射復合區域 (如砷化鎵) 所形成的載子侷限，使用異質接面 (如砷化鎵 / AlGaAs) 能夠提升效率。異質接面同時也為輻射放射的窗口，因為較高能隙侷限層並不會吸收由較低能隙放射區域的輻射。而邊際射極 (圖15b)，其主動區和雙重異質接面會被兩層光學包覆層形成三明治的結構。其光輸出較為平行，因此不能容許因臨界角所造成的全反射效應。此優點是可以改善與小接受角光纖的耦合效率。放射光的空間分佈類似於異質結構雷射，將於章節 12.5.4 來考慮。

功率效率　　功率效率 η_p 可簡單的定義為光輸出功率與電輸入功率比，

$$\eta_P = \frac{光輸出功率}{輸入的電功率}$$
$$= \frac{外部發射光子數目}{I \times V} \tag{20}$$
$$= \frac{外部發射光子數目 \times h\nu}{通過接面載子數目 \times q \times V}$$

因為偏壓大致上等於能隙光能量 $(qV \approx h\nu)$ 所以功率效率類似於外部量子效率 $(\eta_p \approx \eta_{ex})$。

發光效率　　當比較 LED 的可視效應時，人眼的反應必須加入討論。藉由一與人眼敏感度相關的因子，可以將發光效率對功率效率進行歸一化，如之前圖一所示。例如，人眼之最高敏感度在 0.555 μm (綠色)。當波長接近可見光光譜中紅色或紫色的終點，敏感度會快速下降。因此人眼會接受較少的綠色功率來達成相同的可見亮度。對於 LED 應用於顯示與照明，發光效率為更適合的參數表示。

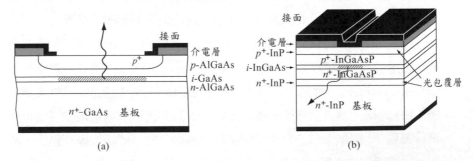

圖15　LED 結構表示光射出方向由 (a) 表面射極 (b) 邊際射極。

光輸出亮度可由發光通量來獲得(以流明為單位)，

$$\text{光通量 (luminous flux)} = L_0 \int V(\lambda) P_{op}(\lambda) d\lambda \qquad \text{lm} \qquad (21)$$

這裡 L_0 為常數，其值為 683 lm/W，$V(\lambda)$ 為相對人眼敏感度 (圖 1) 且 $P_{op}(\lambda)$ 為輻射輸出的功率頻譜。以 $\lambda = 555$ nm 所對應到的峰值對人眼敏感函數 $V(\lambda)$ 進行歸一化。發光效率可由以下式子表示[9]

$$\eta_{lu} = \frac{\text{光通量 (luminous flux)}}{\text{輸入電功率 (electrical power in)}} = \frac{683 \int V(\lambda) P_{op}(\lambda) d\lambda}{VI} \qquad \text{lm}\Big/\text{W} \qquad (22)$$

此發光效率最大值為 683 lm/W。

　　當 LED 科技隨時間進步，發光效率已經獲得驚人的進展。發光效率依序改善的過程被歸納於圖 16 中。與傳統光源的發光效率比較亦列入其中。圖中的斜率代表了每三年兩個因子的改進，或相當於每十年上升十倍。當發光效率逼近理論極限值 683 lm/W 時，這樣的改善速率並不能維持下去。時至今日，最先進的 LED 的發光效率已經大於傳統光源。

12.3.4 白光LED

對於一般之高亮度照明，白光 LED 為十分重要的應用[25]。當功率效率與亮度已經提升至可直接與傳統光源匹配時，此領域變得越來越重要。如每天的家用電燈、裝飾燈、手電筒、戶外號誌與車用頭燈等。

　　白光可由混合兩種或三種適合強度比例的顏色獲得。基本上有兩種方式來達成白光。第一種為結合不同光色的 LED：紅綠藍。因為較高的成本且混合多種窄帶寬並不能產生良好的色彩表現，此法並非為普遍的方式。第二種方式為最普遍的作法，使用具有色彩轉換器 (color converter) 覆蓋的單一 LED。色彩轉換器是一種可以吸收原本 LED 的光並發出不同頻率光的材料。轉換器的材料可為磷粉、有機染料或其他半導體。其中磷粉為最常見的材料[23]。與 LED 光相比，由磷粉輸出的光源通常具有十分寬的光譜，而且波長範圍也更長。這些色彩轉換器的效率非常高，將近 100%。

　　一項普通的方式即是使用藍光 LED 加上黃色磷粉。在此方法

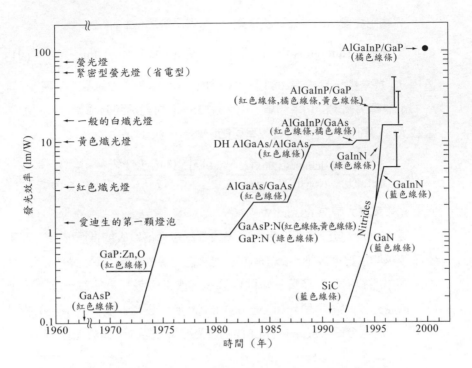

圖16　發光二極體的發光效率隨時間的演進圖（參考文獻6）。

中，LED光被磷粉部分吸收。藍光 LED 與磷粉發出的黃色光混合產生白光。其它版本是使用 UV LED。LED 的光完全地被磷粉所吸收，並且重新產生一寬光譜的仿白光。

12.3.5　頻率響應

在設計 LED 用於高速應用時，如光纖通訊系統，頻率響應為另一項重要參數。這項參數可以決定 LED 能夠開關的最大頻率及資料最大傳輸率。LED 的截止電壓可以由下式所決定

$$f_T = \frac{1}{2\pi\tau} \tag{23}$$

τ 為整體生命期，定義如下

$$\frac{1}{\tau} = \frac{1}{\tau_r} + \frac{1}{\tau_{nr}} \tag{24}$$

如同早先的討論，内部量子效率與輻射及非輻射生命期(τ_r & τ_{nr})有關。式(24)中，當 $\tau_r \ll \tau_{nr}$ 時，τ 會趨近於 τ_r。因此，如同式(11)所代表的，τ_r 隨著主動層摻雜量的增加而減少，且 f_T 會變大。針對速度的考量，一般傾向在異質結構中間的主動區增加摻雜濃度[26]。

12.4 雷射物理

雷射(laser)(意指藉由激發輻射產生的光放大)為邁射(maser)(藉由激發輻射產生的微波電磁放大)的延伸。不同之處在於輸出頻率的範圍。雷射與 maser 兩者的基礎皆為誘發放射現象，此為愛因斯坦於 1910 年代提出的假設。雷射物質可以是氣體、液體、非晶相固體或是半導體。半導體雷射也被稱為注入式雷射、接面雷射或二極體雷射。

邁射行為首先於 1954 年被 Townes、Basov、Prokhorov[28] 及其共同研究者[27] 使用氨氣實現。雷射行為則在 1960 年[29] 代首先在紅寶石上得到，並接著 1962年在氦氖氣體中實現。接著，半導體被使用來做為雷射材料[30-32]。經過 1961 年 Bernard 與 Duraffourg[33] 的理論計算以及 1962 年Dumke[34] 展示了雷射行為的確在直接能隙中可能發生，並且為其訂立了四個重要準則。1962 年，幾乎是同時間内有四篇半導體雷射論文發表：Hall 等人[35]、Nathan 等人[36]與 Quist 等人[37]使用砷化鎵，而 Holonyak 與 Bevacqua 則使用 GaAsP[38]。Kroemer[39]、Alferov 與 Kazarinoc[40] 於 1963 年提出了異質接面來改善雷射特性[41]。逐漸到了 1970 年，Hayashi 利用雙重異質接面於室溫下達成了 CW 操作。由邁射到異質接面雷射，雷射的歷史發展被整理在參考文獻 42 ~ 44 中。

半導體雷射與其他雷射(如紅寶石固態雷射及氦氖氣體雷射)類似，其放射輻射具有空間與時間上的同調性。雷射輻射為高度單色性，能夠產生高度方向性的光束。然而，半導體雷射與其他雷射在某些重要方面仍然不同：

　　1. 傳統雷射中，量子躍遷發生在分立的原子能階，然而在半導體雷射中，躍遷與材料能帶的性質有關。

2. 半導體雷射在尺寸上是非常緊密的，單一雷射長度大約為 0.1 mm。最近製作在單晶(monolithic)晶圓形式的積體雷射是更加地小。然而，由於主動區非常的窄(大約為 1 μm 等級或更小)，其雷射光束比傳統雷射更為發散。

3. 半導體雷射其空間與光譜特性強烈地受到接面介質的特性所影響，例如能隙與折射率上的變異。

4. 雷射的運作可簡單地藉由在二極體導入順向電流來激發，與光激發是相反的行為。經由調變電流可輕易的調變整體系統，這樣是非常有效率的。由於半導體雷射具有非常短的光子生命期，因此能夠達成高速的頻率調變。

從起初的發現，許多半導體材料可產生同調輻射，並由近紫外線至可見光以及到遠紅外線光譜(波長 ≈ 0.2 μm 到 ≈ 40 μm)。由於窄光譜線寬上的波長可調性、高可靠度、低輸入功率與簡單結構，半導體雷射具有十足的應用潛力於科技與基礎研究，如分子光譜、原子光譜、高解析度氣體光譜與監控大氣污染。半導體雷射的應用層面涵蓋非常廣泛，由許多基礎領域研究、醫學手術到日常消費性電子。由於其體積小與高頻調變能力，半導體雷射為光纖通訊系統中最重要的光源。同時，近期技術發展已經降低成本使其廣泛地應用在 CD 與 DVD 的消費性市場。

12.4.1 誘發放射與分佈反轉

為了得到清楚的物理圖像，相對於半導體中能帶的觀點，在此我們先從具有兩分立能階的簡易原子系統開始討論。考慮兩能階 E_1 與 E_2，E_1 為基態且 E_2 為激發態(圖 3)。這些能態分別具有電子濃度 N_1 與 N_2。任何能態間的躍遷皆包含了頻率 v 的光子吸收或放射，v 由 $hv = E_2 - E_1$ 所決定。如之前所提，三種光學過程為吸收(absorption)、自發放射(spontaneous emission)、誘發放射(stimulated emission)。在一般的溫度下，大部分原子皆處於基態。當能量為 hv 的光子照射到系統上，此狀態會被干擾。在 E_1 狀態下的原子吸收了能量接著變成激發態 E_2，這就是吸收過程。吸收的特性由吸收係數 (α) 來決定，此為光偵測器與太陽能電池之主要過程。激發態原子是不穩定態，經過短時間後，若沒有任何外部的誘發，仍會產生一回到基態的躍遷並且放射一能量為 $h\nu$ 的光子。此過程稱為自發放射。自發放射的生命期變化非常劇烈，一般的範圍 10^{-9}~10^{-3} 秒 (s) 根據不同的半導體參數，例如能隙直接與間接與復合中心密度，而有所變化。在自發放射中，放射光在空間與時間上為任意分佈的 (非同調)。這為 LED 之主要機制。當具有能量 $h\nu$ 的光子照射到處於激發態的原子時，一個有趣且重要的現象便會發生。在此情形中，原子很快的會被誘發躍遷成基態並射出另一個光子，此光子與入射光子具有相同波長與相位。此過程稱為誘發放射。誘發放射為雷射現象的主要機制。注意兩項誘發放射的有趣性質，第一，需要輸入一個光子同時會輸出兩個光子，其為光學增益的基本概念。第二，兩個光子為同相位，這使得雷射輸出為同調性的。

我們接下來將分析誘發放射的基本條件。對於光學過程的躍遷率公式為：

$$R_{ab} = B_{12} N_1 \phi \tag{25}$$

$$R_{sp} = A_{21} N_2 \tag{26}$$

$$R_{st} = B_{21} N_2 \phi \tag{27}$$

B_{12}、A_{21}、B_{21} 分別為誘發吸收、自發放射與誘發放射的愛因斯坦係數。注意 R_{ab} 與 R_{st} 皆正比於光強度 ϕ，R_{sp} 與後者不相關。在平衡態時，殘留在這些能帶的電子濃度與其能量有關，並由波茲曼統計決定：

$$\frac{N_2}{N_1} = \exp\left(\frac{-\Delta E}{kT}\right) = \exp\left(\frac{-h\nu}{kT}\right) \tag{28}$$

由黑體輻射中的強度光譜可得

$$\phi(\nu) = \frac{8\pi \bar{n}_r^3 h\nu^3}{c^3}\left[\frac{1}{\exp(h\nu/kT)-1}\right] \tag{29}$$

因為淨光學躍遷為零，我們令 $R_{ab} = R_{sp} + R_{st}$。可得

$$B_{12}N_1\phi = N_2\left(A_{21} + B_{21}\phi\right) \tag{30}$$

將式(28)與(29)帶入式(30)中可得下列的一般關係式

$$\frac{8\pi\bar{n}_r^3 h\nu^3}{c^3\left[\exp\left(h\nu/kT\right)-1\right]} = \frac{A_{21}}{B_{12}\exp\left(h\nu/kT\right)-B_{21}} \tag{31}$$

而在所有的溫度下此式皆成立,可得以下結論

$$B_{12} = B_{21} \tag{32}$$

其遵守

$$\frac{A_{21}}{B_{21}} = \frac{8\pi\bar{n}_r^3 h\nu^3}{c^3} \tag{33}$$

在雷射行為中,誘發放射對於非同調光是不重要且微弱的,甚至可忽略之。淨光學輸出率為誘發放射率減去吸收率:

$$R_{st} - R_{ab} = \left(N_2 - N_1\right)B_{12}\phi \tag{34}$$

此處可發現淨光學增益只有當 $N_2 > N_1$ 時才為正值,此條件稱為分佈反轉(population inversion)。於熱平衡下,根據式(28),基態的原子較激發態原子多,分佈反轉將不會自然的發生。創造分佈反轉狀態需要一些外在的手段。可以提供另一光源(光抽運 optical pumping)或是雷射二極體中,經由施加正向偏壓在基本半導體雷射結構之 p–n 接面上來產生。

現在我們轉而討論能階變成兩分離連續能帶的半導體。為了符合分佈反轉的狀況,先將價電帶中的電洞觀念放在一旁。靠近冶金接面的區域將會產生光,如圖 17 所示。在絕對零度下之平衡態(圖 17a),導電帶的能階會完全的缺少電子,而價電帶能階會完全被填滿。圖 17b 代表 0 K 時的分佈反轉。此非平衡條件,可利用兩準費米能階 E_{Fn} & E_{Fp} 來描述。導電帶被電子填滿至 E_{Fn} 而價電帶缺少電子降至 E_{Fp}。E_1 與 E_2 每個能階現在皆被變寬成一些窄能帶,即($E_C{\rightarrow}E_{Fn}$)以及($E_{Fp}{\rightarrow}E_V$)。N_1 與 N_2 為這些窄能帶中的積分電子密度。所以,如例子中所示,N_2 為導電帶中的電子總數,但 N_1 為此窄能帶($E_{Fp}{\rightarrow}E_V$)中的數量且其為零。在有限的溫度下 $T > 0$ K,載子分佈將擴大範圍,並且分佈函數也將不再是階梯函數(圖

17c)。雖然整體的熱平衡態並不存在，但在給定能帶的電子互相之間將會是熱平衡狀態。導電帶與價電帶中，能態的佔據機率會由費米–狄拉克分佈(Fermi-Dirac distribution)函數所決定

$$F_C(E) = \frac{1}{1 + \exp(E - E_{Fn}/kT)} \tag{35a}$$

$$F_V(E) = \frac{1}{1 + \exp(E - E_{Fp}/kT)} \tag{35b}$$

考慮具有能量 hv 的光子發射率，其來自於由導電帶 E 的上方能態至價電帶中下方能態($E-hv$)的躍遷。放射率正比於上方被佔據能態密度 $F_C N_c$ 與下方非佔據能態密度$(1-F_V)N_V$ 的乘積，N_c 與 N_v 分別為導電帶與價電帶中的能態密度。另一方面，吸收率正比於上方非佔據能態密度$(1-F_C)N_c$ 與下方佔據能態密度 $F_V N_V$ 的乘積。對於吸收 R_{ab}、自發放射 R_{sp} 與誘發放射 R_{st} 的躍遷率可由積分所有能量來得到

$$R_{ab} = B_{12}\int(1-F_C)F_V N_c N_v N_{ph}dE \tag{36}$$

$$R_{sp} = A_{21}\int F_C(1-F_V)N_c N_v dE \tag{37}$$

$$R_{st} = B_{21}\int F_C(1-F_V)N_c N_v N_{ph}dE \tag{38}$$

N_{ph} 為適當能量的光子密度。對於考慮雷射這方面，自發放射再一次被忽略，且淨光學增益由下列式子

$$R_{st} - R_{ab} = B_{21}\int N_{ph}(F_C - F_V)N_c N_v dE \tag{39}$$

(使用早前推導的等式 $B_{12} = B_{21}$)。為了使式(39)大於零，$F_C > F_V$ 與 $E_{Fn} > E_{Fp}$ 為半導體中分佈反轉的條件。於熱平衡下，$E_{Fn} = E_{Fp}$ 且 $pn = n_i^2$，因此我們一般用來表示分佈反轉的條件可被簡化成 $pn > n_i^2$。

此外，由式(35a)與(35b)($\Delta E = hv$)，以及光子能量必須大於能隙的要求，$hv > E_g$，對於雷射的必要條件變為[33]

$$E_g < hv < E_{Fn} - E_{Fp} \tag{40}$$

由圖 17c 可得此條件下的量化圖像。此處並指出了光子能量的範圍。

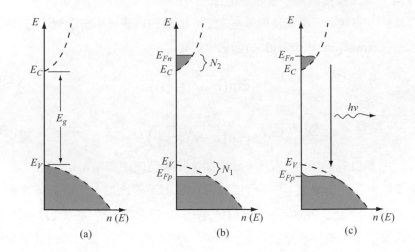

圖17 半導體中電子濃度之能量函數，由能態密度與費米-狄拉克分佈所決定。
(a) 平衡下，$T = 0$ K。具有分佈反轉下，(b) $T = 0$ K，與 (c) $T > 0$ K。

式(40)也指出了 p–n 接面摻雜濃度的重要涵意。對於典型的電流抽運雷射二極體，$(E_{Fn} - E_{Fp})$ 大約等於偏壓。既然偏壓被限制在接面的內建電位，$(\psi_{Bn} + \psi_{Bp})$，下列的要求也必須隨之符合，

$$E_g < \left(\psi_{Bn} - \psi_{Bp}\right)q \tag{41}$$

這代表了接面至少要有一側被高度摻雜到簡併的程度，使其費米能階位於能帶之內(或塊材電位 ψ_B 大於能隙的一半)。然而，對於異質接面雷射而言，發光區域的 E_g 較小，對於摻雜的需求便較寬鬆。

12.4.2 光學共振器與光學增益
(Optical Resonator and Optical Gain)

對於雷射而言，另一個結構上的要求是在光輸出的方向上有一光學共振器(optical resonator)。光學共振器主要用來限制光線並增大內部能量。在法布里-珀羅標準量具(Fabry-Perot etalon)的做法下，光學共振器具有兩片

完美的平行壁，並且垂直接面。這些面如鏡面般光滑，其折射率也經過優化設計。一面法布里–珀羅鏡能夠完全的反射而另一面則否，因此光只能由一邊射出。平行雷射輸出方向的鏡面為粗糙表面，使其高度吸收以抑制橫向的雷射。

　　光學共振器具有多重的共振頻率，其稱為縱向模式 (longitudinal mode)。每一個皆對應具有邊界上零節點的駐波。在此條件下，重複性反射光與靜止內部的共振腔為同調的，而且建設性干涉維持了同調狀態。此條件成立在當 L 為半波長的倍數，或

$$m\left(\frac{\lambda}{2\bar{n}_r}\right) = L \tag{42}$$

m 為整數。這些模式在頻率與波長上的分隔為

$$\Delta\lambda = \frac{d\lambda}{dm}\Delta m = \frac{\lambda^2}{2L\bar{n}_r}\Delta m \tag{43}$$

$$\Delta\nu = \frac{c}{2L\bar{n}_r}\Delta m \tag{44}$$

一般長度 L 遠大於所需的波長，所以不需要精準的尺度。

　　光學共振器中，源自誘發放射的光學增益 (g) 會被因吸收 (α) 引起的光學損失所補償。淨增益/損失為距離函數，如以下

$$\phi(z) \propto \exp\left[(g-\alpha)z\right] \tag{45}$$

考慮一完整的反射路徑，兩鏡子的反射率為 R_1 與 R_2 (圖 18)，並具有額外的損耗。由於給定系統下，R_1、R_2 與 α 為定值，g 為唯一可變化整體增益之參數。為了使整體增益為正值，其標準給定如下

$$R_1 R_2 \exp\left[(g-\alpha)2L\right] > 1 \tag{46a}$$

或等價上，雷射的臨界增益 g_{th} 為

$$g_{th} = \alpha + \frac{1}{2L}\ln\left(\frac{1}{R_1 R_2}\right) \tag{46b}$$

因為增益與抽運電流直接相關，此標準為決定雷射臨界電流的基準，是一重要參數。

12.4.3 波導

在先前的章節中，光學共振器可用來捕獲光並增強其強度。其由鏡子所組成並垂直光前進方向。在本章節中，我們討論平行光前進方向的光侷限 (以便避免橫向方向的漏光，如圖 18)。波導提供的光侷限效應是由於靠近發光接面的非均勻折射率所致。在雙重異質接面雷射中，高折射率材料組成的主動層被低折射率的材料包圍，也就形成了波導，此現象具有相當大的好處。圖 19 表示了三層介電層的波導，其折射率分別為 $\bar{n}_{r1}$、$\bar{n}_{r2}$ 與 $\bar{n}_{r3}$。在此條件下

$$\bar{n}_{r2} > \bar{n}_{r1}, \bar{n}_{r3} \tag{47}$$

圖 19 中第一層與第二層的光角度為 θ_{12}，此角度大於式 (16) 所得的臨界角。而在第二層與第三層的接面也有相同的 θ_{23}。因此，當主動區的折射率大於其包圍層的折射率時，即式 (47)，電磁輻射的前進方向將被導引至平行界面的方向。

對於均質結構雷射而言，中央波導層與鄰接層的折射率差異來自於不同機制：具有較高載子密度的材料具有較低折射率。此處，主動層的摻雜量是較輕微的而被夾在重摻雜的 n^+ 型與 p^+ 型層之間。其折射率的差異大約只有 0.1%~1% 之間。而雙重異質結構雷射，其每一異質接面的折射率差異較大 ($\approx 10\%$)，而形成了良好結構的波導管。

為了嚴格推導詳細的波導性質，橫向座標 x 與 y 分別對應垂直與平行接面平面的方向。考慮一對稱的三層介電層波導管，其 $\bar{n}_{r2} > \bar{n}_{r1} = \bar{n}_{r3}$ (圖 19)。對於橫向偏極化的橫向電場 (TE) 沿傳播方向 (z 方向)，$\mathscr{E}_z$ 等於 0。波導被視為在 y 方向無限延伸，因此 $\partial/\partial y = 0$。馬克思威爾方程式被簡化為

$$\frac{\partial^2 \mathscr{E}_y}{\partial x^2} + \frac{\partial^2 \mathscr{E}_y}{\partial z^2} = \mu_0 \varepsilon \frac{\partial^2 \mathscr{E}_y}{\partial t^2} \tag{48}$$

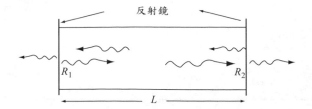

圖18　法布里–珀羅光學共振腔。R_1 與 R_2 為兩面鏡子之反射係數。

這裡 μ_0 為磁導率而 ε 介電常數，藉由對主動層 $-d/2 < x < d/2$ 中的 TE 波使用分離變數法，其解為

$$\mathscr{E}_y(x,z,t) = A_e \cos(\kappa x)\exp\left[j(\omega t - \beta z)\right] \tag{49}$$

和

$$\kappa^2 \equiv \bar{n}_{r2}^2 k_0^2 - \beta^2 \tag{50}$$

這裡 $k_0 \equiv (\omega/\bar{n}_{r2})\sqrt{\mu_0 \varepsilon}$ 且 β 為分離常數。z 方向的磁場為

$$\begin{aligned}
\mathscr{H}_z(x,z,t) &= \left(\frac{j}{\omega\mu_0}\right)\bigg/\left(\frac{\partial\mathscr{E}_y}{\partial x}\right) \\
&= \frac{-j\kappa}{\omega\mu_0}A_e \sin(\kappa x)\exp\left[j(\omega t - \beta z)\right]
\end{aligned} \tag{51}$$

為了產生波導效應，在主動層之外的場分佈必須遞減。對於 $|x| > d/2$，橫向電場與縱向磁場的解為

$$\mathscr{E}_y(x,z,t) = A_e \cos\left(\frac{\kappa d}{2}\right)\exp\left[-\gamma\left(|x|-\frac{d}{2}\right)\right]\exp\left[j(\omega t - \beta z)\right] \tag{52}$$

與

$$\mathscr{H}_z(x,z,t) = \left(\frac{-x}{|x|}\right)\left(\frac{j\gamma}{\omega\mu_0}\right)A_e \cos\left(\frac{\kappa d}{2}\right)\exp\left[-\gamma\left(|x|-\frac{d}{2}\right)\right]\exp\left[j(\omega t - \beta z)\right] \tag{53}$$

此處

$$\gamma^2 \equiv \beta^2 - \bar{n}_{r1}^2 k_0^2 \tag{54}$$

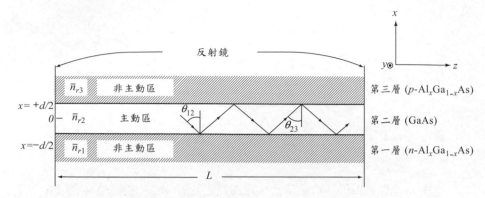

圖19　三層介電層之波導示意圖與被導引之光軌跡。

由於 k 與 γ 皆必須為正實數，式(50)與(54)表示了波導模式的必要條件為 $\overline{n}_{r2}^2 k_0^2 > \beta^2$ 和 $\beta^2 > \overline{n}_{r1}^2 k_0^2$ 或

$$\overline{n}_{r2} > \overline{n}_{r1} \tag{55}$$

此結果等同於式(47)。

　　為了決定分離常數 β，我們使用界電層介面處的邊界條件，即磁場的 $\mathscr{H}_z$ 切線分量於其上必須連續。由式(51)與(53)，我們得到特徵方程式

$$\tan\left(\frac{\kappa d}{2}\right) = \frac{\gamma}{\kappa} = \sqrt{\frac{\beta^2 - \overline{n}_{r1}^2 k_0^2}{\overline{n}_{r2}^2 k_0^2 - \beta^2}} \tag{56}$$

式(56)的解與正切函數的幅角有關，其值為 $2\pi m$（m 為整數）的倍數。當 $m = 0$，為最低階或基本模式。而 $m = 1$ 時，則為第一階模式，以此類推。一旦此數字被指定，式(56)可由數值分析或圖解法解得。其解經由式(53)代入式(49)中可得電場與磁場。

　　我們定義一限制因子 Γ，其為主動層內的光強度與主動層內外光強度總和的比率。由於光強度由波印亭向量 $\mathscr{E} \times \mathscr{H}$ 所決定，其正比於 $|\mathscr{E}_y|^2$，因此對於對稱結構三層介電層波導管中偶 TE 波的限制因子可由式(49)與(52)得到：

$$\Gamma = \int_0^{d/2} \cos^2\left(\kappa x\right) dx \left\{ \int_0^{d/2} \cos^2\left(\kappa x\right) dx + \int_{d/2}^{\infty} \cos^2\left(\frac{\kappa d}{2}\right) \exp\left[-2\gamma\left(x - \frac{d}{2}\right)\right] dx \right\}^{-1}$$

$$= \left\{ 1 + \frac{\cos^2\left(\kappa d/2\right)}{\gamma\left[\left(d/2\right) + \left(1/\kappa\right)\sin\left(\kappa d/2\right)\cos\left(\kappa d/2\right)\right]} \right\}^{-1} \tag{57}$$

對於奇 TE 波與橫向磁波也可得到類似的表示式。由於限制因子代表了主動層中前進波的能量比，因此其經常被使用。

時至今日，異質結構雷射的砷化鎵 GaAs / Al$_x$Ga$_{1-x}$As 系統已被廣泛研究。 Al$_x$Ga$_{1-x}$As 其能隙大小為鋁含量的函數。此化合物為直接能隙材料直到 x = 0.45 ，超過之後會變為非直接能隙半導體。對於異質結構雷射而言，在組成為 $0 < x < 0.35$ 之間是最為重要的，其直接能隙可被表示為[4]

$$E_g\left(x\right) = 1.424 + 1.247x \qquad \text{(eV)} \tag{58}$$

而其成分組成與折射率的關係式可用以下式表示

$$\bar{n}_r\left(x\right) = 3.590 - 0.710x + 0.091x^2 \tag{59}$$

舉例來說，當 x = 0.3 時，Al$_{0.3}$Ga$_{0.7}$As 的能隙為 1.798 eV，比砷化鎵大了 0.374 eV。而其折射率為 3.385，大約比砷化鎵小了約 6%。

圖 20a 說明成份對三層介電波導 Al$_x$Ga$_{1-x}$As / GaAs / Al$_x$Ga$_{1-x}$As 中垂直接面平面光強度 $|\mathscr{E}_y|^2$ 之影響。由式（49）與（56），對於波長為 0.9 μm（1.38 eV）與基本模式（m = 0）計算可得其曲線。當成份變化時，將主動層厚度 d 固定為 0.2 μm。x 由 0.1 增加到 0.2 時，限制性明顯的增加。圖20b 代表 x = 0.3 時，限制性隨 d 的變化。當主動層越薄時，越多的光散佈入 Al$_{0.3}$Ga$_{0.7}$As 中，並且主動層中的總強度也越少，限制也就較沒效果。對於較大的d，其可允許較高階模式，圖 20c 展示了隨著模式數增加，會有更多的光在主動區外。因此，為了增加光學侷限，較低的模式是較好的。

圖 21 為基本模式的限制因子 Γ 隨雜質成份與d的變化示意圖。可發現 $d < \lambda \bar{n}_{r2} (\approx 0.5$ μm) 時，即主動層厚度低於輻射波長時，Γ 會快速降低。這裡代表了主動層內前進模式與 Γ 的比例，此重要概念可了解主動層厚度對臨界電流密度的影響。

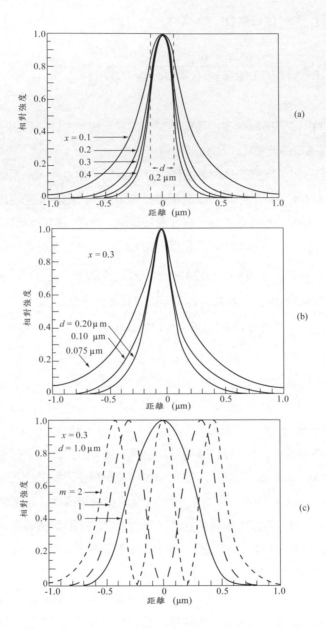

圖20　電場平方（強度）與位於雙重異質接面波導中位置的函數關係：(a) 針對 $d = 0.2$ μm，以及針對不同 AlAs 莫爾分量。(b) 針對 $x = 0.3$ 與不同的 d。(c) 針對指定成份及厚度的基本第一與第二階模式。(參考文獻4)

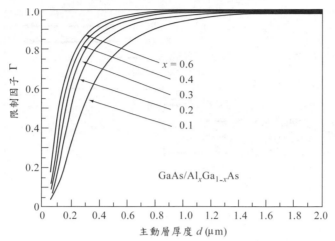

圖21 針對一個 $GaAs/Al_xGa_{1-x}As$ 對稱三層介電層波導的基本模式,其限制因子是主動層厚度與合金成份的函數。(參考文獻4)

12.5 雷射操作特性

12.5.1 元件材料與結構

雷射材料　具有雷射行為的半導體材料名單仍然在增加當中。至今,實際上所有的雷射半導體皆為直接能隙。由於直接能隙中輻射復合為第一階(即動量自動守恆)過程,躍遷機率高,因此此情形是可預期的。對於非直接能隙半導體,輻射複合為二次過程(包含了聲子或其他散射媒介來使動量與能量守恆)。因此,其輻射躍遷便微弱許多。此外,在非直接能隙半導體中,由於注入載子造成的自由載子損失會隨著激發過程而快速增大,超過增益過程所產生的自由載子損失速率[34]。

　　圖22 代表了不同半導體的雷射放射波長範圍。最大的範圍涵蓋了近紫外光到遠紅外光。某些材料的選擇是值得一提的。像砷化鎵為第一個發出雷射的物質,且與它相關的 $Al_xGa_{1-x}As$ 異質接面已廣泛研究、發展並商業化。新等級的氮–基材材料($Al_xGa_{1-x}N$與$Al_xIn_{1-x}N$)在過去十年間已有長足的進步,並且推進低波長極限至 ≈ 0.2 μm。對於重要的光纖通訊系統應

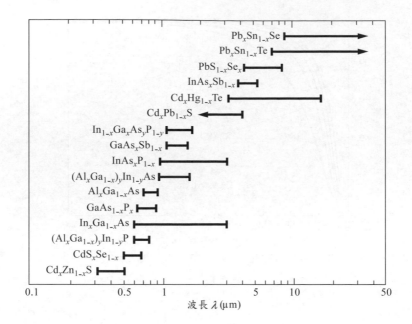

圖22　不同化合物半導體材料的雷射放射波長。(參考文獻45)

用，其理想波長約為 ≈ 1.55 μm可由 $In_xGa_{1-x}As_yP_{1-y}$ 與 $In_x(Al_yGa_{1-y})_{1-x}As$ 系統的異質結構來達成，且其晶格與磷化銦基板相匹配。而超過 3 μm 的長波長應用，需要將溫度調節至低於室溫下來操作。

　　在此要指出的是波長範圍是從能帶間躍遷跨過它們的能隙。對於一個材料系統而言，導電帶之內的次能帶間躍遷，如量子瀑布型 (quantum cascade) 雷射 (章節 12.6.3)，波長可更大幅延伸。

　　既然異質接面雷射為十分普遍，為了選擇合適的材料混合，其能隙–晶格常數關係便十分關鍵。對於一些常見材料系統的關係列在第一章的圖 32 中。為了達成具有可忽略介面缺陷的異質接面，兩種半導體間的晶格必須十分匹配。同時，兩種半導體材料之間具有大的能隙差時可容易達到載子侷限，折射率的差異則有助於波導效應。如圖所示，有些材料能隙大小跨越直接能隙到不能激發雷射的非直接能隙。因此，此組成必須避免。

　　光纖通訊為雷射中重要應用之一。圖 23為光纖實驗中的衰減特性。

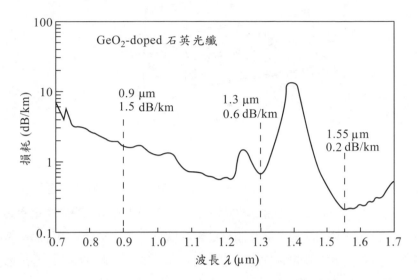

圖23　石英光纖的低損耗特性。並指出三個值得注意的波長。(參考文獻46)

圖中並指出了特別重要的三個波長。GaAs / Al$_x$Ga$_{1-x}$As 異質接面雷射能夠提供約 0.9 μm 波長的光源，而矽光二極體可以做為較便宜的光偵測器。光纖於 1.3 μm 波長具有低損耗(0.6 dB/km)與低色散特性，而在 1.55 μm 波長，具有最小約 0.2 dB/km 的衰減特性。對於此兩種波長，三–五族四組成化合物雷射如 In$_x$Ga$_{1-x}$As$_y$P$_{1-y}$ / InP 為光源的候選者，而三元組成或四元組成之化合物的光二極體與鍺累增光二極體可做為光偵測器的候選者[47]。

元件結構　　雷射之基本結構為 *p–n* 接面，其周圍被光學設計的表面所包圍，如圖24 所示。一對被劈裂或被拋光的平行面垂直於接面平面。接面其餘兩側表面較為粗糙以消除主要方向以的雷射。這種結構稱為法布里–珀羅共振腔。當一順向偏壓施加於雷射二極體上時，臨界電流產生自發放射。隨著偏壓增加，會逐漸達到發生誘發放射的臨界電流，而接面會放射單色並具有高度方向性的光束。

　　為了降低臨界電流，通常使用磊晶成長技術來製作異質接面雷射元件結構。圖 25 比較了均質結構、單異質接面與雙重異質接面的順向偏壓

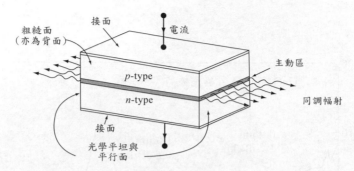

圖24　具有法布里-珀羅共振腔形式的接面雷射基本結構。

能帶圖、折射率變化與光場分佈。我們可發現，單一異質接面能夠有效率地將光侷限在異質接面處。然而，在雙重異質接面中，藉由雙重異質接面兩端之位能障礙，載子被限制在主動區域 d 之中，同時藉由陡峭的折射率變化，光場也被限制在同樣的主動區域中。這樣的限制能夠增強誘發放射並顯著地降低臨界電流。DH 雷射是最普遍常見的結構。

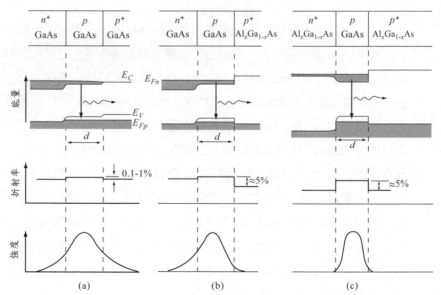

圖25　比較（a）均質結構（b）單異質結構與（c）雙重異質結構雷射。最上面一列為順向偏壓下的能帶圖。GaAs/Al$_x$Ga$_{1-x}$As 的 n_r 變化為 5%，其變化來自於摻雜量少於 1%。光侷限示意圖被顯示在底部。（參考文獻48）

其他架構的異質結構雷射也引起許多的興趣[49]。當維持載子侷限在光產生之處時,加寬波導區域是有好處的。這樣的設計比正常 DH 雷射具有較大功率輸出的優點。例如,標準的 DH 雷射中,波導層的光強度是非常高的,其有時會導致反射面產生嚴重的損壞。圖 26a 展示了分離式限制異質結構(SCH)雷射,其具有四個異質接面。圖中並畫出垂直於接面的能帶圖、折射率與光強度。GaAs 與 $Al_{0.1}Ga_{0.9}As$ 的能量差異足以將載子限制在 GaAs 層中,但折射率 $\bar{n}_r$ 的差異不足以將光加以限制。然而,外部的異質接面具有較大的 $\bar{n}_r$ 差異,其能夠有效的限制光。因此提供了寬度 W 的光波導,這樣的結構可得到很低的臨界電流。

大光學共振腔(LOC)異質結構雷射與一般 DH 雷射類似,除了 p–n

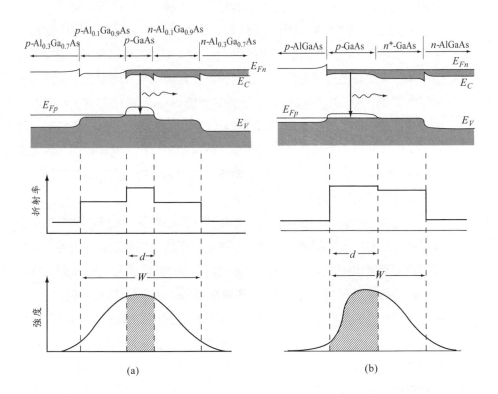

圖26　代表兩種特別的異質結構雷射其能帶(偏壓下)、折射率與光強度。(a)分離限制異質結構(SCH)雷射,(b)大光學共振腔(LOC)雷射。光放射位於d之內,而波導位於 W 中。

接面被夾在兩異質接面內(圖 26b)。大部分接面電流來自於電子注入至 p 層主動區域。p-GaAs / p-AlGaAs 異質接面同時提供載子與光學侷限,而 n-GaAs / n-AlGaAs 異質接面僅提供光侷限效應。

至今所介紹的雷射結構皆為廣區域雷射,其整個接面平面的區域都可放射輻射。實際上,大部分的異質結構雷射都作成長條狀,其光被限制成狹窄的光束大小。一般的長條寬大約為 5 到 30 μm,條狀結構的優點包括了:(1)沿著接面平面為基本模式放射(於之後討論);(2)減少截面積,可降低操作電流;(3)由於較小的接面電容,可改善反應時間;(4)自表面處移除大部分的接面周邊,改善其可靠度。

圖27 為三種代表性的範例。限制電流流入狹窄長條的方法稱為增益導向(gain–guided)。這些方法限制了可放射光的主動區。另外,產生放射光之後,為了限制其傳播,具有折射率變化的波導結構可使雷射光束保持窄寬度。此稱為折射率波導型。圖 27 中的三種結構皆為增益導向型。第一種是藉由質子撞擊產生高阻值區。雷射區域被限制在中央沒有被轟擊的區域。圖 27b 為具有隔絕結構的階檯(mesa)幾何形狀,利用蝕刻製程來形成。而圖 27c 具有介電層隔。圖 27c 結構的形成,可於階台蝕刻後,以磊晶技術再成長具有高能隙與低折射率材料。此結構亦為周圍被 AlGaAs 包圍的折射率波導。在光–電流特性上,此結構具有卓越的線性特性,並且雷射對稱地由兩面鏡子發出。

上述的所有雷射結構皆使用共振腔面,其由劈裂、拋光或蝕刻來得到能夠產生雷射的光學回饋與光學共振腔。光學回饋也可以藉由波導中週期性的折射率變化獲得,其一般可由兩層具有波狀界面表面的介電層達成。圖 28 中的結構為兩個範例。$\bar{n}_r$ 週期性變化能夠引起建設性干涉。利用這種波狀結構的雷射稱為分佈回饋式(DFB)雷射(圖 28a)與分佈式布拉格反射鏡(DBR)雷射(圖 28b)[50]。此兩種雷射差別在於光柵的位置。在 DFB 雷射中,光柵是在 SCH 結構的共振腔內,反之,在 DBR 雷射中,光柵則是在主動層外面。在這兩種雷射中,都藉由布拉格繞射來達成反射的目的。分佈式布拉格反射鏡(DBR)乃折射率交替變化的疊層所形成,其厚度等於四分之一波長($\lambda / 4\bar{n}_r$)。DBR 相較於典型的切割或蝕刻後的表面具有

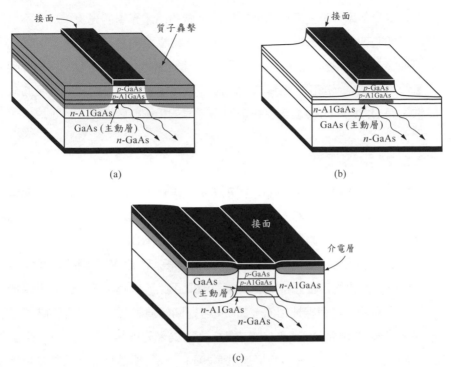

圖27　　　長條狀DH雷射，其爲增益波導型與 (a) 質子絕緣 (b) 階台絕緣與 (c) 介電絕緣結構，(c) 也爲折射率波導。

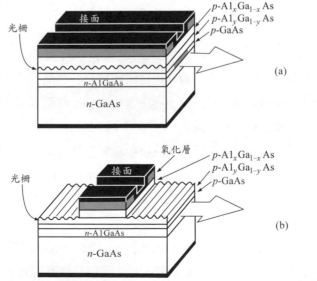

圖28　　(a) (DFB) 雷射與 (b) 分佈式布拉格反射鏡的結構示意圖。

更高的反射率。這些異質結構雷射也用做為積體光學的光源,其中不可能使用切割或拋光來形成反射鏡。此外,布拉格反射為波長的函數,因此容易調整來獲得單模(single–mode)雷射。此結構的另一個好處為其操作與溫度較不敏感[51]。法布里-珀羅共振腔雷射其放射波長遵守能隙與溫度的相依性,而 DFB 與 DBR 雷射其折射率與溫度的相依性較低。

12.5.2 臨界電流

雷射二極體的電流電壓特性可由傳統 p–n 接面求得(見第二章)。雖然雷射接面的兩側皆為重摻雜,其濃度尚不夠高,且躍遷區域不會比穿隧二極體陡峭,所以在順向偏壓下不會產生負微分電阻(NDR)。

由先前誘發放射的討論,光學增益與高能階的電子濃度具有強烈的相依性。而雷射二極體中,注入電子濃度正比於偏壓電流,因此光學增益與偏壓電流也具有線性相依。圖 29 可幫助釐清其意義。當偏壓電流增加時,費米–狄瑞克分佈函數 $F_C(E)$ 與 $F_V(E)$ 隨之改變。也就是 E_{Fn} 增加而 E_{Fp} 減少,所以 (E_{Fn}–E_{Fp}) 會增加(圖 29a)。光學增益增加且增益曲線外型也會改變。光學增益的峰值 g 會稍微往較高能量漂移(短波長)。

光學增益與偏壓電流的關係式可用以下線性方程式描述

$$g = \frac{g_0}{J_0}\left(\frac{J\eta_{in}}{d} - J_0\right) \tag{60}$$

對於高於臨界值 J_0 的歸一化電流密度 ($J\eta_{in}/d$) 而言,光學增益隨偏壓電流線性增加。圖 29b 為計算砷化鎵雷射增益的範例。其增益在較小值時為超線性(superliner),並且於 $50 \leq g \leq 400$ cm^{-1} 時隨電流密度線性增加。線性短線代表了式(60),其 $g_0/J_0 = 5 \times 10^{-2}$ cm–μm 與 $J_0 = 4.5 \times 10^3$ A / cm^2–μm。在高偏壓電流時,增益會由投射值減少並趨向飽和。此增益飽和現象乃由高誘發放射率所引起,大量的分佈反轉很難維持。當載子的供給能夠補充得上誘發放射率,導電帶中降低的電子濃度將導致較小的光學增益直到達成平衡。

現在討論偏壓電流變化時的光輸出。其一般特性如圖 30 所示。在低電流時所有方向上只有自發放射,並伴隨著相當寬的光譜。當電流增加,

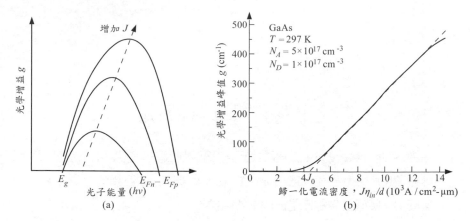

圖29　光學增益與雷射偏壓電流的函數關係。(a) 不同偏壓電流下的光學增益與放射光子能量圖。光子能量範圍反映出式 (40)。(b) 光學增益峰值隨歸一化電流的變化圖。(參考文獻52)

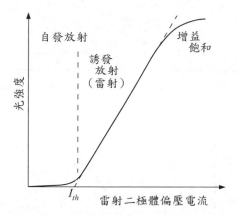

圖30　光輸出對雷射偏壓電流的關係，並且顯示臨界電流。

增益亦增加，直到達成可放射雷射的臨界點。放射雷射的條件為增益夠大以至於光波能夠完全的橫越共振腔，並等於內部損耗與外部放射的增益。此條件的前已詳細的討論過，並且由式 (46b) 描述。式 (60) 與 (46b)，能夠放射雷射的臨界電流密度為[53]

$$J_{th} = \frac{J_0 d}{\eta_{in}} \left(1 + \frac{g_{th}}{g_0} \right)$$

$$= \frac{J_0 d}{\eta_{in}} \left\{ 1 + \frac{1}{g_0 \Gamma} \left[\alpha + \frac{1}{2L} \ln \left(\frac{1}{R_1 R_2} \right) \right] \right\} \tag{61}$$

藉由將 Γg_{th} 代替 g_{th}，此方程式亦可討論限制因子。這裡可發現為了降低臨界電流密度，我們可以增加 η_{in}、Γ、L、R_1 與 R_2 並且降低 d 與 α。在雷射發展上，降低臨界電流是一個主要目標。

　　圖 31 為由式(61)計算的 J_{th} 與實驗結果的比較，J_{th} 會隨著 d 減少而降低，並到達一最小值，然後再次增加[53]。極薄主動層厚度 J_{th} 的增加是由於較差的限制因子 Γ。對於一固定 d，J_{th} 隨著增加 Al 成份 x 而降低，因為改善了光學限制。對於 InP / Ga$_x$In$_{1-x}$As$_y$P$_{1-y}$ / InP DH 雷射也能獲得類似的結果[54,55]。

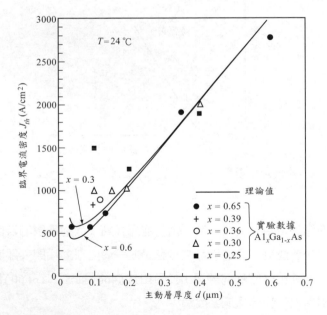

圖31　比較實驗與理論計算的 J_{th} 與 d 的函數關係。(參考文獻53)

異質結構雷射於室溫下具有低臨界電流密度，乃由於(1)包圍主動區的高能隙半導體的能障提供了載子限制，(2)由主動區外部顯著降低的折射率提供的光學限制。除了臨界電流較低外，與均質結構相比，異質結構雷射也具有較小的溫度相依關係。圖32為臨界電流與操作溫度關係圖，對於 DH 雷射而言，臨界電流隨著溫度指數地增加，如

$$I_{th} \propto \exp\left(\frac{T}{T_0}\right) \qquad (62)$$

而且 T_0 為 110~160°C。由於 300 K 下 DH 雷射的 J_{th} 可低於 10^3 A/cm²，一般皆可連續於室溫下操作。此成就增加了科技中半導體雷射應用面，特別對於光纖通訊系統。對均質結構來說(如 GaAs p–n 接面)，臨界電流密度 J_{th} 會快速地隨溫度上升而增加。室溫下，J_{th} 的典型值(由脈衝量測而來)大約為 5.0 × 10^4 A/cm²，如此大的電流密度大幅增加了在 300 K 下連續操作雷射的困難性。

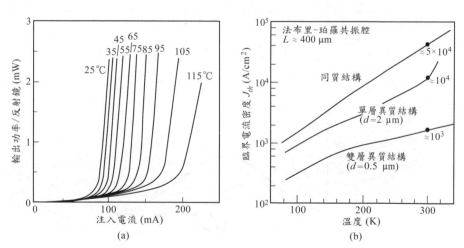

圖32 (a)對於 GaAs/Al$_x$Ga$_{1-x}$As 條狀雙異質結構雷射的光輸出對二極體電流特性曲線，顯示臨界電流對溫度的相依性。(參考文獻56)。(b)雙異質結構、單異質結構與均質結構的雷射臨界電流密度對溫度的特性曲線。(參考文獻48)

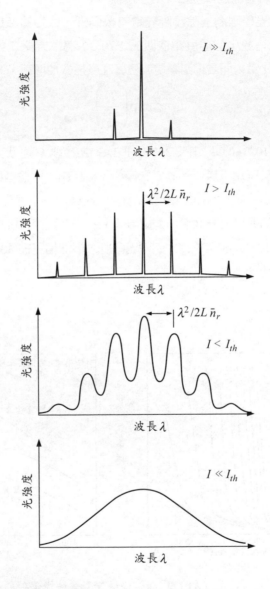

圖33 不同偏壓電流下,雷射二極體的放射光譜:(由下往上)遠小於臨界值、略小於臨界值、略大於臨界值、遠大於臨界值。強度由下圖往上增加。

12.5.3 光譜與效率

圖 33 表示了當偏壓電流從自發放射的低電流值增加到超過雷射臨界值時，典型半導體雷射的輸出特性。小電流時，自發放射正比於二極體偏壓電流，並且具有寬廣的光譜分佈，其位於半功率的光譜寬一般為 5~20 nm。這類似於 LED 之放射特性。當偏壓電流逼近臨界值，而光學增益高到能夠放大時，強度的峰值開始顯現。波長的峰值對應到光學共振器中的駐波，且各峰值間的距離由式(43)決定。在這偏壓等級時，由於自然的自發放射，光仍然為非同調。當偏壓到達臨界電流時，雷射光譜突然會變得十分細窄(< 1 Å)，此時光為同調並更具有方向性。同時圖33也展現多重模式的雷射，其稱為縱向模式(longitudinal mode)。但隨著偏壓電流繼續增大，模式數目可被減少，如同圖33 之最上一張。由式(43)，模式間距反比於共振腔長度 L，此優點是可以藉由減少 L 來進行單模操作。這也是半導體雷射與其他雷射相比的一項優點。

我們現在考慮雷射光輸出的功率與效率。當臨界值以上，內部誘發放射產生的功率與偏壓電流為線性相依，

$$P_{st} = \frac{(I - I_{th})h\nu\eta_{in}}{q} \tag{63}$$

參考先前式(46b)，光學共振腔內的單位長度損耗為 α，而一趟完整返回路徑的平均反射鏡損耗為 $(1/2L)\ln(1/R_1R_2)$。共振腔中的功率對輸出功率正比於這些因素。因此雷射輸出功率可由這些因子的比例求得，如

$$\begin{aligned} P_{out} &= P_{st}\frac{(1/2L)\ln(1/R_1R_2)}{\alpha + (1/2L)\ln(1/R_1R_2)} \\ &= \frac{(I - I_{th})h\nu\eta_{in}}{q}\left[\frac{\ln(1/R_1R_2)}{2\alpha L + \ln(1/R_1R_2)}\right] \end{aligned} \tag{64}$$

外部量子效率定義為每注入電子產生的光子放射率，

$$\eta_{ex} = \frac{d\left(P_{out}/h\nu\right)}{d\left[\left(I-I_{th}\right)/q\right]} \tag{65}$$

$$= \eta_{in}\left[\frac{\ln\left(1/R_1R_2\right)}{2\alpha L + \ln\left(1/R_1R_2\right)}\right]$$

總功率效率被定義為

$$\eta_p = \frac{P_{out}}{VI} = \frac{\left(I-I_{th}\right)h\nu\eta_{in}}{VIq}\left[\frac{\ln\left(1/R_1R_2\right)}{2\alpha L + \ln\left(1/R_1R_2\right)}\right] \tag{66}$$

一般來說，偏壓 qV 會稍微高於能隙 E_g 或光子能量 $h\nu$。所以 η_{in}、η_{ex} 與 η_p 十分的高，大約為數十個百分比的等級。

12.5.4 遠場圖樣

遠場圖樣（far-field pattern）為自由空間中放射輻射的強度分佈。由於半導體雷射尺寸很小，繞射會引起輸出光束的發散。圖 34 圖解了一個 DH 雷射的遠場放射。垂直接面平面與沿著接面平面的半功率全角度分別為

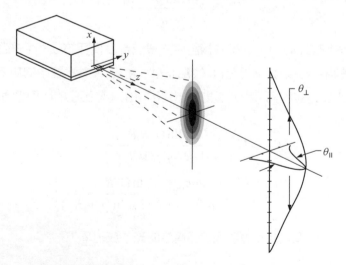

圖34　一個長條狀 DH 雷射的遠場放射示意圖。垂直接面平面與沿著接面平面的半功率全角度分別為 $\theta_x = \theta_\perp$ 與 $\theta_y = \theta_\parallel$。（參考文獻4）

$\theta_x = \theta_\perp$ 與 $\theta_y = \theta_\parallel$。對於第一階而言，角度定義為 λ / 關鍵尺寸的比率。因此對 $d \times S = 1\ \mu m \times 10\ \mu m$ 的長條形狀來說，$\theta_\parallel$ 大約為 $10°$ 左右，而 $\theta_\perp$ 會較大，大約為 $30{\sim}60°$。

遠場圖樣首先可由考慮自由空間中 $z > 0$ 的 TE 波來計算。波方程等於式 (48)，除了以自由空間的 ε_0 來取代 ε。使用分離變數法以及在 $z = 0$ 處 $\mathscr{E}_y(x,z)$ 必須連續的邊界條件，可得在角度 $\theta_x = 0$ 下的遠場強度：

$$\frac{I(\theta_x)}{I(0)} = \cos^2\theta_x \left| \int_{-\infty}^{\infty} \mathscr{E}_y(x,0) \exp\left(j\sin\theta_x k_0 x\right) dx \right|^2 \times \left| \int_{-\infty}^{\infty} \mathscr{E}_y(x,0)\, dx \right|^{-2} \quad (67)$$

在對稱之三層波導結構 (DH雷射) 中，式 (49) 與 (52) 的電場表示式可以被代換到式 (67) 中。當強度是最大值的 1/2 時，可得到全角度 $\theta_\perp$。遠場圖樣的半功率全角度 (full angles at half power) 的計算值與量測結果如圖35 所示。實心曲線為由式 (67) 計算所得的基本模式下光束的發散。虛線部份代表可允許高階模式的主動層厚度範圍。實驗數據與計算結果十分吻合。對於典型主動層厚度為 0.2 μm 之 GaAs / $Al_{0.3}Ga_{0.7}As$ DH 雷射而言，其全角度 $\theta_\perp$ 大約為 $50°$。

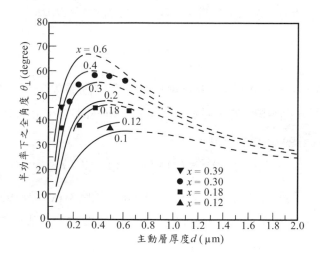

圖35　半功率下的全角度對主動層厚度與 GaAs／$Al_xGa_{1-x}As$ DH 雷射成份的計算與理論結果。(參考文獻57)

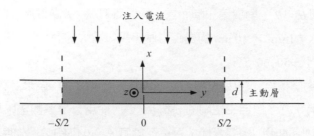

圖36　對於一長條形狀雷射其主動層厚度d與寬度S的座標系統。

　　沿著平行接面方向(y 方向)的長條狀雷射電場強度顯著地受到介電係數的空間變化影響，如圖 36 所示的長條結構，其波函數具有正弦時間相依關係 $\exp(j\omega t)$，如[58]

$$\nabla^2 \mathscr{E}_y + \frac{k_0^2 \varepsilon}{\varepsilon_0} \mathscr{E}_y = 0 \tag{68}$$

此方程式中，k_0 等於 $2\pi / \lambda$ 而 $\varepsilon / \varepsilon_0$ 被視為二維函數，具有下列形式

$$\frac{\varepsilon(x, y)}{\varepsilon_0} = \frac{\varepsilon(0) - a^2 y^2}{\varepsilon_0} \tag{69}$$

來模擬一個折射率波導主動層，並且在鄰接的非主動層中

$$\frac{\varepsilon(x, y)}{\varepsilon_0} = \frac{\varepsilon_1}{\varepsilon_0} \tag{70}$$

在式 (69) 中，$\varepsilon(0)$ 為複數介電係數，在主動層中 $y = 0$ 處 $\varepsilon_r(0) + j\varepsilon_i(0)$，而 a 為複數常數，可寫成 $a_r + ja_i$。具有由式(69)與(70)所得到介電係數的式(68)，其近似解為

$$\mathscr{E}_x(x, y, z) = \mathscr{E}_y(x)\mathscr{E}_y(y) \exp(-j\beta_z z) \tag{71}$$

由於 $\varepsilon(x,y)$ 沿著接面平面的 y 方向緩慢變化，因此 $\mathscr{E}_y(x)$ 沿著 y 方向被限制影響並不顯著，而且可以用先前推導的式(49)與(52)代表。由式(68)並使用分離變數法，我們可以得到

$$\frac{\partial^2 \mathscr{E}_y(x)}{\partial x^2} + \beta_x^2 \mathscr{E}_y(x) = 0 \tag{72}$$

$\mathscr{E}_y(y)$ 將式 (71) 與 (72) 代入式 (68) 中並乘上其共軛複數來消去 $\mathscr{E}_y(x)$，並對所有 x 積分產生一以 $\mathscr{E}_y(y)$ 表示的微分方程：

$$\frac{\partial^2 \mathscr{E}_y(y)}{\partial y^2} + \left\{ k_0^2 \left[\frac{\Gamma \varepsilon(0)}{\varepsilon_0} + (1-\Gamma)\frac{\varepsilon_1}{\varepsilon_0} \right] - \beta_x^2 - \beta_z^2 - \frac{\Gamma k_0^2 a^2 y^2}{\varepsilon_0} \right\} \mathscr{E}_y(y) = 0 \qquad (73)$$

$\mathscr{E}_y(y)$ 的場分佈可用式 (73) 所表示，其為厄密–高斯函數，如

$$\mathscr{E}_y(y) = H_p\left(y\sqrt{\frac{\Gamma^{1/2}ak_0}{\varepsilon_0^{1/2}}} \right) \exp\left(-\frac{1}{2}\sqrt{\frac{\Gamma}{\varepsilon_0}}ak_0 y^2 \right) \qquad (74)$$

這裡 H_p 為 p 階的厄密多項式 (Hermite polynomial)，如

$$H_p(\xi) \equiv (-1)^p \exp\left(\xi^2\right) \frac{\partial^p \exp\left(-\xi^2\right)}{\delta \xi^p} \qquad (75)$$

其前三階的厄密多項式 (Hermite polynomial) 為 $H_0(\xi)=$ 1、$H_1(\xi)=$ 2ξ 與 $H_2(\xi)= 4\xi^2{-}2$。因此，基本模式的強度為高斯分佈，如

$$\left| \mathscr{E}_y(y) \right|^2 = \exp\left[-\sqrt{\frac{\Gamma}{\varepsilon_0}}a_r k_0 y^2 \right] \qquad (76)$$

其代表了 a_r 會影響沿著接面平面的強度分佈。

　　圖 37 為長條形狀雷射沿著接面平面的遠場圖樣。考慮一長條其寬為 10 μm，存在一基本的高斯模式分佈。當長條的寬度增加時，可觀察到沿著接面方向的高階模式。這些模式為式 (74) 中厄密–高斯分佈 (Hermite–Gaussian distribution) 的特性。這個結果指出對於一個較大的長條寬度而言，即使 $\theta_{\parallel}$ 減少，也會使多重波瓣出現。因此，對於較小的長條寬度，總光束的尺寸與發散將會更小。

12.5.5　開啓延遲與調制反應

半導體雷射的許多優點之一為其可經由偏壓電流來開啓與關閉，對於光纖通訊的高速應用來說是特別重要的。當施加於雷射的電流突然高於臨界值，在誘發放射開始前，一般會產生大約幾奈秒的延遲。延遲時間 t_d 與少

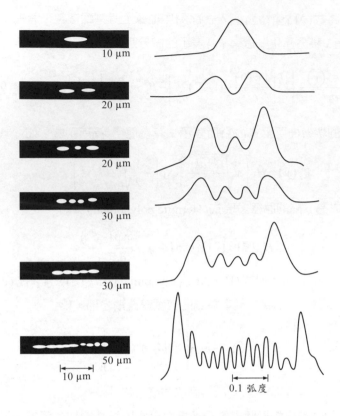

圖37　　不同長條寬度 S 的 DH 雷射其沿著接面平面 (y 方向) 之近場 (左圖) 與遠場 (右圖) 圖樣。(參考文獻59)

數載子的生命期有關。而且若用一小交流訊號來調制偏壓電流時，光強度僅在特定頻率限制下會遵守其波形。這些都限制了頻率響應。

　　為了推導延遲時間，我們考慮電子在 p 型半導體中的連續方程式。條件為電流密度 J 為均勻穿過主動層 d，並且注入電子濃度 n 遠大於熱平衡值，連續方程變為

$$\frac{dn}{dt} = \frac{J}{qd} - \frac{n}{\tau} - \frac{cgN_{ph}}{\bar{n}_r}$$

(77)

這裡 τ 為載子生命期 (式24)，且 N_{ph} 為光子密度。右式第一項為均勻注

入率，第二項為自發復合率。而最後一項為誘發放射復合率。對於電洞在 n 型主動層中也可寫出類似的表示式。考慮開啓延遲時間，最後一項可被忽略。具有初始條件 $n(0)=0$ 的此方程式解為

$$n(t) = \frac{\tau J}{qd}\left[1 - \exp\left(\frac{-t}{\tau}\right)\right]$$

(78a)

或

$$t = \tau \ln\left[\frac{J}{J - qn(t)d/\tau}\right]$$

(78b)

當 $n(t)$ 到達誘發放射的臨界值時，電子濃度也有一個臨界值 $n(t) = n_{th}$，對應到一個臨界電流

$$J_{th} = \frac{qn_{th}d}{\tau}$$

(79)

因為當 $n(t) = n_{th}$ 時，$t = t_d$，所以開啓延遲時間為

$$t_d = \tau \ln\left(\frac{J}{J - J_{th}}\right)$$

(80)

若雷射被預先偏壓至一個電流程度 $J_0 < J_{th}$，以 $n(0) = J_0\tau/qd$ 為初始條件解式(77)，可得降低的延遲時間，如

$$t_d = \tau \ln\left(\frac{J - J_0}{J - J_{th}}\right)$$

(81)

圖 38 為主動層具有不同受體濃度的雷射其延遲時間 t_d 隨電流量測結果。延遲時間 t_d 與式(80)吻合，呈現對數變化。當 N_A 越大時而載子生命期越短，延遲時間也為之下降。

我們接下來考慮當偏壓電流被交流訊號調制時的雷射輸出頻率響應。光子的連續方程可為

$$\frac{dN_{ph}}{dt} = \frac{cgN_{ph}}{\bar{n}_r} - \frac{N_{ph}}{\tau_{ph}}$$

(82)

此處 N_{ph} 為內部光子密度，其正比於輸出光強度。自發放射在此方程式中是可忽略掉的。光子生命期 τ_{ph} 為

$$\tau_{ph} = \frac{\overline{n}_r}{c\left[\alpha + (1/2L)\ln\left(1/R\,R\,\right)\right]}$$

(83)

其並代表了光子在兩鏡子上吸收或放射損失前共振腔內的平均生命期。式(82)的解為以下形式[61]

$$\frac{\Delta N_{ph}}{\Delta J} = \frac{\tau}{qd}\left[\left(1 - \frac{f^2}{f_r^2}\right)^2 + \left(2\pi f \tau_{ph}\right)^2\right]^{-1/2}$$

(84)

這裡 ΔN_{ph} 與 ΔJ 為小訊號值，而且響應頻率或俗稱的鬆弛振盪頻率如

$$f_r = \frac{1}{2\pi}\sqrt{\frac{1}{\tau\tau_{ph}}\left(\frac{J_0}{J_{th}} - 1\right)}$$

(85)

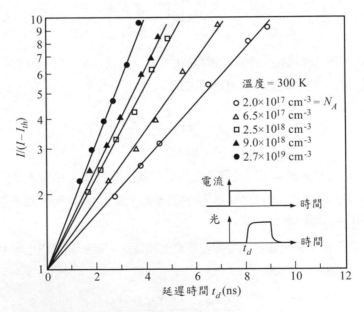

圖38　隨電流變化的雷射開啟延遲時間。延遲時間 t_d 如插圖中所式。(參考文獻60)

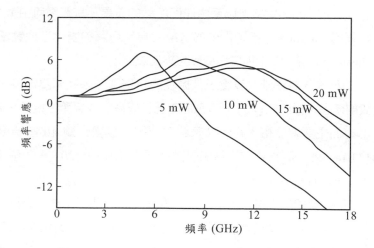

圖39　在室溫下，InGaAsP 分佈回饋雷射於不同功率下之歸一化小訊號響應 vs調制頻率圖。(參考文獻62)

式(84)的簡單式代表了雷射光的頻率響應。當低頻時，響應為平坦的。當在 f_r 時，會有一峰值，高於 f_r 響應會根據 f^{-2} 快速掉落，或每十倍增加頻率時，衰減約 40 dB。以較高的直流偏壓電流可將 f_r 或總響應推升至更高頻率的範圍。

　　對於光纖通訊而言，光源必須在高頻下調制。DH 雷射具有良好的調制特性，其可於 GHz 範圍調制。圖 39 代表了InGaAsP / InP　DH　雷射二極體其歸一化的調制光輸出為調制頻率的函數。射出 1.3 μm 波長的雷射二極體可直接利用疊加於直流偏壓電流的正弦電流調制。可看出式(84)與(85)的總形狀與趨勢。

　　另一個效應稱為頻率啁聲(frequency chirp)，其發生在高頻。原因是由於主動層的折射率因注入電子濃度而改變。因此折射率也被某種程度的調制。與 DC 偏壓的結果相比，這將引發放射頻率產生一偏移。

12.5.6 波長調制

化合物半導體雷射其波長涵蓋範圍如圖 22所示。藉由選擇合適材料與成份比例的化合物，雷射可以產生任何所需的波長，其範圍可由 0.2 μm 一直到超過 30 μm。半導體雷射的放射波長也可藉由變化二極體電流或熱沉 (heat-sink) 溫度或施加磁場或壓力來加以調制[63]。

由於注入載子濃度改變了共振腔的折射率，因此偏壓電流大小可改變放射波長，根據式 (40)，其亦會使光子能量的峰值產生位移，如圖 17c 所示。而主要溫度相依關係乃來自於能隙的改變。圖 40 為溫度調制一 DH PbTe / Pb$_{1-x}$Sn$_x$Te 雷射。藉由改變熱沉溫度由 10~120 K，放射波長可以於 16 μm ～ 9 μm 之間改變。

施加流體靜力的壓力於雷射二極體上也能產生一寬廣的調制範圍。壓力影響放射波長是由於其影響了 (1) 能隙 (2) 共振腔長度與 (3) 折射率。對於某些二元化合物 (如 InSb，PbS 與 PbSe)，其能隙線性地隨流體靜力壓力而變化。當 77K 下時，使用流體靜力壓力約 14 kbars，PbSe 雷射可以調制波長範圍由 7.5 μm 到 22 μm [63]。

二極體雷射也能夠經由磁場加以調制。對於具有較大有效質量異向性的半導體而言，磁能階與外加磁場相對於晶軸的方位有關。導電帶與價電帶皆具有量子化能量的藍道能階。當磁場增加，可進行躍遷的能量間距

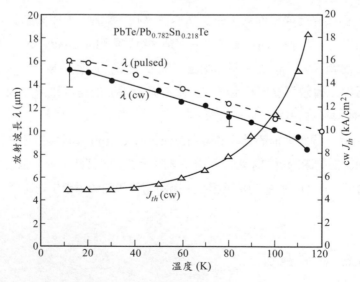

圖40　放射波長與臨界電流密度隨溫度的變化。(參考文獻64)

也會增加,因而引起放射波長減短。例如,7 K 下的 $Pb_{0.79}Sn_{0.21}Te$ 雷射於〈100〉磁場其大小為 10 kG 下。波長會由 15 μm 遞減至 14 μm。

12.5.7 雷射劣化

有許多機制會導致注入型雷射的劣化。三種主要機制分別為驟然 (catastrophic) 裂化,暗線缺陷形成 (dark-line defect formation) ,與漸近劣化 (gradual degradation)[4]。

對於驟然劣化來說,雷射反射鏡處於高功率操作下會形成經常性的劣化,並在反射鏡上產生凹處或溝槽。隨著面上初始裂痕的出現會使此問題更為嚴重。這可透過一些特殊的鍍膜如 Al_2O_3 來加以改善。變更元件結構來減少表面複合與吸收,並可因此增加劣化所限制的操作功率[65]。

暗線缺陷 (dark-line defect) 是一種由差排所構成的網狀結構。其可能產生於雷射操作中,並侵入光學共振腔內。一旦發生,幾小時內便會快速廣泛地成長。它會形成非輻射性復合中心而增加臨界電流。這些缺陷產生過程與起初的材料品質有關。為了降低暗線缺陷形成,應該使用具有低差排密度的磊晶層於基板上,並且雷射應小心黏著散熱片以使應力最小。

藉由消除即時的驟然損壞與由暗線缺陷所引起的快速裂化,DH 雷射具有長操作生命期與相對較慢的劣化。DH GaAs / AlGaAs 雷射於 30°C cw 操作下可超過三年而不產生劣化信號[66]。在 22°C 熱沉溫度下其利用外插法所推斷的生命期可超過 100 年。操作在長波長的 GaAs DH 雷射可以合理的假設可達成如此長的生命期。GaInAsP / InP DH 雷射也具有類似的結果[47]。長生命期不僅將符合大尺度的光纖通訊系統的需求,也能滿足其他方面的需求。

12.6 特殊雷射

12.6.1 量子井、量子線與量子點雷射

量子井雷射 當雙重異質結構(DH)雷射的主動層厚度縮減至德布洛依波長(de Broglie wavelength)($\lambda = h/p$)等級時,將會發生二維量子化現象,並且導致一系列由有限方形位能井的束縛態產生分立能階。此種元件稱為量子井雷射[67,68]。在章節 1.7 中已經討論過一些量子井的基本特性,讀者可以參考此章節。量子井雷射具有低臨界電流、高量子效率、高輸出功率、低溫度相依、高速與廣調制波長範圍等優點。

圖 41 為 GaAs / $Al_x Ga_{1-x} As$ 異質結構的量子井位能,此井厚度 L_x 為 10 nm 等級。其電子的能量特徵值標明為 E_1、E_2,重電洞標示為 E_{hh1}、E_{hh2}、E_{hh3},而輕電洞則標示為 E_{lh1} 與 E_{lh2}。這些來自個別能帶邊緣的量子化能階與 L_x^2 成反比。圖 41b 為其對應的能態密度示意圖。源自能帶邊緣的半拋

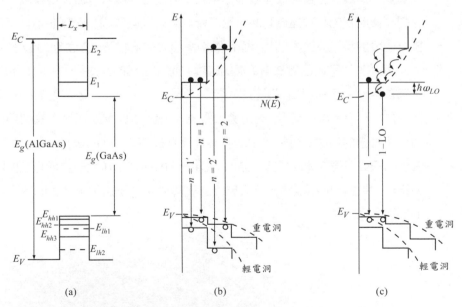

圖41　(a)量子井的位能與量子化能階。(b)能態密度示意圖與可能的復合情形。(c)量子井內的光子輔助復合過程。(參考文獻67)

物線(虛線)對應塊材半導體的能態密度。階梯狀的能態密度為量子井結構的特徵。能帶間復合躍遷($\Delta n = 0$ 選擇規則)發生於導電帶中的束縛態(稱為 E_1)至價電帶中的束縛態(稱為 E_{hh1})。躍遷能量由下式決定

$$hv = E_g\left(\text{GaAs}\right) + E_1 + E_{hh1} \tag{86}$$

此復合的進行會發生於隨著量子井厚度調變而變化的兩個特定能階間。

圖 41 展示了量子井異質結構的另一重要特質。高能量的載子注入可產生光子並且散射成低能量,最後到達能態密度較少之處。塊材半導體中,能態密度的減少會限制了光子的產生,特別是在能帶邊緣。而在量子井系統中,具有常數分佈的能態密度區域內卻無此限制。光子能量被縱向光學聲子能量 $h\omega_{LO}$ 的數量降低。此過程可以將一個電子轉換至一侷限粒子能態以下。例如,E_1 以下(圖 41c)。若此量大於 E_1 本身,則可導致雷射操作在能量 $hv < E_g$,而不是如預期中沒有聲子參與的一般情況 $hv > E_g$。

量子井雷射的諸多優點皆來自於其獨特的二維系統能態密度外型。除了主動層厚度很薄之外(式61),臨界電流的降低可被解釋如下。圖 42 比較了三維(塊材)與二維(量子井)系統的能態密度與其電子濃度分佈。在三維系統中,因為能態密度隨 $\sqrt{E}$ 變化且在能帶邊緣趨近於零,其乘上費米–狄拉克分佈函數可得電子濃度,由此可知電子分佈在能階中為廣泛的

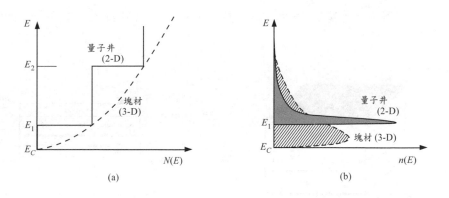

(a) (b)

圖42 比較三維與二維系統:(a)導電帶中之能態密度與,(b)電子濃度分佈。

分散。而量子井中(2-D)，每個次能帶(subband)中的能帶密度皆為常數。因此，能帶邊緣的電子分佈輪廓為十分陡直的。此條件使得分佈反轉十分容易達成，也就降低了臨界電流。

在高偏壓電流時，注入載子可填滿超過一個次能帶(subband)。內在的放射光譜是十分寬的。然而雷射波長可藉由其他方式如光學共振腔來做選擇。因此量子井雷射中，波長調制可以涵蓋很寬的範圍。這可以藉著額外的調變量子井寬度來控制能階量子化的程度。

超薄主動層厚度的量子井雷射其缺點是有較差的光學限制。這可以由多重量子井彼此互相堆疊來得到改善。多重量子井雷射具有較高的量子效率與輸出功率。單或多重量子井可以被結合成分離限制異質結構(SCH)方式來改善光學限制。

當多重量子井之間距被縮短至與井的厚度相同等級時，便形成了超晶格雷射。在主動超晶格區域中，導電帶與價電帶中開始出現迷你能帶。誘發放射是來自於這些迷你能帶之間的躍遷。

量子線與量子點雷射　　在量子線與量子點雷射中，主動區被縮小至德布洛伊波長(de Broglie wavelength)範圍，成為一維與零維結構[69]。這些線與點被放置在 p–n 接面之中，如圖 43 所示。為了實現如此小的尺寸，小主動區大多利用特殊製程表面(蝕刻、劈裂、鄰位或 V–溝槽)的磊晶重新成長來形成，或是利用俗稱的磊晶後自我排序[70]。這些雷射的優點，除了等級更高以外，類似於量子井雷射。這些優點也來自於其個別的能態密

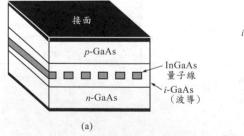

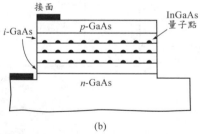

圖43　(a)量子線雷射與(b)量子點雷射之簡化示意圖。

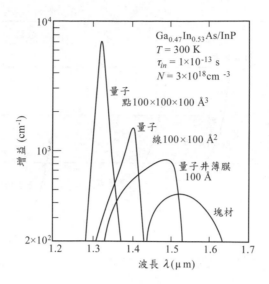

圖44　在不同元件維度下經計算的光學增益　波長圖。隨著維度減少，則增益峰值逐漸增加且其光譜寬度較陡直。(參考文獻71)

度，讀者可以參考章節 1.7。在圖 44 比較中，這些能態密度能引起光學增益光譜。這些光學增益包含了由一般三維(塊材)的主動層到量子點。我們可發現，對於量子線與量子點的增益峰值為逐漸增加的，而且其外型也較陡直。這些光增益特性提供了之前所提到的預期優點，如低臨界電流等。圖45節錄了不同結構所降低的臨界電流，其中我們也依時間順序指出了它們的演進。

12.6.2　垂直共振腔表面發射雷射 (VCSEL)

至今所討論的雷射皆為邊緣放射，也就是光輸出平行主動層。在表面發射雷射中，光輸出垂直主動層(異質介面)與半導體表面。注意此光學共振腔如今被定義為平行異質界面的平面，如圖 46 所示，因此稱為垂直共振腔表面放射雷射(VCSEL)，其光學共振腔由兩組分散的布拉格反射鏡(DBRs)包覆主動區所構成[73,74]。此 DBRs 具有超過 90% 的高反射率。

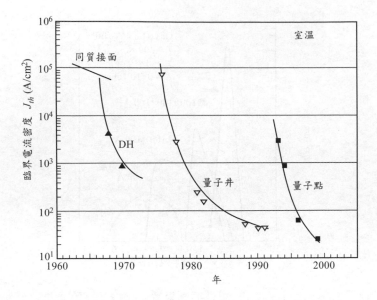

圖45 從均質雷射、DH 到量子井與量子點雷射的臨界電流下降趨勢圖。(參考文獻72)

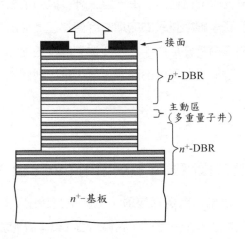

圖46 垂直共振腔表面放射雷射(VCSEL)結構圖。

由於與邊緣放射雷射相比,其共振腔較小,每路徑的光學增益也較小,所以需要如此高的反射率。VCSEL 之主動層通常由多重量子井所組成。小共振腔的好處是具有低臨界電流以及單模式操作(式43),此乃由於模式間距十分寬所致。其他的優點還包括,VCSEL 可實現二維雷射陣列、容易耦合光輸出至其他介質如光纖或光連結器、對於積體光學來說具有與 IC 製程相容、高量產與低成本、高速、可在晶圓上測試等眾多優點。

12.6.3 量子瀑布型雷射

在量子瀑布型雷射(quantum cascade laser)中,放射光子的電子躍遷發生於同一導電帶由量子井或超晶格(superlattice)所形成的量子化次能階之間(圖 47)[75]。主要的差別在於其為與傳統雷射能帶間躍遷相反的次能帶間躍遷。因為次能帶間躍遷遠小於能隙,量子瀑布型雷射適合用於長波長雷射,而不會遭遇到非常窄能隙材料不穩定與難以發展上的困難。通常可以達到超過 70 μm 的波長。此外,其波長可藉由量子井厚度來調制而不被能隙固定。

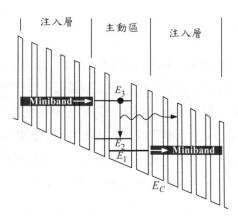

圖47　量子瀑布型雷射於雷射條件下,導電帶邊緣 E_C 的能帶示意圖。包含了主動層與超晶格注入層的週期性排列。

其主動層由多重量子井或超晶格所構成。最常見的設計為兩或三層量子井。在主動區中，電子經由共振穿隧而注入到次能階 E_3 中（讀者可以參考章節 8.4 的共振穿隧）。E_3 與 E_2 之間的躍遷放出雷射。E_2 中的電子鬆弛到 E_1 並接著透過共振穿隧，穿逐到接替的注入層的迷你能帶中，或者這些電子也可以直接由 E_2 穿隧到注入層。共振穿隧為非常快速過程，因此 E_2 的濃度始終低於 E_3。因此維持了分佈反轉。迷你能帶的設計扮演著關鍵角色而且其與量子井的非均勻性有關。注意 E_3 並不與後繼注入層的迷你能帶對齊，因此朝向注入層方向的穿隧會被阻擋，而維持 E_3 的高濃度狀態。

注入層的設計十分關鍵。在偏壓下，為了達到有效率的共振穿隧，迷你能帶應該保持平坦。這必須藉由小心修改注入層超晶格的特殊摻雜劑量、厚度或能障來達到。

包含主動區與注入層的週期性排列會重複許多次（20~100），且由於同樣載子可產生許多光子，此種串聯方式可具有高量子效率與低臨界電流。傳統雷射不可能有此現象。而且由於小躍遷能量，低溫操作是不可避免的。然而，CW 操作可以在 ≈ 150 K 達成，且室溫下也可進行脈衝操作。

12.6.4 半導體光放大器

半導體光放大器（ semiconductor optical amplifier,SOA），有時也被稱為半導體雷射放大器，除了其光學共振腔的反射鏡具有很低反射率之外，與半導體雷射十分相似，所以其具有很少的內部光學路徑[76]。可以想成操作在臨界電流以下的雷射，因此額外的輸入光源抽運是必要來使用以啟動誘發放射過程，並導致大於輸入光訊號的光學增益。目前有兩種半導體光放大器 SOA：法布里–珀羅或共振半導體光放大器 SOA 與行進波 SOA。其差異同樣是在於反射鏡的反射率。法布里–珀羅 SOA 具有介質反射鏡其反射率約 30%。其光譜為縱向模式與圖33的傳統雷射類似。行進波 SOA 其反射率相當低（$< 10^{-4}$）而且假設其為單向光學路，因此沒有法布里-珀羅 SOA 的多重

模式。法布里–珀羅 SOA 的優點為高增益,但會達到增益飽和,並且有時候會放射雷射,此兩者在行進波 SOA 中皆可被避免。

　　SOA 在光纖通訊系統中十分有用,可以做為同軸光放大器或重複器。因其是十分簡單的元件,可用來代替需要光偵測器、電子放大器與雷射的系統。

參考文獻

1. H. J. Round,"A Note on Carborundum,"*Electrical World*, **49**, 309（1907）.

2. A. A. Bergh and P. J. Dean, *Light-Emitting Diodes*, Clarendon, Oxford, 1976.

3. H. F. Ivey, "Electroluminescence and Semiconductor Lasers,"*IEEE J. Quantum Electron.*, **QE-2**, 713（1966）.

4. H. C. Casey, Jr. and M. B. Panish, *Heterostructure Lasers*, Academic, New York, 1978.

5. M. G. Craford, "Recent Developments in LED Technology,"*IEEE Trans. Electron Dev.*, **ED-24**, 935（1977）.

6. E. F. Schubert, *Light-Emitting Diodes*, Cambridge University Press, Cambridge, 2003.

7. W. N. Carr, "Characteristics of a GaAs Spontaneous Infrared Source with 40 Percent Efficiency,"*IEEE Trans. Electron Dev.*, **ED-12**, 531（1965）.

8. P. Goldberg, Ed., *Luminescence of Inorganic Solids*, Academic, New York, 1966.

9. C. H. Gooch, *Injection Electroluminescent Devices*, Wiley, New York, 1973.

10. S. Wang, *Solid-State Electronics,* McGraw-Hill, New York, 1966.

11. P. C. Eastman, R. R. Haering, and P. A. Barnes, "Injection Electroluminescence in Metal-Semiconductor Tunnel Diodes,"*Solid-State Electron.*, **7**, 879（1964）.

12. O. V. Lossev, *Wireless World Radio Rev.*, **271**, 93（1924）.

13. O. V. Lossev, "Luminous Carborundum Detector and Detection Effect and Oscillations with Crystals,"*Philos. Mag.*, **6**, 1024（1928）.

14. J. R. Haynes and H. B. Briggs, "Radiation Produced in Germanium and Silicon by Electron-Hole Recombination,"*Bull. Am. Phys. Soc.*, **27**, 14（1952）.

15. R. J. Keyes and T. M. Quist, "Recombination Radiation Emitted by Gallium Arsenide,"*Proc. IRE*, **50**, 1822（1962）.

16. J. I. Pankove and J. E. Berkeyheiser, "A light Source Modulated at Microwave Frequencies,"*Proc. IRE*, **50**, 1976（1962）.

17. J. I. Pankove and M. J. Massoulie, "Injection Luminescence from Gallium Arsenide,"*Bull. Am. Phys. Soc.*, **7**, 88（1962）.

18. H. G. Grimmeiss and H. Scholz, "Efficiency of Recombination Radiation in GaP,"*Phys. Lett.*, **8**, 233（1964）.

19. A. C. Eten and J. H. Haanstra, "Electroluminescence in Tellurium-Doped Cadmium Sulphide,"*Phys. Lett.*, **11**, 97（1964）.

20. D. G. Thomas, J. J. Hopfield and C. J. Frosch, "Isoelectronic Traps due to Nitrogen in Gallium Phosphide,"*Phys. Rev. Lett.*, **15**, 857 (1965).

21. S. Nakamura, "III-V Nitride-Based LEDs and Lasers: Current Status and Future Opportunities,"*Tech. Dig. IEEE IEDM*, 9 (2000).

22. W. O. Groves, A. H. Herzog, and M. G. Craford, "The Effect of Nitrogen Doping on GaAsP Electroluminescent Diodes,"*Appl. Phys. Lett.*, **19**, 184 (1971).

23. L. S. Rohwer and A.M. Srivastava, "Development of Phosphors for LEDs,"*Interface*, 36, (summer 2003).

24. J. E. Geusic, F. W. Ostermayer, H. M. Marcos, L. G. Van Uitert, and J. P. Van Der Ziel, "Efficiency of Red, Green and Blue Infrared-to-Visible Conversion Sources,"*J. Appl. Phys.*, **42**, 1958 (1971).

25. U. Kaufmann, M. Kunzer, K. Kohler, H. Obloh, W. Pletschen, P. Schlotter, J. Wagner, A. Ellens, W. Rossner, and M. Kobusch, "Single Chip White LEDs,"*Phys. Stat. Sol.*, (a), **192,** 246 (2002).

26. K. Ikeda, S. Horiuchi, T. Tanaka, and W. Susaki, "Design Parameters of Frequency Response of GaAs-AlGaAs DH LED's for Optical Communications,"*IEEE Trans. Electron Dev.*, **ED-24**, 1001 (1977).

27. J. P. Gordon, H. J. Zeiger, and C. H. Townes, "Molecular Microwave Oscillator and New Hyperfine Structure in the Microwave Spectrum of NH3,"*Phys. Rev.*, **95**, 282 (1954).

28. N. G. Basov and A. M. Prokhorov, "Application of Molecular Beams to the Radio Spectroscopic Study of the Rotation Spectra of Molecules,"*Zh. Eksp. Theo. Fiz.*, **27**, 431 (1954).

29. T. H. Maiman, "Stimulated Optical Radiation in Ruby Masers,"*Nature (Lond.)*, **187**, 493 (1960).

30. P. Aigrain (1958), as reported in *Proc. Conf. Quantum Electron.*, Paris, 1963, p. 1762.

31. N. G. Basov, B. M. Vul, and Y. M. Popov, "Quantum-Mechanical Semiconductor Generators and Amplifiers of Electromagnetic Oscillations,"*Sov. Phys. JEPT*, **10**, 416 (1960).

32. W. S. Boyle and D. G. Thomas, U.S. Patent 3,059,117 (Oct. 16, 1962, filed Jan. 1960).

33. M. G. A. Bernard and G. Duraffourg, "Laser Conditions in Semiconductors,"*Phys. Status Solidi*, **1**, 699 (1961).

34. W. P. Dumke, "Interband Transitions and Maser Action,"*Phys. Rev.*, **127**, 1559 (1962).

35. R. N. Hall, G. E. Fenner, J. D. Kingsley, T. J. Soltys, and R. O. Carlson, "Coherent Light Emission from GaAs Junctions,"*Phys. Rev. Lett.*, **9,** 366 (1962).

36. M. I. Nathan, W. P. Dumke, G. Burns, F. H. Dill, Jr., and G. J. Lasher, "Stimulated Emission of Radiation from GaAs p-n Junction,"*Appl. Phys. Lett.*, **1**, 62 (1962).

37. T. M. Quist, R. H. Rediker, R. J. Keyes, W. E. Krag, B. Lax, A. L. McWhorter, and H. J. Zeigler, "Semiconductor Maser of GaAs,"*Appl. Phys. Lett.*, **1**, 91 (1962).

38. N. Holonyak, Jr. and S. F. Bevacqua, "Coherent (Visible) Light Emission from Ga(As1-xPx) Junctions,"*Appl. Phys. Lett.*, **1**, 82 (1962).

39. H. Kroemer, "A Proposed Class of Heterojunction Injection Lasers,"*Proc. IEEE*, **51**, 1782 (1963).

40. Z. I. Alferov and R. F. Kazarinov, U.S.S.R. Patent 181,737. Filed 1963. Granted1965.

41. I. Hayashi, M. B. Panish, P. W. Foy, and S. Sumski, "Junction Lasers which Operate Continuously at Room Temperature,"*Appl. Phys. Lett.*, **17**, 109 (1970).

42. R. N. Hall, "Injection Lasers,"*IEEE Trans. Electron Dev.*, **ED-23**, 700 (1976).

43. A. L. Schawlow, "Masers and Lasers,"*IEEE Trans. Electron Dev.*, **ED-23**, 773 (1976).

44. I. Hayashi, "Heterostructure Lasers,"*IEEE Trans. Electron Dev.*, **ED-31**, 1630 (1984).

45. B. E. A. Saleh and M. C. Teich, *Fundamentals of Photonics*, Wiley, New York, 1991.

46. T. Miya, Y. Terunuma, T. Hosaka, and T. Miyashita, "Ultimate Low-Loss Single Mode Fiber at 1.55 μm,"*Electron. Lett.*, **15**, 108 (1979).

47. A. G. Foyt, "1.0–1.6 μm Sources and Detectors for Fiber Optics Applications,"*IEEE Device Res. Conf.*, Boulder, Colo., June 25, 1979.

48. M. B. Panish, I. Hayashi, and S. Sumski, "Double-Heterostructure Injection Lasers with Room Temperature Threshold as Low as 2300 A/cm2,"*Appl. Phys. Lett.*, **16**, 326 (1970).

49. C. A. Burrus, H. C. Casey, Jr., and T. Y. Li, "Optical Sources,"in S. E. Miller and A. G. Chynoweth, Eds., *Optical Fiber Communication*, Academic, New York, 1979.

50. H. C. Casey, Jr., S. Somekh, and M. Ilegems, "Room-Temperature Operation of Low-Threshold Separate-Confinement Heterostructure Injection Laser with Distributed Feedback,"*Appl. Phys. Lett.*, **27**, 142 (1975).

51. K. Aiki, M. Nakamura, and J. Umeda, "Lasing Characteristics of Distributed-Feedback GaAs-GaAlAs Diode Lasers with Separate Optical and Carrier Confinement,"*IEEE J. Quantum Electron.*, **QE-12**, 597 (1976).

52. F. Stern, "Calculated Spectral Dependence of Gain in Excited GaAs,"*J. Appl. Phys.*, **47**, 5382 (1976).

53. H. C. Casey, Jr., "Room Temperature Threshold-Current Dependence of GaAsAl$_x$Ga$_{1-x}$As Double Heterostructure Lasers on x and Active-Layer Thickness,"*J. Appl. Phys.*, **49**,

3684（1978）.

54. R. E. Nahory and M. A. Pollack, "Threshold Dependence on Active-Layer Thickness in InGaAsP/InP DH Lasers,"*Electron. Lett.*, **14**, 727（1978）.

55. M. Yana, H. Nishi, and M. Takusagawa, "Theoretical and Experimental Study of Threshold Characteristics in InGaAsP/InP DH Lasers,"*IEEE J. Quantum Electron.*, **QE-15**, 571（1979）.

56. W. T. Tsang, R. A. Logan, and J. P. Van der Ziel, "Low-Current-Threshold Stripe-Buried-Heterostructure Lasers with Self-Aligned Current Injection Stripes,"*Appl. Phys. Lett.*, **34**, 644（1979）.

57. H. C. Casey, Jr., M. B. Panish, and J. L. Merz, "Beam Divergence of the Emission from Double-Heterostructure Injection Lasers,"*Appl. Phys. Lett.*, **44**, 5470（1973）.

58. T. L. Paoli, "Waveguiding in a Stripe-Geometry Junction Laser,"*IEEE J. Quantum Electron.*, **QE-13**, 662（1977）.

59. H. Yonezu, I. Sakuma, K. Kobayashi, T. Kamejima, M. Ueno, and Y. Nannichi, "A GaAs-Al$_x$Ga$_{1-x}$As Double Heterostructure Planar Stripe Laser,"*Jpn. J. Appl. Phys.*, **12**, 1585（1973）.

60. C. J. Hwang and J. C. Dyment, "Dependence of Threshold and Electron Lifetime on Acceptor Concentration in GaAs-Ga$_{1-x}$Al$_x$As Lasers,"*J. Appl. Phys.*, **44**, 3240（1973）.

61. P. Bhattacharya, *Semiconductor Optoelectronic Devices*, 2nd Ed., Prentice Hall, Upper Saddle River, New Jersey, 1997.

62. N. K. Dutta, S. J. Wang, A. B. Piccirilli, R. F. Karlicek, Jr., R. L. Brown, M. Washington, U. K. Chakrabarti, and A. Gnauck, "Wide-Bandwidth and High-Power InGaAsP Distributed Feedback Lasers,"*J. Appl. Phys.*, **66**, 4640（1989）.

63. I. Melngailis and A. Mooradian, "Tunable Semiconductor Diode Lasers and Applications,"in S. Jacobs, M. Sargent, J. F. Scott, and M. O. Scully, Eds., *Laser Applications to Optics and Spectroscopy*, Addison-Wesley, Reading, Mass., 1975.

64. J. N. Walpole, A. R. Calawa, T. C. Harman, and S. H. Groves, "Double-Heterostructure PbSnTe Lasers Grown by Molecular-Beam Epitaxy with CW Operation up to 114 K,"*Appl. Phys. Lett.*, **28**, 552（1976）.

65. H. Yonezu, I. Sakuma, T. Kamojima, M. Ueno, K. Iwamoto, I. Hino, and I. Hayashi, "High Optical Power Density Emission from a Window Stripe AlGaAs DH Laser,"*Appl. Phys. Lett.*, **34**, 637（1979）.

66. R. L. Hartman, N. E. Schumaker, and R. W. Dixon, "Continuously Operated AlGaAs DH Lasers with 70℃ Lifetimes as Long as Two Years,"*Appl. Phys. Lett.*, **31**,756（1977）.

67. N. Holonyak, Jr., R. M. Kolbas, R. D. Dupuis, and P. D. Dapkus, "Quantum-Well Heterostructure Lasers,"*IEEE J. Quantum Electron.*, **QE-16**, 170 (1980).

68. B. Zhao and A. Yariv, "Quantum Well Semiconductor Lasers,"in *Semiconductor Lasers I: Fundamentals*, E. Kapon, Ed., Academic Press, San Diego, CA, 1999.

69. E. Kapon, "Quantum Wire and Quantum Dot Lasers,"in *Semiconductor Lasers I: Fundamentals*, E. Kapon, Ed., Academic Press, San Diego, CA, 1999.

70. J. M. Moison, F. Houzay, F. Barthe, L. Leprince, E. André and O. Vatel, "Self-Organized Growth of Regular Nanometer-Scale InAs Dots on GaAs,"*Appl. Phys. Lett.*, **64**, 196 (1994).

71. M. Asada, Y. Miyamoto, and Y. Suematsu, "Gain and the Threshold of Three-Dimensional Quantum-Box Lasers,"*IEEE J. Quantum Electron.*, **QE-22**, 1915 (1986).

72. N. N. Ledentsov, M. Grundmann, F. Heinrichsdorff, D. Bimberg, V. M. Ustinov, A. E. Zhukov, M. V. Maximov, Z. I. Alferov, and J. A. Lott, "Quantum-Dot Heterostructure Lasers,"*IEEE J. Selected Topics Quan. Elect.*, **6**, 439 (2000).

73. K. D. Choquette, "Vertical-Cavity Surface-Emitting Lasers: Light for the Information Age,"*MRS Bulletin*, 507, (July 2002).

74. J. M. Rorison, "Vertical Cavity Surface Emitting Lasers for Communications,"in B. Krauskopf and D. Lenstra, Eds., *Fundamental Issues of Nonlinear Laser Dynamics*, American Inst. Phys., 2000.

75. F. Capasso, R. Paiella, R. Martini, R. Colombelli, C. Gmachl, T. L. Myers, M. S. Taubman, R. M. Williams, C. G. Bethea, K. Unterrainer, H. Y. Hwang, D. L. Sivco, A. Y. Cho, A. M. Sergent, H. C. Liu, and E. A. Whittaker, "Quantum Cascade Lasers: Ultrahigh-Speed Operation, Optical Wireless Communication, Narrow Linewidth, and Far-Infrared Emission,"*IEEE J. Quantum Electron.*, **QE-38**, 511 (2002).

76. N. A. Olsson, "Semiconductor Optical Amplifiers,"*Proc. IEEE,* **80**, 375 (1992).

習題

1. 式（6）所示為自發放射的波譜，求出：（a）此光譜峰值所對應的光子能量，以及（b）此光譜的波寬度（即在一半功率時的全寬度）。

2. 請以波長來表示出自發放射光譜寬度。若中心的波長是在可見光譜的中間（0.555 μm），則在室溫下的光譜寬度為何？

3. 假設輻射生命期 τ_r 為 $10^9 / N$ 秒，其中 N 是以 cm^{-3} 為單位的半導體的摻雜濃度，以及非輻射生命期 τ_{nr} 為 10^{-7}s，請求出一具有摻雜濃度為 10^{19} cm^{-3} 的 LED 之截止頻率。

4. 一 GaAs 的樣品被一波長為 0.6 μm 的光所照射，此光的入射功率為 15 mW，若三分之一的入射光功率被反射，且另外三分之一從此樣品的另一端離開，則此樣品的厚度為何？並求出每秒被耗損於晶格上的熱能。

5. 一具有 300 μm 的共振腔且操作在波長為 1.3 μm 的 InGaAsP Fabry-Perot 雷射，InGaAsP 的折射係數為 3.39

（a）鏡子損失為何？請以 cm^{-1} 表示。

（b）假若其中之一的雷射腔面被鍍上反射膜並產生 90% 的反射率，請預期將減少多少的臨界電流（以百分比表示），假設 $\alpha = 10$cm^{-1}。

6. （a）對一操作在波長為 1.3 μm 的 InGaAsP 雷射，假設群折射係數為 3.4；請以奈米為單位，計算對於一共振腔為 300 μm 的模式間隔（mode spacing）。

（b）請以 GHz 表示出由上所獲得的模式間隔。

7. 侷限因子 Γ 可以被近似成 $\Gamma = 1-\exp\left(-C\Delta\overline{n}d\right)$，其中 C 為一常數，$\Delta\overline{n}$ 為折射率之差值，d 為主動的厚度。若 $C = 8\times10^5$ cm^{-1}，$d = 1$ μm，GaAs 折射率為 3.6，且在主動至非主動邊界（active-to-nonactive boundary）的臨界角為 78°（在 GaAs 和 AlGaAs 雙重異質接面之間），請求出侷限因子。

8. 如果一端反射腔面鏡的反射率為 0.99，共振腔寬度為 5 μm，單位長度的耗

損 $\alpha = 100$ cm^{-1}，且增益因子為 0.1 cm^{-3}A^{-1}〔增益因子 $\equiv$ $(J_0 d / \eta_{in} g_0 L)^{-1}$〕，請計算在題目7 中的臨界電流。

9. 如果折射率與波長無關，請求出在縱向方向、被允許的模式之間的分離（$\Delta\lambda$）。對於操作在 $\lambda = 0.89$ μm，且具有 $\overline{n}_r = 3.58$，$L = 300$ μm，$d\overline{n}_r / d\lambda = 2.5$ μm^{-1} 的 GaAs 雷射二極體，其 $\Delta\lambda$ 為何？

10. 與溫度相關的臨界電流可被表示為 $I_{th} = I_0 \exp (T / T_0)$，而溫度係數為 $\xi \equiv ((1 / I_{th})(dI_{th} / dT)$。就高溫操作的情況之下，具有低溫度係數$\xi$是很重要的。請求出圖32a 所示之雷射的溫度係數 ξ？如果 $T_0 = 50°C$，則此雷射在高溫操作下時，將會更好還是更糟？

Memo

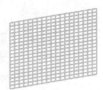

Memo

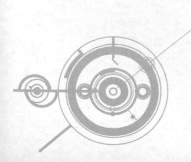

13

光檢測器與太陽能電池

13.1 簡介

13.2 光導體

13.3 光二極體

13.4 累增光二極體

13.5 光電晶體

13.6 電荷耦合元件（CCD）

13.7 金屬－半導體－金屬 光感測器

13.8 量子井紅外線偵測器

13.9 太陽能電池

13.1 簡介

光檢測器是一種藉由電子的操作方式來檢測光訊號的半導體元件。當同調與非同調光源波長延伸至遠紅外光區域與紫外光區域時，檢測器必須擁有高速反應與高敏感度的特性。一般的光檢測器的操作主要包含三個基本步驟：（1）入射光產生載子的過程；（2）載子傳輸且／或由於電流增益機制造成的倍增現象，以及（3）萃取載子成為端點電流以提供輸出訊號。

　　光檢測器對操作於近紅外光區域（ $0.8\ \mu m$ 到 $1.6\ \mu m$ ）之光纖通訊系統來說非常重要。它能解調光學訊號，也就是說檢測器能把光的變化轉換為電的變化，之後經由放大與更近一步的處理。所以在上述情況的應用上，檢測器必須滿足嚴格的要求，例如對其操作的波長需具備高敏感度、高響應速率以及最低的雜訊。此外,光檢測器必須要有小巧體積、低偏壓或是低電流操作,以及操作時的可靠性。

　　光檢測器有許多不同的種類,其中可以分為兩大類:熱偵測與光子偵測。當光線的能量被熱偵測器的黑色表面所吸收時,偵測器藉由感測溫度的增加來偵測光線。此類元件比較適合遠紅外光波段的偵測。以技術上來說,這類元件比較像熱感測器,詳細內容將在下個章節做更多的延伸討論。光子偵測器的原理主要是量子光電效應:光子激發產生電子－電動對並且成為光電流。而本章節只討論在光檢測器市場上佔多數的半導體光檢測器。

　　針對不同的偵測條件,因此需要不同種類的光偵測器,而這些光檢測器將在後面各章節討論。為了瞭解每種光檢測器的優點,我們將討論光檢測器的基本特性。首先因為光電效應來自於光子能量 hv,因此波長將對應到元件操作時的能量躍遷 ΔE,其中顯著且重要的關係式如下

$$\lambda = \frac{hc}{\Delta E} = \frac{1.24}{\Delta E(eV)} \qquad (\mu m) \tag{1}$$

λ 為波長,c 為光速以及 ΔE 為能量躍遷的大小。通常當光子能量 $hv > \Delta E$ 時也會產生激發的過程,故式（1）通常是最小偵測的波長極限。躍遷能量 ΔE 在大多數的情況下為半導體的能隙。但其值與光偵測器的類型不同而有異,當在金屬–半導體光偵測器中,躍遷能量可為能障的高度,或當在外質光導體中,其值為雜質能階與能帶邊緣的能量差。針對所需要偵測的波段,我們可以選擇最佳的光偵測器類型與半導體材料。

　　藉由吸收係數的大小來決定半導體內的光線吸收程度。它不只能決定此光是否能被吸收來產生光激發過程,也可以指出光線在何處被吸收。高吸收係數表示當光線進入半導體時容易在表面被吸收,而低數值代表吸收比較低以致於光線能穿透深入半導體的深處。在半導體的末端,長波長光線能在沒有產生光激發過程而穿透出去。它因此也決定光偵測器的量子效率。圖 1 指出不同光偵測器材料的本質吸收係數,實線曲線表示 300 K 而虛線表示 77 K 下的吸收係數[1]。對於鍺、矽、三五族化合物半導體,當溫度增加時曲線往長波長波段移動。然而對四六族化合物（ 如 PbSe ）,由

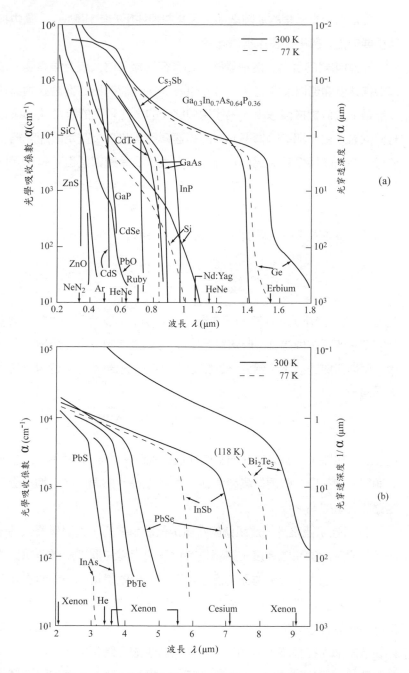

圖1　各種不同的光感測器材料的光學吸收係數 (a) 可見光附近，(b) 紅外
光。圖中也指出一些雷射放射的波長位置。

於溫度增加使半導體的能隙增加，因此曲線往反方向移動。（圖中指出某些重要的雷射放射波長以提供參考。）

光偵測器的反應速度很重要，尤其在光纖通信系統上更重要。當光線以很快速度開啟以及關閉（ > 40 Gb/s ），光偵測器的響應必須夠快以致於能跟上數位數據傳送率。為了達到此目的，在較高的暗電流的犧牲下，短暫的載子生命期能夠獲得元件的高速響應。此外，空乏區應該縮小以至於穿巡時間能夠縮短。另一方面，電容大小要保持夠低也就是指元件需要較大的空乏寬度。因此，在整體最佳化中需要考量其折衷值。

光電流強度應該要盡可能的為最大值以滿足敏感度的需求。最基本的度量值為量子效率，定義為每光子能產生的載子數量，或是

$$\eta = \frac{I_{ph}}{q\Phi} = \frac{I_{ph}}{q}\left(\frac{h\nu}{P_{opt}}\right) \tag{2}$$

此處 I_{ph} 是指光電流，ϕ 為光子通量（ $= P_{opt}/h\nu$ ）以及 P_{opt} 代表光功率。理想的量子效率數值為 1。但效率低於 1 的原因是由於複合現象、不完全吸收與反射造成的損失。另外一個相似的度量值為響應 $\mathcal{R}$，使用光功率當作參考值。

$$\mathcal{R} = \frac{I_{ph}}{P_{opt}} = \frac{\eta q}{h\nu} = \frac{\eta \lambda\,(\mu m)}{1.24} \qquad \text{A/W} \tag{3}$$

為了改善訊號，一些光偵測器有內在增益機制。如表 1 所示為比較一般光偵測器的增益值，數值最高能達到 10^6 的增益。然而，高的增益會導致偵測器的雜訊提高。

除了強訊號之外，弱訊號的雜訊也是很重要的，因為最終其將決定最小所能偵測出的訊號強度，這就是為什麼我們常常提到訊號雜訊比的原因了。有許多因素能造成雜訊的產生。暗電流也就是當光偵測器操作在偏壓下但沒有暴露在光源之時的漏電流。元件操作的限制之一為溫度，因此熱能應該低於光子能量（ $kT < h\nu$ ）。另外一個雜訊的來源是背景輻射，例如若無冷卻而在室溫下的測量環境中所產生的黑體輻射。內部元件雜訊包含熱雜訊（詹森雜訊），也就是在任一電阻元件內出現的隨機載子熱擺動。發射式的雜訊是因為不連續光電效應的單一事件，此與統計學的擾動

表1 一般光偵測器在增益與響應時間的標準數值

光偵測器		增益	響應時間（秒）
光導體		$1 - 10^6$	$10^{-8} - 10^{-3}$
光二極體	$p\text{-}n$ 接面	1	10^{-11}
	$p\text{-}i\text{-}n$ 接面	1	$10^{-10} - 10^{-8}$
	金屬半屬體接面	1	10^{-11}
電荷耦合元件圖像傳感器		1	$10^{-11} - 10^{-4*}$
累增光二極體		$10^2 - 10^4$	10^{-10}
場效光電晶體		$\approx 10^2$	10^{-6}

＊受到電荷轉移的限制。針對高靈敏度的電子耦合元件（CCD），具有較長的積分時間是一個優點。

有關。此點在低光強度時影響更大。第三是由於閃爍雜訊，如我們所知道的 $1/f$ 雜訊。這是由於表面缺陷造成的隨機效應以及在低頻率產生的 $1/f$ 特性。產生–複合雜訊來自於產生與複合事件的擾動。產生雜訊源自於光學與熱過程的擾動。

　　由於所有的雜訊可以當作獨立事件，所以它們能加成在一起當作全部的雜訊。相關[2]的價值指標是雜訊等效功率（NEP），它對應於在 1 Hz 的頻帶寬中，為了產生訊號雜訊比為 1 時所需要的入射均方根光訊功率。對於一階模式，它也是最小可偵測的光訊功率。最後，檢測度 D^* 定義為

$$D^* = \frac{\sqrt{AB}}{NEP} \qquad \text{cm-Hz}^{1/2}/\text{W} \qquad (4)$$

A 表示面積，B 表示頻帶寬。這也是 1 瓦的光訊功率入射至偵測器面積為 1 cm^2 的訊號雜訊比，並且在整個 1 Hz 頻寬範圍內的雜訊都被偵測。一般來說，由於元件的訊號與面積平方根成正比，所以此參數已經對面積進行歸一化。檢測度與偵測器的靈敏度和光譜響應以及雜訊有關。它是波長、調變頻率以及頻帶寬的函數，也可以表達為 $D^*(\lambda, f, B)$。

　　這章最後一節內容是描述關於太陽能電池，主要是因為它與光偵測器

一樣都具有轉換光為電的相似性質,不過太陽能電池卻是從太陽光獲得能量,與偵測器去判定微弱光的應用不同。所以,兩者之間的第一個不同點是在於光的強度。第二個不同點是太陽能電池為一功率產生器,其不需要外部的偏壓電源,而光偵測器卻經常需要有一些外部的偏壓電源以及電流的變化做為訊號。

13.2 光導體

光導體為一個簡單的平板半導體,以塊材或是薄膜形式,並且在兩端連結歐姆接觸 (如圖 2)。當入射光照射到光半導體表面時,藉由能帶至能帶的躍遷 (本質) 或是禁帶能位間的躍遷 (外質) 產生載子,並且增加半導體的導電性。本質與外質的載子光激發過程如圖 3 所示。

對於本質光導體的導電率 $\sigma = q\,(\,\mu_n n + \mu_p p\,)$,照光之下導電率的增加主要是因為載子數量的增加。截止波長如式 (1) 所定義,其中 ΔE 在這例中所指為半導體的能隙 E_g。對於短波長,入射輻射被半導體所吸收並且產生電子電洞對。對於外質光導體,光激發過程發生在能帶邊緣與能隙中的

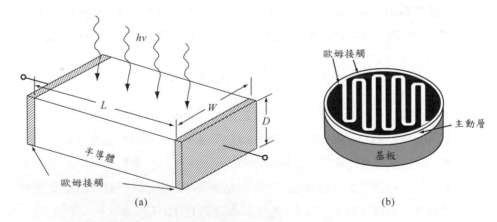

圖2 (a)圖示為塊狀半導體與兩端為歐姆接觸之光導體;(b)擁有許多小間隙的叉合接觸的基本佈局。

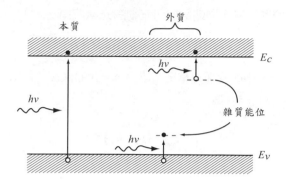

圖3　能帶到能帶的本質光激發過程，與雜質能位與能帶間的外質光激發過程。

雜質能階之間。

　　一般光檢測器的特性與光導體的效能，可以藉由下列三個參數量測得知：量子效率及增益、響應時間與敏感度（偵測率）。如圖 2 所示，首先考慮照光下的光導體操作原理。假設穩定的光子通量均勻照射在面積為 $A = WL$ 的光導體表面，每單位時間內抵達表面的總光子數目為 $P_{opt}/h\nu$，其中 P_{opt} 表示入射光的功率以及 $h\nu$ 為光子能量。在穩態時，載子產生率 G_e 必須等於載子複合率。如果元件厚度 D 比光的穿透深度（$1/\alpha$）還來的大，導致所有光功率都被吸收，因此每單位體積內全部的穩態產生與複合率為

$$G_e = \frac{n}{\tau} = \frac{\eta\left(P_{opt}/h\nu\right)}{WLD} \tag{5}$$

其中 τ 是載子生命期，η 是量子效率（即為每個光子能產生的載子數目）以及 n 為過量載子密度。因為過量載子濃度比光導體背景摻雜濃度相對還來的高出很多，故穩態時載子濃度變為

$$n = G_e\tau \tag{6}$$

載子生命期與暗態之特性有關，且其隨者時間衰退，其速率為

$$n(t) = n(0)\exp\left(\frac{-t}{\tau}\right) \tag{7}$$

針對本質光導體而言，兩端電極間流動的光電流為

$$I_p = \sigma \mathscr{E} W D = \left(\mu_n + \mu_p \right) nq \mathscr{E} W D \tag{8}$$

其中 $\mathscr{E}$ 為光導體內所施加的電場，以及 $n = p$ 的條件。將式（5）的 n 值帶入式（8），其方程式為

$$I_p = q \left(\eta \frac{P_{opt}}{h\nu} \right) \frac{\left(\mu_n + \mu_p \right) \tau \mathscr{E}}{L} \tag{9}$$

假設我們定義主要光電流為

$$I_{ph} \equiv q \left(\eta \frac{P_{opt}}{h\nu} \right) \tag{10}$$

從式（9）可以得到光電流增益 G_a 為

$$G_a = \frac{I_p}{I_{ph}} = \frac{\left(\mu_n + \mu_p \right) \tau \mathscr{E}}{L} = \tau \left(\frac{1}{t_{rn}} + \frac{1}{t_{rp}} \right) \tag{11}$$

其中 t_{rn}（$= L/\mu_n \mathscr{E}$）與 t_{rp}（$L/\mu_p \mathscr{E}$）為電子與電洞跨越電極的穿巡時間。增益值與載子生命期和穿巡時間之比值有關，且其在光導體內為一關鍵參數。為了獲得高增益，載子的生命週期必須提高，電極間距必須要短以及載子移動率要快。一般之增益值 1000 可以輕易達成，而高達 10^6 的增益亦可達到（如表1）。另外一方面，光導體的響應時間也由生命期所決定。因此增益與速度之間具有權衡關係。一般而言，光導體比光二極體擁有較快的響應時間。

崩潰時的最大電場值限制了高增益值。另外的效應是由於少數載子的掃除（Sweep-out）[3]。在適當的電場下，主要載子（電子）擁有較高的載子移動率且穿巡時間短於載子生命期。同時，少數載子（電洞）具有較慢之載子移動率與大於載子生命期之穿巡時間。在這樣的條件下，電子快速的被掃出偵測器，但是為了維持電中性，電洞需要更多來自其他電極之電子。經由這項動作，電子在生命期的期間內將會經過偵測器許多次的迴圈，這反應即為增益之原因。在非常高的電場下，電洞也以短於生命週期的穿巡時間移動。在這個條件下，產生率跟不上這個快速漂移的過程，

並且式（6）的穩態條件也不再成立。這個情況造成了空間電荷效應。在如此高的電場下，增益會劣化並再次趨近於 1。

接下來，當我們考慮給一個光強度調和的光訊號

$$P(\omega) = P_{opt}\left[1 + m\exp(j\omega t)\right] \tag{12}$$

其中 P_{opt} 為平均光訊號功率，m 為調制指數以及 ω 為調制頻率。平均電流 I_p 起因於式（9）的光訊號。針對調制光訊號，方均根光功率為 $mP_{opt}/\sqrt{2}$ 以及方均根訊號電流可以寫作[4]

$$i_p \approx \left(\frac{q\eta m P_{opt} G_a}{\sqrt{2}h\nu}\right)\frac{1}{\sqrt{1+\omega^2\tau^2}} \tag{13}$$

在低頻率的時候，這會退化至式（9）。在高頻率的時候，響應正比於 $1/f$。

圖 4 為光導體的射頻等效電路。電導 G 包含來自於暗電流、平均訊號電流以及背景電流的貢獻。電導 G 所造成的熱雜訊所示如下，

$$\langle i_G^2 \rangle = 4kTGB \tag{14}$$

其中 B 是頻帶寬。產生-復合雜訊（散粒雜訊）所示如下[5]

$$\langle i_{GR}^2 \rangle = \frac{4qI_p B G_a}{1+\omega^2\tau^2} \tag{15}$$

其中 I_p 是穩態時由光所引起之輸出電流。訊號雜訊比例可以從式（13）到（15）獲得

$$\left.\frac{S}{N}\right|_{\text{power}} = \frac{i_p^2}{\langle i_{GR}^2 \rangle + \langle i_G^2 \rangle} = \frac{\eta m^2 \left(P_{opt}/h\nu\right)}{8B}\left[1 + \frac{kT}{qG_a}\left(1+\omega^2\tau^2\right)\frac{G}{I_p}\right]^{-1} \tag{16}$$

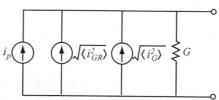

圖4　光導體的射頻等效電路圖。

我們可以從式（16）藉由設定 $S/N = 1$ 和 $B = 1$ 來獲得 NEP（即：$mP_{opt}/\sqrt{2}$）。在紅外光偵測器中，最常使用的價值指標為由式（4）所定義的檢測度 D^*。

　　光導體因簡單的結構、低成本以及堅固耐用的特性而受到矚目。外質光導體不需使用極窄能隙的材料便可以擴展長波長所受到的限制，且它們普遍地使用於紅外光線光偵測器。

　　針對於中紅外線至遠紅外線以及更長的波長而言，光導體必需冷卻在低溫環境（例如 77 K 與 4.2 K）。低溫會減低造成熱游離及使能階空乏之熱效應，以及增加增益與檢測效益。當波長接近 0.5 μm 左右，CdS 的光導體擁有高敏感性，然而當波長在 10 μm，HgCdTe 光導體是較適當的。[6]而波長範圍從 100 μm 到 400 μm 之間，GaAs 的外質光導體由於具有較高的偵測性[7]，所以是此範圍的最佳選擇。此光導體擁有高的動態偵測範圍並具有相當高準位（即強的光強度）檢測之表現。然而對於微波頻率的低準位檢測，光二極體將提供相當快速與高訊號雜訊比。因此光導體受限制在高頻率光調解器的使用，例如在光混器。但是它們已經被廣泛的應用在紅外線檢測器，特別是波長大於數 μm 以上。

13.3 光二極體

13.3.1 一般概況

光二極體具有一高電場的空乏區域，此電場用以分離光產生的電子電洞對。對於高速操作之下，必須保持極窄之空乏區寬度以減少穿巡時間。然而另一方面，為了增加量子效率（即每單位入射光子所能產生的電子電洞對數目），空乏層寬度必須足以吸收大部分的入射光。因此，存在一種響應速度與量子效率之間的折衷關係。

　　在可見光與近紅外光波段，光二極體通常施加適度之逆向偏壓，因為這樣可以減少載子穿巡時間與降低二極體電容。然而，此逆向偏壓不能大到足以造成累增崩潰或是崩潰。此種偏壓條件可與累增光二極體形成對比，其中累增光二極體之內部電流增益是處於累增崩潰下，藉由衝擊游離化的結果而獲得。所有的光二極體，不包括累增光二極體，有最大增益值為一（表1）。光二極體家族包含 *p-i-n* 光二極體、*p-n* 光二極體、異質接面光二極體與金屬─半導體（蕭特基位障）光二極體。

我們現在將簡短的考慮光二極體的一般特性：它的量子效率、響應速度與元件雜訊。

量子效率 如之前所提及的，量子效率是指每單位入射光子所能產生電子電洞對數目（式2），對應的價值指標為響應性，它是光電流與入射光功率的比值（式3）。因此，對一給定的量子效率，響應性隨著波長線性增加。對於理想的光二極體（$\eta = 1$），$\mathscr{R} = \lambda/1.24$（A/W），式中 λ 以 μm 表示。

因為吸收係數 α 是波長的強相關函數，對一給定的半導體而言，產生大量光電流之對應波長範圍是有限的。因為大部分的光二極體皆為能帶至能帶的激發過程（除了造成跨越金屬─半導體光二極體之位障的光激發之外）。長波段的截止波長 λ_c 是由半導體能隙所決定，如式（1），例如鍺約為 $1.7\,\mu m$ 和矽約為 $1.1\,\mu m$。對於大於截止波長 λ_c 的波長，其 α 值太小而無法產生大量電流。光響應在短波段的截止現象亦會發生，因為短波長的 α 值太大（$10^{-5}\,cm^{-1}$），所以輻射在非常接近表面的附近被吸收並在此處更有可能發生複合。因此光載子在被 *p-n* 接面收集以前，便先行復合。在近紅外光區，加上抗反射塗層的矽光二極體在 $0.8\,\mu m$ 到 $0.9\,\mu m$ 附近時的量子效率可達到 100%。在 1.0 到 $1.6\,\mu m$ 區域，鍺光二極體、三五族三元素光二極體（如 InGaAs）以及三五族四元素二極體（InGaAsP）已被證實具有高量子效率。對較長波段而言，可將光二極體冷卻於低溫狀態（如 77 K），來達到高效率操作。

響應速度 響應速度受到三個因素組合的限制：（1）空乏區的漂移時間（2）載子擴散（3）空乏電容。在空乏區之外產生的載子必須向接面擴散，因此導致不可忽略之時間延遲。為了減少擴散效應，接面必須形成在非常靠近表面的地方。當空乏區足夠寬（$1/\alpha$ 的數量級）的時候，大部分的光線將會被吸收；在充足的逆向偏壓之下，載子將以飽和速度進行漂移。但是空乏區又不能太寬，否則穿巡時間效應便會限制頻率響應。當然也不能太薄，否則過大的電容會導致較大的 R_LC 時間常數，其中 R_L 為負載電阻。最佳化的折衷發生在具有穿巡時間是半個調變週期的數量級時的空乏層厚度。例如，對於 10 GHz 的調變頻率而言，矽（飽和速度為 10^7 cm/sec）最佳化空乏層厚度約為 5 μm。

元件雜訊 為了研究光二極體內部的雜訊特性，我們將考慮一般的光檢測過程，如圖 5a 所示。當光訊號與背景輻射一起被光二極體吸收時，產生電子電洞對。此電子電洞對然後被電場分離並且漂移至接面的相反兩邊。在這個過程中，光電流受到外部負載的引導。因為雜訊與頻率是相關聯，為了決定此光電過程所產生的電流，我們將考慮如式(12)所示的強度調節光訊號。因為光訊號而產生的平均光電流，如式10所示。對於調制光訊號，方均根信號功率是 $mP_{opt}/\sqrt{2}$，而且將式13的增益值設定為1時可得到方均根訊號電流，

$$i_p = \frac{q\eta mP_{opt}}{\sqrt{2}h\nu} \qquad (17)$$

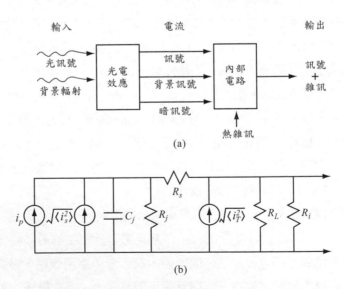

圖5 光二極體的雜訊分析 (a) 光檢測過程；(b) 等效電路圖。（參考文獻8）

我們以 I_B 來代表是源自背景輻射造成的電流，以及以 I_D 代表是由於熱產生的電子電洞對在空乏區內所形成的暗電流。由於這些所有電流都是隨機產生，它們會貢獻到如下所示的散粒雜訊（shot noise）上面，

$$\left\langle i_s^2 \right\rangle = 2q\left(I_P + I_B + I_D\right)B \tag{18}$$

這裡 B 表示頻帶寬。熱雜訊定義為

$$\left\langle i_T^2 \right\rangle = \frac{4kTB}{R_{eq}} \tag{19}$$

其中

$$\frac{1}{R_{eq}} = \frac{1}{R_j} + \frac{1}{R_L} + \frac{1}{R_i} \tag{20}$$

光二極體的等效電路圖如圖 5b 所示。其中的組件 C_j 是接面電容，R_j 是接面電阻，以及 R_s 為串聯電阻。可變電阻 R_L 是外部負載電阻以及 R_i 是下一級放大器[9]的輸入電阻。所有的電阻都會貢獻額外的熱雜訊到系統。串聯電阻 R_s 通常遠小於其他種類的電阻，以致於可忽略。

對於具有平均功率 P_{opt} 的一個 100% 調制訊號（$m=1$），訊號對雜訊之比值可以寫作

$$\left.\frac{S}{N}\right|_{\text{power}} = \frac{i_p^2}{\left\langle i_s^2 \right\rangle + \left\langle i_T^2 \right\rangle} = \frac{(1/2)\left(q\eta P_{opt}/h\nu\right)^2}{2q\left(I_P + I_B + I_D\right)B + 4kTB/R_{eq}} \tag{21}$$

從這個公式，為了得到一給定的訊號雜訊比值而所需的最小光功率為（設定 $I_p = 0$）

$$\left.P_{opt}\right|_{\text{min}} = \frac{2h\nu}{\eta}\sqrt{\frac{(S/N)I_{eq}B}{q}} \tag{22}$$

此處

$$I_{eq} = I_B + I_D + \frac{2kT}{qR_{eq}} \tag{23}$$

雜訊等效功率（NEP）為（$S/N=1$，$B=1\,\text{Hz}$）

雜訊等效功率 = 最小光功率 $P_{opt}|_{\min}$ 的方均根值

$$= \left(\frac{h\nu}{\eta}\right)\sqrt{\frac{2I_{eq}}{q}} \qquad \mathrm{W/cm^2 - Hz^{1/2}} \tag{24}$$

為了增加光二極體的敏感度，η 與 R_{eq} 應該同時增加，而 I_B 與 I_D 也應該同時減少。NEP 將會隨著 R_{eq} 而減少直到一飽和值，此飽和值的大小受到暗電流或是背景電流之散粒雜訊所限制。

13.3.2 *p-i-n*與*p-n*光二極體

p-i-n 光二極體屬於*p-n*接面光二極體裡的一個特殊例子，且也是最常使用的光偵測器之一。這是由於空乏區寬度（本質層）能被調整以達成最佳的量子效率與頻率響應。圖 6 指出*p-i-n*二極體的剖面圖與它在逆偏壓下的能帶結構與光吸收特性。根據圖 6 的說明，我們將部份深入討論*p-i-n*光二極體的操作，此項討論也可以應用*p-n*接面的光二極體。在半導體內的光吸收會產生電子電洞對，在空乏區中產生或是在它的擴散長度之內形成的電子電洞對，最終將被電場分離，當載子漂移經過空乏區後會在外部電路產生電流流動。

量子效率 在穩定狀態下，流經逆向偏壓所造成的空乏層之全部光電流密度可寫為[10]

$$J_{tot} = J_{dr} + J_{diff} \tag{25}$$

式中 J_{dr} 是由於載子在空乏區內產生而造成的飄移電流，J_{diff} 是由於載子在空乏區外的塊材半導體產生後，並且擴散到逆向偏壓所形成的接面擴散電流。假設熱產生的電流可以被忽略不計，且表面 *p* 層的厚度遠小於 $1/\alpha$ 值，我們可先推導出全部的電流。參照圖 6c，電子電洞產生率可以寫作

$$G_e(x) = \Phi_0\,\alpha\exp(-\alpha x) \tag{26}$$

此處的 Φ_0 是每單位面積的入射光子通量，寫作 $P_{opt}(1-R)/Ah\nu$，其中 *R* 為反

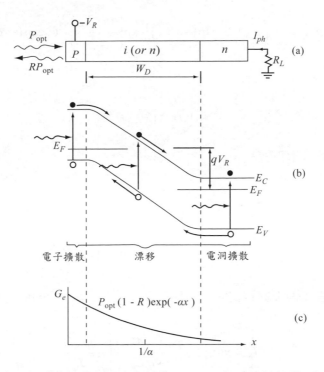

圖6 光二極體的操作過程(a)標準 *p-i-n* 二極體的側視圖;(b)逆偏壓操作下的能帶結構;(c)載子產生特性。(參考文獻1)

射係數以及 A 為元件面積。因此飄移電流 J_{dr} 可以寫作,

$$J_{dr} = -q\int_0^{W_D} G_e(x)dx = q\Phi_0\left[1-\exp(-\alpha W_D)\right] \tag{27}$$

此處 W_D 是空乏層寬度。需注意的是在空乏區內,已經假設量子效率為 100%。

當 $x > W_D$,在塊材半導體內的少數載子密度(電洞)可從一維擴散方程式推導而得

$$D_p\frac{\partial^2 p_n}{\partial x^2} - \frac{p_n - p_{no}}{\tau_p} + G_e(x) = 0 \tag{28}$$

此處 D_p 是電洞的擴散係數, τ_p 是過量載子的生命期以及 P_{no} 為熱平衡狀態下的電洞密度。在邊界條件為 $x = \infty$ 時的 $P_n = P_{no}$,以及 $x = W_D$ 時的 $P_n = 0$,式(28)的解可得為

$$p_n = p_{no} - \left[p_{no} + C_1 \exp(-\alpha W_D) \right] \exp\left(\frac{W_D - x}{L_p} \right) + C_1 \exp(-\alpha x) \qquad (29)$$

其中

$$C_1 \equiv \left(\frac{\Phi_0}{D_p} \right) \frac{\alpha L_p^2}{1 + \alpha^2 L_p^2} \qquad (30)$$

擴散電流密度可得為

$$J_{diff} = -qD_p \frac{\partial p_n}{\partial x}\bigg|_{x=W_D} \qquad (31)$$

$$= q\Phi_0 \frac{\alpha L_p}{1 + \alpha L_p} \exp(-\alpha W_D) + \frac{qp_{no}D_p}{L_p}$$

全部的電流是加總空乏區內的飄移電流 I_{dr} 與空乏區以外的擴散電流 I_{diff}，可以寫為

$$J_{tot} = q\Phi_0 \left[1 - \frac{\exp(-\alpha W_D)}{1 + \alpha L_p} \right] + \frac{qp_{no}D_p}{L_p} \qquad (32)$$

在一般的操作條件下，包含 P_{no} 的暗電流這項值非常小，以致於全部的光電流正比於光通量。量子效率可以從式（2）與式（32）獲得

$$\eta = \frac{AJ_{tot}/q}{P_{opt}/h\nu} = (1 - R) \left[1 - \frac{\exp(-\alpha W_D)}{1 + \alpha L_p} \right] \qquad (33)$$

就定性而言，因為反射 R 以及光線在空乏區之外被吸收的原因，將使量子效率從 1 開始往下降。對於高量子效率而言，是需要 $\alpha W_D \gg 1$ 以及低的反射係數。然而，在 $W_D \gg 1/\alpha$ 時，就必須考慮轉移時間的延遲。我們將會在下節討論轉移時間效應。

頻率響應 由於載子需要足夠的時間穿過空乏層，當入射光強度瞬間被調變後，光通量與光電流之間將出現相位差。為了獲得此效應的定量結果，最簡單的方式如圖 7a 所示，其中假設所有的光線都在表面被吸收。假設外加電壓足夠高以致於將本質區空乏且讓載子可達到飽和速度 v_s。已知光通量密度為 $\Phi_1 \exp(j\omega t)$（光子／秒–平方公分），則在 x 位置點的傳導電流密度可以表示如下，其中假設 $\eta = 100\%$

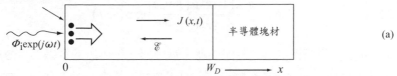

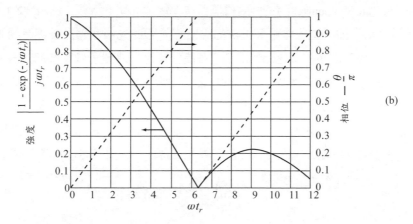

圖7　爲穿巡時間效應分析之幾何結構。光響應(強度與相位規一化)，隨著規一化的入射光通量之調變頻率關係。 (參考文獻10)

$$J_{cond}(x) = q\ \Phi_1 \exp\left[j\omega\left(t - \frac{x}{\upsilon_s} \right) \right] \tag{34}$$

因此內部電流為時間與距離的函數。因為 $\nabla \cdot J_{tot} = 0$，我們可以將外部全部電流寫做

$$J_{tot} = \frac{1}{W_D} \int_0^{W_D} \left(J_{cond} + \varepsilon_s \frac{\partial \mathscr{E}}{\partial t} \right) dx \tag{35}$$

式中括號內的第二項是位移電流。將式（34）代入式（35）可得

$$J_{tot} = \left[\frac{j\omega\varepsilon_s V}{W_D} + q\ \Phi_1 \frac{1 - \exp(-j\omega t_r)}{j\omega t_r} \right] \exp(j\omega t) \tag{36}$$

式中 V 為外加電壓與內建電位的總和，且 $t_r = W_D/\upsilon_s$ 為載子穿過空乏區的穿巡時間。利用式（36），短路電流密度（ $V \approx 0$ ）時可以寫作

$$J_{sc} = \frac{q}{j\omega t_r} \Big[1 - \exp(j\omega t_r) \Big] \exp(j\omega t) \tag{37}$$

圖 7b 表示高頻時的穿巡時間效應,其中歸一化電流的振幅與相位角是與歸一化調變頻率呈現函數關係。值得注意的是,當 ωt_r 大於 1 時,交流光電流 (ac photocurrent)的強度會隨著頻率增加而快速遞減。當 ωt_r=2.4,振幅降低 $\sqrt{2}$ 倍,並且伴隨著 0.4π 的相位移。因此光偵測器的響應時間受到載子穿越空乏層的穿巡時間限制。在高頻響應與高量子效率間的折衷,較合理的方式是選擇厚度在 $1/\alpha$ 與 $2/\alpha$ 之間的吸收層,如此一來將可使相當大部分的光能在空乏區內被吸收。

對於 *p-i-n* 光二極體,i 層的厚度假設等於 $1/\alpha$。載子穿巡時間是載子漂移過 i 層所需要的時間。從式(37)可以知道 3-dB 頻率可以寫作 (ωt_r=2.4)

$$f_{3dB} = \frac{2.4}{2\pi t_r} \approx \frac{0.4\upsilon_s}{W_D} \approx 0.4\alpha\upsilon_s \tag{38}$$

圖 8 表示內部量子效率,即矽 *p-i-n* 光二極體的 $\eta/(1-R)$,是為 3-dB 頻率與由式(38)所得空乏區寬度的函數。圖中說明在不同的波段下,響應速率 (正比於 $1/W_D$ 的 3-dB 頻率)與量子效率的折衷值。

一些高速響應的光二極體結構如圖 9 所示,圖 9a 表示 *p-i-n* 光二極體,通常具有抗反射層以增加量子效率。本質層厚度可根據光信號波長與調變頻率來進行最佳化 (或是低濃度的 n 型,即 υ 層;或是低濃度的 p 型,即 π 層)。相關元件有 *p-n* 光二極體,其中 n 型具有高摻雜濃度使得此層並非完全空乏 (如圖 9b)。當波長接近長波長截止點時,吸收深度將變得相當長 (α=10 cm^{-1}, $1/\alpha$=1000μm)。有一種在量子效率與響應速度之間選擇的折衷方式是將光由側邊入射,並平行接面。如此方式可降低本質層厚度、縮短穿巡時間因而提高速度,但是卻會降低量子效率。光線也可以斜角度照射並且造成元件內部的多次反射,顯著增加有效的吸收厚度,並且同時保持較小的載子穿巡距離[11,12]。其他三種的元件是金屬–半導體光二極體,這將在下節討論。

對於 *p-n* 光二極體,當空乏層夠窄時,某部份光線會在空乏區外被吸

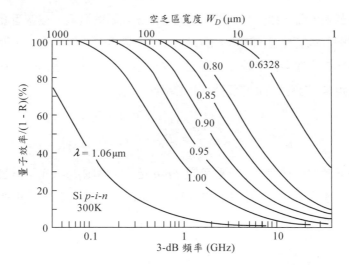

圖8 矽 *p-i-n* 光二極體在不同波段下，量子效率隨著空乏區寬度的變化與穿巡時間限制的 3-dB 頻率變化而改變。飽和速率為 107 cm/s。

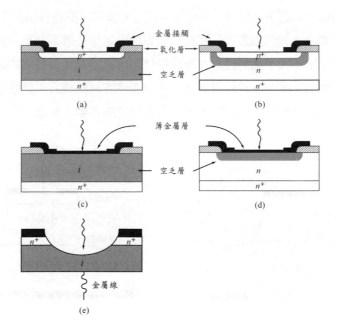

圖9 為一些高速響應的光二極體元件結構，(a) *p-i-n* 光二極體，(b) *p-n* 光二極體，(c) 金屬-*i-n*二極體，(d) 金屬-半導體光二極體，(e) 點接觸二極體。(參考文獻 1)

收。這些現象會導致一些缺點。首先，量子效率會遞減。在空乏區外超過一個擴散距離的長度，被吸收的光線完全不會貢獻成為光電流，而在一個擴散距離內的效率也會減少。第二，擴散過程是一種很緩慢的過程。對於載子在距離 x 內擴散的所需時間可以寫作

$$t = \frac{4x^2}{\pi^2 D_p} \tag{39}$$

這遠小於漂移過程時間。一般來說，$p\text{-}n$ 光二極體比 $p\text{-}i\text{-}n$ 光二極體擁有較低的響應速率。最後，中性區將導致串聯電阻，此效應如同之前所討論為雜訊的來源。

13.3.3 異質接面光二極體

光二極體可以利用兩種具有不同能隙的半導體構成的異質接面來實現（參見第二章）。異質接面光二極體的優點之一是量子效率並不完全與接面距表面的距離有關，這是因為大能隙的材料可以視為透明且用來做為光功率傳輸的窗口。此外，異質接面可以提供獨特的材料結合，讓量子效率與反應速率可以在已知的光訊號波長下獲得最佳的效果。另外一個優點是可以

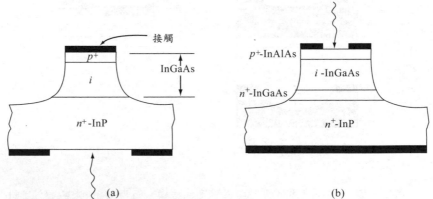

(a)   (b)

圖10　Inp基板上製作的異質接面光二極體，在不同光照射模式下的元件結構，(a) 基板端照射，(b) 頂端照射。

降低暗電流。

　　為了獲得低漏電流的異質接面，兩個不同半導體的晶格常數匹配必須非常接近。一些異質接面光二極體的例子如圖 10 所示，使用 InP 基板且晶格常數與 InGaAs（ $E_g \approx 0.73\,\text{eV}$ ）以及與 InAlAs 匹配。這種結構在長波長（ $1.6\,\mu m$ ）有較佳的表現。此元件預期比鍺光二極體有較優異的效能，主要因為其為直接能隙材料，於本質吸收邊緣具有較大吸收係數，所以元件只需薄的空乏區寬度便可以使用在高響應速度的元件上[13]。另外一個系統是 AlGaAs 在 GaAs 基板上。這些異質接面對於操作在 0.65 到 $0.85\,\mu m$ 波長範圍的光元件是非常重要。

13.3.4 金屬－半導體光二極體

金屬半導體二極體可以當作高頻率的光偵測器[14]。在金屬半導體二極體內的能帶圖與電流傳輸已經在第三章討論過。光二極體可以在兩種模式下操作，取決於光子的能量：

　　1. 當 $h_v > E_g$ 時，如圖 11a 所示，輻射在半導體內產生電子電洞對，光二極體的原來特性與 $p\text{-}i\text{-}n$ 光二極體很類似。量子效率可以從式（33）來定義。

　　2. 對於低能量的光子（ 長波長 ）， $q\phi_B < h_v < E_g$ ，如圖 11b 所示，金屬內的光激發電子可以克服位障並且被半導體所收集。這個過程為內在的光發射效應且已經被廣泛的用來偵測蕭特基位障，與研究熱電子在金屬薄膜內的傳輸現象[15]。

　　在第一個過程，當 $hv > E_g$ 且在接近崩潰時的逆向偏壓下，二極體可以當做累增光二極體來操作。這將在下一節納入討論。

　　對於內在的光發射效應，光子在金屬內被吸收且載子被激發到較高的能量。熱載子具有隨機方向的動量，並且那些動量具有比位障還大的能量，使得朝向半導體的動量貢獻成光電流。內在的光發射效應與能量具有相關性，且量子效率可以寫做

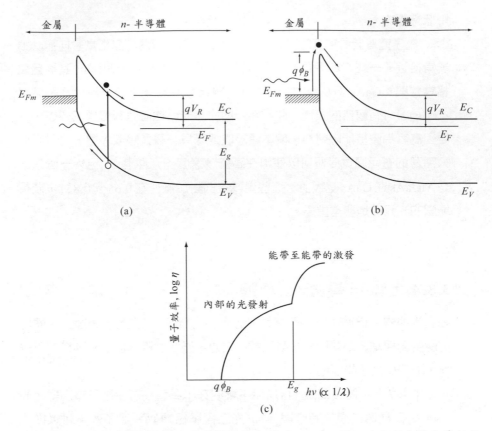

圖11 (a) 能帶至能帶之電子電洞對激發（$hv > E_g$），(b) 內在的光發射效應，為金屬到半導體產生電子激發（$E_g > h_v > q\phi_B$），(c) 量子效率隨著波長相對應之能量變化圖，指出上述兩種過程發生的區段。

$$\eta = C_F \frac{\left(hv - q\phi_B\right)^2}{hv} \qquad (40)$$

這裡 C_F 是福勒放射係數（Flower emission coefficient）。這個現象通常用來測量位障高度。當蕭特基位障二極體被具有不同波段的入射光掃瞄時，圖 11c 表示量子效率有一個 $q\phi_B$ 的臨界值，且隨著光子能量變化而增加。當光子能量到達能隙的大小時，量子效率將躍升到很高的數值。實際應用上，內部光子發射效率不到一般量子效率的 1%。

　　一般的結構如圖 9c 所示。當光線通過金屬接觸而照射到二極體時，為了避免大量的反射現象與吸收損失，金屬薄膜必須要夠薄，厚度約 10nm，且必須使用抗反射鍍膜。

　　藉由使用低摻雜的本質層，一種類似於 p-i-n 二極體結構的金屬–本質– n 型光二極體。這種結構的優點在於產生能帶至能帶的激發。有一種特別的金屬半導體光二極體是點接觸的光二極體，如圖 9e 所示[16]。主動空間較小且擴散時間與電容兩項數值也很小，因此這結構比較適合極高調變頻率。

　　對於內部光激發偵測器，有足夠效率引導入射光線通過基板。當位障高度永遠小於能隙寬度，即 $q\phi_B < h\nu < E_g$ 的光線在半導體內不會被吸收，並且光強度在金屬半導體界面並不會有所損耗。在這個例子中，為了簡單控制厚度與降低串聯電阻，因此金屬薄膜可較厚。對於矽元件而言，製程中使用金屬矽化物取代金屬薄膜為一種可行的方式。當金屬與矽反應形成金屬矽化物，會產生許多可再生的介面以致於新的介面不會暴露出來。為了達到上述目的，一般所使用的金屬矽化物為 PtSi，Pd_2Si 與 IrSi。蕭特基位障二極體的另外一個優點是不需要摻雜擴散或是佈植退火等高溫製程。

　　金屬半導體二極體通常適用在可見光與紫外光區段。在這些區段，在一般半導體材料內的吸收係數非常高，估計有 10^5 cm^{-1} 數量級或是更高，其中相對應的吸收長度 $1/\alpha$ 等於 $0.1\,\mu m$ 或是更低。這樣有機會選擇適當的金屬與抗反射層材料讓大量的入射光在半導體表面附近被吸收。

　　蕭特基二極體的暗電流是由於主要載子的熱游離發射發造成的，而不是來自於限制 p-n 二極體速度的少數載子擴散電流。已經有文獻記載，可製作出能在 100 GHz 下操作的快速蕭特基位障二極體。蕭特基位障光二極體的優點是在不需使用小能隙半導體的情況下，能具有一快速且長波長偵測的能力。

13.4 累增光二極體

累增光二極體操作在發生累增倍乘效應之高逆偏壓的狀態[17]。由於累增倍乘提高內部電流增益。累增光二極體的電流增益–波譜寬的乘積可以高於 300 GHz，因此元件可以在微波頻率下產生光調製作用。對於累增光二極體，其量子效率與響應速率的規模與非累增光二極體相似。然而，高增益常伴隨雜訊出現的代價，因此我們必須同時考慮雜訊特性與累增增益。

13.4.1 累增增益

累增增益，通常稱做放大因子，已經在第二章裡討論過。電子的低頻率累增增益定義為

$$M = \left\{ 1 - \int_0^{W_D} \alpha_n \exp\left[-\int_x^{W_D} \left(\alpha_n - \alpha_p \right) dx' \right] dx \right\}^{-1} \quad (41)$$

其中 W_D 是空乏層寬度，α_n 與 α_p 分別為電子與電洞的游離率。對於與位置無關的游離化係數，如同在一 p-i-n 二極體中為例，在 $x = 0$ 時，電子注入高電場區的放大為

$$M = \frac{\left(1 - \alpha_p / \alpha_n \right) \exp\left[\alpha_n W_D \left(1 - \alpha_p / \alpha_n \right) \right]}{1 - \left(\alpha_p / \alpha_n \right) \exp\left[\alpha_n W_D \left(1 - \alpha_p / \alpha_n \right) \right]} \quad (42)$$

假設有相同的游離化係數（$\alpha = \alpha_n = \alpha_p$），放大率可以寫為較簡單的形式

$$M = \frac{1}{1 - \alpha W_D} \quad (43)$$

當在 $\alpha W_D = 1$ 的情況下，對應到其崩潰電壓。

對於實際的元件而言，在高的光強度下，最大可達到的直流放大率將受限於串聯電阻與空間電荷效應。這些參數可以綜合成為一個等效串聯電阻 R_s，對於光產生載子的放大可由以下的經驗關係式來描述[18]

$$M_{ph} = \frac{I - I_{MD}}{I_P - I_D} = \left[1 - \left(\frac{V_R - IR_s}{V_B} \right)^n \right]^{-1} \quad (44)$$

其中I是全部的放大電流，I_p是主要的（未放大的）光電流，並且I_D與I_{MD}分別是主要的與放大的暗電流。V_R是逆向偏壓，V_B是崩潰電壓，以及指數n為常數，其數值隨着半導體材料、摻雜分佈與輻射波長而改變。對於高的光強度（$I_p \gg I_D$）以及$I_{RS} \ll V_B$，光放大的最大值可以得為

$$M_{ph}\Big|_{max} \approx \frac{I}{I_P} = \left[1 - \left(\frac{V_R - IR_s}{V_B}\right)^n\right]^{-1}\Bigg|_{V_R \to V_B} \approx \frac{V_B}{nIR_s} \tag{45}$$

或是

$$M_{ph}\Big|_{max} = \sqrt{\frac{V_B}{nI_PR_s}} \tag{46}$$

當光電流小於暗電流時，最大的放大受限於暗電流，並且可由類似式（46）來表示，其中只需將I_p以I_D所取代。因此，暗電流越小越好是非常重要的，這樣$(M_{ph})_{max}$與最小偵測功率將不會受到暗電流所限制。

當主要載子電子橫跨過高電場區域時，再生累增過程導致大量的載子在此區出現。越高的累增增益（或是放大），則建立累增過程所需的時間便越久，並且當光線被移除後，累增過程會存留得更久。此乃說明增益頻帶（M•B）乘積的特性。圖 12 為其累增區擁有均勻電場的理想 *p-i-n* 累

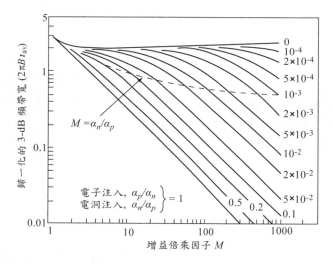

圖12 在電子注入下，針對不同α_n/α_p的數值，以低頻倍乘因子M爲函數的累增光二極體的理論 3-dB 頻帶寬（$2\pi\tau_{av}$的倍數）。（參考文獻19）

增光二極體，經由計算過的頻帶寬。以具有不同游離化係數比為參數的低頻率增益(M)做為函數，繪出針對$2\pi\tau_{av}$進行歸一化後的3-dB頻帶寬（B）。虛線代表$M=\alpha_n/\alpha_p$。在$M>\alpha_n/\alpha_p$的曲線之下，幾乎曲線是直線，這表示增益頻帶寬的乘積是常數。在此區間，增益的頻率相關性可以如下所示[19]

$$M_f(\omega) = \frac{M}{\sqrt{1+\left[\omega MN\left(\alpha_p/\alpha_n\right)\tau_{av}\right]^2}} \tag{47}$$

這裡的 N 值是比值 α_p/α_n 的函數。當 $\alpha_p/\alpha_n = 1$ 時，其數值為 $1/3$；當 $\alpha_p/\alpha_n = 10^{-3}$ 時，其數值為 2。平均穿巡時間 τ_{av} 為（$t_{rn}+t_{rp}$）$/2$，其中 t_{rn} 是電子穿巡時間且等於 W_D/v_{sn}，v_{sn} 為飽和速度。同樣的表示式也可以在電洞的穿巡時間 t_{rp} 得到。從式（47）可以知道，頻帶寬 B 可以從設定第二項

$$M \cdot B = \frac{1}{2\pi N\left(\alpha_p/\alpha_n\right)\tau_{av}} \tag{48}$$

在相等的游離化係數與較高的增益的特別情況下，可發現增益–頻帶寬乘積為 $M \bullet B = 3/2\pi\tau_{av}$。為了獲得更大的增益頻帶寬乘積，$v_{sn}$ 與 v_{sp} 應該越大越好，並且 α_p/α_n 與 W_D 要越小越好。高於此虛線表示 $M<\alpha_n/\alpha_p$，頻帶寬主要是由載子的穿巡時間決定且本質上與增益無關。

13.4.2 累增倍乘雜訊

累增的過程在本質上是一種統計的結果，因為每一個電子電洞對在空乏區中特定距離內的產生都是獨立且不會經歷完全相同的放大。因為累增增益的變動，使得增益平方之平均值大於平均的平方值。多餘的雜訊可由雜訊因子來將其特徵化

$$F(M) \equiv \frac{\left\langle M^2 \right\rangle}{\left\langle M \right\rangle^2} = \frac{\left\langle M^2 \right\rangle}{M^2} \tag{49}$$

相對於理想的無雜訊倍乘，雜訊因子 F（M）是一種在散粒雜訊增加的評估，它是游離化係數 α_p/α_n 的比值與低頻放大因子 M 強烈地相關。除了無雜訊的放大過程外，我們證明雜訊因子 F（M）總是相等於或是大於 1 且

隨著放大而單調的遞增。對於每一入射光載子而言，當 $\alpha_n = \alpha_p$ 時，平均而言在放大區域只存在主要與次級的電子與電洞之三種載子。當改變載子數目一倍的變動發生，則表示產生了很大百分比的變化，並會造成更大的雜訊因子。另外一方面，如果其中一個游離化係數趨近於零（例如 α_p 趨近於零），對於每個入射光載子在放大區域內，有 M 數量級的載子存在。一個載子的變動對於擾動是相對地不重要。因此，若 α_n 與 α_p 之間的差異非常大時，雜訊因子將會被預期是很小。

若只有電子注入時，雜訊因子可以寫作為[20]

$$F = M\left[1 - \left(1-k\right)\left(\frac{M-1}{M}\right)^2\right]$$

$$\approx kM + \left(2 - \frac{1}{M}\right)\left(1-k\right)$$

（50）

此處 $k \equiv \alpha_p/\alpha_n$，並且假設其在累增區域均為常數。若電洞單獨注入時，假設以 $k' \equiv \alpha_n/\alpha_p$ 來取代 k，前述方程式可以適用。

兩種特殊情況下：$\alpha_p = \alpha_n$（也就是 $k=1$），從式（50）求得 $F = M$，並且如果 α_p 趨近於0（也就是 $k=0$），我們得到 $F=2$（當 M 很大時）。在不同放大因子與游離化係數比的條件下，雜訊因子如圖 13 所示。為了將額外的雜訊最小化，我們想要在電子注入時有一較小的 k 值，或是電洞注入時有一較小的 k' 值。

圖 14 顯示在 $600\,kHz$ 量測下，一個具有 $0.1\,\mu A$ 主要注入電流的矽累增光二極體的一些實驗結果。在圖中，一個較高的雜訊數值（空心圓符號）起源自短波長輻射（參見插圖）造成之電洞主要光電流。在圖中，這個較低的數值表示電子主要光電流的雜訊。因為矽材料內的 α_n 遠大於 α_p，因此電子注入的雜訊因子顯著低於電洞注入的雜訊因子。在理論與實驗數據中，我們可以看到有很好的一致性。

結果如圖 13 所示，可以應用在 p-i-n 累增光二極體與 lo-hi-lo 結構的光二極體（後面將會探討），後者在累增區域有一均勻的電場。對於一個非均勻電場的一般累增光二極體，碰撞游離係數必須透過以 k_{eff} 取代式（50）中的 k，且以 k'_{eff} 取代 k' 的方式進行加權的動作[22]。

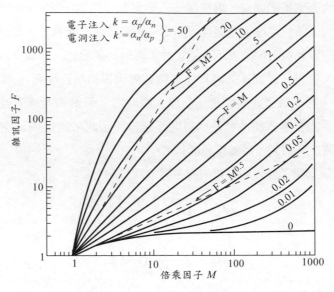

圖13　在不同的倍增因子與電子電洞對游離係數比下，理論計算的雜訊因子變化。（參考文獻20）

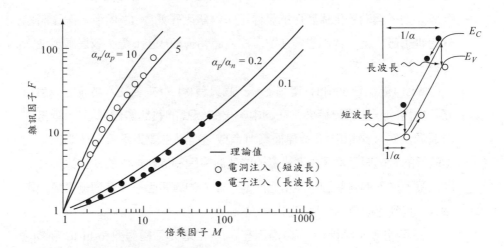

圖14　兩種波長的入射光形成 0.1 μA 主要電流的矽累增光二極體的雜訊因子實驗數據。插圖顯示具有電子或電洞主要電流的累增光二極體能帶結構，此圖與入射光波長具有相關性。（參考文獻21）

$$k_{eff} = \int_0^{W_D} \alpha_p(x) M^2(x) dx \Big/ \int_0^{W_D} \alpha_n(x) M^2(x) dx \tag{51}$$

$$k'_{eff} = k_{eff} \left[\int_0^{W_D} \alpha_p(x) M(x) dx \Big/ \int_0^{W_D} \alpha_n(x) M(x) dx \right]^{-2} \tag{52}$$

當入射光被接面的兩側吸收後,將使得電子電洞皆注入至累增區並且產生額外的雜訊。例如,當 $k_{eff} = 0.005$ 且 $M = 10$ 時,雜訊因子的值將從單純電子注入時的 2,增加到有 10% 電子注入時的 20。[23]因此,在累增光二極體中,為了達到低雜訊與寬的頻帶寬,載子的碰撞游離係數必須相差越大越好,並且累增過程必須在初始時以具有較高游離率的載子種類激發。若考量雜訊的問題,其他具有低碰撞游離率的載子數量必須維持在最小值,就如同產生主要光電流時的情況。如此它將有利於避免在高電場累增區域內的光吸收,這些將在後續作討論。

13.4.3 訊號雜訊比

累增光二極體的光偵測過程與等效電路圖如圖 15a 所示。電流增益機制會將訊號電流、背景電流和暗電流一併進行放大。除了額外的放大因子或是累增增益 M 外,倍增光電流訊號的均方根值與式(17)相同

$$i_p = \frac{q \eta m P_{opt} M}{\sqrt{2} h \nu} \tag{53}$$

在圖 15b 中,等效電路圖內的其他元件與 p-i-n 光二極體相同。在倍乘作用後的均方散粒雜訊電流可以寫作為

$$\begin{aligned}\left\langle i_s^2 \right\rangle &= 2q \left(I_P + I_B + I_D \right) \left\langle M^2 \right\rangle B \\ &= 2q \left(I + I_P + I_B \right) M_D^2 F(M) B \end{aligned} \tag{54}$$

熱雜訊也與 p-i-n 光二極體相同,如式(19)所示。

對於具有平均功率為 P_{opt} 的 100% 調變後的訊號,累增光二極體的訊號雜訊功率比可以寫作

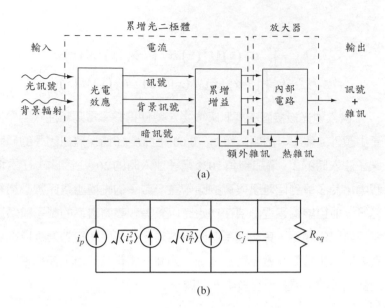

圖15　(a) 累增光二極體的光偵測流程 (b) 等效電路圖。(參考文獻8)

$$\frac{S}{N} = \frac{(1/2)\left(q\eta P_{opt}/h\nu\right)^2}{2q\left(I_P + I_B + I_D\right)F\left(M\right)B + 4kTB\big/\left(R_{eq}M^2\right)} \tag{55}$$

從式（55）可知，累增增益可以藉由減少分母最後一項的比重而增加訊號雜訊比。S/N 比例隨著 M 增加直到 F（M）也變大。因此，在已知的光功率下存在有一最佳的 M 值來產生最大的 S/N 比例。當分母第一項近似於第二項時，可以獲得最佳的放大。當設定 $d(S/N)/dM = 0$ 時可以獲得最佳的放大 M_{opt}。將這個 M_{opt} 代入式（55），在大訊號光電流條件下，我們可以得到一個最大的訊號雜訊比：[24]

$$\left.\frac{S}{N}\right|_{max} \propto \frac{\eta}{\sqrt{k}} \tag{56}$$

因此要獲得最大的 S/N 值，我們必須要增大 $\eta/\sqrt{k}$。

　　我們可以由式（55）求解得到一個最小的光功率 P_{opt}，以滿足累增增益發生時的某個特定 S/N 值。此功率與式（22）有相同的形式，不過現在

必須將 I_{eq} 表示為

$$I_{eq} \equiv (I_B + I_D)F(M) + \frac{2kT}{qR_{eq}M^2} \qquad (57)$$

雜訊等效功率 NEP 也與式（24）相同。透過減少 I_{eq}，可藉由累增增益 M 來提升 NEP 數值。因為累增增益可以顯著地減少 NEP，因此 APDs 具有比單一增益光二極體更顯著的優點。

13.4.4 元件動作

累增光二極體的操作需在整個二極體的空間範圍內產生均勻的累增倍乘效應。亦即整個二極體區域中不可存在一崩潰電壓小於整個接面崩潰電壓的小區域（此稱為微電漿體)。我們藉由使用低差排材料以及藉由設計主動區域不大於可容納入射光束所需的面積（一般而言，直徑大約從幾 μm 到 $100\,\mu m$ 之間），來降低微電漿體在主動區域內發生的機率。由於接面曲率效應或是高電場密度效應所造成沿著接面邊緣的額外漏電流，可藉由防護環（guard ring）或是表面斜角結構的引入來消除。[26]

　　圖 16 為一些基本的累增光二極體元件結構。他們與一般光二極體的主要不同點在接面邊緣添加防護環來控制在高偏壓下的漏電流。此防護環的輪廓必須要有足夠大的曲率半徑來降低摻雜梯度，以致能讓防護環在中心的 p^+–n 接面（或是 p–i–n 接面）發生崩潰前仍不會崩潰。若是金屬–半導體的累增光二極體，則也同樣的必須使用防護環來消弭在接觸點周遭的

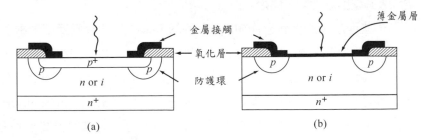

圖16　累增光二極體的基本元件結構 (a) p-n 或是 p-i-n 結構；(b) 金屬半導體結構。注意在接面邊緣有防護環。

高電場密度（圖 16b）。製作 Mesa 或是斜角結構可以有較低跨越接面的表面電場，並且元件內部有均勻的累增崩潰現象發生（未在此顯示）。由於化合物半導體技術沒有較佳的平坦化製程，因此這種現象更普遍發生於化合物半導體元件之中。為了能偵測靠近本質吸收邊緣的波長，可以使用側邊照光的 APD 來同時改善量子效率與訊號雜訊比。

累增光二極體已經可利用各種不同的材料來製作，如鍺、矽、III-V 族化合物與它們的合金材料。決定選擇某種特定半導體的關鍵因素包括了在特定光波長的量子效率、反應速率與雜訊。我們將考量一些代表性的元件性能。

由於在波長範圍 $1\mu m$ 到 $1.6\mu m$ 之間，鍺光二極體有較高的量子效率，因此有較廣泛的用途。主要是因為鍺的電子與電洞游離化係數相近，因此雜訊因子接近 $F = M$，如式（50），以及均方散粒雜訊隨著 M^3 變化，如式（54）[1]。對於中等程度的增益 $M < 30$ 的情況，訊號功率隨著 M^2 增加且雜訊功率隨著 M^3 增加。此行為特性與理論預測相吻合。在 $M \approx 10$ 時，可以求得較高的 S/N 值（$\approx 40\,dB$），也就是來自二極體所貢獻的雜訊約略等於接收器的雜訊。在較高的 M 值時，S/N 的比值遞減的原因是由於累增雜訊比倍乘訊號更快速的增加。

矽累增光二極體特別地被使用在波段範圍 0.6 到 $1\mu m$ 之間，因為元件在有抗反射塗層的前提下，其量子效率接近 100%。在矽材料內，電洞對電子的游離化係數比（$k = \alpha_p/\alpha_n$）是電場的強烈函數，電場在 3×10^5 V/cm 時游離係數從約 0.1，但是電場強度到 6×10^5 V/cm 時游離化係數變為 0.5。因此，為了降低雜訊，累增崩潰時的電場強度必須是低的，且游離放大過程應該從電子開始。

一些理想化的摻雜分佈如圖 17 所示，其中元件有兩種不同電場強度的區域。寬且低電場的區域來做為光吸收區域，並且狹窄且高電場的區域來做為累增倍乘區域。由於電場從 n^+ 層完全延伸至 p^+ 層的所有空間（完全空乏）[27]，所以這種結構叫做通達型結構（reach-through structure）。p^+–π–p–π–n^+ 結構的摻雜分佈如圖 17a 所示。這種摻雜分佈比較類似於低–高–低的 IMPATT 二極體（詳細請參考第九章）。在吸收光線的低

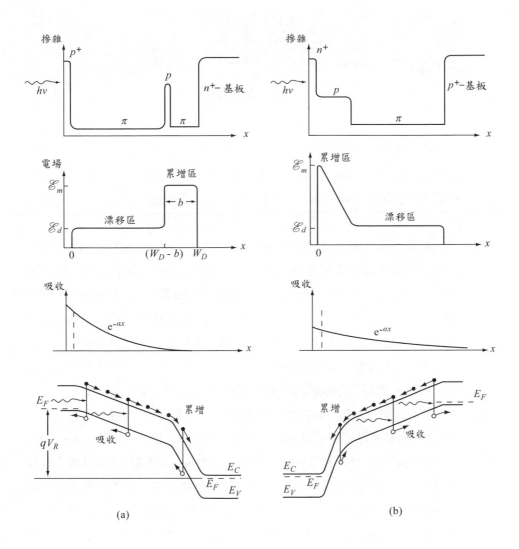

圖17　透穿累增光二極體的摻雜輪廓、電場分佈、入射光吸收以及能帶結構圖。圖中指出電子如何初始化倍增過程：(a) 低–高–低累增二極體；(b) 高–低累增二極體。

電場漂移區域，載子能以飽和速度（當電場強度$\mathscr{E}_d$大於10^4V/cm，其飽和速度為10^7cm/s）穿越此區。在高電場累增區域，最大電場強度可以藉由調整厚度 b 來調整其最大電場值$\mathscr{E}_m$。崩潰條件可以寫作為[28]

$$\alpha_n b = \frac{\ln(k)}{k-1} \quad k \equiv \frac{\alpha_p}{\alpha_n} \tag{58}$$

崩潰電壓可以寫作為

$$V_B \approx \mathscr{E}_m b + \mathscr{E}_d (W_D - b) \tag{59}$$

對一給定的波長，我們可以選擇W_D（例如$W_D = 1/\alpha$）以及可獨立地調整 b 值來最佳化元件性能。大部分的光應該在 π 區域（W_D-b）內被吸收，並且電子進入累增區來開始產生累增過程。所以能預期p^+–π–p–π–n^+元件能有較高的量子效率、高響應速率以及高的訊號雜訊比。

實際上，製作一個狹窄的 P 型區域將會是困難的，因此n^+–p–π–p^+元件可能是一種選擇（如圖 17b）。此種摻雜分佈與高–低 IMPATT 結構是一致的。藉由離子佈植與擴散方式來獲得良好的摻雜分佈控制，可使此種n^+–p–π–p^+元件結構更適合製作於大直徑的矽晶圓上[29]。對於有抗反射塗層的元件，在大約$0.8\,\mu m$波長的量子效率可以接近 100%。由於有電洞少許的混合在初始放大的過程中，因此雜訊因子高於圖 17a 所示的結構。

金屬–半導體（蕭特基位障）APDs 在可見光與紫外光範圍是很有用的。然而，因為在高偏壓時蕭特基位障先天性上具有較高的漏電流，所以在應用上，它們相較於藉由摻雜方式而形成的接面較不普遍。蕭特基位障的 APDs 其基本特性相似於一般 p–n 接面的 APDs。圖 16b 所示，在0.5–Ω–cm 的 n 型基板上具有很薄的矽化鉑層（約$10\,nm$）與擴散式防護環，並具有理想逆向飽和電流的蕭特基 APD 元件已可被製作。由於防護環的功用為消除接面的漏電流，因此可以獲得理想的逆向飽和電流。在蕭特基位障的 APD，累增倍乘過程可以放大高速光電流脈衝的波峰值達 35 倍[30]。在矽化鉑–矽的累增倍乘光二極體的雜訊量測時，在可見光範圍內可以看見放大光電流的雜訊隨著近似於M^3的關係增加。當波長減少時，電子初始注入光電流變成主要電流且雜訊隨之遞減，此現象與雜訊理論相符合。

　　在 n 型矽基板上製作的蕭特基位障累增光二極體，被認為對紫外光的高速偵測是特別有用的。穿透薄金屬電極的紫外線在矽表面 10 nm 處之內被吸收。載子放大現象主要是由電子開始，結果得到低雜訊與高頻帶寬的乘積。同時也可能得到高速響應的光電流脈衝放大。要記住的是當延伸波長範圍到超過能隙時（ 請參考圖 11b ），也可以發生光激發越過位障的現象。

　　異質接面累增光二極體，特別是 III-V 合金，比鍺與矽元件具有更多的優點。藉由調整合金的組成，可以任意調整元件的波長響應。因為直接能隙的 III-V 族合金具有高的吸收係數，即使在使用很窄的空乏區寬度來提供高速響應時，此元件還是能有高的量子效率。此外，可以成長異質結構的窗型層（ 使用大能隙材料當作表面層 ）以獲得高速響應特性與減少光產生的載子表面複合損失。

　　使用各種合金系統，例如 AlGaAs／GaAs、AlGaSb／GaSb、InGaAs／InP 等材料，可以製作出不同異質結構的累增光二極體。這些結構在高速響應與量子效率的改善已被證實能更勝於鍺與矽材料所表現的元件特性。目前許多深入的研究仍持續廣泛地在這領域進行，以了解材料的性質、吸收係數與可靠度。許多異質接面的累增光二極體元件之製作是藉由使用 IIIV 族半導體成長在 GaAs 或是 InP 基板上的方式。利用晶格常數非常匹配的三元素或是四元素的化合物，藉由磊晶方式成長在基板上（ 例如藉由液相或是氣相方式磊晶或是分子束磊晶等方法 ）。可以調製合金的組成、摻雜濃度與每層的厚度來獲得最佳的元件工作性能。

　　最常見的組成是 AlGaAs／GaAs 異質接面。最頂端的 AlGaAs 層當作 $0.5\,\mu m \sim 0.9\,\mu m$ 入射光穿透的窗型層。在〈100〉晶向的 GaAs 並沒有較好的游離率 $k(\alpha_p/\alpha_n)$（ =0.83 ）。對於〈111〉晶向的 GaAs，電洞的游離率遠大於電子的游離率（ 請參考第一章內容 ）。為了減少累增雜訊，我們必須藉由電洞來初始化倍增過程的〈111〉晶向 GaAs。

　　異質接面光累增二極體的主要好處之一是使用高能隙材料在放大區域內，並且能保持以低能隙材料來當做光吸收層的特性。因為崩潰電壓被預

期隨著 $E_g^{3/2}$ 變化,所以由於穿隧與微電漿現象造成的暗電流能被大幅地抑制。這個效應也可以預防累增光二極體結構中的邊緣崩潰現象。這個方法被稱作分別吸收以及倍增現象。

　　圖 18 說明在基於 InGaAs／InP 系統中,擁有分別吸收以及倍增區域的異質累增光二極體的一例[31]。在 InP 區域內（放大區）形成 p^+n 接面,由於它擁有較大的能隙 E_g 所以光線不至於被吸收。在 n 型 InP 基板上成長的 InGaAs 層被用來當作光吸收區域,它較低的能隙可得到我們所想要的波長。因為在 InP($k'=0.4$)的材料中,電洞的游離率大於電子的游離率二至三倍,所以累增過程應該會先從電洞開始發生。n 型 InP 與 n-InGaAs 的摻雜與厚度常是被設計在符合累增的條件下,能讓 n 型 InP 層完全空乏（如圖 18b）。靠近異質接面處的 InP 組成也必須變成漸變式結構來避免在價電帶下的電洞遭遇位障 ΔE_V,而造成電洞的累積。此元件在 $1.3\,\mu m$ 之下有 40% 的量子效率,以及在 $1.6\,\mu m$ 之下有 50% 的效率。它的雜訊比與操作在 $1.15\,\mu m$ 波段下的 Ge APD 元件相比會低於 $3\,dB$。

　　異質接面 APD 的額外優點在於若是將倍乘區厚度做得夠薄時,則元

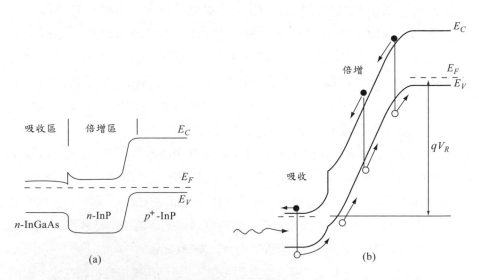

圖18　InGaAs／InP異質接面的累增光二極體能帶圖:(a)在熱平衡狀態;
　(b)在累增崩潰狀態。

件雜訊能被更進一步抑制下來。定性來說，碰撞游離的發生是需要某一個最小的距離，通常稱為死亡空間，以讓載子能從電場中收集到足夠的能量。更長的倍乘區域能允許更多的倍乘效應與更大的增益，依次而產生更大的統計擾動，這最終將導致更多的雜訊。這樣的現象如圖 19 所示，可以清楚看到當倍乘區域從 $1\,\mu m$ 降至 $0.1\,\mu m$，在高增益下的分佈是緊密的，然而對於兩者來說，平均增益卻是相同的（≈ 20）。於是訊雜因子從6.9降至4左右[17]。

對於APDs來說，雜訊是非常重要的問題，因此一些材料特性已經被利用來改善游離率的比例值。在 $Al_xGa_{1-x}Sb$ 接面的研究文獻可得知，當價電帶的自旋軌域分裂的值 Δ 接近能隙寬時（如圖 20 的插圖），k' 的數值會變得非常小[32]。圖 20 表示在 $\Delta/E_g \approx 1$ 時而造成 k' 值明顯地降低。我們已可獲得小於0.04的 k' 值，其所對應到在 $M=100$ 之下的雜訊因子會小於5。此現象也可以在其他的材料觀察到，例如InGaAsSb與HgCdTe。

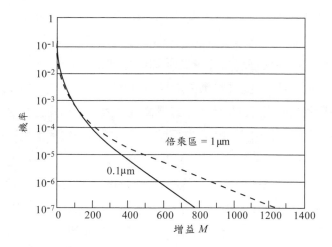

圖19　具有 1 μm 與 0.1 μm 倍乘區域的 InAlAs APDs 增益分佈圖，此兩者的平均增益是相同的。(≈20)（參考文獻17）

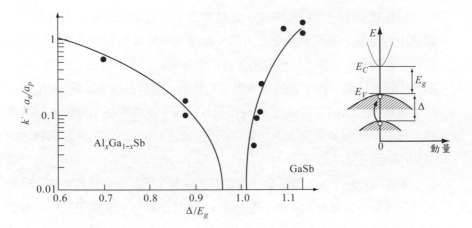

圖20　$Al_xGa_{1-x}Sb$ 中，不同游離率的比值與能帶間隙變化情形（Δ/E_g）的比較。其中插圖所示，Δ 符號為價電帶上的旋轉軌道分離值。（參考文獻32）

13.5 光電晶體

　　光電晶體可以藉由內部雙極性電晶體的操作獲得較高的增益。但是在另外一方面，電晶體的製作流程比光二極體還要複雜，且大面積的元件特性會衰減其高頻響應特性。與累增光二極體相比，光電晶體沒有累增過程所需要的高電壓與高雜訊，因此使其能提供合理的光電流增益。

　　圖 21 為雙極性光電晶體剖面圖與其電路模型。由於並聯組合二極體與電容而有較大的基極–集極接面做為光吸收的區域，因此與傳統的雙極性電晶體有不相同的地方。光電晶體在光隔離器方面的應用特別有效，主要是因為它能提供較高的電流傳輸率，其電流傳輸率定義為輸出光檢測電流與輸入光源（雷射或是 LED）的電流比率。如果以傳統光二極體的傳輸率為 0.2% 的例子來比較，光電晶體具有 50% 或是更高的數值。

　　光電晶體操作在主動模式下，這是指基極為浮動的狀態下，對於 n–p–n 結構來說是施加一相對射極為正的偏壓到集極上。圖 21c 繪出了能帶結構與其照光後的能帶變動。在基極與集極空乏區且一定擴散長度的距離內，光產生的電洞流入能帶最高處且在基極被捕獲。聚積的電洞或是正

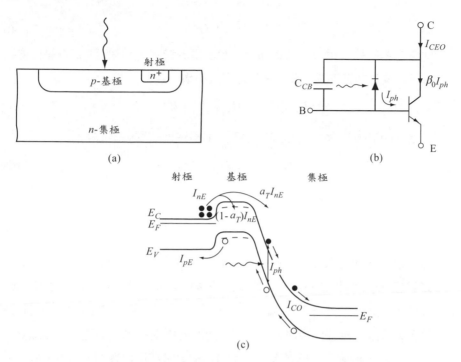

圖21　（a）光電晶體的結構圖；（b）等效電路圖；（c）偏壓狀態下的能帶圖，指出不同電流的組成。虛線是照光狀態下的基極位勢的位移（基極開路）。

電荷降低基極的能量（提升位能）並且允許大量的電子從射極流動至集極。對於雙極性電晶體與光電晶體而言，如果電子穿巡通過基極的時間短於少數載子存活時間，射極注入效率γ將決定以少數電洞流造成大量電子電流的結果，並且普遍地主宰元件的增益機制。依據其產生源位置所造成之光電子電流，將流向射極端或是集極端。

　　嚴格來說，這些電子能減少流入射極之電流或是增加流入集極之電流，但是當增益變大或是全部的集極電流或是射極電流大於光電流時，電子貢獻的部份就只是少數而已。簡單的來說，接下來的分析假設光線在靠近基極與集極的接面上被吸收，如圖 21c 所示。

　　由此圖所示，並搭配使用第五章表2中的傳統雙極性二極體參數，總集極電流可以表示為如下

$$I_C = I_{ph} + I_{CO} + \alpha_T I_{nE} \tag{60}$$

此處 I_{ph} 指的是光電流，I_{CO} 為集極流至基極的逆向飽和電流，α_T 為基極傳輸因子。當基極在開路狀態，淨基極電流為零，且

$$I_{pE} + (1 - \alpha_T) I_{nE} = I_{ph} + I_{CO} \tag{61}$$

從式（60）與式（61），以及所定義之射極注入效率 γ，可得

$$I_{nE} = \gamma I_E \tag{62}$$

替代後，即可表示為

$$I_{CEO} = (I_{ph} + I_{CO})(\beta_0 + 1) \approx \beta_0 I_{ph} \tag{63}$$

除了增加光強度來取代基極增加的電流（第五章的圖 8b）之外，光電晶體電壓–電流特性在不同光強度下之表現與雙極性電晶體的特性相似。式（63）亦指出了其光電流增益為（$\beta_0 + 1$）。但是另一方面，暗電流同時受到相同因子影響而被放大。在實際的同質接面的光電晶體，增益值變化從 50，甚至到數百。但是異質接面的光電晶體卻可以獲得高於 10 k 的增益值。光電晶體的一個缺點是其增益值會隨著光強度而變化，無法維持常數。

　　光電晶體的響應速率受到射極與集極電荷充電時間的限制，可以表示為

$$\tau = \tau_E + \tau_C$$
$$= \beta_0 \left[\frac{kT}{qI_{CEO}} (C_{EB} + C_{CB}) + R_L C_{CB} \right] \tag{64}$$

此處 C_{EB} 與 C_{CB} 分別是射極–基極與集極–基極間的電容，R_L 為負載電阻。在實際的同質接面元件當中，響應時間相對較長，通常在 1-10 毫秒範圍之間，亦將限制操作頻率大約為 200 kHz。但是異質接面光電晶體的操作頻率卻可以達到 2 GHz。許多現象可以從式（64）中發現。首先，當光訊號（或是 I_{CEO}）變大，響應速度越快。於實際應用時，其速度將是非常關鍵，對於基極電極接觸的元件而言，一個施加的直流偏壓將可以增加其直流集極電流。但是另一方面，此舉將會降低光電流之增益。第二部份為響

應速率將反比於其增益值。基於這個理由,增益-頻帶寬乘積將會是較好的元件特性評估標準。

雜訊等效功率可以由類似於式24之展開式來表示[33],

$$I_{eq} = I_{CEO}\left(1+\frac{2h_{fe}^2}{h_{FE}}\right) \tag{65}$$

其中 h_{fe} 為小訊號的共射極電流增益。因此在低雜訊與高增益之間有折衷值。

如圖 22 所示,藉由增加第二個雙極性電晶體,我們可以獲得高傳輸比值的達靈頓光電晶體(或是光達靈頓)。兩個電晶體中的一個當作光電晶體,其射極電流回饋到另外一個電晶體的基極端,當作額外的放大器。對於第一級電路,其增益將變為 β_0^2。這個結構的頻率響應受限於大的基極–集極電容,以及由於偵測器增益所引起的回饋效應而發生降低現象。比較上,光二極體的典型響應時間為0.01毫秒的數量級,而光電晶體為5毫秒、達靈頓電晶體為50毫秒。

異質接面光電晶體,其射極端比基極端擁有較大的能隙,所以有相似於一般異質接面雙極性電晶體的優點。異質結構之研究包括AlGaAs / GaAs、InGaAs / InP與CdS / Si。寬能隙的射極擁有較高的注入效益,亦獲得較高的增益,並允許基極能夠有較重的摻雜來降低其基極端電阻。且對於入射光來說,由於材料屬寬能隙,故呈現半穿透特性,可以使基極端與集

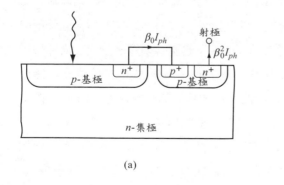
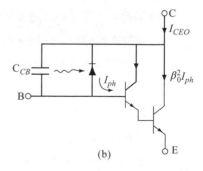

圖22 (a) 光–達靈頓光二極體,(b) 及其等效電路圖。

極端有效地吸收光線。此外，雙重異質接面光電晶體在集極端與基極端的接面有額外的異質接面[34]。此元件對於外加偏壓的兩種極性具有較高的阻斷電壓與較高的增益，以及在零偏壓點端時具有線性電壓電流的特性。基於上述原因，故可以獲得高於3000的雙項增益。

13.6 電荷耦合裝置

電荷耦合裝置（CCD）可以當作影像感測器或是同步移位暫存器。事實上，當被應用在相機或是影像紀錄等影像陣列系統時，電荷耦合裝置同時具有影像感測器及同步移位暫存器兩種功用。作為光感測器時，電荷耦合裝置亦被稱作電荷耦合影像感測器或是電荷轉移影像感測器。作為同步位移時，也可以稱為電荷轉移元件。1970 年，Bolye 與 Smith 將 CCD 的概念應用在同步移位暫存器，並且在後續的相關研究中提到應用其做為影像元件的可行性[35]。1970 年期間，CCD 當作線性掃瞄系統第一次被發表[36,37]。而在 1972 年時，CCD 延伸應用於二維面積掃描系統上[38]。為了延伸矽元件偵測波長的範圍，化合物半導體於 1973 年期間，開始被提出來[39,40]。1970 年代，CCD 在商業影像產品上已經演變成為一種成熟的技術。

13.6.1 CCD影像感測器

表面通道型的CCD影像感測器結構，除了閘極為半穿透型態允許光通過外（圖23a），其他結構都相似於CCD同步移位暫存器。而一般閘極材料多使用金屬、多晶矽與金屬矽化物。除此之外，CCD可以從基板背面照射以避免光線被閘極端吸收。在這種結構中，半導體必須夠薄以致於大部分的光可以被頂端表面的空乏區吸收，且由於在每個邊上的像素一般皆小於 $10\,\mu m$，因此不會降低空間解析度。不像其他的光感測器，CCD影像感測器的元件彼此相隔很近，並且以鏈狀的型態相連接。由於獨特的排列方式，故可如同步移位暫存器般操作來傳輸訊號。圖 23b為表面擁有一層相反類型之埋入通道型電荷耦合裝置（BCCD）結構。這薄薄的一層（約 $0.2\text{-}0.3\,\mu m$）將被完全空乏，使聚集的光產生電荷完全排離表面。由於

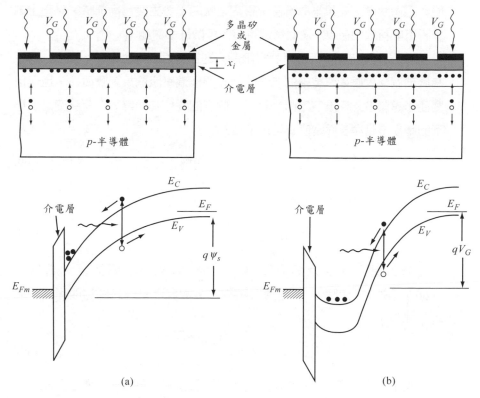

圖23　能帶圖與元件結構：(a)表面通道型電荷耦合裝置(b)埋入通道型電荷耦合裝置。對一 P 型基板施加正閘極偏壓，以驅使半導體進入非平衡條件的深空乏狀態。

表面複合區域減少，故此這種結構擁有高傳輸效率與較低暗電流的優勢。但其缺點為是相較於表面通道型CCD，有大約小了2–3個數量級的電荷電容。一般常見的應用於 CCD 的半導體材料是矽，然而，其他如 HgCdTe 與 InSb 等的材料，亦已經被研究開發過。

當光線照射時，CCD 光偵測元件是唯一無需額外的直流驅動，即可產生光電流。在光線照射時，光產生載子被累積起來，而訊號則以電荷堆的方式來儲存，以待之後被傳輸與偵測。這相似於操作在開路條件的模式下的光二極體（ p–i–n 或是蕭特基型二極體 ）。由於CCD基本結構為－金屬–絕緣體–半導體（ MIS ）電容結構，故閘極在大脈衝訊號條件下，操作於非平衡狀態。如果半導體在深層空乏狀態下發生復合情況時，光產生載子將不能有效地被收集，此情況將稍後再做詳細討論。

　　為了簡化描述的目的，我們限制只討論表面通道型元件。圖 23a 所示為施於閘極大脈衝訊號後的能帶圖。此閘極偏壓訊號具有雙極性，且可以驅使半導體進入深層空乏區。對於一個空的電位井而言，在深層空乏狀態下的閘極電壓與表面電位 ψ_s 可以描述為

$$V_G - V_{FB} = V_i + \psi_s = \frac{qN_A W_D}{C_i} + \psi_s \qquad (66)$$

此處 V_i 為跨越絕緣層的電壓，C_i 為絕緣層的電容（ε_i/x_i），且

$$\psi_s = \frac{qN_A W_D^2}{2\varepsilon_s} \qquad (67)$$

在平衡狀態下，空乏區寬度 W_D 將大於最大空乏區寬度。根據式（66）（67），消除 W_D 並且獲得閘極電壓與表面電位之間的關係式，將表示如下，

$$V_G - V_{FB} = \psi_s + \frac{\sqrt{2\varepsilon_s q N_A \psi_s}}{C_i} \qquad (68)$$

當光產生的電洞擴散至基板時，較大的表面位能將創造一個電位井給光產生的電子。相似於光二極體，包含空乏寬度 W_D 的內部量子效率 η 接近100%，從前面照射的全部效率 η 可以寫為

$$\eta = 1 - \frac{\exp(-\alpha W_D)}{1 + \alpha L_n} \qquad (69)$$

其中 L_n 為電子擴散長度。全部的訊號電荷密度為 Q_{sig} 正比於光強度與總照射時間，可以表示為

$$Q_{sig} = -q \int \eta dt \qquad (70)$$

Φ 為光通量密度。

　　當電子開始在半導體表面聚集時，跨越絕緣層的電場開始增加，而表面電位與空乏區寬度開始縮減。隨著訊號電荷堆出現在半導體表面時，表面電場與跨越氧化層之電場變為

$$\mathscr{E}_s = \frac{q\mathrm{N}_A W_D + Q_{sig}}{\varepsilon_s} = \sqrt{\frac{2q\mathrm{N}_A \psi_s}{\varepsilon_s}} \tag{71a}$$

$$\mathscr{E}_i = \frac{q\mathrm{N}_A W_D - Q_{sig}}{\varepsilon_i} = \frac{V_i}{x_i} \tag{71b}$$

式（66）即可重新描述為

$$V_G - V_{FB} = \frac{\sqrt{2\varepsilon_s q\mathrm{N}_A \psi_s} - Q_{sig}}{C_i} + \psi_s \tag{72}$$

式（72）可以解出 ψ_s，其結果為

$$\psi_s = V_G - V_{FB} + \frac{qN_A \varepsilon_s}{C_i^2} + \frac{Q_{sig}}{C_i} + \frac{1}{C_i}\sqrt{2qN_A \varepsilon_s\left(V_G - V_{FB} + \frac{Q_{sig}}{C_i}\right) + \left(\frac{qN_A \varepsilon_s}{C_i}\right)^2} \tag{73}$$

故當給予閘極一電壓時，表面電位 ψ_s 將隨著儲存電荷的增加而呈線性遞減。這可以說明被收集的最大訊號，可表示為

$$Q_{max} \approx C_i V_G \tag{74}$$

具有最大電荷密度時，表面電位將下降到對應的熱平衡數值，

$$\psi_s = 2\psi_B = \frac{2kT}{q}\ln\left(\frac{N_A}{n_i}\right) \tag{75}$$

實際元件擁有的最大電荷密度大約有 10^{11} 載子數／cm^2。元件中，$10\,\mu m$ 平方的面積，可以維持 10^5 個載子。而由於最小可偵測訊號大小約為 20 個載子，故動態範圍大約可以達到 10^4 個。

　　除了光之外，不同產生暗電流的來源也提供額外的電荷到達表面並扮演者元件中背景雜訊的角色。藉由綜合暗電流與光電流，總電荷密度可以表示為

$$\frac{dQ_{sig}}{dt} = J_{da} + J_{ph}$$
$$= \frac{qn_i W_D}{2\tau} + \frac{qn_i S_o}{2} + \frac{qn_i^2 L_D}{N_A\,\tau} + q\eta \tag{76}$$

此式中，前三項貢獻依序可為：第（1）項來自於空乏區的貢獻，第（2）項來自於表面的貢獻以及第（3）項來自於中性區底材的貢獻。在它驅使系統回到熱平衡狀態之前，暗電流同時也限制著最大積分時間為

$$t = \frac{Q_{\max}}{J_{da}} \tag{77}$$

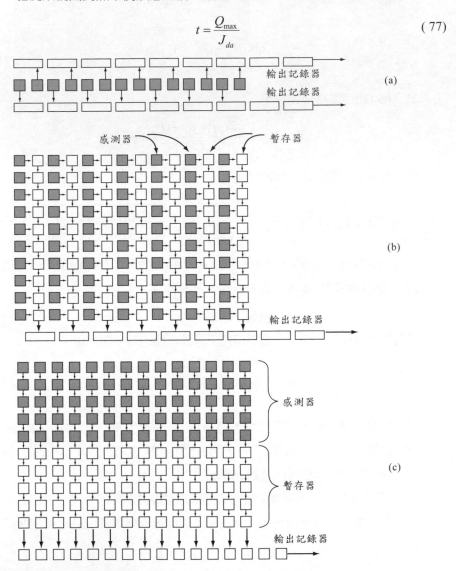

圖24 整體佈局示意圖，顯示讀取機制：（a）擁有雙輸出暫存器的線影像儀；（b）線間傳送；（c）訊框傳送。灰色像素代表做為光偵測器的 CCD。輸出暫存器工作的時脈頻率通常在比線間傳送器還高。

典型的曝光時間範圍大約是從 0.1 到 100 ms 之間。為了偵測非常弱的訊號，通常需要冷卻來降低暗電流，如此才能夠操作於有較長的積分時間中。在曝光週期後，電荷藉由 CCD 同步移位暫存器傳輸至放大器。這類的機制將在下一個章節中，將做詳細地討論。

由於 CCD 可以用來作為同步移位暫存器，由於可以不用藉由很複雜的 x–y 軸定位到每一個像素之中，並連續地帶到單一節點，故這種光偵測器應用在影像陣列系統中時，具有很大的優勢。應用在累積電荷超過一個長周期時間的偵測模式，還可以允許用來偵測較微弱的訊號。這對於天文學的影像觀測來說是很重要的功能。此外，CCD 有低暗電流、低雜訊、低電壓操作、線性特性佳與動態範圍佳等優點。加上其結構簡單、簡潔、穩定且耐用，並且相容於 MOS 製程技術。這些因素皆可使 CCD 擁有高良率，並能夠適用於許多消費性產品。

如圖 24 所示，線影像儀與面影像儀擁有不同的讀取機制。擁有雙輸出暫存器的線影像儀，可大幅改善讀取速度（圖 24a）。大部分一般的面影像儀不是使用線間傳送（圖 24b）就是使用訊框傳送（圖 24b）的讀取架構。在前者，訊號被傳輸至鄰近的像素，當光敏性像素開始收集電荷做為下一筆資料時，這些訊號隨即依序沿著輸出暫存器鏈通過。而在訊框傳送的機制中，訊號移動至遠離感測區域的儲存區域

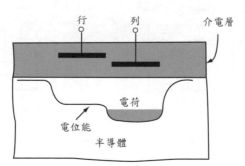

圖25　具有控制兩相鄰電位勢井的雙閘極注入電荷元件結構。電荷能在兩位勢井之間漂移或是釋放至基板。

內。與線間傳送相比，訊框傳送的優點在於有更多有效光感測區域，但是當CCD繼續接收光線當做訊號電荷並且傳遞時，卻有更多影像模糊的情況出現。對於線間傳送與訊框傳送，所有縱向元件同時推動它們的電荷訊號到水平輸出記錄器，而輸出記錄器攜帶這些訊號輸出到更高的時脈頻率。

電荷注入元件 電荷注入元件（CID）的結構並不需要與CCD不同。兩者差異點在於其讀取模式。電荷注入元件藉由降低閘極的電壓來釋放電荷至基板，而非橫向傳輸累積的電荷。在區域性影像系統中，藉由離子佈植出兩個如圖25所示的單位井，完成此種光感測器的x–y位置定位。由於兩個間隔非常接近的空間閘極，光產生的電荷能夠在兩個由閘極電壓控制的井間位移。只有當兩個閘極位勢變低和半導體表面操作進入累積狀態時，電荷才能注入至基板。

　　CID結構有兩種讀取方式：連續注入與平行注入[41]。在連續注入模式中，當兩個閘極電位變成浮動時，一個像素位置就被決定，且當電荷注入基板時，在基板末端或是閘極端均可以感測到一位移電流的存在。（如圖26a所示）。在平行注入模式下，當整列的訊號被選定時，所有行的

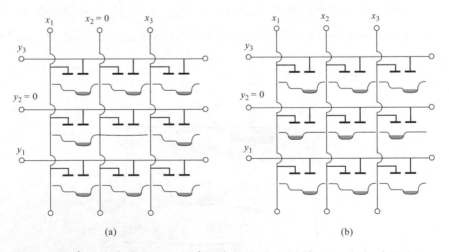

圖26 二維陣列的電荷注入元件讀取機制。（a）連續注入（b）平行注入。在（a）中（x, y）=（2, 2）被選定。在（b）中整列 y_2 被選定。

訊息將被同時讀取（如圖 26b 所示）。在一個單元中，當電荷從一個井
（擁有較高的閘極電壓或是（和）較薄的閘極介電層的井）傳輸至另外
一井時，即可以偵測到此訊號。如同讀取閘極位移電流的讀取模式，電荷
將被保存著。

　　CID 的陣列擁有可以隨機存取能力的優點。單元間的傳輸是非必要，
因此傳輸效率將不是關鍵。但需要取捨選擇之處，乃在於大量的能量散失
（可藉由磊晶基板來改善）、高雜訊（由於整行大電容所造成的），以
及由於訊號較弱而需要較靈敏的感測放大器。

13.6.2 同步移位暫存器

在這個章節，我們將探討 CCD 之間的電子轉移。對於光學感測方面的應
用，如之前所提及的是因為入射光產生的電子電洞對而形成電荷堆的結
果。對於類比或是記憶體元件的部分，是藉由從鄰近 CCD 的 p-n 接面注入
形成電荷堆。雖然電荷堆的來源不同，但是傳輸機制卻是相同的。

　　CCD 在 1970 年由 Boyle 與 Smith 所發明[42]。當 CCD 緊密的放置在一起
並施加適合的連續閘極電壓時，表面充電的少數載子可以在元件間互相流
動，形成簡單的同步位移暫存器。

　　在大約相同時期時，Sangster 等人也獨立地提出一個具有相似功能
的 MOS 貯體隊伍裝置（Bucket-brigade device, BBD）概念[43]。CCD 可以
看作是 BBD 的整合版。儘管在相同特定的應用上，以其他半導體製作出
的 MIS 結構、蕭特基位障與異質接面都可以被使用來製作，但是大部分
的 CCD 是由矽的 MOS 系統製作而成的，主要是因為熱成長的二氧化矽具
有較佳的介面特性。

　　圖 27 在說明三相中，n 通道型 CCD 鏈的基本電荷傳輸特性原理。連
接至 ϕ_1、ϕ_2、ϕ_3 脈波線上的電極形成了 CCD 的主體。圖 27b 表示時序波形
圖，圖 27c 繪出相對應的電位井與電荷分佈。

　　在 $t = t_1$ 時，脈波線 ϕ_1 處於高電壓，而 ϕ_2、ϕ_3 則處於低電壓，且在 ϕ_1 下
的電位井將比其它兩者深。我們假設在第一個 ϕ_1 電極處有一個訊號電荷。

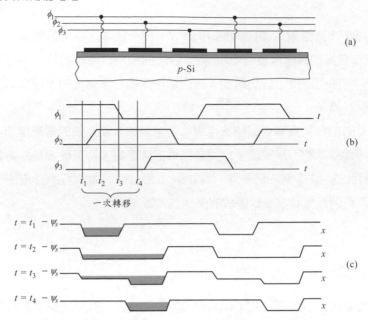

圖27　說明 CCD 的電荷傳輸。(a) 三相閘極偏壓的應用。(b) 時序波形。(c) 在不同時間時，表面位能（以及電荷）與距離的比較示意圖。

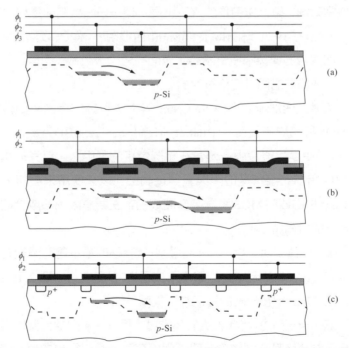

圖28　CCD 位移暫存器，使用 (a) 三相單極閘極，(b) 具有階段氧化層的二相CCD，(c) 具有重摻雜堆之二相 CCD。虛線處指出其通道位能。

當 $t = t_2$ 時，ϕ_1、ϕ_2 兩個皆為高電壓狀態，故電荷開始傳輸。當 $t = t_3$ 時，當 ϕ_2 電極仍然維持在高電壓狀態時，ϕ_1 回復到低電壓狀態。在這個週期內，ϕ_1 儲存的電子將被排空。由於電荷轉移通過電極的寬度需要一定的時間，所以第一個節點內，殘剩電荷減少時，波形的邊緣會緩慢下降。當 $t = t_4$ 時，電荷轉移完成且原來的電荷堆被儲存在起初的 ϕ_2 電極區下方。此過程將重複動作，而電荷堆則持續向右邊位移。

依據所設計的結構，CCD 可以兩相、三相以及四相操作。一些相關代表性的結構，表示於圖 28 當中。為了有效傳輸電子，CCD 中的間距不可以過大。對於兩相操作，我們需要非對稱性的結構去定義電荷流動的方向。許多電極結構和時序圖已被提出與執行。[44]

電荷傳輸機制 三種基本電荷傳輸機制，分別為（1）熱擴散，（2）自我誘發漂移，與（3）邊緣場效應。對於小的訊號電荷，熱擴散為主要的傳輸機制。儲存電極下的總電荷隨著時間正相關地減少，而時間常數則可得到為 [45]

$$\tau_{th} = \frac{4L^2}{\pi^2 D_n} \tag{78}$$

其中 L 為電極長度，而 D_n 為少數載子的擴散常數。

在足夠大的電荷堆來說，由載子間的靜電排斥力產生的自我誘發漂移現象，主導整個轉移過程。自我誘發縱向電場的大小 $\mathscr{E}_{xs}$，可以藉由計算表面電位的梯度變化而求得，（假設隨著訊號電荷，如同 73 式一樣呈線性變化）

$$\mathscr{E}_{xs} \approx \frac{1}{C_i} \frac{dQ_{sig}(x,t)}{dx} \tag{79}$$

由於自我誘發電場形成的初始電荷堆衰減的情況可以表示為 [46]

$$\frac{Q_{sig}(t)}{Q_{sig}(t=0)} = \frac{t_0}{t + t_0} \tag{80}$$

其中

$$t_0 \equiv \frac{\pi L^2 C_i}{2\mu_n Q_{sig}} \tag{81}$$

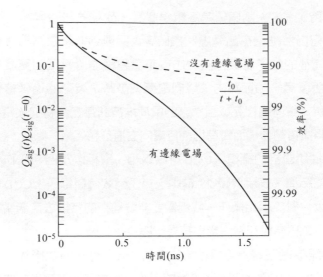

圖29 歸一化的殘存電荷與時間的關係圖（4 μm 的閘極長度與10^{15} cm^{-3} 摻雜）。虛線表示沒有邊緣電場作用時，電荷的轉移過程。（參考文獻47）

此處μ_n是載子的移動率。

　　由於靜電位的二維空間耦合現象，使得施加在鄰近電極的電壓影響到儲存電極下的表面電位。即使表面沒有訊號電荷，外加偏壓也會形成表面電場的分佈。此處邊緣電場為氧化層厚度、電極長度、基板摻雜與閘極偏壓等變因之函數，亦為距離半導體表面的距離函數，而其最大值在大約在 $L/2$ 深處。由於這些原因，BCCD在邊緣電場效應的優勢遠大於SCCD。圖29 舉例說明上述的效應[47]。由於邊緣電場效應出現，即使在非常低的電荷濃度下，最後的訊號電荷也可以經由邊緣電場傳送出去。

　　我們將兩電極間轉移電荷的比值定義為一個轉移效率ζ：

$$= 1 - \frac{Q_{sig}\left(t=T\right)}{Q_{sig}\left(t=0\right)} \qquad (82)$$

此處 T 是總轉移週期。與上述極為相關的另一個概念，稱為無效轉移率ξ，定義為

$$\equiv 1 - \quad = \frac{Q_{sig}\left(t=T\right)}{Q_{sig}\left(t=0\right)} \qquad (83)$$

圖 29 說明在每秒數十個佰萬赫茲的時序脈波下，當邊緣電場存在時，我們可以獲得大於 99.99% 的轉移效率（或無效率低於 10^{-4} 數量級者）。當頻率升高時，閘極長度必須縮短以增加邊緣電場的效應。

利用以電荷連續性與電流傳輸公式為基礎發展出的二維空間模型，可以計算出時間相依的表面電位以及電荷分佈的暫態行為。圖 30 為代表性的結果[48]。圖 30a 說明在初始時的電荷轉移過程，電荷轉移速率高的

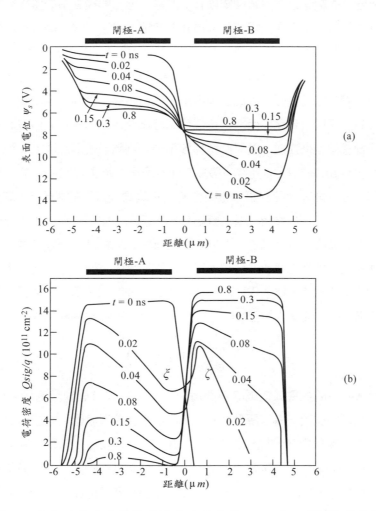

圖30 （a）在儲存與轉移閘極下（長度為 $4\ \mu m$），時間相依的表面位能分佈。（b）在閘極之下的暫態電荷分佈。（參考文獻48）

原因，是由於強的自我誘發漂移現象與邊緣電場效應而造成高的漂移速率。在 0.8 ns 後，其表面電位改變非常小，此現象說明可以留下來做轉移的電荷數量非常少。0.8ns 後，兩個鄰近電位井的電位差約為 1.5 V（非常接近於當所有電荷完成傳輸時的最後電位差）。當兩個電位井彼此靠近時，轉移速率明顯降低。圖 30b 說明電荷分佈的暫態行為。由於電位井周邊的邊緣電場迫使電子移到電位能井的中間，因此分佈在儲存閘極A底下的電子遠大於轉移閘極B下的電子數。閘極B下的邊緣電場大於閘極A下的邊緣電場。因此，閘極B下的電子將被局限在閘極的中間。同樣地，在圖 30b 中可以發現，在 0.8ns 後大約有99%的電子被傳輸。

在上述討論中，我們只考慮傳導帶內的自由電子。我們尚未考慮介面缺陷間的電荷轉移。因此這裡處理的電荷轉移原理稱作自由電子傳輸模型。對於任何一顆元件而言，在高頻率時操作時的轉移效率可以利用自由電子轉移模型來描述，並且此轉移效率也受到脈波速率之限制。對於閘極長度小於 $10\,\mu m$ 的 CCD 元件，最高工作頻率可以超過 $10\,MHz$。對於中頻率範圍，在介面被捕獲的訊號電荷主要決定其轉換效率的大小。[49]當電荷堆與空的介面缺陷接觸時，這些缺陷立即被填滿，但是當訊號電荷持續趨入時，介面缺陷將以不同的時間常數更緩慢地釋放電荷。一些捕獲的電荷會迅速的由介面缺陷釋放並且移入正確的電荷堆內，但其餘的電荷會被釋放到電荷堆的尾端，這些電荷將造成前導電荷堆的電荷損耗，並且在最後一個電荷堆的後面形成尾巴。由於介面缺陷引起的無效轉移率為

$$\varepsilon \approx \frac{qkTD_{it}}{C_i\Delta\psi_s}\ln\left(N_p+1\right) \qquad (84)$$

這裡 $\Delta\psi_s$ 為訊號電荷造成的表面電位改變，D_{it} 是介面缺陷密度，而 N_p 是時序相位的數目。為了降低 ε，介面缺陷密度必須很低。為了避免這些效應，這些背景電荷，或稱作 "胖零電荷"（fat zero）或是 "偏壓電荷"（a bias charge），在整個過程當中被用來填滿這些缺陷。這些偏壓電荷的數量級大約大於20%。其損失的是降低訊號與雜訊的比例。另一個可用來解決介面缺陷問題的方法是使用埋入通道型的 CCD。

有許多其他的影響因子貢獻在無效的傳輸方面。這些因子的性質包括

了藉由擴散與邊緣電場漂移方式傳輸時，電荷呈現指數的衰減，以及在時序週期內的有線傳輸時間。有效的傳輸也會因為受到元件之間的能障隆起而受到阻礙。

頻率限制 時脈訊號的週期（頻率）選擇受限於三個因素。第一，有足夠長的時間完成電荷的轉移。第二，為了最小化暗電流所造成的少數載子，時脈訊號週期必須短於熱鬆弛時間。特別對於類比訊號來說，時脈週期必須減到足夠小才能避免訊號的遺失。第三，時脈週期應比用來傳送的類比訊號（$1/f$）而言還要小。

在低的時脈頻率下，頻率限制主要受限於暗電流的大小。暗電流的電流密度（J_{da}）可以表示為[45]

$$J_{da} = \frac{qn_iW_D}{2\tau} + \frac{qS_on_i}{2} + \frac{qD_n}{L_n}\frac{n_i^2}{N_A} \tag{85}$$

式中，右手邊第一項為空乏區內的本體產生電流，第二項是表面產生的電流，最後一項是在空乏區邊緣的擴散電流（τ 為少數載子的生命週期，以及 S_o 為表面產生／復合速率）

CCD 的低頻率極限值可以藉由比較訊號電荷形成的暗電流所造成的累積電荷而估計出來。若CCD是在固定頻率 f 中連續地接收脈波訊號，由暗電流造成的輸出訊號為[45]

$$Q_{da} = \frac{J_{da}N}{N_pf} \tag{86}$$

其中 N 是電極的數目，N_p 是 CCD 的相位數。而CCD可以控制的最大訊號電荷為

$$Q_{max} = C_i\Delta\psi_s \tag{87}$$

其中 $\Delta\psi_s$ 是由最大訊號電荷造成的最大表面電位變化量。因此背景訊號雜訊比的比為

$$\frac{Q_{da}}{Q_{max}} = \frac{J_{da}N}{N_pfC_i\Delta\psi_s} \tag{88}$$

由於暗電流建立在電荷堆內，導致頻帶響應中的低頻衰退，這也扭曲了訊

號電荷的大小。為了改善低頻響應,在式(85)中,必須採用少數載子生命期較長、擴散長度較長以及表面複合速率較低的因子,以降低各種暗電流成分。

在高頻時,轉移效率急速下降的原因是電荷沒有足夠的時間完成全部的電荷轉移。為了延伸高頻的操作,降低閘極長度(L),最大化表面移動率(在電荷堆中用電子取代電洞),以及最小化電極間距皆為其方法之一。GaAs中超高的電子移動率,可以用來實現超高速率的CCD元件。以異質接面GaAs做成的CCD,可以在高達18 GHz的脈波頻率下操作。[50]若在時脈頻率f_c處針對ξ進行歸一化,則輸出效率與頻率的相依性可以被描述為[51]

$$\frac{Q_{sig}\left(output\right)}{Q_{sig}\left(input\right)} = \exp\left[-N\left\{1-\cos\left(\frac{2\pi f}{f_c}\right)\right\}\right], f < f_c \qquad (89)$$

式(89)的關係畫出於圖 31a中。

無效轉移率可能引起額外的相位延遲。圖 31b 表示單電荷堆衰是

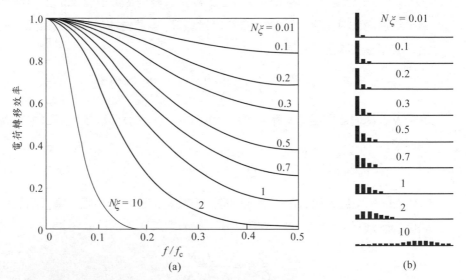

圖31 (a)無效轉移率的乘積 Nξ 對於頻率響應的影響。(b)來自單一電荷堆,連續單元中的訊號衰減。(參考文獻44)

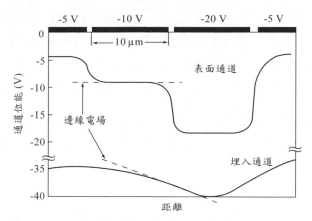

圖32　沿著 BCCD 位能的二維位能計算。圖中表示 BCCD 與 SCCD 相比，具有較高邊緣電場（斜率）。（參考文獻53）

為 $N\zeta$ 乘積的函數[44]。從圖中可以觀察到，對於較大的 $N\zeta$ 數值，個別的電荷堆展延成尾端電荷堆的情況。每一個圖中最左邊的部分表示每個理想的 CCD 電荷最初堆出現的地方。右邊圖表示，無效轉移率造成的電荷延遲呈現較晚的時間位置。當 $N\zeta \geq 1$ 時，由於主要的電荷數量不再出現在前端，可以很清楚地看到不充分的轉移效率。

埋入通道型 CCD 對於表面通道型的 CCD 而言，少數載子電荷堆為沿著半導體表面移動。介面缺陷效應為主要限制這種 CCD 的方式之一。為了避開這種問題與改善轉移效率，因此，使電荷不流經半導體表面的埋入通道型 CCD（BCCD）被提出來，其電荷被局限在表面底下的通道內[52]。BCCD 具有消除介面缺陷的能力。圖 23b 為 BCCD 的截面圖[53]。它包含相反種類（ n 型 ）的半導體層在 p 型基板上。當沒有給予訊號電荷時，在施於閘極端的正電壓脈波下，可以使較窄的 n 型區域被完全被空乏。

當訊號電荷被引入，此訊號電荷將會儲存在埋入的通道內。由於訊號電荷遠離表面，元件可以擁有高載子移動率、有較少因為介面電荷所造成的電荷損失，以及對於電荷轉移而言有較高的邊緣電場等優點。但是由於電荷較遠離閘極而造成較小的電荷控制能力，也因此使得其缺點為較少的耦合效果。

　　圖 32 為沿著埋入通道式 CCD 的二維位能計算。比較上，它也表現出表面元件的位能圖。明顯地可以看出，BCCD 在轉移電極下擁有較大可以幫助電荷加速轉移的位能梯度。在 BCCD 元件中，轉移無效率可以達到 10^{-4} 或是 10^{-5}，相較於一般同樣尺寸的典型 SCCD 而言，少了一個數量級。

13.6.3 催化金屬感測器

　　諸如數位相機與攝影機等一般消費性影像感測產品中，CCD 影像感測已經占據主要的市場。然而在 1990 年代後期時，這龐大的市場已經逐漸越來越多被 CMOS 影像感測所取代[54]。即使在目前 CMOS 影像感測器雖少，而在光偵測器部分是新穎的，但由於它為了取代 CCD 而快速的發展，仍是值得提出說明一下。這新奇的地方在於使用傳統的 CMOS 微縮技術與便宜的製程，可在每一個像素內，整合入更多的功能。相反地，CCD 製程需要不同的最佳化技術，所以包含 CMOS 電路的 CCD 系統自然在價格上比較昂貴。

　　CMOS 影像感測器不僅只是一種光感測器，也是一種在像素能執行一些功能性的影像架構。CMOS 影像感測器的三個主要架構如圖 33 所示。分別稱作被動式像素感測器（ PPS，passive pixel sensor ）、主動式像素感

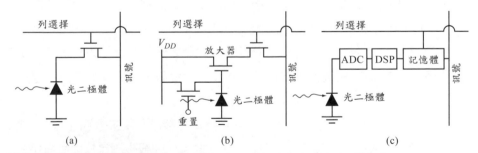

圖33　CMOS 影像感測器的種類：(a) 被動式像素感測器（ PPS，passive pixel sensor ）；(b) 主動式像素感測器（ APS，active pixel sensor ）；(c) 數位式像素感測（ DPS，digital pixel sensor ）。

測器（APS，active pixel sensor）與數位式像素感測器（DPS，digital pixel sensor）。三種架構皆包含一個基本的 p–n 接面光二極體。但是其他考慮的架構包括有：p^+–n–p 釘扎型二極體，其相似於平面摻雜能障二極體，中間層是完全空乏的[55]，以及類似CCD的光閘極。這些結構會增大每一個像素的面積，可是也增加更多的功能在每個像素內。

　　被動式像素感測器（PPS）為最基本形式的影像陣列，即每個像素中，每個光偵測器皆由一個選擇電晶體控制。其優點在於列中的每個單元可以同時接收資料，並且當做記憶體陣列，由於平常讀取資料時是以一連串的方式進行，所以它的速度天生就高於CCD，但它的缺點是尺寸較大。主動式像素感測器（APS）是目前最普遍的架構。在每一個像素中，除了有光二極體與選擇電晶體外，還有一個閘極可被光電流回饋的放大器，以及重新歸零作用的電晶體。最後，在數位式像素感測器（DPS）中，有一個類比數位訊號轉換器（ADC），在ADC之後的數位處理器（DSP），例如一個自動增益控制，可以在每個畫素中運算。值得注意的是，如同CCD和PPS般，APS與DPS兩者的訊號電荷在感測的過程並不會遺失。

　　與CCD相比較，CMOS影像感測器的優點包括：由於隨意接收的能力造成較快的操作速度，較大的訊號雜訊比，因為低電壓需求而有較低的操作功率，以及主流的製作技術所帶來的低成本。不過CCD仍然包含一些優點，如小像素尺寸、低光敏感性與高動態範圍。

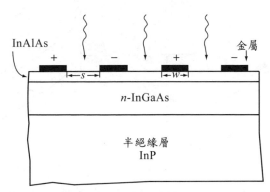

圖34　由平面式叉合的金屬半導體接觸所組成的 MSM 光偵測器。最上層（InAlAs）的功用是藉由提供一較高的位障高度來減少暗電流。

13.7 金屬–半導體–金屬 光偵測器

金屬–半導體–金屬（ MSM ）光偵測器的概念在 1979 年由 Sugeta 等人提出並驗證其特性[56-57]。如圖 34 所示為 MSM 光偵測器的結構，基本上為兩個在同一表面上背對背的連接的蕭特基位障。藉由增加一層薄薄的位障增強層來減少暗電流的概念從 1988 年被提出至今也已經被驗證[58-59]，並且近代大部分的結構亦有搭配此層。金屬接觸通常使用線條叉合的圖案。而光在金屬接觸間的空隙被吸收。

如同傳統的蕭特基位障光二極體，MSM 光偵測器使用金屬層來避免光線的吸收。為了能夠更加完全吸收光線，讓主動層比吸收長度（ $1/\alpha \approx 1\mu m$ ）稍微厚一些，並使用大約 $10^{15}\,cm^{-3}$ 的低摻雜來獲得較低的電容值。InGaAs 在 $1.3–1.5\,\mu m$ 範圍的應用獲得最多的注意，主要是因為此波

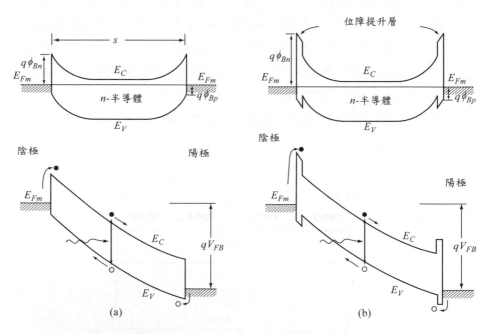

圖35　在熱平衡狀態與平帶施加偏壓下，金屬–半導體–金屬光偵測器的能帶圖：(a) 沒有位障增加層；(b) 有位障增加層。

段的光在光纖上具有最理想的表現。

在典型的元件操作中，光電流首先隨著電壓提升，隨即變成飽和狀態。在低電壓時光電流的增加主要是因為在逆向偏壓的蕭特基接面的空乏區擴張，而內部量子效率也被改善。光電流飽和時的電壓發生在陽極端的電場變為零時的平帶條件 (圖 35)[60]。在這個情況時，量子效率能接近100%。這個條件可以利用一維空乏方程式求得

$$V_{FB} \approx \left(\frac{qN}{2\varepsilon_s} \right) s^2 \tag{90}$$

此處 N 為摻雜， s 為指叉狀的間距。 （式90為貫穿條件，也就是當空乏區寬度充滿整個空間 s ，並且它發生在平帶條件之前。 ）操作在貫穿條件之前也具有最小電容的優點。注意 MSM 光偵測器，載子產生的方式是能帶至能帶的激發，而不是如同常見的金屬半導體光二極體般，其利用光激發越過能障的方式 （ 如圖 11b ）。

內部光電流增益有時候也可以在 MSM 光偵測器內觀察到。其中一種增益的解釋，其由位障增加層或是異質介面引起的長生命週期的缺陷所造成。另外一種理論是當光產生電洞在靠近陰電極的價電帶高峰處發生累積時，這些正電荷將會增加跨過寬能隙位障增加層的電場並且引起大量的電子穿隧電流。相同的理論也可以適用於電子在陽極被加速，且電洞穿隧電流的增加。這個機制稍微有點像光電晶體。在任何的情況下，也一直會努力來減少這個增益，主要的原因是增益機會減緩光偵測器的反應時間，尤其是在關閉的過程。

MSM 光偵測器主要的缺點為蕭特基位障接面產生較高的暗電流。當需要長波長偵測時，對於低能隙材料而言，此暗電流問題將特別嚴重。然而，以 InGaAs 等材料做為位障增加層，可以大幅度的減少窄能隙半導體的暗電流。藉由插入寬能隙的這一層，位障高度變得高很多。這層厚度的範圍從 30 nm 到 100 nm。位障增加層可以採漸進的方式去避免載子在能帶不連續邊緣被捕獲。

由於 MSM 光偵測器有兩個採背對背連結方式的蕭特基位障，任何極

性的電壓將使其中一個蕭特基能障位處在逆偏的方向（當作陰極），而另外一個為順偏方向（當作陽極）。兩個金屬接觸到主動層之間的能帶結構圖如圖 35 所示。最常見的暗電壓-電流特性在低電壓時有飽和電流出現，且為基本的熱游離發射電流。在這裡同時考慮電子與電洞電流的組成，其飽和電流有下列如式（91）之一般展開式[60]

$$I_{da} = A_1 A_n^* T^2 \exp\left(\frac{-q\phi_{Bn}}{kT}\right) + A_2 A_p^* T^2 \exp\left(\frac{-q\phi_{Bp}}{kT}\right) \quad (91)$$

此處的 A_1 與 A_2 為陰極與陽極接觸的面積，A_n^* 與 A_p^* 分別為為電子與電洞的有效理查森常數。在較高偏壓時，電流能隨著偏壓連續抬升。非飽和電流的形成，可能是由於影像力效應降低了位障高度或是發生穿隧行為通過位障所造成的現象。

MSM 光偵測器主要的優點在於高速且可相容於FET的製程技術。其簡單的平面結構使其能很容易地與 FET 整合在單一晶片內。由於在半絕緣基板上的二維效應，使得 MSM 光偵測器具有非常低的單位面積電容值。對於需要較大的光敏感面積的偵測器來說，這將是非常有利的。與擁有相同量子效率的 p–i–n 光二極體或是蕭特基位障光二極體，它的電容值大約下降至一半。具有這樣小的電容值，RC 充電時間與速度也大大提升。一般而言，偵測速度可由直接正比於間隔尺寸的穿巡時間來決定。因為這個原因，針對速度的考量，傾向選擇小間距。高於 100 GHz 的能帶寬亦曾經被提出來過[61]。

為了瞭解速度的最佳化，舉一個實例來說明 MSM 光偵測器的理論分析，如圖 36 所示。在這個實例裡，由於材料與結構的選擇，使得操作速度不是非常快。然而它也給了一些可以觀察到影響速度表現的因素。由此實例可以看出，速度會受到 RC 時間常數與穿巡時間限制。由於 RC 時間常數影響的能帶寬可以寫做[62]

$$f_{RC} = \frac{1}{2\pi (R_L + R_S)C} \quad (92)$$

此處 R_L 是負載電阻（ =50 Ω ），以及 R_s 為串聯電阻。電容可以寫做

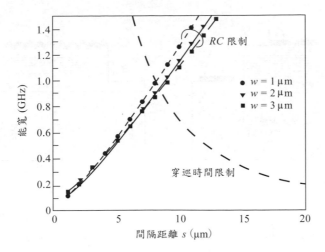

圖36　針對不同指叉寬度 w 與間格距離 s 的條件下，MSM光偵測器的理論能寬。實例假設主動層爲 1-μm 的 $In_{0.53}Ga_{0.47}As$。（參考文獻62）

$$C = \frac{K(\kappa)}{K(\kappa')} \frac{\varepsilon_0 A(1+K_s)}{(s+w)} \qquad (93)$$

此處 A 為接觸面積，K_s 為半導體的相對介電常數，$K(k)$ 為第一類的完全橢圓積分

$$K(\kappa) = \int_0^{\pi/2} \frac{1}{\sqrt{1-\kappa^2 \sin^2 \varphi}} d\varphi \qquad (94)$$

$$\kappa = \tan^2 \left[\frac{\pi w}{4(s+w)} \right], \ \kappa' = \sqrt{1-\kappa^2} \qquad (95)$$

穿巡時間限制的能帶寬，因此可以寫做為

$$f_{tr} = \frac{0.44}{\sqrt{2}} \left(\frac{\upsilon_s}{s} \right) \qquad (96)$$

假設載子以飽和速度 υ_s 移動，在圖 36 可以看見速度對於指叉寬度不敏感。針對間距大小，RC 時間常數與穿巡時間有相反的趨勢，就這例子來說，最佳化的間距約為 $8\,\mu m$。

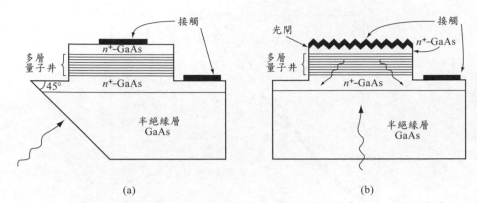

圖37　GaAs/AlGaAs 量子井紅外光光偵測器結構，其顯示以特定角度將光線耦合到異質接面的方法。(a) 光線正向入射一個與量子井成45度夾角的拋光面。(b) 利用光柵將來自於基板的光折射。

13.8 量子井–近紅外光光偵測器

量子井中採用傳導帶內或是價電帶內吸收紅外線，而非使用能帶至能帶吸收的方式，這在 1983~1985 年間首次被提出來探討[63-65]。在 1987 年，Levine[66] 與 Choi[67] 等研究團隊實現了第一個在 GaAs / AlGaAs 的異質結構內，以束縛態到束縛態的子能帶轉移為基礎的量子井紅外線偵測器（QWIP）。同樣的團隊在1988年也提出束縛態到連續帶的傳導方式來改善偵測器[68]。在1991年時，另外一種從束縛態到迷你能帶的躍遷也被觀察發現[69]。

使用 GaAs / AlGaAs 異質結構的 QWIP 結構如圖 37 所示。在這個GaAs 的例子，此量子井層的厚度大約為 5 nm 且具有摻雜濃度在 $10^{17} cm^{-3}$ 範圍內的 n 型態半導體。位障層具有沒有摻雜且厚度落在 30–50 nm 的範圍內。週期的數目一般在 20 到 50 之間。

針對直接能隙材料製作而成的量子井，由於子能帶間的躍遷過程需要將電磁波的電場分量垂直於量子井平面，因此垂直表面的入射光擁有零

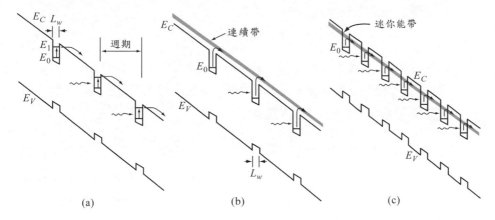

圖38　　QWIPs 在偏壓下的能帶結構，其中 (a) 束縛態到束縛態的子能帶間躍遷。(b) 束縛態到連續帶間的躍遷。以及 (c) 束縛態到迷你能帶間的躍遷。

吸收的現象。極化選擇規則需要其他能將光線耦合到光感的區域上，而兩種普遍的結構顯示於圖 37 中。如圖 37a，在相鄰偵測器的邊緣上製作一個45度角的拋光面，其中注意的是我們感興趣的波長必須能穿透基板。在圖 37b 內，在基板上製作一光閘用來折射入射光。然而，這個選擇規則並不適用於 p 型量子井或是由 SiGe／Si 與 AlAs／AlGaAs 異質結構等製作成非直接能隙的量子井。

　　QWIP 是根據子能帶間激發行為造成的光導電性所建立的。圖 38 描繪出三種躍遷模式。在束縛態到束縛態的躍遷之中，兩種量子能態被侷限在位障能量之下。光子將一顆電子從基態激發到第一束縛態，隨即此顆電子穿隧出位能井。在束縛態到連續帶（束縛態到延伸帶）的激發，當基態以上的第一能階越過位障時，激發的電子即能更簡單地從位能井逃脫。這種束縛態到連續帶的激發方式更能允許其擁有高吸收力、更寬的波長響應、較低暗電流、較高偵測性以及需求較低的電壓。在束縛態到迷你能帶間的躍遷過程中，由於超級晶格的結構，會存在迷你能帶。基於上述的特性，QWIPs 具有極大的潛力應用於聚焦平面陣列影像偵測器系統中。一般的 QWIP 電壓電流特性相似於一般常見的光偵測器。由於摻雜物遷移效應將會引起量子井的能帶彎曲造成非對稱的特性。光電流可以用同樣使用在

光導體上的展開式推導出下式,

$$I_{ph} = q\,\Phi_{ph}\,\eta\,G_a \qquad (97)$$

此處的 Φ_{ph} 為總光子通量(秒$^{-1}$)以及 G_a 是光學增益。在 QWIP 中,量子效率 η 將不同於光偵測器,光吸收與載子產生只發生在量子井內,但不會在整個結構中發生。其可以定義為

$$\eta = (1-R)\Big[1-\exp\big(-N_{op}\alpha N_w L_w\big)\Big]E_p P \qquad (98)$$

此處 R 表示反射率,N_{op} 是光通路數目。N_W 是量子井數目,每一長度為 L_W。逃脫機率 E_p 是電壓的函數,它量測從量子井中逃脫的激發載子[70]。採用 GaAs 材料,對於 n 型量子井而言,其極化校正因子 P 為 0.5,而對型量子井為 1.0。吸收係數為入射角的函數且正比於 $\sin^2\theta$,此處 θ 為光前進方向與量子井平面法線方向的夾角。

　　光導增益可以被推導為[71-72]

$$G_a = \frac{1}{N_w C_p} \qquad (99)$$

此處 C_p 是電子跨越量子井的捕獲機率,可以定義為

$$C_p = \frac{t_p}{\tau} = \frac{t_t}{N_w \tau} \qquad (100)$$

t_p 是跨越單一個週期結構的穿巡時間,t_t 是穿越整個 QWIP 主動區長度 L(井與位障)的穿巡時間。結合式(99)與式(100)

$$G_a = \frac{\tau}{t_t} \qquad (101)$$

其相似於標準光導体的增益。對於載子在移動率區(在飽和速度前)

$$t_t = \frac{L}{\upsilon_d} = \frac{L^2}{\mu V} \qquad (102)$$

此處,假設跨過整個長度 L 的假設均勻場,可寫作

$$G_a = \frac{\tau \mu V}{L^2} \qquad (103)$$

　　QWIP的暗電流起源於跨過量子井位障的熱游離發射發與靠近位障頂端的熱離子場效激發（ 熱輔助穿隧 ）。由於這種光偵測器主要鎖定在波長範圍從 $3\,\mu m$ 至大約 $20\,\mu m$，形成井的位障必須要小，大約 $0.2\,eV$ 左右。為了限制暗電流，QWIP 必須在低溫的條件下操作，其範圍在 $4-77\,K$ 之間。

　　QWIP 在使用 HgCdTe 材料做為長波長的光偵測器時，將會是一種吸引人的選擇，不過 HgCdTe 材料存在一些問題，包括有過量的穿隧暗電流以及如何以精確的組成來控制得到精確能隙的再現性問題。它可以與 GaAs 技術單晶塊積體電路相容。也可以藉由調變量子井的厚度來改變偵測波長範圍。接近 $20\,\mu m$ 的長波長偵測能力也被展現出來[70]。QWIP 能夠應用在聚焦平面陣列上做為二維影像偵測，例如熱與行星的影像。QWIP 的高速能力與快速響應同樣眾所皆知。這是因為它在量子井內具有大約 $5\,ps$ 數量級左右的本質短載子生命期。使用 QWIP 時會有一個困難處存在，至少對於 n 型 GaAs 井的 QWIP 來說，必須偵測正向入射的光線。這樣將使光線不容易耦合到光偵測上。

13.9 太陽能電池

13.9.1 簡介

目前在小規模的陸地或是如同衛星與太空火箭的太空應用中，太陽能電池提供最重要且永續的能源供應。隨著全世界能量需求的增加，而石化燃料等傳統的能量資源，也將在下個世紀內被耗盡。因此，我們必須發展且利用非傳統的能源，尤其是我們長期存在的環境中，如太陽般的自然資源。因為太陽能電池可高轉換效率地直接將太陽光轉換為電流（ 不同於萃取熱能 ），所以太陽能電池是被認為從太陽獲得能量的最主要選擇。它能在低操作成本下提供近乎永恆的能量，以及近乎零的污染。近幾年來，低成本平面式太陽能板、薄膜元件、集訊器系統與許多創新概念的研究與發展也逐漸增加。在不遠的未來，小型太陽-能量模組單元與太陽–能量板在大尺寸生產與太陽能量的使用上將是合乎經濟效率。

貝克勒爾（Becquerel）在1839年發現當元件暴露在光線時，位於電極間與電解液的接面中，會產生電壓的光致電壓效應（photovoltaic effect）[73]。此外，在不同固態元件也有許多相似的效應出現。1940年[74-75]，奧耳（Ohl）首先在矽 p–n 接面上觀察到顯著電動勢電壓（EMF）的光致電壓效應。而鍺的光電伏效應，在 1946[76] 年時被班塞（Benzer），以及 1952[77] 年時被 Pantchechnikoff 發表。在 1954 年之前，太陽能電池尚未受到太多的注意，直到查平（Chapin）等人在單晶矽太陽能電池[78]以及雷諾（Reynolds）等人在硫化鎘電池[79]的成果問世後，才開始引起越來越多的興趣。直到今日，已經有許多技術使用其他種類的半導體材料來製作太陽能電池元件，也採用許多種元件結構以及使用單晶態、複晶態以及非晶態薄膜結構。

太陽能電池與光二極體類似。換句話說，光二極體也可以操作在光電（光致電壓）模式，它如同太陽能電池一樣，不需要施加偏壓且只需連接一負載即可操作。然而，元件的基本設計卻不一樣。對光二極體而言，只有位於光學訊號波長中的窄波長範圍才是最主要的。但是對太陽能電池來說，卻需要能與包含整個太陽光波段區間的寬光譜反應。此外，光二極體需要小面積以減少接面電容，但是太陽能電池卻需要大面積來吸收光源。對於光二極體而言，量子效率為最重要的優點形態之一，但是對太陽能電池來說，能量轉換效率才是最需要考量的特性（電力傳送至負載產生太陽能量）。

13.9.2 太陽輻射與理想的轉換效率

太陽輻射 太陽輸出的輻射能量來自於核融合反應。每秒約有 6×10^{11} 公斤的氫氣轉換為氦氣，對應於淨質量損失約為 4×10^3 公斤，根據愛因斯坦關係式（$E = mc^2$），損失的重量相當於轉換成 4×10^{20} 焦耳。此能量主要以紫外光到紅外光以及射頻範圍（0.2 到 $3 \mu m$）的電磁輻射形式來發射。目前太陽的全部質量約為 2×10^{30} 公斤，可以預測以近乎固定的輻射能量輸出來維持地球上穩定生存期,時間可以超過100億年的時間。

在太空中,取地球到太陽之間的平均距離所得到的太陽輻射強度值為1353 W/m²。當太陽光抵達地球表面會受到大氣環境的衰減,主要原因為在紅外光波段被水蒸氣吸收,在紫外光波段被臭氧的吸收,以及受到大氣灰塵與隕石的散射影響。大氣對太陽光抵達地球表面的影響程度,定義為空氣質量(air mass)。太陽與天頂之間夾角的餘割($sec\,\theta$)定義為空氣質量(AM)數目,並且當太陽在頭頂正上方時,它量測了與最短路徑相關的大氣路徑長度。AM0 代表太陽光在地球大氣圈外的太陽光譜。AM1 光譜代表太陽在天頂時地球表面的太陽光,入射功率為925 W/m²。AM2 光譜為角度為$\theta = 60°$以及入射功率為691 W/m²,以此類推。

圖 39 指出不同空氣質量(AM)條件下的太陽光譜,最頂端的曲線為空氣質量為零(AM0)的太陽光譜,其分佈近似於5800 K 黑體輻射溫度,如虛線圖形所示。空氣質量為零(AM0)的光譜主要適用於衛星與太空船的應用計算。空氣質量為1.5(AM1.5)的條件(太陽位於水平面上45度角)表示滿足能量加權平均值,適合地面上的應用計算。對

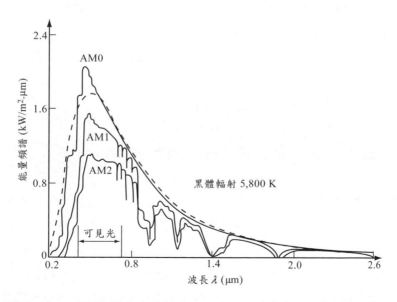

圖39 在不同空氣質量條件下的太陽光譜。(參考文獻80)

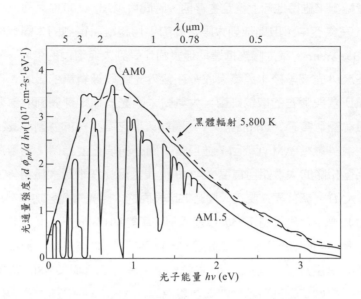

圖40　針對 *AM0* 與 *AM1.5* 的條件下，每個光子能量的光通量強度對應的太陽光譜。（ 參考文獻81 ）

於太陽能電池能量的轉換，每個光子能產生一對電子電洞對，所以太陽能量必須轉換為光子通量。就空氣質量為1.5（AM1.5）與空氣質量為零（AM0）下時的每單位能量的光子通量強度如圖 40所示。我們利用關係式來轉換波長為光子能量

$$\lambda = \frac{c}{v} = \frac{1.24}{hv\,(eV)}\ \mu m \tag{104}$$

在空氣質量為1.5（AM1.5）時的總入射能量為844 W/m²。

理想轉換效率 傳統的太陽能電池，通常為 *p–n* 接面且擁有單一能隙 E_g。當元件受太陽光照射時，若光子能量低於能隙（E_g）時，將不會貢獻電池功率輸出（忽略聲子輔助吸收效應）。但是當光子能量大於 E_g 時，太陽能電池能輸出一個電荷的功率，同時超過能隙能量的部份將轉換成熱能消散。為了推導理想轉換效率，我們應該考慮所使用的半導體能帶結構。假

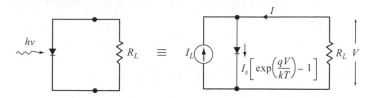

圖41　在太陽光照射下，太陽能電池的理想等效電路圖。

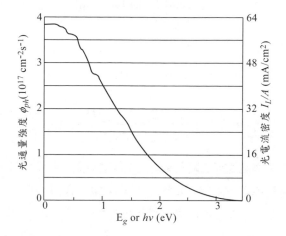

圖42　具有特定能隙的太陽能電池，在太陽光譜下（ *AM1.5* ）產生最大光電流情況時的光子數量。（ 參考文獻*81* ）

設太陽能電池擁有理想的二極體電壓電流特性。等效電路如圖 41 所示。穩定光電流源與其接面並聯，電流源 I_L 表示太陽照射後產生的過量載子激發的結果；I_S 如第二章所描述的為二極體飽和電流。R_L 是電路之負載電阻。

　　為了獲得光電流 I_L，我們需要對圖 40 曲線下的整體面積作積分，即為：

$$I_L\left(E_g\right)= Aq\int_{h\upsilon=E_g}^{\infty}\frac{d\phi_{ph}}{dh\upsilon}d\left(h\upsilon\right) \tag{105}$$

結果如圖 42 所示，為半導體能隙之函數。考慮光電流的情況下，因為能收集到更多的光子數，故較小能隙的材料為最佳材料選擇。

元件照光下的全部電壓–電流特性，簡單來說，即為暗電流與光電流的總和，可得到：

$$I = I_s \left[\exp\left(\frac{qV}{kT} \right) - 1 \right] - I_L \tag{106}$$

由式（106）中，我們可以在電流設為零情況下，得到開路電壓：

$$V_{oc} = \frac{kT}{q} \ln\left(\frac{I_L}{I_s} + 1 \right) \approx \frac{kT}{q} \ln\left(\frac{I_L}{I_s} \right) \tag{107}$$

因此當我們給定一 I_L 時，開路電壓隨著飽和電流減少而呈對數增加。對一常見的 p–n 接面來說，其理想飽和電流可如下表示，

$$I_s = Aq N_C N_V \left(\frac{1}{N_A} \sqrt{\frac{D_n}{\tau_n}} + \frac{1}{N_D} \sqrt{\frac{D_p}{\tau_p}} \right) \exp\left(\frac{-E_g}{kT} \right) \tag{108}$$

如我們所見，飽和電流 I_s 隨著能隙 E_g 成指數遞減。因此為了獲得較大的開路電壓，需要使用寬能隙材料。定性上來說，我們所知道的最大開路電壓為接面二極體的內建電位能，而最大內建電位大小接近其能隙的寬度。

式（106）的圖形如圖 43 所示，曲線通過第四向限，因此能從連接負載的元件直接萃取出功率。藉由適當的選取負載大小，可以萃取出接近

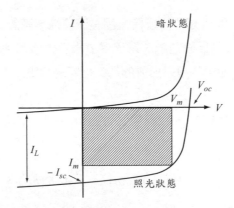

圖43 在太陽光照射下太陽能電池的電流-電壓特性圖。指出最大功率輸出的決定。

80%的I_{SC}與V_{OC}的乘積。此處的I_{SC}是指等效於光電流輸出的短路電流。圖形陰影區域即為最大功率輸出。我們也可以在圖 43 的曲線中,定義出元件在最大輸出功率$P_m=(I_m V_m)$時,所對應的電壓V_m值與電流I_m值。

為了推導最大功率操作點,輸出功率可以表示為

$$P = IV = I_s V \left[\exp\left(\frac{qV}{kT}\right) - 1 \right] - I_L V \tag{109}$$

當$dP/dV=0$時,可獲得最大功率的條件,或是

$$I_m = I_s \beta V_m \exp(\beta V_m) \approx I_L \left(1 - \frac{1}{\beta V_m}\right) \tag{110}$$

$$V_m = \frac{1}{\beta} \ln\left[\frac{(I_L/I_s)+1}{1+\beta V_m}\right] \approx V_{oc} - \frac{1}{\beta} \ln(1 + \beta V_m) \tag{111}$$

當$\beta \equiv q/kT$時,最大功率輸出P_m是

$$P_m = I_m V_m = F_F I_{sc} V_{oc} \approx I_L \left[V_{oc} - \frac{1}{\beta} \ln(1 + \beta V m) - \frac{1}{\beta} \right] \tag{112}$$

此處的填充因子F_F量測得到圖形的明確形式,並定義為

$$F_F \equiv \frac{I_m V_m}{I_{sc} V_{oc}} \tag{113}$$

實際上,好的填充因子大約為0.8左右。理想的轉換效率是最大輸出功率與其入射功率P_m的比值

$$\eta = \frac{P_m}{P_{in}} = \frac{I_m V_m}{P_{in}} = \frac{V_m^2 I_s (q/kT) \exp(qV_m/kT)}{P_{in}} \tag{114}$$

理論上,理想的轉換效率是可以計算出來的。我們已經在先前指出半導體能隙越小能獲得更多的光電流。另外一方面,隨著半導體能隙增加時有較小的飽和電流,卻有較高的輸出電壓。所以為了獲得最大的輸出功率,將有一最佳的能帶E_g值存在。藉由使用式(108)中與E_g相關的理想

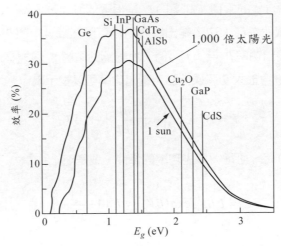

圖44　在 300 K 時，1 個太陽與 1000 個聚焦太陽下理想的太陽能電池之效率。（參考文獻82）

飽合電流，即可計算出最大的轉換效率理論值。圖 44 中，對於一個太陽光在 300 K 溫度，空氣質量為 1.5 的條件下，其理想轉換效率為能隙能量的函數。因為大氣吸收的關係，曲線有輕微的振盪。值得注意的是，轉換效率在能隙範圍在 0.8 eV 到 1.4 eV 之間，具有寬闊的最大值分佈。許多因素能導致理想效率的劣化，因此實際獲得效率比理想值低一些。實際的太陽能電池將在下幾節中陸續討論。圖 44 並指出在 1,000 個太陽的光學聚焦濃縮法下（ ie.,844 kW/m² ）的理想轉換效率對能隙的關係。詳細的光學聚焦濃縮法內容將在 13.9.4 節作討論。理想的轉換效率峰值從一個太陽光學聚焦的 31% 到 1000 個太陽光學聚焦的 37%。當光電流隨著光強度呈線性增加時，主要由於 V_{OC} 增加，其轉換效率數值將會隨之增加。

非理想效應 對於實際的太陽能電池，理想的等效電路如圖 41 所示，將被修正，並加入來自於表面歐姆損失引起的串聯電阻以及漏電流引起的並聯電阻。等效電路應該包括加入 R_s 與負載 R_L 串聯，並且加入分流電阻 R_{Sh} 與二極體並聯。二極體的 I–V 特性可從式（106）修正如下[83]

$$\ln\left(\frac{I + I_L}{I_s} - \frac{V - IR_s}{I_s R_{sh}} + 1 \right) = \frac{q}{kT}\left(V - IR_s\right)$$

（115）

實際上，分流電阻的影響遠小於串聯電阻。而串聯電阻的效應可以很簡單地用（$V-IR_s$）取代 V 得到，並且看出其影響的地方在填充因子。

對一個實際使用的太陽能電池，順向電流主要由空乏區內的復合電流主導。與理想的二極體效率相比，其實際轉換效率將會減少。復合電流可以下列型式表示為

$$I_{re} = I_s^{'} \left[\exp\left(\frac{qV}{2kT} \right) - 1 \right] \tag{116}$$

功率轉換方程式可以如同式（107）到式（112）般，只需要替換 I_s 為 $I_s^{'}$ 和指數項的部份除以 2，即可寫成相同的形式。在復合電流存在的情況下，其轉換效率較理想電流小，造成開路電壓與填充因子劣化。同時混合擴散電流、復合電流與缺陷引起的電流的太陽能電池，其順向電流隨著順向電壓呈指數相關，如同 exp（qV/nkT）式，其中 n 為理想因子，其數值在 1 到 2 之間。轉換效率隨著 n 值增加而減少。

當元件的溫度增加時，由於擴散常數維持不變或是少數載子的生命期隨著溫度增加，擴散長度將會上升。少數載子的擴散長度增加將會導致光電流 I_L 變大。然而，開路電壓（V_{oc}）會由於飽和電流隨溫度的指數相關，因此造成而急速劣化。當溫度增加時，$I-V$ 曲線的轉角處將變的更圓滑（softness），而導致填充因子的劣化。隨著溫度增加，綜合上述的效應，轉換效率仍於溫度上升而降低。對於光學聚焦濃縮法下操作的太陽能電池，這些效應將會造成轉換效率面臨一些挑戰。

在人造衛星的應用上，半導體受到外太空高能粒子的轟擊下，形成許多缺陷並且導致少數載子的擴散長度減少，因此造成太陽能電池的能量輸出減少。為了改善輻射的容許值，將太陽能電池摻雜入鋰。而鋰會透過擴散方式進入半導體並與輻射造成的點缺陷結合。

13.9.3 光電流與光譜響應

在這一章節，我們將推導矽材料的 $p-n$ 接面太陽能電池，因為它是所有太

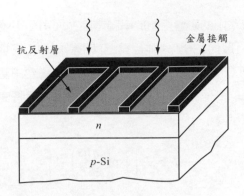

圖45　圖示爲矽材料的 $p\text{-}n$ 接面太陽能電池結構。

陽能電池的代表性元件。基本的矽 $p–n$ 接面太陽能電池如圖 45 所示，它包含表面的淺 $p–n$ 接面，前面鋸齒狀的歐姆接觸與背面毆姆接觸，以及抗反射薄膜層的覆蓋。指叉狀的網柵是一種設計上的考量，因為它能減少串聯電阻，但也造成太陽光入射面積的損失，故這便是一種平衡關係的設計。因此有些人使用透明導體，例如 ITO（銦錫氧化物）當作電極。

　　當波長爲λ的單色光入射至正表面時，光電流與頻譜響應可以根據下列關係推導出來。其中頻譜響應為每個波長下，每個入射光子產生且收集到的載子數目。距離半導體表面x距離下，電子電洞對產生的速率如圖 46所示，

$$G(\lambda,x)= \alpha(\lambda)\phi(\lambda)\left[1-R(\lambda)\right]\exp\left[-\alpha(\lambda)x\right] \qquad (117)$$

其中 $\alpha(\lambda)$ 為吸收係數，$\phi(\lambda)$ 是單位面積單位時間單位頻寬中的入射光子數，$R(\lambda)$ 是從表面反射的光子分率。

　　對於各邊固定摻雜濃度的陡接面$p–n$接面型太陽能電池而言，在空乏區外面沒有電場分布。光產生的載子在空乏區外的區域主要藉由擴散方式來收集，而空乏區內則是藉由漂移方式來收集。我們把光產生的載子收集分為三個區域:頂端中性區域、接面的空乏區、基板的中性區。我們也假設$N_D >> N_A$的單邊陡摻雜接面，故n型端的空乏區可以忽略。

　　在低階注入的條件下，一維空間的穩態連續方程式中P型半導體基板

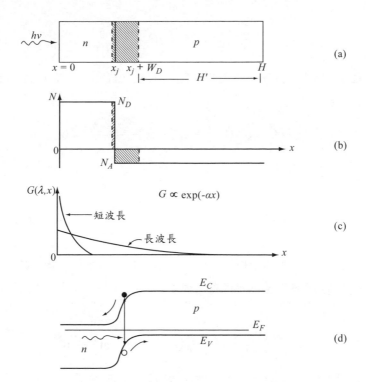

圖46 （a）考量太陽能電池的尺寸。（b）假設陡接面摻雜切面 $N_D \gg N_A$。（c）對於長波長與短波長的照射下，電子電洞對的產生率以半導體表面的距離為函數之關係式。（d）能帶圖表示其電子電洞對產生的情況。

上的電子為

$$G_n - \left(\frac{n_p - n_{po}}{\tau_n} \right) + \frac{1}{q} \frac{dJ_n}{dx} = 0 \tag{118a}$$

在 n 型半導體基板上的電洞為

$$G_p - \left(\frac{P_n - P_{no}}{\tau_p} \right) + \frac{1}{q} \frac{dJ_p}{dx} = 0 \tag{118b}$$

電流密度方程式為

$$J_n = q\mu_n n_p \mathscr{E} + qD_n \left(\frac{dn_p}{dx} \right) \tag{119a}$$

$$J_p = q\mu_p P_n \mathscr{E} \quad qD_p\left(\frac{dp_n}{dx}\right) \tag{119b}$$

在 n 邊接面的頂端，結合式（117）、式（118b）、式（119b）後，可以表示如下，

$$D_p\frac{d^2 p_n}{dx^2} + \alpha\phi(1-R)\exp(-\alpha x) - \frac{p_n - p_{no}}{\tau_p} = 0 \tag{120}$$

此方程式的一般解為

$$p_n - p_{no} = C_2 \cosh\left(\frac{x}{L_p}\right) + C_3 \sinh\left(\frac{x}{L_p}\right) - \frac{\alpha\phi(1-R)\tau_p}{\alpha^2 L_p^2 - 1}\exp(-\alpha x) \tag{121}$$

其中，$L_p = \sqrt{D_p\tau_p}$ 是擴散長度，C_2、C_3 是常數。此處有兩個邊界條件。在表面，具有複合速率 S_p 的表面複合現象。

$$D_p\frac{d(p_n - p_{no})}{dx} = S_p(p_n - p_{no}) \quad \text{at} \quad x = 0 \tag{122}$$

在空乏區邊緣，由於空乏區的電場使過量載子密度變小

$$p_n - p_{no} \approx 0 \quad \text{at} \quad x = x_j \tag{123}$$

利用這些邊界條件帶入式（121），其電洞密度為

$$p_n - p_{no} = \left[\alpha\phi(1-R)\tau_p/(\alpha^2 L_p^2 - 1)\right]$$

$$\times\left[\frac{\left(\dfrac{S_p L_p}{D_p} + \alpha L_p\right)\sinh\dfrac{x_j - x}{L_p} + \exp(-\alpha x_j)\left(\dfrac{S_p L_p}{D_p}\sinh\dfrac{x}{L_p} + \cosh\dfrac{x}{L_p}\right)}{(S_p L_p/D_p)\sinh(x_j/L_p) + \cosh(x_j/L_p)} - \exp(-\alpha x)\right] \tag{124}$$

以及在空乏區邊緣造成的電洞光電流密度為

$$J_p = -qD_p\left(\frac{dp_n}{dx}\right)_{x_j} = \left[q\phi(1-R)\alpha L_p/(\alpha^2 L_p^2 - 1)\right]$$

$$\times\left[\frac{\left(\dfrac{S_p L_p}{D_p} + \alpha L_p\right) - \exp(-\alpha x_j)\left(\dfrac{S_p L_p}{D_p}\cosh\dfrac{x_j}{L_p} + \sinh\dfrac{x_j}{L_p}\right)}{(S_p L_p/D_p)\sin(x_j/L_p) + \cosh(x_j/L_p)} - \alpha L_p\exp(-\alpha x_j)\right] \tag{125}$$

在特定入射波長下，光電流將於 n 接面在上，而 p 接面在下的太陽能電池正面處被產生及收集。其中，我們假設此區域有均勻的生命期、載子移動率以及摻雜濃度。

式（117），（118a），（119a）可以使用下列邊界條件，求得太陽能電池基板上所產生的電子光電流。

$$n_p - n_{po} \approx 0 \qquad \text{at} \quad x = x_j + W_D \tag{126}$$

$$S_n \left(n_p - n_{po} \right) = \frac{-D_n \, dn_p}{dx} \qquad \text{at} \quad x = H \tag{127}$$

其中，W_D 為空乏區寬度，H 為整個太陽能電池的寬度。式（126）中，描述過量少數載子濃度在空乏區邊緣處趨近為零。式（127）描述背面的表面複合現象發生於歐姆接觸處。

使用這些邊界條件，在均勻摻雜的 P 型基板內電子的分佈為

$$
\begin{aligned}
n_p - n_{po} = &\frac{\alpha \phi (1-R) \tau_n}{\alpha^2 L_n^2 - 1} \exp\left[-\alpha \left(x_j + W_D \right) \right] \left\{ \cosh\left(\frac{x'}{L_n} \right) - \exp\left(-\alpha x' \right) \right. \\
&- \frac{\left(S_n L_n / D_n \right) \left[\cosh\left(H'/L_n \right) - \exp\left(-\alpha H' \right) \right] + \sinh\left(H'/L_n \right) + \alpha L_n \exp\left(-\alpha H' \right)}{\left(S_n L_n / D_n \right) \sinh\left(H'/L_n \right) + \cosh\left(H'/L_n \right)} \\
&\left. \times \sinh\left(x'/L_n \right) \right\}
\end{aligned}
\tag{128}
$$

（$x' \equiv x - x_j - W_D$）以及由於空乏區邊界電子收集而產生的光電流，$x = x_j + W_D$，為

$$
\begin{aligned}
J_n = q D_n \left(\frac{dn_p}{dx} \right)_{x_j + W_D} = &\frac{q \phi (1-R) \alpha L_n}{\alpha^2 L_n^2 - 1} \exp\left[-\alpha \left(x_j + W_D \right) \right] \times \left\{ \alpha L_n - \right. \\
&\left. \frac{\left(S_n L_n / D_n \right) \left[\cosh\left(H'/L_n \right) - \exp\left(-\alpha H' \right) \right] + \sinh\left(H'/L_n \right) + \alpha L_n \exp\left(-\alpha H' \right)}{\left(S_n L_n / D_n \right) \sinh\left(H'/L_n \right) + \cosh\left(H'/L_n \right)} \right\}
\end{aligned}
\tag{129}
$$

其中，圖 46a 中的 H' 為 p 型基板中性區的厚度。

一些光電流也會在空乏區內產生。然而在此區的電場強度通常也比較高，光產生的載子在復合前，會被加速離開空乏區。此區中的量子效率將會趨近於100%，每單位頻寬的光電流也等於被吸收的光子數：

$$J_{dr} = q\phi(1-R)\exp(-\alpha x_j)\left[1-\exp(-\alpha W_D)\right] \qquad (130)$$

對於特定波長下產生的總光電流，即為式（125），式（129）與式（130）的總和

$$J_L(\lambda) = J_p(\lambda) + J_n(\lambda) + J_{dr}(\lambda) \qquad (131)$$

針對外部觀測的光譜響應（spectral response；SR）定義為上述光電流總和除以 $q\phi$，而內部觀測的光譜響應則是光電流總和除以 $q\phi(1-R)$

$$SR(\lambda) = \frac{J_L(\lambda)}{q\phi(\lambda)[1-R(\lambda)]} = \frac{J_p(\lambda)+J_n(\lambda)+J_{dr}(\lambda)}{q\phi(\lambda)[1-R(\lambda)]} \qquad (132)$$

對一個能隙為 E_g 的半導體而言，理想的內部光譜響應是一步階函數，也就是 $hv < E_g$ 時為 0，$hv \geq E_g$ 時為 1（圖 47a 中的虛線部份）。圖 47a 為矽 $n-p$ 太陽能電池計算出來的實際內部光譜響應。在高光子能量時，此太陽能電池的實質上光譜響應與理想步階函數差異很大。圖中指出三個區域的各別對光譜響應的貢獻程度。在低光子能量時，由於矽的低吸收係數使大多數的載子在基板區域產生。當光子能量增加超過 2.5 eV 時，將由前面區域接管。超過 3.5 eV 以上，吸收係數 α 變得大於 $10^6 cm^{-1}$，因此光譜響應完全在前面區域導出。由於假設 S_p 非常高，在前端的表面復合速率造成光譜響應與理想響應差異很大。當 $\alpha L_p >> 1$ 且 $\alpha x_j >> 1$ 時，光譜響應接近一個漸近值。（例如：式（125）中的前端光電流）

$$SR = \frac{1+(S_p/\alpha D_p)}{(S_p L_p/D_P)\sinh(x_j/L_p)+\cosh(x_j/L_p)} \qquad (133)$$

表面復合速率 S_p 對光譜響應有深遠影響，尤其是在高光子能量的

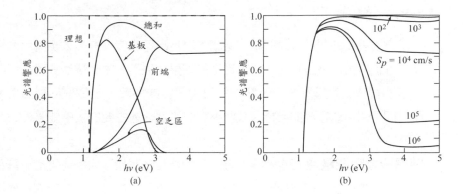

圖47　矽 n–p 太陽能電池的內部光譜響應計算結果，圖中指出三個區域的個別貢獻。虛線為理想的響應。計算參數為 $N_D = 5 \times 10^{19}\,cm^{-3}$、$N_A = 1.5 \times 10^{16}\,cm^{-3}$，電洞生命週期 $\tau_p = 0.4\,\mu s$，電子生命週期 $\tau_n = 10\,\mu s$、摻雜接面深度為 $x_j = 0.5\,\mu m$、$H = 450\,\mu m$、S_p（前端）$= 10^4\,cm/s$，和 S_n（後端）$= \infty$。(b)具有不同表面結合速度的太陽能電池內部光譜響應。（參考文獻84）

時候。此效應如圖 47b 所示，元件參數除了 S_p 的數值從 10^2 變為 $10^6\,cm/s$ 外，其他參數與圖 47a 一樣。值得注意的是當 S_p 增加時，光譜響應急劇降低。式（133）也指出對於一個 S_p，藉由增加擴散長度 L_p 可以增加光譜響應。一般來說，為了增加適用波長範圍內的光譜響應，我們必須同時增加 L_n 與 L_p 並且減少 S_n 與 S_p。

　　當光譜響應已知時，總光電流密度可以藉由如圖 39 所示的太陽光譜分佈 $\phi(\lambda)$ 獲得，其值為

$$J_L = q\int_0^{\lambda_m} \phi(\lambda)\left[1 - R(\lambda)\right]SR(\lambda)d\lambda \qquad (134)$$

此時 λ_m 為相對應半導體能隙的最長波長。為了獲得最大的 J_L，我們應該在波長範圍 $0 < \lambda < \lambda_m$ 之間，將 $R(\lambda)$ 最小化，並且將光譜響應 $SR(\lambda)$ 最大化。

13.9.4 元件結構

太陽電池主要的要求為高效率、低成本以及高可靠度。許多太陽能電池結構已經被提出且應證其令人印象深刻的效果。然而，太陽電池為了在所有能量消費產品有其影響力，勢必面臨到更多的挑戰，但是對於相信者來說，卻是個可能達成的目標。我們應該先考量一些主要的太陽能電池設計與其特性。

結晶矽太陽能電池 目前市場上最成功的產品為單晶矽太陽能電池。其產品特性與價錢上，可以得到最合理的平衡。單晶矽最好的轉換效率紀錄曾經超過22%。但是其主要的成本來自於單晶矽的基板，所以有許多研究都針對降低成長單晶矽的成本為目標。但是製作太陽能電池所需的單晶矽品質要求不如高密度整合電路（IC）般的嚴格。

其中一個方式就是從熔融矽製作改為帶狀成長結晶矽的技術。此技術取代一般鑄塊的形狀，利用厚度小於一般矽晶圓拉出薄膜的片狀晶體。這個技術同時減少在裁切鑄塊成為晶圓的過程與裁切過程時，材料成本上的浪費。我們將在後續討論其他能達到高效率的太陽能電池結構。

背面電場（BSF）太陽能電池比傳統電池擁有較高的輸出電壓。其能帶結構圖如圖 48 所示。前面部分是一般的製程流程，但是電池的背面在接觸端點附近含有高摻雜的區域。位障能 $q\psi_p$ 傾向侷限住輕摻雜區域的少數載子（電子）且驅使它們回到前端。BSF 太陽能電池與一般太陽能電池相同，但是背面卻擁有小的復合速率（$S_n < 100\ cm/s$）。在低

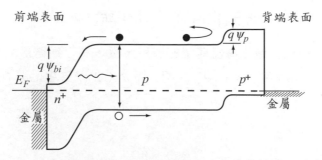

圖48 為 $n^+\text{-}p\text{-}p^+$ 背面電場接面的太陽能電池能帶結構圖。（參考文獻85）

的光子能量時，低的 S_n 將會增強其光譜響應。因此，短路電流密度將會增加。此外也因為短路電流的增加，二極體背面接觸的復合電流減少以及增加電位能 $q\psi_p$ 而提高開路電壓。

　　為了減少光的反射，常利用在表面或是背面形成紋路狀的表面（textured surface）結構來捕捉光線。紋路狀的太陽能電池利用沿〈100〉方向作非等向性蝕刻的矽表面，如圖 49 所示，造成表面角錐型。入射光線照射至角錐的周邊將會被反射至另外一個角錐，而非是向其背面反射的方式。使用紋路狀的表面，可以使赤裸矽的表面反射率從大約 35% 降低至大約 20% 左右。抗反射層的增加也可以使整體反射率降低至幾個百分比。

　　自從太陽能電池成為能量元件且產生比一般整合電路較高的電流時，另外一種節省成本的領域就是使用厚金屬化製程。在生產線上，熟知的網印製程已被普遍地使用於沉積較厚的金屬層。此製程較真空下沉積金屬還來得快速。

薄膜式太陽能電池 在薄膜式太陽能電池中，主動半導體層是多晶矽膜或是一些不規則的薄膜，它們已常被形成在一些主動或被動的基材上，例如玻璃、塑膠、陶瓷、金屬、石墨或冶金長成的矽。藉由不同的方式可將半導體薄膜沉積在異質基板上，如氣相成長、電漿蒸鍍或電鍍。如果半導體的厚度遠大於吸收深度，大部分的光線將會被半導體吸收；又或如果擴散長度遠大於薄膜厚度，大部分的光產生載子可以被收集。最常見且成功地使用的薄膜材料為矽、CdTe、CdS、CIS（CuInSe$_2$）與 CIGS（CuIn-

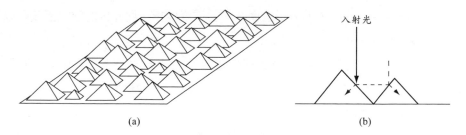

(a)　　　　　　　　　　　　　　　　　(b)

圖 49　（a）具有角錐狀表面的組織化電池；（b）光學路徑指出降低反射的光線的捕獲能情況。（參考文獻 86）

GaSe$_2$）。它們的效率已經超過15%。

　　薄膜式太陽能電池的優點主要是低成本保證，其原因為製程成本低與使用低成本的材料。然而主要的缺點卻是低轉換效率與較差的耐久穩定度。其中低轉換效率是由於晶粒邊界效應造成，以及在異質基板上成長出品質較差的半導體材料之故。另外一個問題是因為半導體與周圍環境，如氧氣與水蒸氣，參與化學反應而造成較差的穩定度。

　　非晶矽薄膜是薄膜式太陽能電池中已被深入研究過的材料。藉由射頻輝光放電技術，分解矽烷並沉積至金屬或是玻璃基板上。單晶矽與非晶矽的差異頗為有趣，前者具有1.1 eV的非直接能隙，但是氫解離的非晶矽卻具有類似1.6 eV直接能隙晶體的光吸收特性。具備$p–n$接面與蕭特基位障的太陽能電池也已經被製作成功。由於太陽光譜在可見光範圍內的吸收係數為10^4到$10^5 cm^{-1}$之間，許多光產生的載子均存在光照射表面1 μm內的一小範圍中。

　　由於沉積的薄膜總是包含許多缺陷，我們可估計出當缺陷濃度到達什麼程度時會造成元件特性的衰退。在沒有帶電荷的缺陷存在時，具有一個大小為$\mathscr{E} = E_g/qH$的均勻電場，其中 H 是薄膜的總厚度。對於厚度為$1/\alpha$（約$0.1\mu m$）且E_g為1.5 eV，其電場為$1.5 \times 10^5 V/cm$。當缺陷濃度為n_t時，其淨空間電荷為n_c，其中$n_c < n_t$。這些帶電荷的缺陷會影響電場強度且其大小為$\Delta\mathscr{E} = qn_cH/\varepsilon_s$。假設介電常數為4，我們發現若$n_c < 10^{16} cm^{-3}$時，$\Delta\mathscr{E} << \mathscr{E}$值，其說明總缺陷濃度將高達$10^{17} cm^{-3}$依然可以被容忍，且不會影響半導體內部的電場。其次我們要求空間電荷限制電流必須高於$100 mA/cm^2$，也就是本質上要大於一個太陽光照射下的短路電流密度。對於$0.1\mu m$厚的條件，上述條件指出可允許的缺陷密度可以高達$10^{17} cm^{-2}/eV$。

　　電場強度必須在一個穿巡時間內$H/\mathscr{E}\mu$能分離電子與電洞，此時間必須小於復合生命期（$n_t v\sigma$）$^{-1}$。這裡的σ為捕獲截面積（$\approx 10^{-14} cm^2$）以及v為熱速度（$\approx 10^7 cm/s$）。

　　若下式成立，則可以滿足這些條件

$$\mu > \frac{n_t v \sigma H}{\mathscr{E}} = \frac{n_t v \sigma q H^2}{E_g} \approx 1 cm^2 / V\text{-}s \qquad (135)$$

此關係式並不難達成。

上述討論可以知道,在含有非常高的缺陷密度之半導體,若是厚度足夠薄且在能隙邊緣有很高的吸收係數,並且具有足夠載子移動率等的條件下,依然可以製成有用的太陽能電池。

蕭特基位障與MIS太陽能電池 蕭特基二極體的基本特性已經在第三章討論過。金屬必須夠薄以至於允許足夠的光線抵達半導體。進入半導體的短波長光線在空乏區內被吸收。長波長的光線在中性區內被吸收,如同在 p–n 接面般產生電子電洞對。對於太陽電池的應用,從金屬激發至半導體的載子,其貢獻小於總光電流的 1%,因此此項可以忽略。

蕭特基位障的優點包括: (1)無需高溫擴散或是退火製程,所以是低溫製程; (2)適用於多晶矽或是薄膜太陽能電池; (3)由於接近表面處有高電場存在,而具有較佳的輻射抵抗能力; (4)空乏區正好位於半導體表面,因此本質上能降低表面附近低載子壽命與高復合率的影響,所以有較高的電流輸出與高光譜響應;

對光電流的兩大貢獻,來自於空乏區域與基板中性區域。從空乏區收集的光電流相似於來自 p–n 接面產生之光電流,可導出其光電流為

$$J_{dr} = q T(\lambda) \phi(\lambda) \left[1 - \exp(-\alpha W_D) \right] \qquad (136)$$

其中 T(λ)是金屬穿透係數。從基板區域來的光電流可以由相似於式(129),除了(1-R)以 T(λ)取代外,且 α($x_j + W_D$)以 αW_D 代替。如果背部端為歐姆接觸,且元件的厚度遠大於擴散長度,即 $H' >> L_p$,從基板產生的光電流可以簡化為

$$J_n = q T(\lambda) \phi(\lambda) \frac{\alpha L_n}{\alpha L_n + 1} \exp(-\alpha W_D) \qquad (137)$$

總光電流可以綜合式(136)與式(137)。

照光下的蕭特基位障電流–電壓特性,可以得到

$$I = I_s \left[\exp\left(\frac{qV}{nkT} \right) - 1 \right] - I_L \qquad (138)$$

$$I_s = AA^{**}T^2 \exp\left(\frac{-q\phi_B}{kT}\right) \tag{139}$$

其中 n 為理想因子，A^{**} 為有效理查遜常數（請參考第三章），$q\phi_B$ 為位障高度。其轉換效率由式（114）中獲得。對於一個特定的半導體材料，轉換效率可以由式（114）、式（137）、與式（138）計算出來，且為位障高度的函數。

　　大部分的金屬–半導體系統是製作在均勻摻雜的基板上，其最大的位障高度大約為（2/3）E_g，而且內建電位也低於 p–n 接面所造成的內建電位，因此金屬半導體元件的 V_{oc} 值也比較低。然而，可以藉由於半導體表面添加一層薄的且不同於摻雜種類的重摻雜層（10 nm），來提升位障高度到接近半導體能隙的大小。

　　在 MIS（金屬–絕緣體–半導體）結構的太陽能電池中，將薄的絕緣層插入在金屬與半導體表面之間。MIS 太陽能電池的優點包含具有一個可延伸進入半導體表面的電場來輔助收集由短波長光線所產生的少數載子，此外，太陽能電池元件的主動區也不會有擴散引發的晶格破壞，這對擴散型的 p–n 接面太陽能電池而言是與生俱來的問題。其完全飽和電流密度相似於一具有額外穿隧項的蕭特基位障所產生的飽和電流密度（參考第八章）：

$$J_s = A^{**}T^2 \exp\left(\frac{-q\phi_B}{kT}\right)\exp\left(-\delta\sqrt{q\phi_T}\right) \tag{140}$$

這裡 $q\phi_T$ 的單位為 eV，代表絕緣層的平均位障高度，而 δ 的單位為 Å，代表絕緣層厚度。

$$V_{oc} = \frac{nkT}{q}\left[\ln\left(\frac{J_L}{A^{**}T^2}\right) + \frac{q\phi_B}{kT} + \delta\sqrt{q\phi_T}\right] \tag{141}$$

式（141）指出 MIS 太陽能電池的開路電壓會隨著 δ 增加而增加，但是當絕緣層厚度 δ 變厚時，短路電流會受其影響而減少，並造成轉換效率的

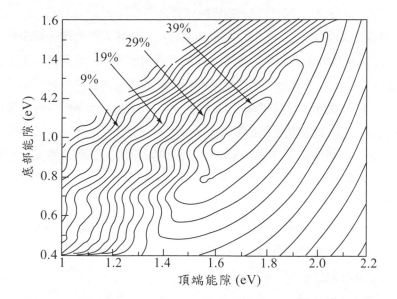

圖50　　堆疊式太陽能電池的最大轉換效率爲頂端能隙與底部能隙的相對關係圖。（參考文獻88）

減少。因此研究指出 MIS 太陽能電池的最佳氧化層厚度大約在 2 nm 左右[87]。

多層接面太陽能電池　　理論轉換效率最大值取決於 E_g 對於光電流與開路電壓之間的平衡。同時也指出使用不同能隙的多層接面並且堆疊在每一層上面，由於沒有浪費低於 E_g 能量的光子，所以轉換效率可以有效的增加。兩層接面太陽能電池的理論值計算，如圖 50 所示。對於此雙層堆疊太陽能電池結構，當 E_{g1}=1.7 eV 與 E_{g2}=1 eV 時，其最大轉換效率大約爲 40％。對於三層接面的太陽能電池，理想的結合是 E_{g1}=1.75 eV、E_{g2}=1.18 eV 與 E_{g3}=0.75 eV。當多於三層能隙時，轉換效率的增加將變得非常緩慢。就實驗結果來說，對於單晶太陽能電池而言，三層接面以 GaAs / InGaAs 和 InGaP / InGaAs / Ge 複合物半導體材料製成的太陽能電池，已經有研究指出其效率可以高達 30％，此結構效率高於任何相關研究成果。在薄膜式太陽能電池方面，SiGeC / Si / SiGe 與 SiGeC / Si / GeC 的多層接面太陽能電池比單一接面的元件還有較高的轉換效率。

光學聚焦濃縮法　　藉由平面鏡與透鏡可以聚集太陽光線。藉由聚焦器的面積來取代大量的元件面積，光線聚焦濃縮法提供一個深具吸引力與彈性空間的方式，來減少太陽能電池的成本。光線聚焦也提供其他優點，包括：（1）增加元件轉換效率（圖44所示）；（2）混合系統以提供電與熱的輸出；（3）減少電池溫度係數。

在一個標準的聚焦器模組中，平面鏡與透鏡被使用來將太陽光對準與聚焦到掛載水冷式的太陽能電池模組上。如圖 51 所示，從垂直接面太陽能電池的矽，可以獲得此實驗結果。注意其元件的特性隨著從 1 個太陽到 1000 個太陽的聚焦倍率增加變化，元件特性也明顯獲得改善。短路電流隨著聚焦濃度呈線性增加。在填充因子稍微劣化時，開路電壓隨著每 10 倍強度數量級提升 0.1 伏特。

前述三項乘積，再除以輸出聚焦功率得到的轉換效率，其增加速率為每 10 倍數量級聚焦提升約 2%。因此，一個電池在 1000 個太陽聚焦下操

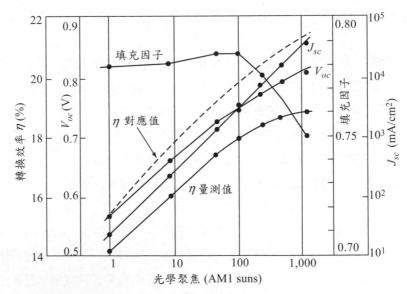

圖51　針對多層垂直接面的太陽能電池，轉換效率 η、開路電壓、短路電流與填充因子對 AM 太陽光學聚焦的關係圖。（參考89）

作，其輸出功率等於在 1 個太陽聚焦下，1300 顆電池產生的能量總和。所以光線聚焦方式可以使用便宜的聚焦材料來取代昂貴的太陽能電池，並且配合追蹤設定來最少化整個系統的製作成本。

在高聚焦情況下，載子密度接近基板的摻雜濃度，且達到高注入條件。電流密度正比於 exp（qV/nkT），其中 $n=2$。因此開路電壓變為

$$V_{oc} = \frac{2kT}{q} \ln\left(\frac{J_L}{J_s} + 1 \right) \tag{142}$$

其中 I_s 可以表示為

$$J_s = C_4 \left(\frac{T}{T_0} \right)^{3/2} \exp\left[-\frac{E_g(T)}{2kT} \right] \tag{143}$$

其中 C_4 是常數，T 為操作溫度，T_0 是 300 K。開路電壓的溫度係數發現，從一個太陽聚焦下的 $-2.07\ mV/°C$ 改變為 500 個太陽聚焦下的 $-1.45\ mV/°C$。因此對於矽太陽能電池，高強度的太陽聚焦可以降低在提高溫度下操作而產生的效率損失。

藉由不同能隙的個別太陽能電池組合，可以增加太陽能電池的轉換效率與功率輸出。光譜分離排列可以劃分太陽光通量為好幾個狹小的光譜能帶，以及傳遞每個能帶的光通量到擁有最適合此能帶的電池處。

參考文獻

1. H. Melchior, "Demodulation and Photodetection Techniques," in F. T. Arecchi and E. O. Schulz-Dubois, Eds., *Laser Handbook*, Vol. **1**, North-Holland, Amsterdam, 1972, pp. 725-835.

2. M. Ross, *Laser Receivers-Devices, Techniques, Systems*, Wiley, New York, 1966.

3. C. A. Musca, J. F. Siliquini, B. D. Nener, and L. Faraone, "Heterojunction Blocking Contacts in MOCVD Grown Hg1-xCdxTe Long Wavelength Infrared Photoconductors,"*IEEE Trans. Electron Dev.*, **ED-44**, 239 (1997).

4. M. DiDomenico, Jr. and O. Svelto, "Solid State Photodetection Comparison between Photodiodes and Photoconductors,"*Proc. IEEE*, **52**, 136 (1964).

5. A. Van der Ziel, *Fluctuation Phenomena in Semiconductors*, Academic, New York, 1959, Chap. 6.

6. W. L. Eisenman, J. D. Merriam, and R. F. Potter, "Operational Characteristics of Infrared Photodiode," in R. K. Willardson and A. C. Bear, Eds., *Semiconductors and Semimetals*, Vol. **12**, *Infrared Detector II*, Academic, New York, 1977, pp. 1-38.

7. G. E. Stillman, C. M. Wolfe, and J. O. Dimmock, "Far-Infrared Photoconductivity in High Purity GaAs," in R. K. Willardson and A. C. Bear, Eds., *Semiconductors and Semimetals*, Vol. **12**, *Infrared Detector II*, Academic, New York, 1977, pp. 169-290.

8. G. E. Stillman and C. M. Wolfe, "Avalanche Photodiode," in R. K. Willardson and A. C. Bear, Eds., *Semiconductors and Semimetals,* Vol. **12**, *Infrared Detector II*, Academic, New York, 1977, pp. 291-394.

9. R. G. Smith and S. D. Personick, "Receiver Design for Optical Communication Systems," in H. Kressel, Ed., *Semiconductor Devices for Optical Communication*, Springer-Verlag, New York, 1979, Chap. 4.

10. W. W. Gartner, "Depletion-Layer Photoeffects in Semiconductors," *Phys. Rev.*, **116**, 84 (1959).

11. H. S. Lee and S. M. Sze, "Silicon p-i-n Photodetector Using Internal Reflection Method,"*IEEE Trans. Electron Dev.*, **ED-17**, 342 (1970).

12. J. Muller, "Thin Silicon Film p-i-n Photodiodes with Internal Reflection," *IEEE Trans. Electron Dev.*, **ED-25**, 247 (1978).

13. K. Ahmad and A. W. Mabbitt, "GaInAs Photodiodes,"*Solid-State Electron.*, **22**, 327 (1979).

14. W. F. Kosonocky, "Review of Schottky-Barrier Imager Technology," *SPIE*, **1308**, 2 (1990).

15. C. R. Crowell and S. M. Sze, "Hot Electron Transport and Electron Tunneling in Thin Film Structures," in R. E. Thun, Ed., *Physics of Thin Films*, Vol. **4**,

Academic, New York, 1967, pp. 325-371.

16. W. M. Sharpless, "Cartridge-Type Point Contact Photodiode,"*Proc. IEEE,*, **52**, 207 (1964).

17. J. C. Campbell, S. Demiguel, F. Ma, A. Beck, X. Guo, S. Wang, X. Zheng, X. Li, J. D. Beck, M. A. Kinch, A. Huntington, L. A. Coldren, J. Decobert, and N. Tscherptner, "Recent Advances in Avalanche Photodiodes," *IEEE J. Selected Topics Quan. Elect.*, **10**, 777 (2004).

18. H. Melchior and W. T. Lynch, "Signal and Noise Response of High Speed Germanium Avalanche Photodiodes,"*IEEE Trans. Electron Dev.*, **ED-13**, 829 (1966).

19. R. B. Emmons, "Avalanche Photodiode Frequency Response,"*J. Appl. Phys.*, **38**, 3705 (1967).

20. R. J. McIntyre, "Multiplication Noise in Uniform Avalanche Diodes,"*IEEE Trans. Electron Dev.*, **ED-13**, 164 (1966).

21. R. D. Baertsch, "Noise and Ionization Rate Measurements in Silicon Photodiodes,"IEEE Trans. Electron Dev., ED-13, 987 (1966).

22. R. J. McIntyre, "The Distribution of Gains in Uniformly Multiplying Avalanche Photodiodes: Theory," *IEEE Trans. Electron Dev.*, **ED-19**, 703 (1972).

23. R. P. Webb, R. J. McIntyre, and J. Conradi, "Properties of Avalanche Photodiodes," *RCA Rev.*, **35**, 234 (1974).

24. H. Kanbe and T. Kmura, "Figure of Merit for Avalanche Photodiodes,"*Electron. Lett.*, **13**, 262 (1977).

25. L. K. Anderson, P. G. McMullin, L. A. D'Asaro, and A. Goetzberger, "Microwave Photodiodes Exhibiting Microplasma-Free Carrier Multiplication,"*Appl. Phys. Lett.*, **6**, 62 (1965).

26. S. M. Sze and G. Gibbons, "Effect of Junction Curvature on Breakdown Voltage in Semiconductors," *Solid-State Electron.*, **9**, 831 (1966).

27. H. W. Ruegg, "An Optimized Avalanche Photodiode," *IEEE Trans. Electron Dev.*, **ED-14**, 239 (1967).

28. J. Moll, *Physics of Semiconductors*, McGraw-Hill, New York, 1964.

29. H. Melchior, A. R. Hartman, D. P. Schinke, and T. E. Seidel, "Planar Epitaxial Silicon Avalanche Photodiode,"*Bell Syst. Tech. J.*, **57**, 1791 (1978).

30. H. Melchior, M. P. Lepselter, and S. M. Sze, "Metal-Semiconductor Avalanche Photodiode," *IEEE Solid-State Device Res. Conf.*, Boulder, Colo., June 17-19, 1968.

31. N. Susa, H. Nakagome, O. Mikami, H. Ando, and H. Kanbe, "New InGaAs/InP Avalanche Photodiode Structure for the 1-1.6 μm Wavelength Region" *IEEE J. Quantum Electron.*, **QE-16**, 864 (1980).

32. O. Hildebrand, W. Kuebart, and M. H. Pilkuhn, "Resonant Enhancement of Impact Ionization in $Al_xGa_{1-x}Sb$ p-i-n Avalanche Photodiodes,"*Appl. Phys. Lett.*,

37, 801 (1980).

33. F. H. DeLaMoneda, E. R. Chenette, and A. Van der Ziel,"Noise in Phototransistors," *IEEE Trans. Electron Dev.*, **ED-18**, 340 (1971).

34. S. Knight, L. R. Dawson, U. G. Keramidas, and M. G. Spencer, "An Optically Triggered Double Heterostructure Linear Bilateral Phototransistor," *Tech. Dig. IEEE IEDM*, 1977, p. 472.

35. W. S. Boyle and G. E. Smith, "Charge Coupled Semiconductor Devices," *Bell Syst. Tech. J.*, **49**, 587 (1970).

36. M. F. Tompsett, G. F. Amelio, and G. E. Smith, "Charge Coupled 8-bit Shift Register,"*Appl. Phys. Lett.*, **17**, 111 (1970).

37. M. F. Tompsett, G. F. Amelio, W. J. Bertram, Jr., R. R. Buckley, W. J. McNamara, J. C. Mikkelsen, Jr., and D. A. Sealer, "Charge-Coupled Imaging Devices: Experimental Results," *IEEE Trans. Electron Dev.*, **ED-18**, 992 (1971).

38. W. J. Bertram, D. A. Sealer, C. H. Sequin, M. F. Tompsett, and R. R. Buckley, "Recent Advances in Charge Coupled Imaging Devices," *INTERCON Dig.*, 292 (1972).

39. T. F. Tao, J. R. Ellis, L. Kost, and A. Doshier, "Feasibility Study of PbTe and Pb0.76Sn0.24Te Infrared Charge Coupled Imager," *Proc. Int. Conf. Tech. Appl. Charge Coupled Devices*, 259 (1973).

40. J. C. Kim, "InSb MIS Structures for Infrared Imaging Devices," *Tech. Dig. IEEE IEDM*, 419 (1973).

41. H. K. Burke and G. J. Michon, "Charge-Injection Imaging: Operating Techniques and Performances Characteristics," *IEEE Trans. Electron Dev.*, **ED-23**, 189 (1976).

42. W. S. Boyle and G. E. Smith, "Charge-Coupled Device—A New Approach to MIS Device Structures," *IEEE Spectrum*, **8**, 18 (1971).

43. F. L. J. Sangster, "Integrated MOS and Bipolar Analog Delay Lines Using Bucket-Brigade Capacitor Storage," *Proc. IEEE Int. Solid-State Circuits Conf.*, 74 (1970).

44. M. F. Tompsett, "Video-Signal Generation," in T. P. McLean and P. Schagen, Eds., *Electronic Imaging*, Academic, New York, 1979, p. 55.

45. C. K. Kim, "The Physics of Charge-Coupled Devices," in M. J. Howes and D. V. Morgan, Eds., *Charge-Coupled Devices and Systems*, Wiley, New York, 1979, p. 1.

46. C. H. Sequin and M. F. Tompsett, *Charge Transfer Devices*, Academic, New York, 1975.

47. J. E. Carnes, W. F. Kosonocky, and E. G. Ramberg, "Free Charge Transfer in Charge- Coupled Devices," *IEEE Trans. Electron Dev.*, **ED-19**, 798 (1972).

48. M. H. Elsaid, S. G. Chamberlain, and L. A. K. Watt, "Computer Model and Charge Transport Studies in Short Gate Charge-Coupled Devices," *Solid-State*

Electron., **20**, 61 (1977).

49. M. F. Tompsett, "The Quantitative Effect of Interface States on the Performance of Charge-Coupled Devices," *IEEE Trans. Electron Dev.*, **ED-20**, 45 (1973).

50. R. E. Colbeth and R. A. LaRue, "A CCD Frequency Prescaler for Broadband Applications," *IEEE J. Solid-St. Circuits*, **28**, 922 (1993).

51. M. F. Tompsett, "Charge Transfer Devices," *J. Vac. Sci. Technol.*, **9**, 1166 (1972).

52. W. S. Boyle and G. E. Smith, U.S. Patent 3,792,322 (1974).

53. R. H. Walden, R. H. Krambeck, R. J. Strain, J. McKenna, N. L. Schryer, and G. E. Smith, "The Buried Channel Charge Coupled Device," *Bell Syst. Tech. J.*, **51**, 1635 (1972).

54. A. El Gamal and H. Eltoukhy, "CMOS Image Sensors," *IEEE Circuits Dev. Mag.*, 6, (May/June 2005).

55. K. K. Ng, *Complete Guide to Semiconductor Devices,* 2nd Ed., Wiley/IEEE Press, Hoboken, New Jersey, 2002.

56. T. Sugeta, T. Urisu, S. Sakata, and Y. Mizushima, "Metal-Semiconductor-Metal Photodetector for High-Speed Optoelectronic Circuits, "*Proc. 11th Conf. (1979 Int.) Solid State Devices, Tokyo, 1979. Jpn. J. Appl. Phys.*, Suppl. **19-1**, 459 (1980).

57. T. Sugeta and T. Urisu, "High-Gain Metal-Semiconductor-Metal Photodetectors for High-Speed Optoelectronics Circuits," *Proc. IEEE Dev. Research Conf., 1979. Also in IEEE Trans. Electron Dev.*, **ED-26**, 1855 (1979).

58. H. Schumacher, H. P. Leblanc, J. Soole, and R. Bhat, "An Investigation of the Optoelectronic Response of GaAs/InGaAs MSM Photodetectors," *IEEE Electron Dev. Lett.*, **EDL-9**, 607 (1988).

59. J. B. D. Soole, H. Schumacher, R. Esagui, and R. Bhat, "Waveguide Integrated MSM Photodetector for the 1.3μm-1.6μm Wavelength Range," *Tech. Dig. IEEE IEDM*, 483 (1988).

60. S.M.Sze, D.J. Coleman, Jr., and A.Loya, "Current Transport in Metal-Semiconductor-Metal (MSM) Structures," *Solid-State Electron.*, **14**, 1209 (1971).

61. B. J. van Zeghbroeck, W. Patrick, J. Halbout, and P. Vettiger, "105-GHz Bandwidth Metal-Semiconductor-Metal Photodiode," *IEEE Electron Dev. Lett.*, **EDL-9**, 527 (1988).

62. J. Kim, W. B. Johnson, S. Kanakaraju, L. C. Calhoun, and C. H. Lee, "Improvement of Dark Current Using InP/InGaAsP Transition Layer in Large-Area InGaAs MSM Photodetectors," *IEEE Trans. Electron Dev.*, **ED-51**, 351 (2004).

63. L. C. Chiu, J. S. Smith, S. Margalit, A. Yariv, and A. Y. Cho, "Application of Internal Photoemission from Quantum-Well and Heterojunction Superlattices to Infrared Photodetectors," *Infrared Phys.*, **23**, 93 (1983).

64. 64.J. S. Smith, L. C. Chiu, S. Margalit, A. Yariv, and A. Y. Cho, "A New Infrared

Detector Using Electron Emission from Multiple Quantum Wells," *J. Vac. Sci. Technol.*, **B1**, 376 (1983).

65. L. C. West and S. J. Eglash, "First Observation of an Extremely Large-Dipole Infrared Transition Within the Conduction Band of a GaAs Quantum Well," *Appl. Phys. Lett.*, **46**, 1156 (1985).

66. B. F. Levine, K. K. Choi, C. G. Bethea, J. Walker, and R. J. Malik, "New 10 μm Infrared Detector Using Intersubband Absorption in Resonant Tunneling GaAlAs Superlattices," *Appl. Phys. Lett.*, **50**, 1092 (1987).

67. K. K. Choi, B. F. Levine, C. G. Bethea, J. Walker, and R. J. Malik, "Multiple Quantum Well 10 μm GaAs/Al$_x$Ga$_{1-x}$ As Infrared Detector with Improved Responsivity," *Appl. Phys. Lett.*, **50**, 1814 (1987).

68. B. F. Levine, C. G. Bethea, G. Hasnain, J. Walker, and R. J. Malik, "High-detectivity D* = 1.0×10^{10} cm-Hz$^{0.5}$/W GaAs/AlGaAs Multiquantum Well λ = 8.3 μm Infrared Detector," *Appl. Phys. Lett.*, **53**, 296 (1988).

69. L. S. Yu and S. S. Li, "A Metal Grating Coupled Bound-to-Miniband Transition GaAs Multiquantum Well/Superlattice Infrared Detector," *Appl. Phys. Lett.*, **59**, 1332 (1991).

70. B. F. Levine, A. Zussman, J. M. Kuo, and J. de Jong, "19 μm Cutoff Long-Wavelength GaAs/Al$_x$Ga$_{1-x}$ As Quantum-Well Infrared Photodetectors," *J. Appl. Phys.*, **71**, 5130 (1992).

71. H. C. Liu, "Photoconductive Gain Mechanism of Quantum-Well Intersubband Infrared Detectors," *Appl. Phys. Lett.*, **60**, 1507 (1992).

72. B. F. Levine, "Quantum-Well Infrared Photodetectors," *J. Appl. Phys.*, **74**, R1 (1993).

73. E. Becquerel, "On Electric Effects under the Influence of Solar Radiation, "*Compt. Rend.*, **9**, 561 (1839).

74. R. S. Ohl, "Light-Sensitive Electric Device," U.S. Patent 2,402,662. Filed May 27, 1941. Granted June 25, 1946.

75. M. Riordan and L. Hoddeson, "The Origins of the pn Junction," *IEEE Spectrum*, **34**, 46 (1997).

76. S. Benzer, "Excess-Defect Germanium Contacts," *Phys. Rev.*, **72**, 1267 (1947).

77. J. I. Pantchechnikoff, "A Large Area Germanium Photocell," *Rev. Sci. Instr.*, **23**, 135 (1952).

78. D. M. Chapin, C. S. Fuller, and G. L. Pearson, "A New Silicon p-n Junction Photocell for Converting Solar Radiation into Electrical Power," *J. Appl. Phys.*, **25**, 676 (1954).

79. D. C. Reynolds, G. Leies, L. L. Antes, and R. E. Marburger, "hotovoltaic Effect in Cadmium Sulfide," *Phys. Rev.*, **96**, 533 (1954).

80. M. P. Thekaekara, "Data on Incident Solar Energy," *Suppl. Proc. 20th Annu. Meet. Inst. Environ. Sci.*, 1974, p. 21.

81. C. H. Henry, "Limiting Efficiency of Ideal Single and Multiple Energy Gap Terrestrial Solar Cells," *J. Appl. Phys.*, **51**, 4494 (1980).

82. *Principal Conclusions of the American Physical Society Study Group on Solar Photovoltaic Energy Conversion*, American Physical Society, New York, 1979.

83. M. B. Prince, "Silicon Solar Energy Converters," *J. Appl. Phys.*, **26**, 534 (1955).

84. H. J. Hovel, *Solar Cells*, in R. K. Willardson and A. C. Beer, Eds., *Semiconductors and Semimetals*, Vol. **11**, Academic, New York, 1975; "Photovoltaic Materials and Devices for Terrestrial Applications," *Tech. Dig. IEEE IEDM*, 1979, p. 3.

85. J. Mandelkorn and J. H. Lamneck, Jr., "Simplified Fabrication of Back Surface Electric Field Silicon Cells and Novel Characteristic of Such Cells," *Conf. Rec. 9th IEEE Photovoltaic Spec. Conf.*, IEEE, New York, 1972, p. 66.

86. R. A. Arndt, J. F. Allison, J. G. Haynos, and A. Meulenberg, Jr., "Optical Properties of the COMSAT Non-Reflective Cell," *Conf. Rec. 11th IEEE Photovoltaic Spec. Conf.*, IEEE, New York, 1975, p. 40.

87. H. C. Card and E. S. Yang, "MIS-Schottky Theory under Conditions of Optical Carrier Generation in Solar Cells," *Appl. Phys. Lett.*, **29**, 51 (1976).

88. A. V. Shah, M. Vanecek, J. Meier, F. Meillaud, J. Guillet, D. Fischer, C. Droz, X. Niquille, S. Fay, E. Vallat-Sauvain, V. Terrazzoni-Daudrix, and J. Bailat, "Basic Efficiency Limits, Recent Experiments Results and Novel Light-Trapping Schemes in a-Si:H, µc-Si:H and Micromorph Tandem Solar Cells," *J. Non-Cryst. Solids,* **338-340**, 639 (2004).

89. R. I. Frank, J. L. Goodrich, and R. Kaplow, "A Novel Silicon High-Intensity Photovoltaic Cell," *GOMAC Conference*, Houston, Nov. 1980.

習題

1. (*a*) 證明光感測器的量子效率 η 在波長 λ (μm) 時與響應 $\mathcal{R}$ 有下列之關係：$\mathcal{R} = \eta\lambda/1.24$。

(*b*) 在波長為 0.8 μm 之光源下，則對於以下之各情況其理想的響應 $\mathcal{R}$ 值各為何？（1）*GaAs* 之同質接面，（2）$Al_{0.34}Ga_{0.66}As$ 之同質接面，（3）GaAs 與 $Al_{0.34}Ga_{0.66}As$ 所形成之異質接面，（4）以龐大的串聯方式所製成的兩端點光感測器，其中上層的感測器材質為 $Al_{0.34}Ga_{0.66}As$，下層的感測器是則是由 GaAs 來組成。

2. 具有長度 $L = 6$ mm，寬度 $W = 2$ mm，厚度 $D = 1$ mm 的光導體，如圖2(a) 所示，放置於均勻照射的環境下。光的吸收使其增加了 2.83 mA 的電流。此時施加 10 V 的電壓於此元件上。當照射突然中斷，其電流會下降，下降的速率一開始是 23.6 A/s。電子與電洞的移動率分別為 3600 與 1700 cm²/V-s。試求（*a*）在照射下產生的電子–電洞對的平衡密度，（*b*）少數載子的生命期，（*c*）在照射中斷後的 1 ms，剩下的過量電子與電洞密度。

3. 當 $1\mu W$, $hv = 3$ eV 的光照射在一具有量子效率 $\eta = 0.85$，且少數載子生命期 0.6 ns 的光導體上，試計算所產生的增益與電流。此材料具有電子移動率 3000 cm²/V-s，電場為 5000 V/cm，而長度 $L = 10$ μm。

4. (*a*) 對 *p-i-n* 接面的光感測器而言，其量子效率可由式（33）表示之。請由式（2）與式（32）來推導出此式。

(*b*) 一 *p-i-n* 接面的光感測器，含有 1 μm 厚的 InGaAs 吸收層。而在光進入光感測器的一側有反射率為 0% 的抗反射層覆蓋於上。

(1) 在波長為 1.55 μm 之下，光二極體的外部量子效率為何？

(2) 假設波長為 1.55 μm 時，吸收係數為 10^4 cm⁻¹，擴散長度為 10^{-2} cm。則若光傳導經過吸收層兩次，請求出外部的量子效率為何？

5. 對一感光二極體而言，需要有足夠寬的空乏層來吸收大部分的入射光，但空乏區寬度不能太寬，否則會導致頻率響應受限。一調變頻率為 10 GHz 的矽感光二極體，試求出其最佳的空乏層寬度。

6. （a）推導出雪崩型感光二極體（APD）之崩潰條件，如式（58）所示。

（b）若鍺之低–高–低雪崩型感光二極體，其雪崩區域的厚度為 $1\ \mu m$，則試求出在室溫下其電子與電洞的游離率。

7. 操作在 $0.8\ \mu m$ 的矽 $n^+\text{-}p\text{-}\ \text{-}p^+$ 雪崩型感光二極體，具有 $3\ \mu m$ 厚的 p 層，及 $9\ \mu m$ 厚的 π 層。其偏壓必須夠高，以使 p 區域產生雪崩崩潰，而 π 區域產生速度飽和。試求出所需的最小偏壓，及相對應的 p 區域摻雜濃度？估計此元件的穿巡時間？

8. $p\text{-}n$ 接面感光二極體可以操作在類似於太陽能電池的光電流條件下。而感光二極體在光照射下的電流-電壓特性曲線亦與太陽能電池相當類似。說明感光二極體與太陽能電池之間的三個主要不同處。

9. 試考慮一面積為 $2\ cm^2$ 的矽 $p\text{-}n$ 接面太陽能電池。若此太陽能電池的摻雜為 $N_A = 1.7 \times 10^{16}\ cm^{-3}$ 及 $N_D = 5 \times 10^{19}\ cm^{-3}$，而 $\tau_n = 10\ \mu s$，$\tau_p = 0.5\ \mu s$，$D_n = 9.3\ cm^2/s$，$D_p = 2.5\ cm^2/s$，$I_L = 95\ mA$。（a）計算並繪出此太陽能電池的電流–電壓特性曲線，（b）計算其開路電壓，（c）決定太陽能電池的最大輸出功率，以上皆在室溫條件下。

10. 在 300K 時，一理想的太陽能電池具有 3A 的短路電流，與 0.6 V 的開路電壓。試計算並描繪其輸出功率與操作電壓的函數關係，並由此輸出功率求其填充因子。

14

感測器

14.1 簡介
14.2 熱感測器
14.3 機械感測器
14.4 磁感測器

14.1 簡介

自然界中，人類的身體原本就具有著許多自然的感測器。我們與身俱來對於溫度、壓力、光線、味道等分別具有辨認的能力。然而，藉由一些感測元件將大大的輔助並延伸我們本身對於事物感測能力的可見度，如磁場這類的事物。感測器，如同其字面上的翻譯一樣，是對於物理或化學本質的改變加以感測或是監測。雖然有許多的名詞也被應用來描述相同或是類似的功能，但對本書而言，感測器（ *sensor* ）、偵測器（ *detector* ）、變換器（ *transducer* ）等所指的皆為相同的東西。在半導體領域中感測器技術的發展，相對而言，是比較慢的領域。但基於對安全、環境控制、健康改善相關領域需求度的增加。近年來，感測器已經逐漸被期待能夠以更重要及更快速的方式發展。[1-2]

圖 1 為感測器基本工作原理的說明。由於本章節主要是著眼於半導體元件的感測器，因此輸出及輸入的訊號皆以電的訊號為傳遞的依據。量測的方式主要是利用感測器量測或是偵測外在事物的影響、特性，或是條件等因素的變化。主要量測的方式可歸納如下列所示：

1.熱 2.機械 3.磁 4.化學 5.光學

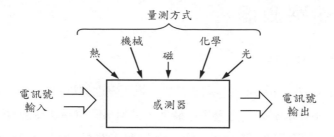

圖1　一般的半導體感測器主要的應用是透過電訊號的變化對物理特性加以偵測。

在 13 章中光學的感測器，或是光的偵測器已經廣泛的討論，因此在本章節將不再重複說明。當然，如果所量測的方式為另外的電訊號，則這樣的感測器也被視為一般的半導體元件，因此也不在本章感測器的討論範圍內。

在一般少數的情況下，感測器並不需要電訊號的輸入或是能量。量測本身即可產生一個電的訊號，而不是本身的調制。舉例說明當一個光偵測器操作在太陽能電池的模式下，等同於沒有任何由光訊號所產生的偏壓或是電流的情況。相對於調制型的感測器而言，這樣的感測器稱為自我產生的感測器（ *self-generating* sensors ）。然而，對大部分的半導體感測器來說皆為調制型的感測器（ *modulating* sensors ），也就是說一個訊號或是能量的輸入是必要的。

在這裡必須說明的是本章節討論的感測器必須是利用基本或是直接感測的系統。實際的感測系統必須有別於市場上非直接偵測的方式。舉例來說，溫度可以直接經由量測二極體的電流電壓曲線而得到，但是也可以經由可偵測膨帳程度的機械感測器或是光學感測器對多層金屬的機械膨脹加以量測來得到溫度的變化。這樣的感測系統並非單一的系統，而且在使用上必須依據實際的環境及成本上的考量加以衡量。

在這本書的最後，本章節主要針對半導體材料及元件。但基於完整性的考量，以及對其他重要替代選擇的瞭解，以非半導體為主的材料也將簡短的於每一個感測器章節的末段提及說明。

14.2 熱感測器

14.2.1 熱阻器

熱阻器（ *thermistor* ）源自於對熱具有變化的電阻（ *thermally sensitive resistor* ）。在歷史發展上，針對不同材料對於溫度及熱相依的阻值變化研究可起源於 19 世紀。使用金屬為材料的溫度熱感測器，亦稱為電阻溫度偵測器，也將於 14.2.4 中討論說明。熱阻器通常應用半導體材料，並且為兩種不同的種類：金屬氧化物及單晶的半導體。單晶的熱阻器並無法與金屬氧化物的熱阻器競爭，主要的原因是因為它們只適用於不同的特定溫度範圍。

根據所需量測環境的溫度，熱阻器可被製作成各種不同的型式。這些環境包含空氣、液態及固態的表面以及二維空間影像的輻射。因此，熱阻器可以不同的型式，如珠子狀、盤狀、墊圈、柱狀、針狀以及薄膜等型式出現。金屬氧化物的熱阻器可由被壓縮及高溫燒結的純淨粉末製作。最常用的材料包含有 Mn_2O_3、NiO、Co_2O_3、Cu_2O、Fe_2O_3、TiO_2、U_2O_3 等。單晶矽與鍺的熱阻器通常以每單位立方公分 10^{16}–10^{17} 的濃度摻雜，有些時候會以較少百分比但相同數量級的相反類型摻雜物進行摻雜。

感測的溫度範圍第一取決於材料的能隙，也就是說較大的能隙（E_g）可用來偵測較高的溫度。鍺的熱阻器在使用上比以矽為材料的熱阻器更常應用，主要應用在低溫的範圍 1-100 K。以矽為材料的熱阻器在溫度方面，限制在低於 250 K，而高於此溫度時則為正的溫度係數 PTC（positive temperature coefficient）的起始。金屬氧化物的熱阻器則被應用於 200 K - 700 K。對於更高的溫度，熱阻器則以 Al_2O_3、BeO、MgO、ZrO_2、Y_2O_3 及 Dy_2O_3 等材料為主。

由於熱阻器為一個電阻，其導電度可根據下列的方程式來表示

$$\sigma = \frac{1}{\rho} = q\left(n\mu_n + p\mu_p\right) \tag{1}$$

大部分的熱阻器操作在溫度與游離濃度（ n 或 p ）呈強烈相關函數的溫度範圍內，如下列形式所示

$$活性濃度 \propto \exp\left(\frac{-E_a}{kT}\right) \tag{2}$$

其中活化能 E_a 與能帶及雜質的能階相關。定量來說，當溫度上升，被活化的摻雜能階上升，因此造成阻值的下降。阻值下降隨溫度上升的關係稱為負的溫度係數 NTC（negative temperature coefficient）。依經驗來看，淨阻值可被下列經驗式所描述

$$R = R_0 \exp\left[B\left(\frac{1}{T} - \frac{1}{T_0}\right)\right] \tag{3}$$

R_0 為在 T_0 時的參考阻值，通常以室溫為參考值。B 為一特性溫度，而通常其範圍落在 2000–5000 K 。這個係數實際上與溫度相關但為低度的相關，因此在一階近似的分析中可被忽略。阻值的溫度係數 α 可以表示成

$$\alpha \equiv \frac{1}{R}\frac{dR}{dT} = \frac{-B}{T^2} \tag{4}$$

這個負號代表是 NTC 。阻值的改變則是一種來自溫度改變 ΔT 時的訊號

$$\Delta R = R\alpha\Delta T \tag{5}$$

阻值的溫度係數 α 具有一典型的數值，約為 -5% K^{-1}，且其靈敏度是金屬溫度偵測器的十倍左右。熱阻器的電阻值通常介於 1 kΩ 到 10 MΩ 之間。

　　在比較高的溫度或是較高摻雜的元件中，由於摻雜幾乎可全部游離，由聲子產生的散射碰撞開始主導，並具有溫度的相依性，進而造成載子移動率的降低。這個結果造成正溫度係數 PTC 的現象產生。一般而言，正溫度係數 PTC 並不像負溫度係數 NTC 那樣靈敏，因此沒有應用在熱阻器的使用上。

　　在熱阻器的使用上也應該避免產生因太高的電流所產生的自我加熱效應。自我加熱效應所產生之電流電壓特性曲線是不同於由負溫度係數 NTC 及正溫度係數效應 PTC 所產生之曲線。在具有負溫度係數的熱阻器中，自我加熱效應將引發電阻值降低，並對電壓源產生正向回饋的作用，如圖 2a 所示，導致產生較高的電流。反之，對於操作在正溫度係數 PTC 的熱阻器，自我加熱效應將使電阻值上升並會對電流源產生負回饋，如圖

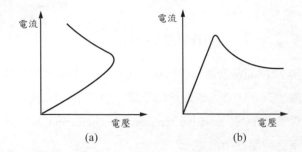

圖2 自我加熱型熱阻器的電流與電壓特性曲線；(a) 具有正溫度係數效應，
(b) 具有負溫度係數效應下的操作。

2b 所示。這兩個曲線與負微分電阻的S型及N型特性曲線相似。

　　熱阻器使用於溫度量測上具有的優點包含低成本、高解析度，以及
在大小形狀上的可變通性等特點。由於電阻的絕對值非常高，因此在使用
上，較長的電纜線及較大的接觸電阻是可被允許的。在一般的應用上，其
較慢的反應速度（ 1 毫秒到 10 秒）並非嚴重的缺點。

14.2.2 二極體熱感測器

二極體熱感測器的操作是利用 p-n 接面的擴散電流。如同在第二章中，
順向偏壓時之擴散電流項如下所列

$$I = Aq \left(\frac{D_p}{L_p N_D} + \frac{D_n}{L_n N_A} \right) n_i^2 \left[\exp\left(\frac{qV}{kT}\right) - 1 \right]$$

$$\approx Aq \left(\frac{D_p}{L_p N_D} + \frac{D_n}{L_n N_A} \right) n_i^2 \exp\left(\frac{qV}{kT}\right) \tag{6}$$

除了常見的 q V/kT 項之外，載子本質濃度 n_i 及 D_p/L_p、D_n/L_n 皆為溫度相
依的因子。由於載子本質濃度 n_i 與能隙大小相關，因此我們假設一個簡單
的溫度相依式如下所示

$$E_g(T) = E_g(0) - \alpha T \tag{7}$$

其中 $E_g(0)$ 為能隙大小與絕對溫度零度之交點（ 如 1.3 節所示 ）。從第

一章的方程式 28 式可得

$$n_i^2 \propto T^3 \exp\left[\frac{-E_g(T)}{kT}\right]$$

$$\propto T^3 \exp\left[\frac{-E_g(0)}{kT}\right]$$

(8)

接下來，擴散常數這一項主要是與主導電流的載子種類（電子或是電洞）相關，其具有溫度的相關性（如第 2 章的 3.1 節所示）

$$\frac{D_p}{L_p} \, or \, \frac{D_n}{L_n} \propto T^{C_1}$$

(9)

其中 C_1 為常數。將上列的式子代入 Eq.6 可得

$$I = C_2 T^{C_3} \exp\left[\frac{qV - E_g(0)}{kT}\right]$$

(10)

其中 C_2 及 C_3 為常數。實際的應用上，當一已知的電流流經二極體，其端點的電壓將被監測（圖三所示）。重新將 Eq.10 整理可得到一個電壓的表示式

$$V(T) = \frac{E_g(0)}{q} + \frac{kT}{q} \ln\left(\frac{I}{C_2 T^{C_3}}\right)$$

(11)

由於對數項對於溫度的變化並不敏感，因此端點的電壓是與溫度呈線性關係，且與 $E_g(0)/q$ 呈現偏移的關係。一般的感測度大約為 1-3 mV/°C。

　　通常我們可以在一個相同的元件上連續地使用兩個偏壓電流，或是在兩個相同的元件上同時利用兩個偏壓電流的量測技術來避免常數 $E_g(0)$、C_2、C_3 的計算。可由 Eq.11 得到兩個量測所得到的電壓差直接與溫度成正比

$$\Delta V(T) = \frac{kT}{q} \ln\left(\frac{I_1}{I_2}\right)$$

(12)

14.2.3 電晶體型熱感測器

在任何的 $p-n$ 接面二極體中除了擴散電流外，總是存在著由非理想效應產生的電流，包含了會增加溫度量測時產生雜訊的表面及塊材的複合電流。這些非理想的效應通常可以利用雙極性電晶體中的集極電流來抑制。在一個雙極性電晶體中，射極電流與 $p-n$ 接面二極體的電流相同。而集極電流則可以過濾非理想效應所產生的電流，而留下由擴散所產生的電流。在圖 3b 中集極與基極短路。藉由監測集極的電流，更準確的分離出令人信服的理想的二極體電流，因此可允許較複雜的元件製程。除了監測集極電流及基極–射極相對電壓 V_{BE} 外，應用於熱感測的電晶體數學式的表現上也與一般的二極體相同。

14.2.4 非半導體型熱感測器

電阻式溫度感測器 電阻式溫度感測器 RTD（ Resistance Temperature Detector ）與熱阻器相似，只不過其使用的材料以金屬為主。因此，這樣形式的電阻式溫度感測器總是具有正溫度係數以及較差的靈敏度。目前最常使用的金屬材料依序為白金，鎳以及銅等材料。與溫度相關的主要形式

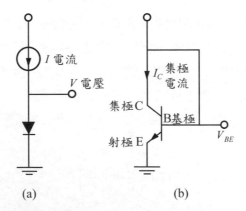

圖 3 （a）在 p-n 接面二極體，以及 （b）在雙極性電晶體上的熱感器量測。

為

$$R = R_0 \left(1 + C_4 T + C_5 T^2\right) \tag{13}$$

其中 R_0 為在參考溫度時的電阻值，通常為 0°C。對白金而言，溫度係數 $C_4 = 3.96 \times 10^{-3}/°C$，$C_5 = 5.83 \times 10^{-6}/°C$。這些材料適用的溫度範圍：白金 -260—600°C，隨著溫度升高至 900 °C 其準確度也將隨溫度上升而減少，鎳 -80—300 °C，銅 -200—200 °C。RTD 的形狀可以是線圈或是薄板等形狀，通常的阻值約為 100 Ω。由於這樣低的阻值，必須採用四端點的量測方式以及橋接式的電路來降低接觸或是連結時所導致的寄生電阻效應。

溫差電偶熱感應器 溫差電偶熱感應器（ thermocouple ）是基於熱電學的原理，主要是利用熱能與電能間的交互作用而設計的感測元件。有三個與溫差電偶溫度計基礎操作與原理相關的熱電效應：分別是塞貝克效應（ Seebeck effect ）、珀貼爾效應（ Peltier effect ）、以及湯木生效應（ Thomson effect ），相關的命名是根據在 1822–1847 年間發現這些效應的科學家名字。塞貝克效應（Seebeck effect），主要是當兩個相異的導體或是半導體線分別處於不同的溫度下連接在一起，在迴路中將有一個電流上升的效應發生（ 圖 4a ）。當迴路被破壞時，即可量到一個電壓，通常稱之為塞貝克電壓（ 圖 4b ）。經由更進一步的論證，塞貝克電壓可以被分成兩項，分別由每個接面或是每條線所組成。珀貼爾效應（ Peltier effect ）則是說明當一個電流流經接面時，熱可被吸收或產生，取決於電流流動的方向。這個效應可以更進一步的應用在冷凍技術方面。在開路的條件下，珀貼爾電動勢（ Peltier EMF Vp ）可以被建立在每個接面上並且為溫度的函數。

湯木生效應（ Thomson effect ）則是應用於類似線圈而非是接面的熱交換性質。在開路的條件下，當線圈沿著其長度具有一溫度梯度的變化，則湯木生電動勢將被建立。如圖 4b 所示，塞貝克電壓 V_S 是由兩個珀貼爾電動勢及兩個湯木生電動勢的總和，如下列所示

$$V_S = \left(V_{P1} - V_{P2}\right) + \left(V_{TA} - V_{TB}\right) \tag{14}$$

塞貝克電壓為量測兩個接面在不同溫度（ $T_2 - T_1$ ）的電壓差。假設兩接面

圖4 （a）為一個封閉的溫差電偶溫度計，當溫度 $T_1 \neq T_2$ 時，將產生一個環繞的電流。（b）當電路為開路的狀態，將產生一個電壓。端點的電壓可被分成由兩個沿著接面珀貼爾電動勢 EMF (V_P) 及沿著線圈的兩個湯木生電動勢 EMF (V_T) 的總和。

所在溫度為相同的溫度，$V_{TA} = V_{TB} = 0$、（$V_{P1} - V_{P2}$）$= 0$，以及 $V_S = 0$。

　　溫差電偶溫度計被應用於溫度的感測器。由於輸出電壓與接面溫度的差異相關，因此其中一個接面（參考接面）的溫度必須為已知的值。通常以 0° C 為參考溫度，而利用冰塊可輕易達到這個溫度值。在準確度要求不那麼高的情況下，室溫也可用來當作參考溫度。溫度差異與電壓間的關係與溫差取決於電偶溫度計的材料特性。對於所有溫差電偶溫度計的溫度差異與電壓間相關特性可藉由查表的方式得到其相關特性。形成溫差電偶溫度計接面的技術有熔接、焊接、合金焊接等方式。選擇何種溫差電偶溫度計的使用取決於其所適用的溫度範圍。而感測度也是考量的重點之一，通常感測度範圍落在 5–90 mV/°C 之間。

　　由於其堅固耐用、便宜、使用簡單、以及適用大部分的溫度範圍，因此溫差電偶溫度計被廣泛的應用在溫度的感測上。而主要的缺點為低靈敏度及低準確度，且需要一個參考溫度。而溫差電偶溫度計的反應時間大約是毫秒的等級。

　　溫差熱電堆（ thermopile ）則單純以多個溫差電偶溫度計以串連的方式連結而成。主要的目的為改善其靈敏度，因此輸出電壓為所有溫差電偶溫度計接面對的總和。

14.3 機械感測器

14.3.1 應變儀

材料的應變源自於在施加應力下本身的形變所造成。應變儀可藉由監測電阻值的變化來量測應變的程度。舉例來說，當應變儀的長度被拉伸時，有兩個可能的效應造成阻值的變化—起因於較長長度以及較小橫切面的幾何效應，以及電阻率在應力情況下改變的壓阻效應。後者通常發生在半導體材料而且較幾何效應的變化顯著。而半導體材料中的矽及鍺的壓阻效應是由史密斯在 1953 年所發現[3]。

　　應變儀可以金屬或是半導體材料來製作。半導體型的應變儀可以是分立黏結的棒狀物、擴散或是離子植入所形成的結構、或是以薄膜沈積而成的結構。由於可以與積體電路製程技術整合，因此其中又以擴散／離子植入的形式為主要的結構。半導體型的應變儀通常被摻雜成電洞型，其主要是由於與電子型的半導體相較時，電洞型應變儀具有較高的靈敏度以及較好的線性關係。摻雜的範圍大約為 10^{20} cm^{-3}。雖然較高的摻雜將降低應變係數（將於稍後作更深入的討論），但卻能改善另一項更為重要的效能—與溫度不具有相依性。主要的取捨方式如圖 5 所示。雖然已有許多鍺的相關研究，但幾乎所有的商業半導體應變儀皆以矽為材料製作而成。而在半導體應變儀與金屬應變儀之中，前者具有較高的靈敏度以及較高的阻值來減少能量的消耗，但後者則具有較低的溫度相依性、較好的線性關係，較高的應變範圍（4% 與半導體型 0.3% 相較），以及與彎曲的表面搭配有較佳的可彎曲度。最常使用的金屬材料為銅—鎳合金如康銅。

　　由於應變儀是以電阻的方式作為量測的基準，首先推導出應變及電阻的關係式—壓阻效應。應變 S 是由應力所造成，且是長度線性方向的變化與原本長度的比例值。

$$S = \frac{\Delta l}{l} \tag{15}$$

具有長度為 l 及橫切面積 A 的棒狀物及薄膜電阻值表示如下列方程式所示

$$R = \frac{\rho l}{A} \tag{16}$$

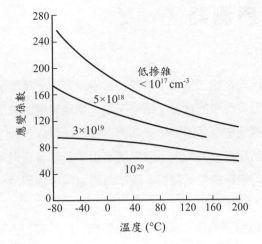

圖5　在半導體材料中，例如矽，應變係數隨著摻雜程度的上升而下降，但與溫度的相依性卻降低。(參考文獻4)

當應變儀處於一應變的情況下，所有三個參數 l、A 以及電阻率 ρ 發生改變，因此可得

$$\frac{\Delta R}{R} = \frac{\Delta l}{l} - \frac{\Delta A}{A} + \frac{\Delta \rho}{\rho} = \frac{\Delta l}{l}\left(1 - \frac{\Delta A/A}{\Delta l/l} + \frac{\Delta \rho/\rho}{\Delta l/l}\right) \tag{17}$$

$$\approx S(1 + 2v + P_z)$$

在這裡 v 為波松比例，與長度及橫切面的應變相關（t 的線性方向垂直於 l）如下所示

$$v \equiv \frac{-\Delta t/t}{\Delta l/l} \tag{18}$$

而 2 這個因子則由方程式 17 而來，因此

$$\frac{\Delta A}{A} \approx 2\frac{\Delta t}{t} \tag{19}$$

P_z 為壓阻效應的量測值，可以用來分辨出半導體及金屬應變儀（$P_z \approx 0$）。如下所示

$$P_z \equiv \frac{\Delta \rho/\rho}{\Delta l/l} = C_p Y \tag{20}$$

C_p 是因為長度變化的壓阻係數,而 Y 為楊氏係數(Young's modulus)。
總和稱為應變係數。

$$G = 1 + 2\nu + P_z = \frac{\Delta R / R}{S}$$
(21)

對金屬而言,通常的值為小於 2 ,但對半導體其值則落在 50-250 這個範圍,因此具有改善 2 個數量級的靈敏度。

在實際的應用上,應變儀為惠斯同電橋(Wheatstone bridge)的一部份,因此阻值的改變可被更準確的偵測。而應變與阻值的相依性必須要校正。通常為非線性的關係,並以下列近似式表示

$$\frac{\Delta R}{R} = C_6 S + C_7 S^2$$
(22)

其中 C_6 及 C_7 為常數。因此,校正也需要考慮到阻值與溫度的相依性。這對半導體型的應變儀來說是特別重要的。因此將溫度計架設於應變儀的附近可以提供校正時所需的資料。較佳的方式為將兩個或是四個相似的應變儀合併使用在惠斯同電橋的結構中,利用單一的部份與應變接觸來達到溫度上自我校正的功用。另外,在量測電壓下由本身的自我加熱效應所產生的阻值變化,以及當應變儀暴露在光的環境下由光導電效應所產生的阻值變化,也是考量的項目。

應變儀是應用虎克定律(Hooke's law)的原理做為有用的機械傳感器,

$$S = \frac{T}{Y}$$
(23)

其中 T 為應力。假如一個應變材料的楊氏係數(Young's modulus)是已知的,只要一量到應變,則壓力、力、重量等將可被推論出來。

最近,應變儀是最受歡迎的機械傳感器。應變儀的應用可以被分為兩種方式:(1)直接量測應變(變形)及位移,以及(2)利用虎克定律,非直接式的量測壓力、力、重量以及加速等。主要的應用如下所示:

1. 直接的應變量測:

對於許多結構的保持,諸如建築物橋樑等,必須要時常監測微小

的形變，如彎曲、延展、壓縮、以及破裂的相關數據記錄。另一個使用的可能則是在太空船中以及自動推進的物體。應變的監測也是應力分析上所必須具備的數據。因此位移的量測也屬於這個範疇。

2. 壓力傳感器：

假如應變與應力的關係（楊氏係數）對應變材料而言為已知，則施加於此應變儀的壓力將可量測出來。一種常用於環境及流體的壓力傳感器上為隔膜式壓力計（diaphragm type），主要是由矽的擴散應變儀所製成，如圖 6a 所示。利用固定的擴散應變儀監測不同壓力下的壓阻效應。而隔膜式的元件主要是由化學蝕刻矽基板的方式製成。傳感器主要被使用在醫療及自動推進等領域。在一個秤重負荷囊（load cell）中，源自於把手的壓縮或是彎曲的重量進入到被附加或是內建於把手的應變儀中。這些負荷囊被使用在重型卡車的電子秤以及輕型的家用電子秤。把手的力矩（扭轉限制下）也可以被量測出來。加速度則可經由力（壓力）的量測而得到，由於

$$(力)Force = 質量(mass) \times 加速度(acceleration) \tag{24}$$

而其主要的實施方式如圖 6b 所示。速度可由加速度的積分推演所得。類似的感測器可被製作來偵測震動、衝擊及擺動。

壓電阻應變計 一個壓電阻應變計是根據當一個壓電晶體在應變下產生電荷及電壓效應的壓電率為原理所設計[5]。除了所量測的訊號為電壓而不是

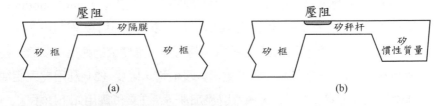

圖6 以壓阻爲基礎的感測器(a)以矽爲材料的壓力感測器(b)加速度的感測器(參見參考文獻1)

電阻，操作上與壓電阻應變計相當類似。結構上來看，以三明治的結構將壓電晶體夾在兩層導電電極之間，如圖 7 所示。在施加應力時，晶體產生應變而產生電荷或是電壓上的變化。這樣的流程也可以反向操作施以一電壓，產生應變或是機械上的位移。這個反向操作最好的例子就是由於聲壓產生電壓的壓電麥克風應用，以及由電壓產生應變或是機械上位移（音波）的壓電的揚聲器。

對壓電率的變化可以下列方程式來表示

$$S = \gamma T + C_{pc}\mathscr{E} \tag{25}$$

$$\mathscr{D} = C_{pc}T + \varepsilon\mathscr{E} \tag{26}$$

其中 γ 為遵循常數，上式說明應變可以經由應力（ T ）與電場，並且也可利用相同因素來產生電荷（ 與電位移 $\mathscr{D}$ 成正比 ）。其中壓電電荷常數 C_{PC} 可寫成

$$C_{pc} = \frac{Q\ per\ area}{pressure} \tag{27}$$

壓電傳感器的操作是在無須施加外部電壓下即可自我產生。由於在自然的動力學下，電荷將逐漸的被排出。因此，壓電傳感器在應用上，對於動態的系統如加速計，擴音器、麥克風、超音波震盪清潔器以及在衝擊，震盪以及衝擊的感測上將更加有用。其他的應用也包含了火花的點火開關以及微小鏡片的定位等。（ 只有在應變產生時，靜態的應用才是可能的 ）。最常見的壓電材料為石英、氧化鋅、電氣石以及像鈦鋯酸鉛，鈦酸鋇等陶瓷材料。壓電傳感器的缺點為源頭的阻抗太高，因此第一級的放大器必須對感測的電壓有較高的輸入阻抗。

14.3.2 叉合感測器

叉合感測器 IDT（ interdigital transducer ）為一表面聲波傳感器 SAW（ Surface-acoustic-wave ）。基於壓電效應可將電的訊號轉化成表面聲波，反之也可將表面聲波轉換成電的訊號。因此，叉合感測器也被稱為聲波的

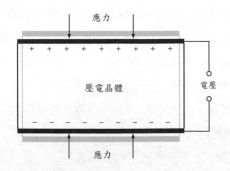

圖7 對壓電傳感器而言，應變產生電荷（和電壓），反之電荷（和電壓）亦可產生應變。

感測器。叉合感測器是由懷特及福特摩於 1965 年所發現[6]，用以取代傳統的表面聲波傳感器如斜角傳感器以及梳狀感測器。

叉合感測器主要的構造是在壓電材料的基板上埋入金屬指狀結構，如圖 8 所示。間隔的手指狀以兩條軌道相連結。最重要的尺寸為以指狀間的間隔週期 p 決定表面聲波的波長 λ。指狀結構的線寬 l 及間距 s 通常一樣且大概近似為 $p/4$。最常使用的金屬為 0.1–0.3 微米的鋁，但在任何的條件下必須小於 $l/2$。即使是在單一個叉合感測器中，金屬指狀結構彼此間的部分重疊寬度 W 是可調變的。在訊號處理輸出的應用上，叉合感測器是特別常使用的結構，因此這樣的方式也稱之為變跡法。而指狀結構的對數則取決於所需的應用。較多的對數 N 則對電訊號及表面聲波具有較高效率的耦合能力，但也會犧牲偵測的頻寬，我們將於之後說明討論。通常使用的壓電材料有石英、$LiNbO_3$、ZnO、$BaTiO_3$、$LiTaO_3$ 以及鈦鋯酸鉛等材料，而較不常使用的半導體材料為硫化鎘、硒化鎘、碲化鎘、以及砷化鎵等。對於壓電效應而言，晶格的有序性為不可或缺的性質，所以單晶或是多晶的材料結構是必須的。對於薄膜型的叉合感測器來說，壓電薄膜的厚度與表面聲波波長的尺寸相近，而以濺鍍製程的氧化鋅為最常使用的材料。其中，金屬層可在壓電薄膜之上下層皆可。

在大部分的應用中，以兩個叉合感測器的組合為主，其中一個將電的輸入訊號轉換成在媒介物中傳導的表面聲波，而另一個則是將此表面聲波

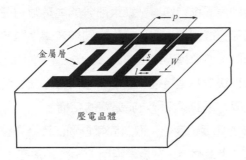

圖8 叉合感測器製作在壓電的塊材上。沈積的壓電薄膜位於金屬指叉結構的
上方或是下方皆可行。

圖9 在聲波的偵測中,一個叉合感測器產生表面聲波 SAW 於媒介物中傳導,
此介質的特性也會影響表面聲波,而另一個叉合感測器則是將此表面聲波
SAW 轉換回電的訊號。在兩端點處的吸收物可以最小化反射波。

轉換回電的訊號(圖9)。兩個叉合感測器的組合加上媒介物就稱為表面
聲波元件(SAW devices)。藉由監測傳遞的表面聲波特性,即可探得媒
介物的特性。由於叉合感測器技術的成功,使得表面聲波元件在應用上的
主導性高於塊體聲波 BAW(Bulk-acoustic-wave)元件。

　　叉合感測器的主要功能是將電訊號及表面聲波 SAW 之間的能量進
行轉換。為了有助於想像表面聲波 SAW 的行為,一個較好的比喻為如同
將一塊石頭丟入平靜的水裡或是由小船移動產生漣漪的傳導一般。對於固
體而言,表面聲波起源於物質結構的變形或是應變。微觀上來說,晶格中
的原子距離其平衡位置一段位移,則產生的回復力,相似於彈簧原理,是
正比於位移量。因此,表面聲波也稱為彈性波。表面聲波與塊材聲波的不

同點在於其經由表面進行傳導，絕大部分的能量限制在表面的一個波長之內。表面波可被分成縱波，原子位移方向與波傳播方向平行，以及橫波，其原子位移方向與波傳播方向垂直（圖 10）。然而，表面聲波是由縱波或是橫波主導取決於壓電特性及晶體的方向性。圖11說明壓電效應的起因以及電荷極化與應變的關係取決於晶體的結構。

表面聲波的傳播速度 v 取決於媒介物的良好彈性度以及質量密度。對以上所提到之壓電材料，在實際應用上，大約落在 $1\text{-}10 \times 10^5$ cm/s 範圍內，而大約在 3×10^5 cm/s 。叉合感測器中心的頻率響應大約為

$$f_0 = \frac{v}{\lambda} = \frac{v}{p} \tag{28}$$

對於小的指狀週期 p ，儘管具有低的速度，但仍可提供高頻的操作。叉合感測器的頻率響應可以以下列式子表示

$$R(f) = C_8 \frac{\sin X}{X} \tag{29}$$

其中 C_8 為一個常數

$$X = N\pi \left(\frac{f - f_0}{f_0} \right) \tag{30}$$

如圖 12 所示為頻率響應圖。頻寬與指對數的相依性可由此得到驗證。

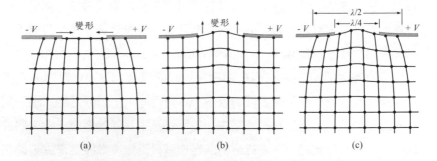

圖10　在叉合感測器的作用下，藉由原子位移產生（平行表面傳輸）的表面聲波示意圖：(a)縱波(b)橫波(c)同時具有橫波及縱波的組合。

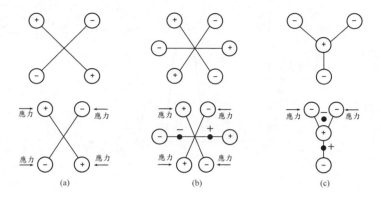

圖11　壓電效應的起源，由應力 T 所導致的極化現象。(a)應力在對稱晶體中產生的非極化現象 (b)極化現象平行應力方向 (c)極化現象垂直應力方向。(參考文獻5)

　　表面聲波元件的迷人之處在於其低的特性速度，速度較電磁波小約五個數量級的大小。在一些合理的尺寸下會有非常大的延遲效應。通常延遲的範圍約為 3 ms/cm 。較慢的速度因此也能轉換為較小的波長以及物理上的尺寸（ 方程式 28 ）。非常有趣的是，對一個 5 MHz 的微波電路而言所需的橫向電晶體尺寸必須為縮至約 0.3 微米，而在這樣頻率操作下的叉合感測器也需要相似的線寬及空間尺寸。

　　表面聲波元件的另一的優點為低的衰減、較低的色散效應（速度隨頻率變化的現象）、表面聲波容易操作，以及可與積體電路製程技術相容等優點。塊材聲波元件則無法達到某些上述的優點，它們只能使用在低於 10 MHz 的頻率，這個操作頻率是需要極大尺寸的表面聲波元件才能達到。

　　表面聲波元件被應用在兩個主要的領域：感測及訊號處理。在感測的應用上，表面聲波的延遲及強度的調整是重要的並且具有意義。在感測的領域上，表面聲波的速度及強度將被感測物質本身的物理特性所影響，例如溫度、濕度、壓力及應力等（ 圖 9 ）。氣體的流動可藉由感測環境的冷卻效應而偵測得到。因此，如果感測的面積上鍍上一層特殊的吸收物，則表面聲波會對一些化學物質及氣體，如 H_2、SO_2、NO_2 以及 NH_3 等具有

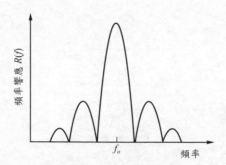

圖12 叉合感測器的頻率響應圖

感測效果[7]。將兩個叉合感測器沈積在表面，則可對表面的破裂及缺陷進行非破壞性的檢測。最後，雖然表面聲波為機械波，光線也可以藉由類似光柵的原理產生繞射效應。這項特性可以用在診斷、光學模組以及光反射器等應用。

在訊號處理方面，最常應用在延遲線及濾波器上。由於經由叉合感測器產生的表面聲波是具有雙向性，因此在端點處必然具有接收器（圖 9）。這種接收器也會使傳輸能量降低，造成 3-dB 能量的損失。其他功用的表面聲波元件包含有脈衝壓縮器（濾波器）、震盪器、共振器、旋繞器、關連器等應用。這些表面聲波元件在通訊、雷達及廣播設備如電視收訊器的應用上非常有用。

14.3.3 電容式感測器

電容式感測器　一個偵測壓力的簡單機械結構，利用偵測電容式感測器中兩片導體板之間距離的變化為原理（圖 13）。電容與距離 d 具有一線性的關係特性

$$C = \frac{A\varepsilon}{d} \tag{31}$$

其中 ε 為兩電極間空間的介電係數。然而，壓力與位移間的關係必須要先知道，這取決於控制電極移動的懸樑臂材料特性。基於這方面的考量，懸樑臂的材料不一定要由半導體材料所構成。然而，最常用的矽仍被拿來

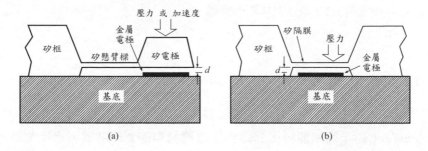

圖13 在電容式的感測器中，可經由量測電容值大小得到電極間的距離。(a) 以矽的懸樑臂製成之壓力或加速器感測器；(b) 以矽的薄膜製成之壓力感測器。

作為懸樑臂的材料，主要的原因為具有技術成熟及不昂貴的半導體製程優點。另一種結構可由薄晶圓厚度所形成的半導體震動膜所組成，並且具有可彎曲電極的功能。

14.4 磁感測器

磁感測器主要的應用依功能性可分為兩大類；在直接偵測磁場的應用上，以及在位置及動作的偵測方面。偵測磁場強度的設備被稱為磁力計或是高斯計。特別應用在讀取磁帶的磁頭（包含在信用卡中的去磁功用）、磁碟機、虛擬記憶體等。由於直流或是交流的電流可以在導線中產生磁場，因此電流也可被直接偵測，相較於一般安培計必須串連在導線中才能量測的限制，這也是磁感測器的優點之一。在第二部分的應用上，將磁偵測器裝置於物體上，其位置、位移、角度都可以偵測。舉例來說，在角度偵測上的應用，如流速計、直流無電刷的馬達以及在汽車的火星塞的計時等功用。非接觸性的開關可經由以磁石的接近或是遠離磁感測器而達成。舉例來說有電腦的鍵盤以及封閉迴路的安全系統等應用。

雖然磁感測器有許多的變形，但都是以霍爾效應為其基本原理，讀者可以參考第 1.5.2 章作更詳細的回顧。

14.4.1 霍爾板

霍爾板又稱為霍爾（Hall）產生器。由於在金屬中的霍爾效應（Hall effect）非常微弱，因此直到半導體材料的實現才得以應用此效應。在 1950 年代中期，商用的霍爾板為分離獨立的感測器，而大約在 1970 年代則為整合性的感測器。

霍爾板是由一片具有四個接點的半導體板所構成。可由下列其中一種形式存在：（1）分隔的棒子、（2）在支撐的基板上沉積薄膜以及（3）具有與基板摻雜類型相反的摻雜層等。由積體電路技術所製作出的霍爾板如圖 14 所示。主動層的摻雜必須要儘可能的小量，以達到較高的霍爾電壓（V_H 與摻雜濃度成反比）。常用的材料有 InSb、InAs、Si 及 Ge 等材料。化合物半導體材料因為具有較高的移動率而吸引人，Si則由於積體電路的成熟技術，因此在積體感測器上較受青睞。

霍爾效應的產生，起因於當一施加電壓產生電流的半導體材料處於一個與電流方向正交的磁場下所產生的霍爾電壓 V_H。這個產生的霍爾電壓在假設霍爾係數 $\gamma_H = 1$ 以及所使用的半導體為電洞型半導體的情況下，可以由下列方程式表示

$$V_H = R_H W J_x \mathscr{B} = W \mathscr{E}_x \mu \mathscr{B} \tag{32}$$

要注意的是為了得到較大的訊號，針對一大的 R_H，載子的濃度必須儘量小。這也是霍爾效應在半導體材料為何比金屬材料更顯著的原因。

霍爾板的敏感度有許多不同的定義方式，主要是取決於是電流相關、電壓相關、還是功率相關的操作型態。這些通常可由 $\partial V_H / I \partial \mathscr{B}$，$\partial V_H / V \partial \mathscr{B}$，$\partial V_H / P \partial \mathscr{B}$，或只是簡單地以 $\partial V_H / \partial \mathscr{B}$ 來定義。通常來說，一個高效率的霍爾板必須具有低載子濃度以及高的載子移動率等條件。一般的感測度近似為 200 $V/A\text{-}T$，但最大值則可能達到 1000 $V/A\text{-}T$ 的大小。具有高載子移動率的材料，如砷化鎵及磷化銦等材料在這方面的應用相較

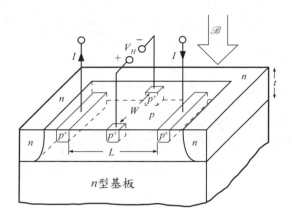

圖14　由積體電路技術所製作出的霍爾板。周圍圍繞的n型區域形成隔離層。

於矽材料更受歡迎。為了具有較高的載子移動率，近來最常使用的結構為
異質接面或是調制型的通道，以及量子井等結構。

　　為了不使幾何效應影響霍爾電壓太顯著，長度L的最小值至少具有三
倍寬度 W 的大小。物理上來說，假如長度 L 相較於寬度 W 太短，則載子
到達相對的另一端的同時並沒有充分的機會偏向側邊而產生全部的霍爾電
壓。這個效應可由幾何修正係數（$G < 1$）來計算如下列方程式所示

$$V_H = GR_H WJ_x \mathcal{B} = GW\mathcal{E}_x \mu \mathcal{B} \tag{33}$$

其中 G 為長寬比（L/W）的函數，如圖 15 所示。

　　對一個磁場的感測器而言，最重要的一點為霍爾電壓 V_H 必須對磁
場 $\mathcal{B}$ 呈線性的關係且必須為零偏移量，等同於當磁場 $\mathcal{B}$ 為零時，霍爾
電壓 V_H 必須為零。在實際的應用上，常常在磁場 $\mathcal{B}$ 為零時會有一電壓
偏移量。這個偏移量的原因起源於幾何效應以及壓電效應兩個因素。這
個幾何效應的成因主要是由於兩端的霍爾接頭彼此並不是非常精確的位於
相對的位置。假設在霍爾接頭的電流方向有一個由於對不準所產生的位移
Δx，所導致的位移電壓可由下列方程式表示

$$\Delta V_H = \mathcal{E}_x \Delta x \tag{34}$$

而壓電效應則在一壓電材料處於應力的強況下產生電壓的現象。這對於薄
膜型的霍爾板來說是特別嚴重的效應。偏移量可能起因於壓電阻率或是溫

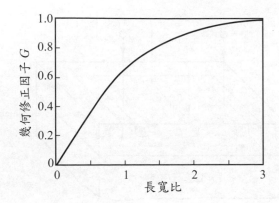

圖15　幾何修正因子與長寬比（L/W）的關係圖。（參考文獻2）

度的變化。而這個電壓的偏移量可藉由將兩個或是四個霍爾板相連結將個別霍爾板的偏移電壓消除而達到抑制的效果，或是經由第五端點的控制閘注入電流達到產生抵銷的效應。

　　霍爾板的迷人之處在於其低成本，結構簡易，以及可與積體電路製程技術相容等優點。

14.4.2　磁動電阻器

磁動電阻器是基於磁電阻原理所設計出來的元件，主要的方式為當元件處於磁場下其電阻值會上升。磁電阻效應起源於兩個獨立的機制：（1）物理上的磁阻效應以及（2）幾何上的磁阻效應。

　　物理上的磁阻效應起因於所有的載子並不是以相同的速度在移動。霍爾電壓的建立可平衡一個平均速度的產生，因此與平均速度相異的載子將會偏離最短運行路徑，如圖 16a 所示。這些較長的運行路徑將導致阻值的增加。而物理上的磁阻效應造成了與磁場的相依性，如下列方程式所示

$$R(\mathscr{B}) = R(0)\left(1 + C_9 \mu^2 \mathscr{B}^2\right) \tag{35}$$

其中 C_9 為常數項。

　　幾何上的磁電阻效應發生於樣品具有較低的長寬比（L/W）的情況

下。在這樣的情況下，全部霍爾電壓的效應並沒有完全的建立來平衡羅侖茲力（參閱方程式 33 以及圖 16b），並且載子在接近接觸點處將朝向施加電場以一個角度來移動。較長的運行路徑再次導致較大的阻值。磁動電阻器會將此效應最大化，如圖 17a 所示，加入較多傳導捷徑於結構中，而此結構也等同於許多小長寬比 霍爾板的串聯方式。另一種磁動電阻器是以苛賓諾圓盤（ Corbino disc ）形狀構成。接觸點是以同心的方式構成，因此沒有可建立霍爾電壓的側邊。為了來計算角動量，合理的假設當在沒有霍爾電場存在時，載子將以一個角度的方式運行，此角度亦稱之霍爾角度如下列方程式所示，而一般的霍爾板，載子在霍爾電場 $\mathscr{E}_H$ 存在時以直線位移的路徑運行。

$$\theta_H \equiv \tan^{-1}\left(\frac{\mathscr{E}_H}{\mathscr{E}_x}\right) = \tan^{-1}\left(r_H \mu \mathscr{B}\right)$$

(36)

所導致的阻值變化將如下列方程式所示

$$\begin{aligned} R(\mathscr{B}) &= R(0)\left(1 + a\tan^2\theta_H\right) \\ &= R(0)\left(1 + ar_H^2\mu^2\mathscr{B}^2\right) \quad 0 < a < 1 \end{aligned}$$

(37)

加入因子 a 來描述這樣的幾何效應。當長寬比（ L/W ）小於 1/4 時其值

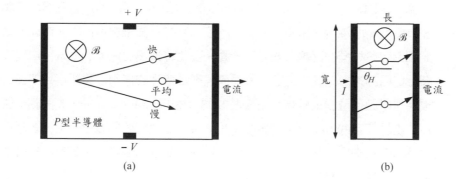

(a)　　　　　　　　　　　(b)

圖16　（a）物理上的磁阻效應起因於載子具有不均勻的速度。具有高於或低於平均速度的載子將導致較長的移動距離。（b）幾何上的磁電阻效應發生於樣品具有較低的長寬比（L/W）的情況下。在接近接觸點處的載子將以一霍爾角度來移動。

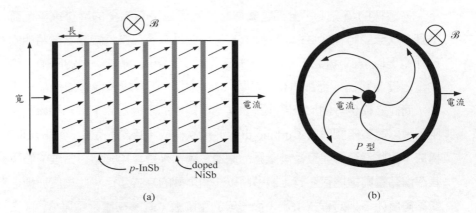

圖17　磁動電阻器可將幾何磁阻效應最大化 (a) 高摻雜的捷徑將樣品分隔成許多小長寬比 (L/W) 的區域。(b) 苛賓諾圓盤形狀並不允許霍爾電壓的建立。箭頭為所示為電洞的路徑。

為 1，而當長寬比（ L/W ）大於 4 時其值則不存在。平方項的存在則是來自於電流的路徑不僅較長而且也比較窄的緣故。

14.4.3　磁二極體

磁二極體的結構是一個 *p-i-n* 二極體，其中本質層的表面具有高的載子復合率（ 圖 18 ）。當 *p-i-n* 二極體施以順偏壓時，本質區注入高濃度的電子及電洞，而電流大小由複合速率所控制。在一個磁場作用下，電子及電洞都偏向於相同的高複合效率的表面，因此導致複合電流的上升。中間本質層的目的為形成較大的空乏層而放大複合效應的作用。實際應用的磁二極體可以由矽薄膜在藍寶石基板上 SOS（ Silicon-on-sapphire ）的結構製成，由於下方的 Si/Al_2O_3 的表面本質上具有較高密度的缺陷，可作為平行表面方向的磁場偵測。而磁二極體的缺點為較差的重製性，較差的線性關係，以及較差的溫度相依性等缺點。

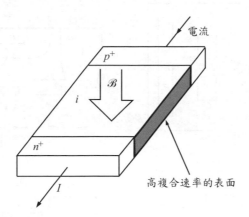

圖18　磁二極體是一個具有高缺陷密度表面的 *p-i-n* 二極體結構。

14.4.4　磁電晶體

磁電晶體，也稱為磁開關，通常是指一個具有多個集極接觸的雙極性電晶體，其中電流的差異與磁場成正比關係。磁電晶體的結構可為水平或垂直式的結構。每一個磁電晶體皆可操作在偏折模式或是注入調制模式。在圖19 中，從表面及橫切面來看，包含有四種組合。在偏折模式的操作下，注入的載子在磁場作用下偏折至基極或是集極區域，然後被兩個集極接觸端不對稱的收集。而在注入調制模式的操作下，基極具有兩個作為霍爾板的接觸點。在磁場的作用下，基極具有不相等的區域位能，而造成不對稱的射-基極電壓以及不對稱的射極注入。因此也造成不對稱的集極電流。集極電流的差異性與磁場的大小成正比，可由下列方程式來表示

$$\Delta I_C = K\mu I_C \mathscr{B} \tag{38}$$

其中 K 因子取決於元件的幾何形狀以及偏壓的條件。

14.4.5　磁感式場效電晶體

磁感式場效電晶體 MAGFET（ magnetic-field-sensitive field-effect transistor ）通常為一個 MOSFET 結構。在不同的結構下，可以兩種

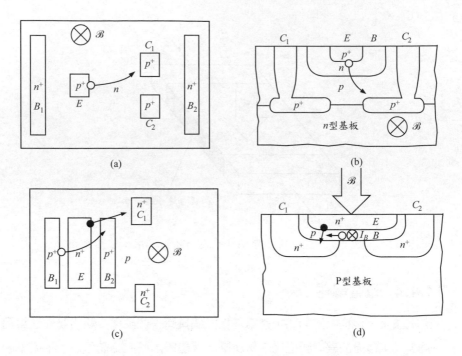

圖19　（a）（c）為磁電晶體的正視圖（b）（d）為磁電晶體的橫切面圖。（a）橫向的磁電晶體以偏折模式操作，基極的兩端點是用來驅動基極處的載子到較高的速率。（b）偏折模式的垂直式磁電晶體。（c）注入調制模式的橫向磁電晶體。（d）注入調制模式的垂直磁電晶體。其中 E 代表射極，B 代表基極，C 代表集極。

模式操作。結構如圖 20a 所示與霍爾板相似，其中樣品的厚度 t 由表面所感應的反轉層來取代，以及跨在霍爾接頭端輸出的霍爾電壓。霍爾電壓的表示是與霍爾板相似，如下列方程式所示

$$V_H = \frac{Gr_H I_D \mathscr{B}}{Q_{in}} = \frac{Gr_H I_D \mathscr{B}}{C_{ox}(V_G - V_T)} \tag{39}$$

在這裡所有的參數與一般的 MOSFET 的參數相同，其中 Q_{in} 為反轉層的電荷層， V_T 則為起始電壓。元件是操作在線性區 [$V_D << (V_G - V_T)$]。與一般的霍爾板相較，磁感式場效電晶體（MAGFET）具有較低的表面載

子移動率及較高的 $1/f$ 雜訊。但它具有可變載子濃度這項優點。

分離汲極的磁感式場效電晶體（MAGFET）如圖 20b 所示。在一個橫向的磁場作用下，在 MOSFET 通道的載子被偏折至另一邊，因此兩汲極端電流的差異性可以被偵測。這個操作的方式與橫向的磁電晶體相似，如圖 19a 所示，因此也可以相似方程式38 來描述其特性。

14.4.6 載子域磁場感測器

載子區域是指由電子和電洞電漿構成的區域。舉例來說，如同閘流體一樣，可以藉由使 p–n–p–n 結構導通來產生電漿。一個垂直的載子域磁場感測器結構如圖 21a 所示。由於為對稱的元件結構，載子區域在中心產生。在一個磁場的作用下，載子區域水平平移導致在 I_{p1} 與 I_{p2} 之間以及 I_{n1} 與 I_{n2} 之間的電流變化。這個感測器的缺點在於與溫度的相依性。另一種形式的水平及圓形載子區域的磁力計也被研究，如圖 21b 所示。在這樣的排列下，載子區域以一個與磁場成正比的頻率繞著圓圈作轉動。區域的偵測是經由最外圍分割的集極加以偵測。這個輸出的頻率為此感測器獨一無二的特徵。

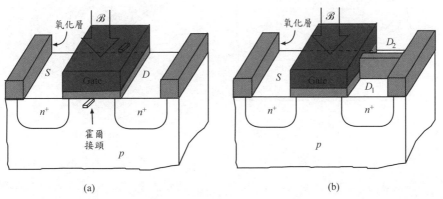

圖20　（a）使用反轉層通道為霍爾板的 MAGFET。（b）分離汲極式的 MAGFET。

14.5 化學感測器

14.5.1 金屬－氧化物感測器

氣體的偵測器可以由 SnO_2、Fe_2O_3、TiO_2、ZnO、In_2O_3 以及 WO_3 的金屬－氧化物半導體來製作，而其中以 SnO_2 為最常使用的材料[9-10]。這些具有阻值的氣體感測器通常為多晶的形式，而且以粉末在高溫燒結而成或是以蒸鍍或濺鍍的方式沉積在某些基板上。通常，加上某些惰性的金屬如鈀、或是白金等金屬可增加其感測度。當元件暴露在特殊的氣體中，阻值將發生變化。可以偵測的氣體種類如 H_2、CH_4、O_2、O_3、CO、CO_2、NO、NO_2、SO_2、SO_3、HCl 等。這些金屬－氧化物半導體感測器的感測度通常可藉由操作在高於室溫的溫度，大約在 $200 - 400 \,°C$ 得到改善。其中的一個理由為他們具有較高的能隙約在 $3 - 4 \, eV$，使得它們的阻值可在較高的溫度時降低到一可量測得的實際值。

　　電阻值變化的機制一般認為是由於晶粒邊界的反應所造成。在許多情況下，感測度可藉由具有高密度晶粒邊界的小晶粒來達到明顯的改善。有一些模型對於暴露於氣體成分時所產生的阻值變化提出解釋。在這裡我

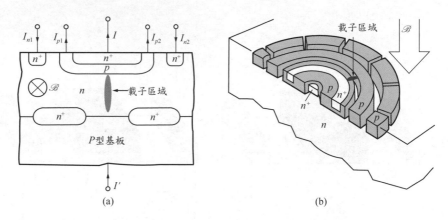

圖21　(a) 載子域磁場感測器在一個磁場的作用下，偵測載子區域水平平移導致在 I_{p1} 與 I_{p2} 之間以及 I_{n1} 與 I_{n2} 之間的電流變化。(b) 水平及圓形載子區域的磁力計。載子區域以一個與磁場成正比的頻率繞著圓圈作轉動 (參閱參考文獻8)。

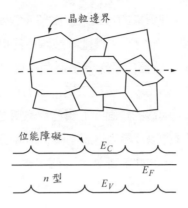

圖22 在金屬 氧化物半導體感測器中，晶粒邊界將引起位能障礙。

們將針對最常使用的兩個理論提出說明。第一個是與晶粒邊界間的傳導相關。這些晶粒邊界的特性為氧過量的區域，因此位能障礙在此處形成，並空乏周圍的載子，妨礙電流流經晶粒邊界（ 圖 22 ）。而被偵測的氣體可以將原本所吸收的氧中和，降低位能障礙進而降低阻值。

另一個可能的機制為塊材的效應。在這裡氣體分子與吸附在晶粒邊界的氧反應，依據反應的形式使得自由電子被釋放或是中和。這個過程改變了在塊材中總載子的濃度以及它的阻值。

如果不考慮它不理想的重製性、長時間的穩定性、感測度，以及選擇性等問題，由於這些金屬-氧化物氣體感測器的價格不昂貴，以及簡易的使用特性使它具有很大的商業市場。

14.5.2 離子感應性場效電晶體

離子感應性場效電晶體 ISFET（ ion-sensitive field-effect transistor ）是最常使用的化學性感測場效電晶體。 ISFET 是由 Bergveld 於 1970 年提出來的[11-12]。由於在 1974 年提出一個以參考電極與電解液直接接觸的概念[13]，如此的一個參考電極就一直被視為是 ISFET 不可或缺的一個部份。由於 ISFET 是用來偵測離子的元件，因此包含離子的電解液必須與電晶體接觸。在這樣的方式下，電解液取代了傳統的複晶矽閘極成為 MOSFET 的閘極（圖 23）。與電解液閘極的接觸則由參考電極來提供，一般為銀-氯化銀。閘極的絕緣層是這個結構最主要的部份，通常使用多層的閘極介電層。有時候需要在二氧化矽上方加上一層阻障層來阻擋離子穿透進入二氧化矽與矽的介面。上層的絕緣層主要是能針對所要感測的離子進行最佳的選擇性以及最大化感測度。常用的有 Si_3N_4、Al_2O_3、TiO_2 以及 Ta_2O_5 等材料。 ISFET 在設計上一個主要的考量就是在封裝，要避免離子穿透元件結構的其他部分。典型使用的通道長度 L 及寬度 W 的尺寸大約為幾十到幾百個毫米。

為了瞭解 ISFET 的操作方式，以傳統的 MOSFET 的操作方式開始講解是較好的方式（參閱本書上冊第 6 章）。其電性可粗略分成兩個操作區—線性區及飽和區—而其電流-電壓特性可以下列方程式來描述之

$$I_{lin} = \frac{\mu C_i W \left(V_G - V_T\right)V_D}{L} \tag{40}$$

$$I_{sat} = \frac{\mu C_i W}{2L} \left(V_G - V_T\right)^2 \tag{41}$$

這些區域的分別標準則以汲極電壓定義如下列方程式所示

$$V_{D,sat} = V_G - V_T \tag{42}$$

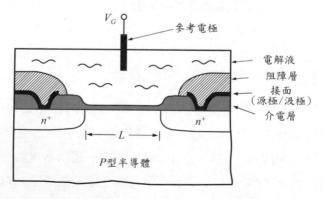

圖23　將 n 通道型的 ISFET 浸置於電解液中進行離子的量測。

對任何的 FET 來說，其中一個重要的參數為起始電壓 V_T。也就是將電晶體開啟所需要閘極電壓的大小，如下列方程式所示

$$V_T = V_{FB} + 2\psi_B + \frac{\sqrt{2\varepsilon_s qN(2\psi_B)}}{C_i} \tag{43}$$

其中

$$V_{FB} = \phi_m - \phi_s \tag{44}$$

是平帶電壓。由於假設是以金屬為閘極，所以方程式中使用了金屬的功函數 ϕ_m 來定義。

除了方程式 44 之外，這些方程式是可以適用於 ISFET 的元件上。其中，在平帶電壓條件上的差異可以由圖24 中的能帶圖加以解釋。對於一個 ISFET 來說，可以看到的是

$$V_{FB} = \phi_{sol} - \phi_s + \psi_i - \psi_{sol} \tag{45}$$

其中 ψ_i 是由於偶極層在電解液／介電層界面的介電層端所產生的絕緣層表面電位，而 ψ_{sol} 則為在相同界面的溶液端電位降。此外，ψ_{sol} 對於離子並不敏感。而離子的偵測方式取決於離子濃度對於 ψ_i 的變化。實際上，離子沈積在絕緣層的表面上而改變了 ψ_i、V_{FB}、V_T、FET 的電流。離子的存在等同於閘極偏壓的改變。在實際的應用上，施加偏壓使 ISFET 維持一固定的汲極到源極電流 I_D，而維持這樣固定電流的閘極電壓改變量則為量測的指標。偵測的離子，舉例來說，如 H⁺（pH）、Na⁺、K⁺、Ca^{2+}、Cl⁻、F⁻、NO_3^- 以及 CO_3^{2-} 等。一般來說對 pH 值的感測度為 20-40 mV/pH。

與一般的電化學離子感測器相較，ISFET 具有較小的尺寸、較快速的反應時間、較低的輸出阻抗、以及可使用積體電路製程技術的較低成本等優勢。現在也已經商業化生產。而目前最主要則應用在生醫的領域上。舉例來說，在血液及尿檢的分析上，如 pH 值、Na⁺、K⁺、Ca^{2+}、Cl⁻、葡萄糖、尿素、膽固醇都可以被偵測出來。而這類元件最主要的限制則為長時間的可靠度，以及不可回復性等重要的考量。由於這類應用的特性，大部分的 ISFET 感測器是用完即丟棄的。

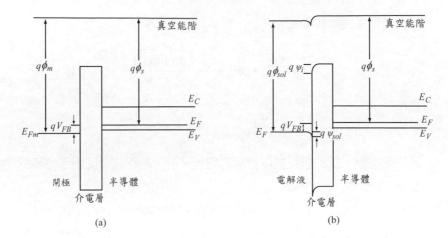

圖24　(a)對於傳統 MOSFET 以及 (b) 與電解液接觸之 ISFET 的平帶條件能帶圖。

14.5.3 催化金屬感測器

有另一群的感測器則是利用暴露於某些氣體中與活性金屬進行催化反應而改變功函數的方式達到感測的效果[14]。這一類的催化金屬感測器有一部份是以半導體的元件如：（1）MOSFET、（2）MOS 電容、（3）MIS 穿遂二極體的、以及（4）蕭特基位障二極體（Schottky-barrier diode）等形式組成。對於 MOSFET 來說，催化金屬被使用於閘極金屬的部分。由於功函數的改變將使得起始電壓發生變化，因此也導致 MOSFET 電流的變化。對於 MOS 電容來說，由於電容是隨著閘極電壓而變化的，因此功函數的變化將導致電容–電壓曲線的平移。而對於其它的兩類元件，MIS 的穿遂二極體以及蕭特基位障二極體而言，由於位障高度的變化，相對應的將影響元件順向電流的變化。

催化金屬的使用如 Pd、Pt、Ir、以及 Ni 等材料，而其中又以 Pd 的使用為最成功的材料。而這類性質的元件在偵測 H_2 的偵測上最為有效。主要的機制則認為是氫氣先被吸附於催化金屬上。接著氫氣分子解離為氫離子擴散至金屬的界面與元件結構的其他部分接觸，因而形成一層偶極層。而這層偶極層則改變了金屬的有效功函數而達成偵測的目的。

14.5.4 生物感測器

生物感測器被認為是化學感測器的一部份。事實上，一個生物感測器是將生物的活體細胞整合於傳統的感測器上的元件。感測元件類型的使用則是取決於所要偵測生物反應的形式而決定。假如反應的產物或是副產物可以被偵測，則這樣的感測器即為上述所討論化學感測器的一種。除此之外，假如反應具有熱交換的性質，則感測器也可以是熱感測器的形式；又或者假如反應在光學上的吸收產生變化，則感測器也可以是光偵測器等之類的應用。由於所使用的元件相同且生物反應的部分與元件的工程並不相關，所以在此本書論述並不包含生物感測器的部分，而讀者可以參閱一些相關的文獻以進行更深入的研究[15]。

參考文獻

1. S. M. Sze, *Semiconductor Sensors*, Wiley, New York, 1994.

2. S. Middelhoek and S. A. Audet, *Silicon Sensors*, Academic Press, London, 1989.

3. C. S. Smith,"Piezoresistance Effect in Germanium and Silicon,"*Phys. Rev.*, **94**, 42 (1954).

4. W. P. Mason,"Use of Solid-State Transducers in Mechanics and Acoustics,"*J. Audio Eng. Soc.*, **17**, 506 (1969).

5. A. J. Pointon, "Piezoelectric Devices,"*IEE Proc.*, **129**, Pt. A, 285 (1982).

6. R. M. White and F. W. Voltmer, "Direct Piezoelectric Coupling to Surface Elastic Waves,"*Appl. Phys. Lett.*, **7**, 314 (1965).

7. J. W. Grate, S. J. Martin, and R. M. White, "Acoustic Wave Microsensors,"*Anal. Chem.*, **65**, Part I, 940A, Part II, 987A (1993).

8. H. P. Baltes and R. S. Popovic,"Integrated Semiconductor Magnetic Field Sensors,"*Proc. IEEE*, **74**, 1107 (1986).

9. P. T. Moseley, "Materials Selection for Semiconductor Gas Sensors,"*Sensors Actuators B*, **6**, 149 (1992).

10. D. Kohl, unction and Applications of Gas Sensors,"*J. Phys. D: Appl. Phys.*, **34**, R125 (2001).

11. P. Bergveld, "Development of an Ion-Sensitive Solid-State Device for Neurophysiological Measurements,"*IEEE Trans. Biom. Eng.*, **MBE-17**, 70 (1970).

12. P. Bergveld, "Development, Operation, and Application of the Ion-Sensitive Field-Effect Transistor as a Tool for Electrophysiology,"*IEEE Trans. Biom. Eng.*, **MBE-19**, 342 (1972).

13. T. Matsuo and K. D. Wise,"An Integrated Field-Effect Electrode for Biopotential Recording,"*IEEE Trans. Biom. Eng.*, **MBE-21**, 485 (1974).

14. I. Lundstrom, M. Armgarth, and L. Petersson, "Physics with Catalytic Metal Gate Chemical Sensors,"*Crit. Rev. Solid State Mater. Sci.*, **15**, 201 (1989).

15. J. Cooper and T. Cass, Biosensors: *A Practical Approach*, Oxford University, Oxford, 2004.

習題

1. 推導方程式 12。

2. 一個位於矽基板表面 0.5 mm 厚的電晶體被用來作為溫度的偵測元件。其接面面積大小為 25 μm×25 μm。以 10 μA 的條件對電晶體施加偏壓,其集極–射極的電壓為 0.6 伏特。則由電晶體自我加熱效應所導致的溫度量測誤差為大小為多少?

[提示:為了簡化問題假設在熱流為半球形的放射狀。同心球面的熱電阻值可以 $R_{th} = (1/4\,\pi\kappa)\,[\,(1/r_1) - (1/r_2)\,]$ 表示,其中 κ 為矽的熱傳導率,1.5 W/cm-K]

3. 對一個摻雜濃度 10^{20} cm^{-3} 矽的應變儀來說,請求出 25°C 時縱向的壓阻係數值大小?

4. 一個具有慣性質量的加速器以矽為材料的橫杆懸掛之。其尺寸如下圖所示。假設橫桿的橫切面為長方形,試以 x 的函數表示當加速度值為 100 cm/s^2 時,可移動電極的質量以及懸掛橫桿的上表面應力值大小?可假設無地心引力以及可忽略橫桿的質量的情況下進行推算。(矽的密度為 2.33 g/cm^3)

[提示:橫桿上的表面應力為 $6\,M/h^2$,其中 M 為彎曲動量 = Force×(1-x),其中 x 以 mm 為單位,h 則為橫桿的厚度]

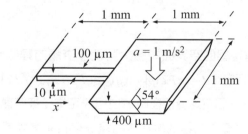

5. (a) 對一個叉合感測器來說,假如表面聲波以的 3.1×10^5 cm/s 速度傳播,且操作頻率為 840 MHz 的情況下,試計算指狀結構的週期 p 為多少?

（b）對一個 ZnO / SiO$_2$ / Si 結構的變換器來說，使 Kh$_{SiO_2}$ = 1 以及 Kh$_{ZnO}$ = 0.3 而達到溫度的穩定，其中 $K \equiv 2\pi/p$。試計算出 SiO$_2$ 的厚度 h_{SiO_2} 以及 ZnO 的厚度 h_{ZnO} 值？

6. 考慮一個與圖14 相似的霍爾板結構，但其兩端之摻雜為相對形式的摻雜（等同於磊晶層為電子型，周圍及底部層為電洞型摻雜的情況下）。假設 $t = 10$ μm、$L = 600$ μm、$W = 200$ μm、片電阻值 $R_\square$ 為 1000 Ω/□、供應電流 $I = 10$ mA 以及磁感 $\mathscr{B} = 100$ 高斯，試計算（a）霍爾係數，（b）霍爾電壓，以及（c）霍爾角度為多少？

7. （a）推導出雙極電流的霍爾係數 R_H 的表示式。

   [提示：當磁感向量 B 與電場 E 垂直時，電流密度如 $J_n (\mathscr{B}) = \sigma_{n\mathscr{B}} (\mathscr{E} + \mu_n^* \mathscr{B} \times \mathscr{E})$ 所示，其中 $\sigma_{n\mathscr{B}} = \sigma_n [1 + (\mu_n^* \mathscr{B})^2]^{-1}$，$\sigma_n$ 為電導率，μ_n^* 為霍爾移動率 $= r_n \mu_n = r_n \times$ 移動率]

   （b）以磷與硼摻雜的矽基板，其摻雜濃度為 $N_D = 4.0 \times 10^{12}$ cm^{-3}，$N_A = 4.1 \times 10^{12}$ cm^{-3}，$r_n = 1.15$，$r_P = 0.7$，$\mu_P = 0.047/T$，$\mu_n = 0.138/T$。其 R_H 值為多少？

8. 考慮以矽為材料的 ISFET，其 $L = 1$ μm，$W = 10$ μm，$N_A = 5\times10^{16}$ cm^{-3}，$\mu_n = 800$ cm^2/V–s，其電容值 $Ci = 3.45 \times 10^{-7}$ F/cm^2。對電解液與絕緣層的接觸，其 $\phi_{sol} = 5.30$ V，$\psi_i = 0.3$ V 及 $\psi_{sol} = 0.2$ V。試求在 $V_G = 5$ V 飽和區時的電流值大小？

9. 假設表面具有足夠的空表面能態，可使李查順方程式能有效地描述電子傳輸至表面的行為，$J = AT^2 exp[-(q\psi_s + E_C - E_F) / kT]$，其中 $A = 120$ A/cm^2-k^2，並且當一個空乏層存在時，也可決定電子被捕獲的速率。當 Ψ_s 變得更負時，由李查順方程式所描述的電子復合率會變得愈來愈低。假設對一個實際應用的感測器而言，在 10 秒內必須達到平衡，請估計可容許能帶彎曲的限制為何?為了將問題簡單化，假設電子在平衡態的補獲速率，以李查順方程式描述必須在十秒內充分傳輸表面狀態電荷 N_s。假設溫度為 300 K，$E_C - E_F = 0.15$ eV，施體密度為 10^{17} cm^{-3}，以及 ε_s 為 10^{-12} F/cm。

10. 參考圖22 及下圖所示，推導出具有長度 L，面積 W^2 之電子型樣品以 N_t 表示其阻值，其中 N_t 為電荷被晶粒邊界所捕獲的數目。假設整的樣品中只有一個晶粒邊界延伸整個樣品，所在位置為 L/W^2 處。利用從問題 9 所得之李查順方程式以及假設施加小的電壓情況下加以推導。

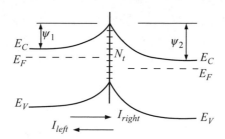

Memo

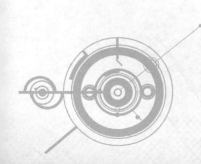

||||APPENDIX

附 錄

符號表

符號	說明	單位
a	晶格常數	Å
A	面積	cm^2
A	自由電子之有效李查遜常數	A/cm^2-K^2
A^*, A^{**}	有效李查遜常數	A/cm^2-K^2
B	頻寬	Hz
$\mathscr{B}$	磁感應強度	Wb/cm^2, V-s/cm^2
c	真空中之光速	cm/s
c_s	聲速	cm/s
C_d	單位面積擴散電容	F/cm^2
C_D	單位面積空乏層電容	F/cm^2
C_{FB}	單位面積之平帶電容	F/cm^2
C_i	單位面積絕緣層電容	F/cm^2
C_{it}	單位面積介面缺陷電容	F/cm^2
C_{ox}	單位面積氧化層電容	F/cm^2
C_υ	比熱	J/g-K
C'	電容	F
d, d_{ox}	氧化層厚度	cm
d_i	絕緣層厚度	cm
D	擴散係數	cm^2/s
D_a	雙載子擴散係數	cm^2/s
D_{it}	介面缺陷密度	cm^{-2}-eV^{-1}
D_n	電子擴散係數	cm^2/s
D_p	電洞擴散係數	cm^2/s
$\mathscr{D}$	電位移	C/cm^2
E	能量	eV
E_a	活化能	eV
E_A	受體游離能	eV
E_C	導電帶底部邊緣	eV
E_D	施體游離能	eV

符號	說明	單位
E_F	費米能階	eV
E_{Fm}	金屬費米能階	eV
E_{Fn}	電子之準費米(imref)能階	eV
E_{Fp}	電洞之準費米(imerf)能階	eV
E_g	能隙	eV
E_i	本質費米能階	eV
E_p	光頻聲子能量	eV
E_t	缺陷能階	eV
E_V	價電帶頂部邊緣	eV
$\mathscr{E}$	電場	V/cm
$\mathscr{E}_c$	臨界電場	V/cm
$\mathscr{E}_m$	最大電場	V/cm
f	頻率	Hz
f_{max}	最大振動頻率(單向增益為 1 時的頻率)	Hz
f_T	截止頻率	Hz
F	費米-狄拉克分佈函數	—
$F_{1/2}$	費米-狄拉克積分	—
F_C	電子之費米-狄拉克分佈函數	—
F_F	填充因子	—
F_V	電洞之費米-狄拉克分佈函數	—
g_m	轉導	S
g_{mi}	本質轉導	S
g_{mx}	外質轉導	S
G	電導率	S
G_a	增益	—
G_e	產生速率	$cm^{-3} \cdot s^{-1}$
G_n	電子之產生率	$cm^{-3} \cdot s^{-1}$
G_p	電洞之產生率	$cm^{-3} \cdot s^{-1}$
G_P	功率增益	—
G_{th}	熱產生速率	$cm^{-3} \cdot s^{-1}$
h	普朗克常數	J-s
h_{fb}	小訊號共基極電流增益, $= \alpha$	—
h_{FB}	共基極電流增益, $= \alpha_0$	—
h_{fe}	小訊號共射極電流增益, $= \beta$	—
h_{FE}	共射極電流增益, $= \beta_0$	—

符號	說明	單位
$\hbar$	約化普朗克常數，$h/2\pi$	J
$\mathscr{H}$	磁場	A/cm
i	本質(未摻雜的)材料	—
I	電流	A
I_0	飽和電流	A
I_F	順向電流	A
I_h	保持電流	A
I_n	電子電流	A
I_p	電洞電流	A
I_{ph}	光電流	A
I_{re}	復合電流	A
I_R	逆向電流	A
I_{sc}	光響應的短路電流	A
J	電流密度	A/cm^2
J_0	飽和電流密度	A/cm^2
J_F	順向電流密度	A/cm^2
J_{ge}	產生電流密度	A/cm^2
J_n	電子電流密度	A/cm^2
J_p	電洞電流密度	A/cm^2
J_{ph}	光電流密度	A/cm^2
J_{re}	復合電流密度	A/cm^2
J_R	逆向電流密度	A/cm^2
J_{sc}	短路電流密度	A/cm^2
J_t	穿隧電流密度	A/cm^2
J_T	啟始電流密度	A/cm^2
k	波茲曼常數	J/K
k	波向量	cm^{-1}
k_e	消光係數，即折射率的虛部	—
k_{ph}	聲子波數	cm^{-1}
K	介電常數，$\varepsilon / \varepsilon$	—
K_i	絕緣層介電常數	—
K_{ox}	氧化層介電常數	—
K_s	半導體介電常數	—
L	長度	cm

符號	說明	單位
L	電感	H
L_a	雙載子擴散長度	cm
L_d	擴散長度	cm
L_D	狄拜長度	cm
L_n	電子擴散長度	cm
L_p	電洞擴散長度	cm
m_0	電子靜止質量	kg
m^*	有效質量	kg
m_c^*	導電有效質量	kg
m_{ce}^*	電子之導電有效質量	kg
m_{ch}^*	電洞之導電有效質量	kg
m_{de}^*	電子之態位密度有效質量	kg
m_{dh}^*	電洞之態位密度有效質量	kg
m_e^*	電子有效質量	kg
m_h^*	電洞有效質量	kg
m_{hh}^*	重電洞之有效質量	kg
m_l^*	電子縱向有效質量	kg
m_{lh}^*	輕電洞之有效質量	kg
m_t^*	電子橫向有效質量	kg
M	倍乘因子	—
M_C	導電帶內等效最低值數目	—
M_n	電子倍乘因子	—
M_p	電洞倍乘因子	—
n	自由電子濃度	cm^{-3}
n	n 型半導體的(具有施體雜質)	—
n_i	本質載子濃度	cm^{-3}
n_n	n 型半導體的電子濃度(多數載子)	cm^{-3}
n_{no}	熱平衡時的 n_n	cm^{-3}
n_p	p 型半導體的電子濃度(少數載子)	cm^{-3}
n_{po}	熱平衡時的 n_p	cm^3
n_r	折射率的實部	—
$\bar{n}$	複數折射率$=n_r+ik_e$	—
N	摻雜濃度	cm^3
N	態位密度	eV^1-cm^3
N_A	受體雜質濃度	cm^3

符號	說明	單位
N_A^-	游離化的受體雜質濃度	cm^{-3}
N_b	甘梅數	cm^{-2}
N_C	導電帶中的有效態位密度	cm^{-3}
N_D	施體雜質濃度	cm^{-3}
N_D^+	游離的施體雜質濃度	cm^{-3}
N_t	塊材缺陷密度	cm^{-3}
N_V	價電帶中的有效態位密度	cm^{-3}
N^*	單位面積密度	cm^{-2}
N_{it}^*	單位面積介面缺陷密度	cm^{-2}
N_{st}^*	單位面積表面缺陷密度	cm^{-2}
p	自由電洞濃度	cm^{-3}
p	p 型半導體的(具有受體雜質)	—
p	動量	J-s/cm
p_n	n 型半導體的電洞濃度(少數載子)	cm^{-3}
p_{no}	熱平衡時的 p_n	cm^{-3}
p_p	p 型半導體的電洞濃度(多數載子)	cm^{-3}
p_{po}	熱平衡時的 p_p	cm^{-3}
P	壓力	N/cm^2
P	功率	W
P_{op}	光學功率密度或強度	W/cm^2
P_{opt}	總光學功率	W
q	單位電子電荷量=1.6×10^{-19} C(絕對值)	C
Q	電容器以及電感器的品質因子	—
Q	電荷密度	C/cm^2
Q_D	空乏區的空間電荷密度	C/cm^2
Q_f	固定氧化層電荷密度	C/cm^2
Q_{it}	介面缺陷電荷密度	C/cm^2
Q_m	移動離子電荷密度	C/cm^2
Q_{ot}	氧化層捕獲電荷	C/cm^2
r_F	動態順向電阻	
r_H	霍爾因子	$\underline{\Omega}$
r_R	動態逆向電阻	Ω
R	光的反射	—
R	電阻	Ω
R_c	特徵接觸電阻	$\Omega\text{-}cm^2$

符號	說明	單位
R_{CG}	浮停閘極的耦合比例	—
R_e	復合速率	$cm^{-3}\text{-}s^{-1}$
R_{ec}	復合係數	cm^3/s
R_H	霍爾係數	cm^3/C
R_L	負載電阻	Ω
R_{nr}	非輻射的復合速率	$cm^{-3}\text{-}s^{-1}$
R_r	輻射的復合速率	$cm^{-3}\text{-}s^{-1}$
$R_\square$	每平方的片電阻	$\Omega/\square$
$\mathscr{R}$	響應	A/W
S	應變	—
S	次臨界擺幅	V/decade of current
S_n	電子表面復合速度	cm/s
S_p	電洞表面復合速度	cm/s
t	時間	s
t_r	傳渡時間	s
T	絕對溫度	K
T	應力	N/cm^2
T	光的穿透	—
T_e	電子溫度	K
T_t	穿隧機率	—
U	淨復合/產生速率，$U=R-G$	$cm^{-3}\text{-}s^{-1}$
υ	載子速度	cm/s
υ_d	漂移速度	cm/s
υ_g	群速度	cm/s
υ_n	電子速度	cm/s
υ_p	電洞速度	cm/s
υ_{ph}	聲子速度	cm/s
υ_s	飽合速度	cm/s
υ_{th}	熱速度	cm/s
V	施加電壓	V
V_A	爾力電壓	V
V_B	崩潰電壓	V
V_{BCBO}	基極開路時集極 射極間之崩潰電壓	V
V_{BCEO}	開路基極時集極-射極間之崩潰電壓	V

符號	說明	單位
V_{BS}	背向基板電壓	V
V_{CC}, V_{DD}	供應電壓	V
V_F	順向偏壓	V
V_{FB}	平帶電壓	V
V_h	保持電壓	V
V_H	霍爾電壓	V
V_{oc}	光響應的開路電壓	V
V_P	夾止電壓	V
V_{PT}	貫穿電壓	V
V_R	逆向偏壓	V
V_T	啟始電壓	V
W	厚度	cm
W_B	基極厚度	cm
W_D	空乏層(區)寬度	cm
W_{Dm}	最大空乏層(區)寬度	cm
W_{Dn}	n 型材料的空乏層(區)寬度	cm
W_{Dp}	p 型材料的空乏層(區)寬度	cm
x	距離或厚度	cm
Y	楊氏係數(彈性模數)	N/cm^2
Z	阻抗	Ω
α	光學吸收係數	cm^{-1}
α	小訊號之共基極電流增益$=h_{fb}$	—
α	游離化係數	cm^{-1}
α_0	共基極電流增益$=h_{FB}$	—
α_n	電子之游離化係數	cm^{-1}
α_p	電洞之游離化係數	cm^{-1}
α_T	基極傳輸因子	—
β	小訊號之共射極電流增益$=h_{fe}$	—
β_0	共射極電流增益$=h_{FE}$	—
β_{th}	熱電位的倒數$=q/kT$	V^{-1}
γ	射極注入效率	—

符號	說明	單位
Δn	超過平時的超量電子濃度	cm^{-3}
Δp	超過平時的超量電洞濃度	cm^{-3}
	介電係數	F/cm, C/V-cm
ε_0	真空介電係數	F/cm, C/V-cm
ε_i	絕緣體之介電係數	F/cm, C/V-cm
ε_{ox}	氧化層之介電係數	F/cm, C/V-cm
ε_s	半導體之介電係數	F/cm, C/V-cm
η	量子效率	—
η	在順向偏壓下整流器的理想因子	—
η_{ex}	外部量子效率	—
η_{in}	內部量子效率	—
θ	角度	rad, °
κ	熱導率	W/cm-K
λ	波長	cm
λ_m	平均自由徑	cm
λ_{ph}	聲子平均自由徑	cm
μ	漂移移動率 $(\equiv \upsilon/\mathcal{E})$	$cm^2/V\text{-}s$
μ	磁導率	H/cm
μ_0	真空導磁率	H/cm
μ_d	微分移動率 $(\equiv d\upsilon/d\mathcal{E})$	$cm^2/V\text{-}s$
μ_H	霍爾移動率	$cm^2/V\text{-}s$
μ_n	電子移動率	$cm^2/V\text{-}s$
μ_p	電洞移動率	$cm^2/V\text{-}s$
ν	光頻率	Hz, s^{-1}
ν	波松比	—
ν	輕摻雜的 n 型材料	—
π	輕摻雜的 p 型材料	—
ρ	電阻率	$\Omega\text{-}cm$

符號	說明	單位
ρ	電荷密度	C/cm^3
σ	導電率	$S\text{-}cm^{-1}$
σ	補獲截面	cm^2
σ_n	電子	cm^2
σ_p	電洞	cm^2
τ	載子生命期	s
τ_a	雙載子生命期	s
τ_A	歐傑生命期	s
τ_e	能量鬆弛時間	s
τ_g	載子產生的生命期	s
τ_m	散射的平均自由徑	s
τ_n	電子的載子生命期	s
τ_{nr}	非輻射復合的載子生命期	s
τ_p	電洞的載子生命期	s
τ_r	輻射復合的載子生命期	s
τ_R	介電鬆弛時間	s
τ_s	儲存時間	s
τ_t	傳渡時間	s
ϕ	功函數或位障高度	V
ϕ_B	位障高度	V
ϕ_{Bn}	n 型半導體的蕭特基位障高度	V
ϕ_{Bp}	p 型半導體的蕭特基位障高度	V
ϕ_m	金屬功函數	V
ϕ_{ms}	金屬與半導體之間的功函數差($\phi_m - \phi_s$)	V
ϕ_n	n 型半導體中從導電帶邊緣算起的費米位差,即$(E_C - E_F)/q$。若是簡併材料則為負值(見圖)	
ϕ_p	p 型半導體中從價電帶邊緣算起的費米位差,即$(E_F - E_V)/q$。若是簡併材料則為負值(見圖)	

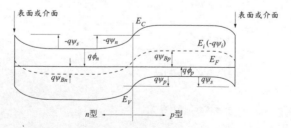

圖 1 半導體位能之定義與其表示符號。注意這裡表面位能是相對於塊材,能帶向下彎曲時則數值為正。而當 E_F 位於能隙之外(簡併態)時,ϕ_n 與 ϕ_p 表示為負值。

符號	說明	單位
ϕ_s	半導體功函數	—
ϕ_{th}	熱位能, kT/q	V
Φ	光通量	s^{-1}
χ	電子親和力	V
χ_s	半導體的電子親和力	V
ψ	波函數	—
ψ_{bi}	平衡時的內建電位(總是為正)	V
ψ_B	塊材中費米能階與本質費米能階之間的位差 $= \|E_F - E_i\|/q$	V
ψ_{Bn}	n型材料的ψ_B(見圖)	V
ψ_{Bp}	p型材料的ψ_B(見圖)	V
ψ_i	半導體的位能, $-E_i/q$	V
ψ_n	n型邊界上,相對於n型塊材的電位差 (n型材料的能帶彎曲造成,能帶圖中向下彎曲為正)(見圖)	V
ψ_p	p型邊界上,相對於p型塊材的電位差 (p型材料的能帶彎曲造成,能帶圖中向下彎曲為正)(見圖)	V
ψ_s	相對於塊材的表面位能 (能帶彎曲造成,能帶圖中往下彎曲為正)(見圖)	V
ω	角頻率$= 2\pi$或$2\pi\nu$	Hz

國際單位系統(SI Units)

度量	單位	符號	因次
長度	公尺(meter)[*]	m[*]	
質量	公斤(kilogram)	kg	
時間	秒(second)	s	
溫度	開(kelvin)	K	
電流	安培(ampere)	A	C/s
頻率	赫茲(hertz)	Hz	s^{-1}
力	牛頓(newton)	N	$kg\text{-}m/s^2$, J/m
壓力、應力	帕斯卡(pascal)	Pa	N/m^2
能量	焦耳(joule)[#]	J[#]	N-m, W-s
功率	瓦特(watt)	W	J/s, V-A
電荷量	庫侖(coulomb)	C	A-s
電位	伏特(volt)	V	J/C, W/A
電導	西門子(siemens)	S	A/V, 1/Ω
電阻	歐姆(ohm)	Ω	V/A
電容	法拉(farad)	F	C/V
磁通量	韋伯(weber)	Wb	V-s
磁感應	特斯拉(tesla)	T	Wb/m^2
電感	亨利(henry)	H	Wb/A

[#]在半導體領域中經常使用公分(cm)來表示長度,而以電子伏特(eV)表示能量。 (1 cm=10^{-2} m,1 eV=1.6×10^{-19} J)

附錄 **C**

單位前綴詞

乘方	字首	符號
10^{18}	exa	E
10^{15}	pexa	P
10^{12}	tera	T
10^{9}	giga	G
10^{6}	mega	M
10^{3}	kilo	k
10^{2}	hecto	h
10	deka	d
10^{-1}	deci	d
10^{-2}	centi	c
10^{-3}	milli	m
10^{-6}	micro	μ
10^{-9}	nano	n
10^{-12}	pico	p
10^{-15}	femto	f
10^{-18}	atto	a

[#]取自國際度衡量委員會(不採用重複字首,例如:用 p 表示 10^{-12},而非 $\mu\mu$。

希臘字母

字母	小寫	大寫
Alpha	α	A
Beta	β	B
Gamma	γ	Γ
Delta	δ	Δ
Epsilon	ε	E
Zeta	ζ	Z
Eta	η	H
Theta	θ	Θ
Iota	ι	I
Kappa	κ	K
Lambda	λ	Λ
Mu	μ	M
Nu	ν	N
Xi	ξ	Ξ
Omicron	o	O
Pi	π	Π
Rho	ρ	P
Sigma	σ	Σ
Tau	τ	T
Upsilon	υ	Υ
Phi	ϕ	Φ
Chi	χ	X
Psi	ψ	Ψ
Omega	ω	Ω

物理常數

度量	符號	數值
大氣壓力		1.01325×10^5 N/cm^2
亞佛加厥常數	N_{AV}	6.02204×10^{23} mol^{-1}
波爾半徑	a_B	0.52917 Å
波茲曼常數	k	1.38066×10^{-23} J/K (R/N_{AV}) 8.6174×10^{-5} eV/K
電子靜止質量	m_0	9.1095×10^{31} kg
電子伏特	eV	1 eV $= 1.60218 \times 10^{-19}$ J
基本電荷量	q	$1\ 60218 \times 10^{-19}$ C
氣體常數	R	1.98719 cal/mol-K
磁通量子($h/2q$)	2	$.0678 \times 10^{-15}$ Wb
真空中磁導率	μ_0	1.25663×10^{-8} H/cm （$4\pi \times 10^{-9}$）
真空介電係數	ε_0	8.85418×10^{-14} F/cm ($1/\mu_0 c^2$)
普朗克常數	h	6.62617×10^{-34} J-s 4.1357×10^{-15} eV-s
質子靜止質量	M_p	1.67264×10^{-27} kg
約化普朗克常數($h/2\pi$)	$\hbar$	1.05458×10^{34} J-s 6.5821×10^{-16} eV-s
真空中光速	c	2.99792×10^{10} cm/s
300 K 時的熱電壓	kT/q	0.0259 V

重要半導體的特性

半導體	晶格結構	300K 時的晶格常數 (Å)	能隙 (eV) 300 K	能隙 (eV) 0 K	能帶	300 K 時的移動率 (cm²/V-s) μ_n	300 K 時的移動率 (cm²/V-s) μ_p	有效質量 m_n^*/m_0	有效質量 m_p^*/m_0	ϵ/ϵ_0
C 碳(鑽石)	D	3.56683	5.47	5.48	I	1,800	1,200	0.2	0.25	5.7
Ge 鍺	D	5.64613	0.66	0.74	I	3,900	1,900	$1.64^{l}, 0.082^{t}$	$0.04^{lh}, 0.28^{hh}$	16.0
Si 矽	D	5.43102	1.12	1.17	I	1,450	500	$0.98^{l}, 0.19^{t}$	$0.16^{lh}, 0.49^{hh}$	11.9
IV-IV SiC 碳化矽	W	a=3.086, c=15.117	2.996	3.03	I	400	50	0.60	1.00	9.66
III-V AlAs 砷化鋁	Z	5.6605	2.36	2.23	I	180		0.11	0.22	10.1
AlP 磷化鋁	Z	5.4635	2.42	2.51	I	60	450	0.212	0.145	9.8
AlSb 銻化鋁	Z	6.1355	1.58	1.68	I	200	420	0.12	0.98	14.4
BN 氮化硼	Z	3.6157	6.4		I	200	500	0.26	0.36	7.1
"	W	a=2.55,c=4.17	5.8		D			0.24	0.88	6.85
BP 磷化硼	Z	4.5383	2.0		D	40	500	0.67	0.042	11
GaAs 砷化鎵	Z	5.6533	1.42	1.52	D	8,000	400	0.063	$0.076^{lh}, 0.5^{hh}$	12.9
GaN 氮化鎵	W	a=3.189,c=5.182	3.44	3.50	D	400	10	0.27	0.8	10.4
GaP 磷化鎵	Z	5.4512	2.26	2.34	I	110	75	0.82	0.60	11.1
GaSb 銻化鎵	Z	6.0959	0.72	0.81	D	5,000	850	0.042	0.40	15.7
InAs 砷化銦	Z	6.0584	0.36	0.42	D	33,000	460	0.023	0.40	15.1
InP 磷化銦	Z	5.8686	1.35	1.42	D	4,600	150	0.077	0.64	12.6
InSb 銻化銦	Z	6.4794	0.17	0.23	D	80,000	1,250	0.0145	0.40	16.8
II-IV CdS 硫化鎘	Z	5.825	2.5		D	350	40	0.14	0.51	5.4
"	W	a=4.136,c=6.714	2.49		D			0.20	0.7	9.1
CdSe 硒化鎘	Z	6.050	1.70	1.85	D	800		0.13	0.45	10.0
CdTe 碲化鎘	Z	6.482	1.56		D	1,050	100			10.2
ZnO 氧化鋅	R	4.580	3.35	3.42	D	200	180	0.27		9.0
ZnS 硫化鋅	Z	5.410	3.66	3.84	D	600		0.39	0.23	8.4
"	W	a=3.822,c=6.26	3.78		D	280	800	0.287	0.49	9.6
IV-VI PbS 硫化鉛	R	5.9362	0.41	0.286	I	600	700	0.25	0.25	17.0
PbTe 碲化鉛	R	6.4620	0.31	0.19	I	6,000	4,000	0.17	0.20	30.0

D=鑽石、W=纖鋅礦、R=岩鹽 結構。I、D=非直接、直接 能隙。l、t、lh、hh=縱向、橫向、輕電洞、重電洞 之有效質量。

Si與GaAs之特性

特性	Si	GaAs
原子密度(cm^{-3})	5.02×10^{22}	4.43×10^{22}
原子重量	28.09	144.64
晶體結構	鑽石結構	閃鋅結構
密度(g/cm^3)	2.329	5.317
晶格常數(Å)	5.43102	5.6533
電子親和力 χ(V)	11.9	12.9
能隙(eV)	4.05	4.07
	1.12(非直接)	1.42(直接)
導電帶的有效狀態位密度, N_C(cm^{-3})	2.8×10^{19}	4.7×10^{17}
價電帶的有效狀態位密度, N_V(cm^{-3})	2.65×10^{19}	7.0×10^{18}
本質載子濃度 n_i (cm^{-3})	9.65×10^{9}	2.1×10^{6}
有效質量(m^*/m_0)　　　電子	$m_l^* = 0.98$	0.063
	$m_t^* = 0.19$	
電洞	$m_{lh}^* = 0.16$	$m_{lh}^* = 0.076$
	$m_{hh}^* = 0.49$	$m_{hh}^* = 0.50$
漂移移動率(cm^2/V-s)　　電子 μ_n	1,450	8,000
電洞 μ_p	500	400
飽和速度(cm/s)	1×10^{7}	7×10^{6}
崩潰電場(V/cm)	$2.5\text{-}8\times10^{5}$	$3\text{-}9\times10^{5}$
少數載子生命期(s)	$\approx10^{-3}$	$\approx10^{-8}$
折射率	3.42	3.3
光頻聲子能量(eV)	0.063	0.035
熔點(℃)	1414	1240
線性熱膨脹係數 $\Delta L/L\Delta T$(℃$^{-1}$)	2.59×10^{-6}	5.75×10^{-6}
熱導率(W/cm-K)	1.56	0.46
熱擴散率(cm^2/s)	0.9	0.31
比熱(J/g-℃)	0.713	0.327
熱容量(J/mol-℃)	20.07	47.02
楊氏係數(GPa)	130	85.5

注意：所有數值皆為室溫下之特性

SiO_2 與 Si_3N_4 之特性

特性	SiO_2	Si_3N_4
結構	非晶態	非晶態
密度 (g/cm^3)	2.27	3.1
介電常數	3.9	7.5
介電強度 (V/cm)	$\approx 10^7$	$\approx 10^7$
電子親和力, χ (eV)	0.9	
能隙, E_g (eV)	9	≈ 5
紅外線吸收帶（μm）	9.3	11.5-12.0
熔點(℃)	≈ 1700	
分子密度 (cm^{-3})	2.3×10^{22}	
分子重量	60.08	
折射率	1.46	2.05
電阻率 (Ω-cm)	10^{14}-10^{16}	$\approx 10^{14}$
比熱 (J/g-℃)	1.0	
熱導率 (W/cm-K)	0.014	
熱擴散率 (cm^2/s)	0.006	
線性熱膨脹係數 $(℃^{-1})$	5.0×10^{-7}	

注意：上述皆為室溫下之特性

‖‖‖INDEX

索引

半導體元件物理學

Physics of Semiconductor Devices

第三版・下冊

作者：施敏、伍國珏

譯者：張鼎張、劉柏村

發行人：張懋中

執行編輯：程惠芳

出版者：國立交通大學出版社

地址：新竹市大學路1001號

讀者服務：03-5736308、03-5131542
（週一至週五上午8:30至下午5:00）

傳真：03-5731764

網址：http://press.nctu.edu.tw

e-mail：press@nctu.edu.tw

出版日期：98年4月第一版
107年4月第一版三刷

定價：600元

ISBN：978-986-84395-4-2

GPN：1009800262

展售門市查詢：http://press.nctu.edu.tw

國家圖書館出版品預行編目資料

半導體元件物理學 / 施敏,伍國珏原著;張鼎張,劉柏村譯著
— 第一版 — 新竹市:交大出版社,
民97.08-98.03　冊；　17×23 公分
含索引
譯自：Physics of semiconductor devices, 3th ed.
ISBN 978-986-84395-1-1(上冊：平裝)--
ISBN 978-986-84395-4-2(下冊：平裝)

1.半導體　2.電晶體
448.65　　　　　　　　　　　　　　　97013838